"十二五"职业教育国家规划教材
经全国职业教育教材审定委员会审定

U0292674

（第三版）

混凝土结构与砌体结构

主　编　尹维新
副主编　刘　宏　　李靖颉　　李元美
编　写　刘红宇　　那瑞萍　　陈燕群
　　　　高　强
主　审　范文昭　　王治宪

中国电力出版社
CHINA ELECTRIC POWER PRESS

内 容 提 要

本书是"十二五"职业教育国家规划教材。

本书按照高等职业学校建筑工程技术专业的教学标准，在第二版的基础上，根据我国现行《混凝土结构设计规范》（GB 50010—2010）、《砌体结构设计规范》（GB 50003—2011）及其相应的施工质量验收规范等修订而成。全书十三章，可整合为八个教学单元，依次是建筑结构的基本知识、受弯构件及楼盖结构、受扭构件及雨篷结构、受压构件及框架柱、受拉构件及屋架结构、排架结构、框架结构以及砌体结构。除第一个教学单元外，其他教学单元均构建了从基本构件到整体结构的基本知识—实训操作—质量验收"三位一体"的教学过程，着力提高学生的职业能力。

本书可作为高等职业学校建筑工程技术专业及相关专业的教材，也可作为土木工程技术人员的参考书，以及考取职业资格证的学习用书。

图书在版编目（CIP）数据

混凝土结构与砌体结构/尹维新主编 . —3 版 . —北京：中国电力出版社，2015.1

"十二五"职业教育国家规划教材

ISBN 978 - 7 - 5123 - 6794 - 4

Ⅰ. ①混⋯ Ⅱ. ①尹⋯ Ⅲ. ①混凝土结构—高等职业教育—教材②砌体结构—高等职业教育—教材 Ⅳ. ①TU37②TU209

中国版本图书馆 CIP 数据核字（2014）第 272351 号

中国电力出版社出版、发行

（北京市东城区北京站西街 19 号　100005　http：//www.cepp.sgcc.com.cn）

汇鑫印务有限公司印刷

各地新华书店经售

*

2008 年 2 月第一版

2015 年 1 月第三版　　2015 年 1 月北京第八次印刷

787 毫米×1092 毫米　16 开本　25.25 印张　611 千字

定价 **48.00** 元

 **前　言**

　　本书是按照高等职业学校建筑工程技术专业的教学标准,以我国现行《混凝土结构设计规范》(GB 50010—2010)和《砌体结构设计规范》(GB 50003—2011)及其相应的施工质量验收规范等为依据,经广泛征求有关院校师生和建筑企业技术人员的意见后编写的。

　　本书以工学结合为主线构建课程体系,以职业能力培养为核心选编教材内容。全书十三章可整合为八个教学单元,第一个教学单元由绪论、第一章及第二章组成,主要内容为建筑结构的基本知识;第二个教学单元包括第三章、第四章、第五章及第六章,内容为受弯构件及楼盖结构的构造要求、受力性能、计算方法、工程实例、计算绘图及实训任务书;第三个教学单元即第七章,主要内容是受扭构件及雨篷结构的构造要点、计算特点、工程实例、雨篷的计算绘图、施工操作及验收实训;第四个教学单元即第八章,内容为受压构件及框架柱的基本构造要求、受力特性、计算方法、计算实例、框架柱的施工操作及验收实训题;第五个教学单元由第九章与第十章构成,叙述受拉构件及预应力屋架的受力特点、计算要点、要求进行预应力构件现场施工过程实训;第六个教学单元即第十一章,主要内容为单层厂房排架结构的受力特性、计算要点、计算实例、厂房柱与基础的实训任务书;第七个教学单元即第十二章,内容是框架结构的结构布置、受力特性、计算要点及实例、框架结构实训任务书;第八个教学单元为第十三章,内容是砌体结构的种类与力学性能、构件及墙体的计算方法及构造要点、计算实例及实训题。本书从第二个教学单元开始,构建了从基本构件到整体结构的基术知识—实训操作—质量验收"三位一体"的教学过程,着力提高学生的职业能力。

　　本书可作为高等职业学校建筑工程技术专业及相关专业的教材,也可作为土木工程技术人员的参考书,以及考取职业资格证的学习用书。

　　参加本书编写工作的有山西大学(原太原电力高等专科学校)尹维新(绪论、第二章)、刘宏(第五章、第十一章)、刘红宇(第十三章),太原大学李靖颉(第四章、第六章),太原城市职业技术学院那瑞萍(第八章、第九章、第十章),山东城市建设职业学院李元美(第十二章),广东水利电力职业技术学院陈燕群(第三章),山西省第二建筑工程公司高强(第一章、第七章)。本书多媒体课件由尹维新、刘红宇、刘宏编写和制作。本书是2008年国家级精品课程(高职高专)混凝土结构的配套教材,在教学过程中可登录有关网站查阅教学资源。本书由尹维新主编并统稿,刘宏、李靖颉、李元美担任副主编,山西建筑职业技术学院范文昭教授和山西工程职业技术学院王治宪教授担任主审。

本书在编写过程中，参考并引用了所列参考文献等有关资料，在此向作者表示衷心的感谢！书中错误和不足之处，恳请读者批评指正！

编者

2014 年 10 月

❊ 第一版前言

　　本书是按照高等职业教育建筑工程技术专业应用型人才的培养目标、规格以及本课程的教学大纲，以我国现行《混凝土结构设计规范》（GB 50010—2002）和《砌体结构设计规范》（GB 50003—2001）等规范为依据，经广泛征求有关院校师生和建筑企业技术人员的意见后编写的。

　　本书在编写中，紧紧围绕职业能力的培养，以工学结合为主线构建课程新体系。按受弯构件的正截面与斜截面承载力计算、裂缝与变形验算以及梁板结构的设计安排教学内容，并增加了钢筋混凝土外伸梁的设计计算实例和施工图的绘制以及实训题。同时，将受扭构件的截面承载力计算与雨篷的结构设计编入同一章，增加了雨篷的设计计算实例和实训题。对受压构件的承载力计算不仅编写了典型的算例，而且也增加了钢筋混凝土柱的设计计算实例和实训题。对混凝土梁板结构、单层厂房排架结构和多层框架结构房屋分别编写了详实的设计计算实例和可组合出多种实训方案的设计实训任务书。对砌体结构同样编写了设计计算实例和实训题。总之，本书既可从多方面满足各院校实际教学的需要，也符合实际工程的要求。

　　本书内容包括绪论；钢筋和混凝土材料的力学性能；结构设计基本原则；受弯构件正截面和斜截面承载力计算；钢筋混凝土构件的裂缝及变形验算；混凝土梁板结构设计；受扭、受压及受拉构件承载力计算；预应力混凝土构件计算；单层厂房排架结构、多层框架结构房屋与砌体结构的设计及有关构造要求。同时，书中主要章节均配有针对性和实用性较强的算例、思考题、习题与实训题（有＊号）、设计计算实例以及实训任务书。因此，本书除作为高职高专建筑工程技术专业和函授土建类有关专业的教学用书外，还可作为土木工程技术人员的技术参考书和考取职业资格证书的学习用书。

　　参加本书编写工作的有太原电力高等专科学校尹维新（绪论、第二章、第十一章）、刘红宇（第十三章），太原大学李靖颉（第四章、第五章第四节）、孟宪建（第六章、第七章），山东城市建设职业学院李元美（第一章、第十二章），山西建筑职业技术学院段春花（第三章、第五章第一节～第三节），太原城市职业技术学院那瑞萍（第八章、第九章、第十章）。本书多媒体课件由尹维新（第三章、第五章、第十一章、第十二章）、刘红宇（绪论、第一章、第二章、第十三章）、李清颉（第四章）、孟宪建（第六章、第七章）、那瑞萍（第八章、第九章、第十章）编写和制作。国家级精品课程（高职高专）混凝土结构使用了本教材，在教学过程中可登录 http://jpkc.sxuec.edu.cn/hntjg 网站查阅有关教学资源。全书由尹维新主编，李靖颉、李元美副主编，太原理工大学刘良伟和山西建筑职业技术学院范文昭担任主审。

本书在编写过程中，参考并引用了所列参考文献等有关资料，在此向作者表示衷心的感谢。

由于编者水平有限，书中难免存在错误和不足之处，诚恳地希望读者批评指正。

编者

2007 年 9 月

❋ 第二版前言

  本书是按照高等职业教育建筑工程技术专业应用型人才的培养目标、规格以及本课程的教学大纲，以我国现行《混凝土结构设计规范》（GB 50010—2010）和《砌体结构设计规范》（GB 50003—2011）及其相应的施工质量验收规范等现行规范为依据，经广泛征求有关院校师生和建筑企业技术人员的意见后编写的。

  本书在编写中，紧紧围绕职业能力的培养，以工学结合为主线构建课程新体系。按受弯构件的正截面与斜截面承载力计算、裂缝与挠度验算以及梁板结构的设计安排教学内容，并增加了钢筋混凝土外伸梁的设计计算实例和施工图的绘制以及实训题。同时，将受扭构件的截面承载力计算与雨篷的结构设计编入同一章，增加了雨篷的设计计算实例和实训题。对受压构件的承载力计算不仅编写了典型的算例，而且也增加了钢筋混凝土柱的设计计算实例和实训题。对钢筋混凝土梁板结构、单层厂房排架结构和多层框架结构房屋分别编写了详实的设计计算实例和可组合出多种实训方案的设计实训任务书。对砌体结构同样编写了设计计算实例和实训题。总之，本书既可从多方面满足各院校实际教学的需要，也符合实际工程的要求。

  本书内容包括绪论；钢筋和混凝土材料的力学性能；结构设计基本原则；受弯构件正截面和斜截面承载力计算；钢筋混凝土构件的裂缝控制和挠度验算；钢筋混凝土梁板结构；受扭、受压及受拉构件承载力计算；预应力混凝土构件计算；单层厂房排架结构、多层框架结构房屋与砌体结构的设计及有关构造要求。同时，书中各章编写了提要和小结，主要章节均配有针对性和实用性较强的算例、思考题、习题与实训题（有＊号）、设计计算实例以及实训任务书。因此，本书除作为高职高专建筑工程技术专业和函授土建类有关专业的教学用书外，还可作为土木工程技术人员的技术参考书和考取职业资格证书的学习用书。

  参加本书编写工作的有太原电力高等专科学校尹维新（绪论、第一章、第二章）、刘宏（第五章、第十一章）、刘红宇（第十三章），太原大学李靖颉（第四章、第六章、第七章），太原城市职业技术学院那瑞萍（第八章、第九章、第十章），山东城市建设职业学院李元美（第十二章），广东水利电力职业技术学院陈燕群（第三章）。本书多媒体课件由尹维新、刘红宇、刘宏编写和制作。本书是 2008 年国家级精品课程（高职高专）混凝土结构的配套教材，在教学过程中可登录http://jpkc. sxuec. edu. cn/hntjg/chinese/index. htm 网站查阅有关教学资源。本书由尹维新主编并统稿，李靖颉、李元美担任副主编，山西建筑职业技术学院范文昭教授和山西工程职业技术学院王治宪教授担任主审。

本书在编写过程中，参考并引用了所列参考文献等有关资料，在此向作者表示衷心的感谢。

由于编者水平有限，书中难免存在错误和不足之处，诚恳地希望读者批评指正。

编者

2011 年 11 月

目　录

绪　　论

绪论提要　绪论简要介绍建筑结构的概念，混凝土结构的类型及其发展和应用情况，重点叙述钢筋混凝土结构的工作原理及特点，同时说明本课程的教学内容及教学中应注意的问题。

第一节　建筑结构的一般概念

在土建工程中，由屋架、梁、板、柱、墙体和基础等构件组成并能满足预定功能要求的承力体系称为建筑结构。建筑结构按所用材料可分为如下几类：

（1）混凝土结构。混凝土结构是以混凝土为主要材料制成的结构。包括不配置钢筋或不考虑钢筋受力的素混凝土结构；配置受力普通钢筋的钢筋混凝土结构；具有受力的预应力筋，通过张拉预应力筋或其他方法建立预加应力的预应力混凝土结构；将型钢作为配筋的钢骨架混凝土结构；由钢管和混凝土组成的钢管混凝土结构；在混凝土中掺入钢纤维、合成纤维等纤维材料构成的纤维混凝土结构等，如图0-1所示。实际工程中，应用较多的是钢筋混凝土结构和预应力混凝土结构。

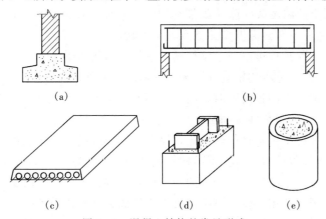

图0-1　混凝土结构的常见形式

（a）素混凝土基础；（b）钢筋混凝土梁；（c）预应力混凝土空心楼板；
（d）钢骨混凝土柱；（e）钢管混凝土柱

（2）砌体结构。砌体结构是以砌体材料为主，并根据需要配置钢筋而构成的结构。

（3）钢结构。钢结构是指以钢材为主要材料制成的结构。

（4）木结构。木结构为全部或大部分承力构件由木材制成的结构。

第二节　钢筋混凝土结构的特点

钢筋和混凝土的物理力学性能有着较大的差异。混凝土的抗压强度较高，而抗拉强度却很低，一般仅为抗压强度的 1/20～1/8。同时混凝土在荷载作用下具有明显的脆性破坏特征。钢筋的抗拉强度和抗压强度都较高，在荷载作用下，显示出良好的变形性能，但不能单独承受压力荷载。将混凝土和钢筋科学合理的结合在一起形成钢筋混凝土，就可充分发挥它们的性能优势。

试验表明，用素混凝土制作的梁，如图 0-2（a）所示，在跨中集中荷载 F 作用下，当梁的跨中截面受拉区边缘拉应力达到混凝土的抗拉强度时，下部混凝土很快开裂，梁就突然

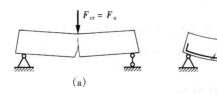

图 0-2　混凝土梁的破坏
(a) 素混凝土梁；(b) 钢筋混凝土梁

断裂破坏。此时，梁的开裂荷载 F_{cr} 与破坏荷载 F_u 基本相等，破坏无明显的预兆，属于脆性破坏，承载力很低。而且，梁在破坏时上部受压区产生的压应力远小于混凝土的抗压强度，混凝土的抗压性能未被充分利用。

如果在图 0-2（a）所示梁的下部受拉区内配置适量的受拉钢筋，如图 0-2（b）所示，当荷载达到 F_{cr} 时，梁的受拉区出现裂缝，但并未破坏，受拉区拉力转由钢筋承担。荷载继续增大，受拉钢筋首先屈服，裂缝进一步向上扩展延伸，最后因受压区混凝土达到抗压强度被压碎，梁随即破坏。破坏荷载 F_u 明显地高于开裂荷载 F_{cr}，两种材料的强度均得到充分的利用，且具有明显的破坏预兆，属于延性破坏。

钢筋和混凝土所以能够结合在一起并有效的共同工作，原因主要有以下几点：

1）钢筋和混凝土的接触面上存在着良好的粘结力，可以保证两者协调变形，整体工作。

2）钢筋与混凝土的温度线膨胀系数基本相同，钢筋为 $1.2 \times 10^{-5}/℃$，混凝土为（1.0～1.5）$\times 10^{-5}/℃$，两者不会因温度变化导致粘结力破坏。

3）钢筋的混凝土保护层可以防止钢筋锈蚀，保证结构的耐久性。

钢筋混凝土除了能充分利用钢筋和混凝土材料的性能外，尚有以下优点：

1）耐久性好。混凝土的强度随时间的增加而有所提高，钢筋由于混凝土的保护而不锈蚀，因此，钢筋混凝土的耐久性可满足工程要求。

2）耐火性好。混凝土是不良的热导体，厚度为 30mm 的混凝土保护层可耐火 2h，钢筋不致因升温过快而丧失承载力，故比木结构、钢结构耐火性好。

3）整体性好。现浇钢筋混凝土结构的整体性好，有利于抗震、抗爆、防辐射。

4）可模性好。根据使用需要，可将混凝土浇筑成各种形状和各种尺寸的结构。

5）便于就地取材。混凝土所用大量的砂、石等来源广，可就地取材，经济方便。

由于钢筋混凝土具有上述优点，因此在土建工程中得到了广泛的应用。但是，也存在以下的一些缺点：

1）自重大。普通混凝土的自重大，不适用于高层、大跨结构。目前，正在大力研究并发展轻质高强、高性能混凝土。

2）抗裂性差。普通钢筋混凝土结构在正常使用期间，一般总是带裂缝工作的。这不仅会影响结构的耐久性，而且也不适用于对防渗、防漏要求较高的结构。使用预应力混凝土结构是解决混凝土开裂的有效途径。

3）施工复杂。现浇钢筋混凝土工序多，工期长，受季节、气候影响大。采用早强混凝土、泵送混凝土、免振自密实混凝土和多种先进的施工技术，可极大地提高施工效率。

第三节　混凝土结构的发展及应用简况

混凝土结构在土建工程中的应用历史虽然较短，但其在材料性能、结构类型、施工技术、设计计算理论与方法和工程应用等方面的发展非常快，大体上可分为以下三个阶段：

第一阶段是 19 世纪 50 年代～20 世纪 20 年代。在这个阶段，由于所用的钢筋和混凝土的强度比较低，因此钢筋混凝土仅用于建造中小型楼板、梁、柱、拱和基础等构件。钢筋混凝土的设计计算采用以弹性理论为基础的容许应力法。

第二阶段是 20 世纪 20～50 年代。由于钢筋和混凝土的强度不断提高，特别是预应力混凝土的出现，使得混凝土结构可用于建造大跨度结构、高层建筑以及对抗震、防裂等有较高要求的结构，大大地扩展了混凝土结构的应用范围。混凝土结构构件的设计计算方法采用了考虑混凝土塑性性能的破坏阶段法。同时，提出了更为科学合理的极限状态设计法。

第三阶段是 20 世纪 50 年代至现在。这个阶段是混凝土技术飞速发展的时期。随着人们对建筑功能和建设速度要求的不断提高，出现了轻质、高强、高性能的混凝土和高强、高延性、低松弛的钢筋与钢丝等新型结构材料，为大量的建造超高层建筑、大跨度桥梁等创造了条件。目前，世界上最高的钢筋混凝土建筑是阿拉伯联合酋长国的迪拜大楼，高 828m，地上 160 层。我国上海的环球金融中心，高 492m，地上 101 层，主体为钢筋混凝土结构。世界上最高的电视塔是加拿大的多伦多电视塔，主体为预应力混凝土结构，高 549m。我国最高的电视塔是上海东方明珠电视塔，采用钢筋混凝土结构，总高 468m。

在结构构件设计计算理论方面，目前采用以概率理论为基础的极限状态设计法。随着对结构材料性能和受力性能的深入研究、试验手段和测试技术的进步以及计算科学的发展，结构设计计算理论和方法将更趋完善。

总之，混凝土结构的发展及应用已进入了一个新时期。

第四节　课程内容及教学中注意的问题

本教材由"混凝土结构"和"砌体结构"两部分组成。通过教学，使学生掌握混凝土结构和砌体结构的基本概念、基本理论和设计计算方法，为从事土建工程设计、施工及管理工作打下基础。

本教材主要讲述混凝土结构和砌体结构的材料性能、设计计算原则、基本构件的受力性能与设计计算方法、结构设计计算方法及相应的构造要求等内容。基本构件包括受弯构件、受剪构件、受扭构件、受压构件和受拉构件，是组成工程结构的基本单元，其受力性能与理论分析构成了混凝土结构和砌体结构的基本理论。结构设计包括梁板结构、单层厂房排架结构、多层框架结构及砌体结构房屋的结构布置、荷载计算、受力体系、内力分析与组合以及配筋构造等，是基本理论在实际工程中的应用与延伸。

在教学中应注意以下几点：

1）混凝土结构和砌体结构的基本构件是由混凝土、钢筋、块体、砂浆等两种或两种以上材料组成的构件，混凝土和砌体又是非匀质、非弹性的材料。因此材料力学公式一般不能直接应用于混凝土结构与砌体结构的基本构件设计计算，但其解决问题的理论分析方法同样适用。

2）混凝土结构和砌体结构的基本理论和计算公式需要通过大量的科学试验研究才能建

立；同时，为保证结构的可靠性，还必须经过工程验证方可应用。因此，在学习中，要注意试验研究结果，重视受力性能分析，掌握计算公式的适用范围和限制条件，以便正确的应用公式解决实际工程问题。

3）结构设计不仅要考虑结构体系受力的合理性，而且要考虑使用功能、材料供给、地形地质、施工技术和经济合理等方面的因素，因而是一个综合性很强的问题。同时在实际设计工作中，同一工程问题可有多种解决的方案供选择，其结果不是唯一的。所以，在教学时，要注意培养分析问题、解决问题的综合能力。

4）混凝土结构和砌体结构具有较多的工程构造措施，这些都是长期的科学试验与大量的工程实践积累起来的，是保证结构安全可靠必不可少的条件，必须给予足够的重视。

5）混凝土结构与砌体结构是实践性较强的课程。在教学中，应加强工学结合，注重实训教学，突出职业能力培养。

6）为了在土木工程建设中，贯彻国家的技术经济政策，做到安全适用、技术先进、经济合理、确保质量，国家颁布了一系列设计规范和标准。这些规范和标准具有约束性和立法性，必须认真执行。本教材主要依据《混凝土结构设计规范》（GB 50010—2010）（以下简称《规范》）、《工程结构可靠性设计统一标准》（GB 50153—2008）、《建筑结构可靠度设计统一标准》（GB 50068—2001）、《建筑结构荷载规范》（GB 50009—2012）（以下简称《荷载规范》）、《砌体结构设计规范》（GB 50003—2011）（以下简称《砌体规范》）、《建筑地基基础设计规范》（GB 50007—2011）（以下简称《地基基础规范》）等编写。在学习时，要注意熟悉规范，并正确地应用规范。

绪 论 小 结

1. 建筑结构按所用的主要材料分为混凝土结构、砌体结构、钢结构和木结构，其中混凝土结构包括素混凝土结构、钢筋混凝土结构、预应力混凝土结构和钢骨架混凝土结构等。实际工程中，应用较多的是钢筋混凝土结构和预应力混凝土结构。

2. 把混凝土和钢筋这两种力学性能不同的材料科学合理地结合在一起形成钢筋混凝土结构，不仅可充分发挥材料的特性，而且可满足建筑结构预定的功能要求。

3. 钢筋和混凝土能够结合在一起共同工作的主要原因是两者在接触面间存在着良好的粘结力，且具有相近的温度线膨胀系数。

4. 钢筋混凝土结构具有材料利用合理、耐久性与耐火性较好、现浇结构抗震能力强等优点，但缺点是结构自重大、抗裂性差、施工受季节气候影响大、不易维修。

5. 钢筋混凝土的发展方向是采用轻质、高强、高性能的混凝土和高强、高延性、低松弛的钢筋与钢丝等新型结构材料。

思 考 题

0-1　混凝土结构包括哪些结构种类？

0-2　钢筋混凝土梁破坏时有哪些特点？

0-3　钢筋与混凝土能够结合在一起共同工作的原因是什么？

0-4　钢筋混凝土结构有何优、缺点？

0-5　在学习本课程的过程中，应注意哪些问题？

第一章
钢筋和混凝土材料的力学性能

本章提要　本章介绍混凝土结构常用钢筋和混凝土材料的强度和变形性能以及材料的选用原则；简要叙述钢筋和混凝土的粘结机理以及为保证钢筋和混凝土共同工作必须采取的工程构造措施。

第一节　钢　　筋

一、钢筋的品种和等级

在建筑结构中，将用于混凝土结构构件中的各种非预应力筋总称为普通钢筋，而将用于混凝土结构构件中施加预应力的钢丝、钢绞线和预应力螺纹钢筋总称为预应力筋。普通钢筋是指由低碳钢、普通低合金钢或细晶粒钢在高温下直接轧制而成的热轧钢筋；其中的细晶粒钢筋是为节约低合金资源，采用控温轧制工艺生产的。普通钢筋的牌号、强度等级及表示符号按性能分为 HPB300 级—Φ、HRB335 级—Φ、HRB400 级—Φ、RRB400 级—Φ^R、HRB500 级—Φ以及 HRBF335 级—Φ^F、HRBF400 级—Φ^F、HRBF500 级—Φ^F。普通钢筋的外形除 HPB300 级钢筋为光圆外，其余均为月牙纹变形钢筋。预应力筋包括中强度预应力钢丝、消除应力钢丝、钢绞线和预应力螺纹钢筋（又称精轧螺纹粗钢筋）。中强度预应力钢丝的极限抗拉强度标准值为 $800\sim1270$MPa，当外形为光圆时用符号Φ^{PM}表示，外形为螺旋肋时用符号Φ^{HM}表示，可用于中、小跨度的预应力混凝土构件。消除应力钢丝的极限抗拉强度标准值为 $1470\sim1860$MPa，当外形为光圆时用符号Φ^P表示，外形为螺旋肋时用符号Φ^H表示。钢绞线是由多股高强钢丝绞织而成的，其极限抗拉强度标准值为 $1570\sim1960$MPa，用符号Φ^S表示。预应力螺纹钢筋的极限抗拉强度标准值为 $980\sim1230$MPa，用符号Φ^S表示，可用螺丝套筒连接和螺帽锚固。

常用钢筋、钢丝和钢绞线的外形如图 1-1 所示。

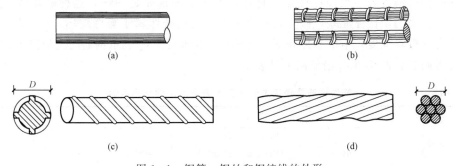

图 1-1　钢筋、钢丝和钢绞线的外形
(a) 光圆钢筋；(b) 月牙纹钢筋；(c) 螺旋肋钢丝；(d) 钢绞线

二、钢筋的强度和变形

钢筋按受拉时的应力—应变关系特点不同分为有明显屈服点钢筋，如热轧钢筋；无明显屈服点钢筋，如高强钢丝。

1. 有明显屈服点的钢筋

有明显屈服点的钢筋受拉的典型应力—应变曲线如图 1-2（a）所示。对应于 a 点的应力称为比例极限，a 点以前的应力与应变成正比关系，即 $\sigma = E_s \varepsilon$，E_s 为钢筋弹性模量。过 a 点后，应变增长相对较快。应力达到 b 点，钢筋进入屈服阶段，此时应力保持不变，而应变急剧增加，b 点的应力称为屈服强度 f_y。c 点以后，应力又继续上升，随着应变增加，应力曲线上升至最高点 d，d 点的应力称为极限强度 f_u。过 d 点后，试件产生颈缩现象，断面减小，变形迅速增大，应力明显降低，直至 e 点试件断裂。

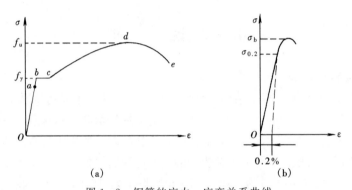

图 1-2 钢筋的应力—应变关系曲线

(a) 有明显屈服点钢筋；(b) 无明显屈服点钢筋

由于有明显屈服点钢筋的应力达到屈服强度后，将在荷载基本不变的情况下，发生较大的塑性变形，从而引起钢筋混凝土构件产生很大的变形，出现不可闭合的裂缝。因此，对有明显屈服点的钢筋，在构件设计中以屈服强度作为钢筋强度设计取值的依据。

钢筋的极限抗拉强度反映了钢筋的强度储备。《规范》要求，按一、二、三级抗震等级设计的框架，其纵向受力普通钢筋的极限抗拉强度实测值与屈服强度实测值的比值，即强屈比不应小于 1.25。

在钢筋混凝土中，钢筋不仅要具有较高的强度，而且要有足够的塑性变形能力。伸长率和冷弯性能是反映钢筋塑性性能的基本指标。

钢筋的伸长率越大，则塑性性能就越好，破坏前的预兆越明显，这种破坏属于延性破坏；反之，钢筋的塑性性能差，破坏具有突然性，这种破坏属于脆性破坏。《规范》用钢筋在最大拉力（极限强度）下的总伸长率（又称均匀伸长率）δ_{gt} 表示钢筋的变形能力，普通钢筋和预应力筋的总伸长率 δ_{gt} 最低限值见表 1-1。

表 1-1　　　　　　　　普通钢筋及预应力筋在最大力下的总伸长率限值

钢筋品种	普通钢筋			预应力筋
	HPB300	HRB335、HRBF335、HRB400、HRBF400、HRB500、HRBF500	RRB400	
δ_{gt}（%）	≥10.0	≥7.5	≥5.0	≥3.5

冷弯是将钢筋围绕直径为 D 的钢辊进行弯曲，当达到规定的角度 α 后，如图 1-3 所示，钢筋无裂纹或断裂现象。钢辊直径 D 越小，钢筋弯曲角度 α 越大，表明其塑性性能越好。

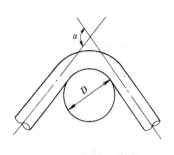

图 1-3　钢筋的冷弯

有明显屈服点的钢筋，它的屈服强度、极限抗拉强度、伸长率和冷弯性能是进行质量检验的主要指标。

另外，当钢筋受压时，在屈服阶段之前其压应力与压应变的变化曲线与钢筋受拉基本相同。

2. 无明显屈服点钢筋

无明显屈服点的钢筋受拉的典型应力—应变曲线如图 1-2 (b) 所示。从图 1-2 （b） 可见，无明显屈服点的钢筋是没有屈服阶段的，其强度较高，伸长率很小，塑性变形能力较差。最大拉应力 σ_b 称为极限抗拉强度。

对无明显屈服点的钢筋，一般取相应于残余应变为 0.2% 时的应力 $\sigma_{0.2}$ 作为钢筋强度设计取值的依据，也称为条件屈服强度。对预应力钢丝、钢绞线一般可取条件屈服强度为 $0.85\sigma_b$。

无明显屈服点的钢筋是以极限抗拉强度、伸长率和冷弯性能作为质量检验的指标。

3. 钢筋的弹性模量

各种钢筋的强度相差较大，但其弹性模量较为接近。用于工程设计的钢筋弹性模量 E_s 见表 1-2。

表 1-2　　　　　　　　　　　　　钢　筋　弹　性　模　量

钢筋牌号或种类	E_s（MPa）
HPB300 钢筋	2.10×10^5
HRB335、HRB400、HRB500、HRBF335、HRBF400 钢筋 RRB400、HRBF500 钢筋、预应力螺纹钢筋	2.00×10^5
消除应力钢丝、中强度预应力钢丝	2.05×10^5
钢绞线	1.95×10^5

注　必要时可采用实测的弹性模量。

三、钢筋的冷加工

在实际工程中，为了提高钢筋的强度，节约钢材，在常温下通过拉伸等方法对热轧钢筋进行机械加工，制成的钢筋称为冷加工钢筋。冷加工钢筋包括冷拉、冷拔、冷轧和冷轧扭钢筋。

冷拉钢筋是将热轧钢筋拉伸超过其屈服阶段进入强化阶段，然后卸荷至零所得到的钢筋。冷拉钢筋的抗拉强度有所提高，但抗压强度维持不变，伸长率减少，塑性降低。

冷拔钢丝是将热轧钢筋用强力从比其直径小的硬质合金拔丝模拔出而成的钢筋，如图 1-4 所示。经多

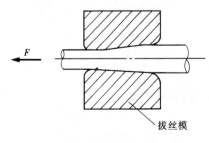

图 1-4　钢筋冷拔

次冷拔后，钢丝的抗拉强度和抗压强度都有大幅度的提高，但其伸长率显著的减小。

冷轧钢筋是指以热轧圆盘条为母材，经冷拉或冷拔减径后，在其表面轧制具有两面或三面月牙纹横肋的冷轧带肋钢筋。冷轧带肋钢筋与冷拔钢丝的强度基本接近，但塑性较好。由于冷轧带肋钢筋表面具有横肋，与混凝土的粘结较好，故成为冷拔钢丝的换代产品。

冷轧扭钢筋是将低碳钢热轧圆盘条经专用钢筋冷轧扭机调直，冷轧、冷扭一次成型，形成具有规定截面形状和节距的连续螺旋状钢筋。冷轧扭钢筋的抗拉强度比轧制前母材的强度有很大的提高，但伸长率也减少较多。

对钢筋进行冷加工，钢筋的强度虽然得到了提高，但塑性降得较低，不利于提高结构的整体性能，故《规范》未列入各类冷加工钢筋。当在实际工程中应用时，应符合专门的技术规程。

近年来我国已生产出较多的钢筋新品种。例如环氧树脂涂层钢筋，这种钢筋主要用于海洋工程、有地下水作用的工程，以及易受侵蚀性介质作用的工程，其设计和使用同一般受力钢筋。但是由于表面状态改变影响粘结锚固性能，锚固长度需增加 25％。

四、结构对钢筋性能的要求

钢筋混凝土结构对钢筋性能的要求主要有如下几方面：

（1）强度。一般应选用强度较高的钢筋。因为采用强度较高的钢筋，构件的配筋量减少，不仅节约钢材，有利于提高经济效益；而且可避免因配筋密集而造成设计、施工困难，并且可减少钢筋的运输、加工、现场绑扎等工作量。为此，《规范》规定：纵向受力普通钢筋宜采用 HRB400 级、HRB500 级、HRBF400 级和 HRBF500 级，也可采用 HPB300 级、HRB335 级、HRBF335 级和 RRB400 级；梁、柱的纵向受力普通钢筋应采用 HRB400 级、HRB500 级、HRBF400 级和 HRBF500 级；箍筋宜采用 HRB400 级、HRBF400 级、HPB300 级、HRB500 级和 HRBF500 级，也可采用 HRB335 级和 HRBF335 级。

（2）塑性。要求钢筋应具有足够大的塑性变形能力。钢筋的塑性性能好，不仅便于施工制作，更重要的是有利于提高结构构件的延性，增强结构的抗震性能。

（3）与混凝土的粘结。为保证钢筋和混凝土能有效地共同工作，二者之间必须具有足够大的粘结力。为此，对于强度较高的钢筋，一般均在其表面轧制月牙纹横肋、螺旋肋或者螺纹等，以提高粘结强度。

（4）可焊性。为保证钢筋焊接后的质量，要求钢筋具有良好的可焊性能。目前使用的 HRB400 级、HRB500 级、HRBF400 级和 HRBF500 级主导钢筋均具有较好的焊接性能，而 RRB400 级钢筋焊接受热回火后强度可能降低。

此外，在严寒地区还应考虑对钢筋低温性能方面的要求。

第二节　混　凝　土

一、混凝土的强度

混凝土的强度包括立方体抗压强度、轴心抗压强度和抗拉强度。

1. 立方体抗压强度

混凝土立方体抗压强度是混凝土各种强度指标中最主要和最基本的指标。

《规范》根据立方体抗压强度标准值，确定混凝土强度等级。立方体抗压强度标准值是指按照标准方法制作养护边长为 150mm 的立方体试件，在 28d 或设计规定龄期用标准试验方法测得的具有 95% 保证率的抗压强度，以 $f_{cu,k}$ 表示，单位 MPa（也可记作 N/mm^2）。这里需要说明如下两点：

1)《规范》规定的标准养护方法是将试件放置在温度为 20℃±2℃、相对湿度为 95% 以上的标准养护室中，养护至规定的龄期。

2) 标准试验方法是指试验加载时，试件的承压面不涂润滑剂，加载速度控制在 0.3～0.5MPa/s（C30 以下）或 0.5～0.8MPa/s（C30 以上）。

混凝土强度等级用符号 C 及混凝土立方体抗压强度标准值表示。例如，C20 表示 $f_{cu,k}=$ 20MPa。《规范》根据立方体抗压强度标准值，按级差 5MPa，将混凝土从 C15 到 C80 共划分为 14 个强度等级。C60 级以上的混凝土称为高强度混凝土。

在实际工程中，常采用边长为 100mm 的非标准立方体试件。由于试验时压力机垫板与试件上、下承压面之间存在着摩擦力，对试件的横向约束影响较边长为 150mm 的标准立方体试件大，测得的强度较高。因此，需将其抗压强度实测平均值 $f_{cu,m}^{100}$ 乘以换算系数 0.95 转换成标准立方体试件的抗压强度平均值 $f_{cu,m}^{150}$；对边长 200mm 的立方体试件，则取换算系数为 1.05。

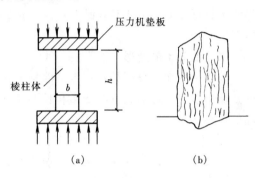

图 1-5　混凝土棱柱体抗压试验

2. 轴心抗压强度

采用棱柱体试件，按照测定立方体抗压强度的条件和方法测得的抗压强度，称为棱柱体抗压强度或轴心抗压强度，如图 1-5 所示。棱柱体试件的尺寸通常为 100mm×100mm×300mm 或 150mm×150mm×450mm。在实际工程中，钢筋混凝土受压构件的高度比其截面尺寸大得多，所以，棱柱体抗压强度能较好地反映混凝土的实际受压强度。

由于压力机垫板对棱柱体试件上、下端的约束影响比立方体试件小，所以测得的抗压强度较立方体试件低。棱柱体抗压强度平均值可由立方体抗压强度平均值换算得到。

3. 轴心抗拉强度

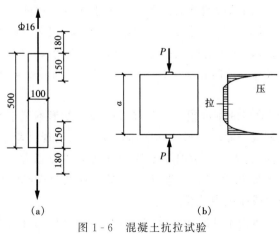

图 1-6　混凝土抗拉试验

(a) 轴心拉伸试验；(b) 劈拉试验

混凝土的轴心抗拉强度是确定混凝土构件的抗裂度及变形等方面的重要力学性能指标。

目前，一般有如下两种方法测定混凝土的轴心抗拉强度：

(1) 轴心拉伸试验。如图 1-6 (a) 所示，试验采用 100mm×100mm×500mm 的柱体试件，在两端轴线处埋置 Φ16 的变形钢筋。用试验机拉伸两端的钢筋，使试件受拉。当试件中部产生横向裂缝破坏时的平均拉应力即为轴心抗拉强度。

（2）劈拉试验。一般采用边长为 $150mm \times 150mm \times 150mm$ 的立方体试件，通过钢垫条施加线性荷载，如图 1-6（b）所示。在试验荷载作用下，试件中部垂直截面上，除垫条附近受压应力外，其余均为基本均匀分布的拉应力。当拉应力达到混凝土的抗拉强度时，试件劈裂破坏。根据破坏荷载计算得到劈拉强度。

《规范》以轴心拉伸试验结果作为确定混凝土轴心抗拉强度的依据。混凝土的轴心抗拉强度比抗压强度小得多。

4. 混凝土强度等级的选择

《规范》对混凝土结构的混凝土强度等级所作的最低限值为：素混凝土结构的混凝土强度等级不应低于 C15；钢筋混凝土结构的混凝土强度等级不应低于 C20；采用强度等级 400MPa 及以上的钢筋时，混凝土强度等级不应低于 C25。预应力混凝土结构的混凝土强度等级不宜低于 C40，且不应低于 C30。承受重复荷载的钢筋混凝土构件，混凝土强度等级不应低于 C30。

二、混凝土的变形

混凝土的变形分两类：一类是混凝土在荷载作用下产生的受力变形，如一次短期荷载下的变形、多次重复荷载下的变形和长期荷载下的变形（徐变）；另一类是由于温湿度变化引起的体积变形。

1. 混凝土在一次短期荷载作用下的变形

混凝土棱柱体试件在一次短期压力荷载作用下的应力—应变曲线如图 1-7 所示。曲线分为上升段 OC 和下降段 CE 两部分。

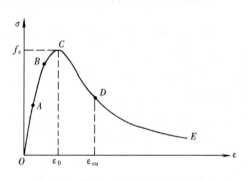

图 1-7　混凝土受压应力—应变曲线

（1）上升段 OC。在压应力 $\sigma \leqslant 0.3 f_c$ 的 OA 段，应力与应变关系基本为直线，混凝土呈弹性变化，此时混凝土中的骨料和水泥结晶体的弹性变形起决定因素，内部微裂缝影响很小。随着压应力增大，应力与应变关系逐渐改变，应变增加的速度较应力快。当压应力 σ 接近 $0.8 f_c$，即到 B 点时，应变增加更快，混凝土表现出明显的塑性性质。这主要是由于混凝土内部微裂缝的扩展延伸及水泥凝胶体的黏性流动所致。随着压应力继续增大，相应的应变迅速增加，当压应力达到最大值 f_c，即 C 点时，由于混凝土内部微裂缝不断产生，并相互贯通，试件表面出现明显的纵向裂缝而开始破坏。此时相应于最大压应力值 f_c 的应变 ε_0 一般为 0.002。

（2）下降段 CE。应变过 C 点后，如果试验机的刚度很大，其释放的弹性变形不至于使试件立即破坏，则随着缓慢的卸荷，应力逐渐减小而应变却持续增加，在 D 点出现反弯点，相应的应变称为混凝土的极限压应变 ε_{cu}。ε_{cu} 值越大，表示混凝土的塑性变形能力越大，即构件的延性越好，抗震能力越强。ε_{cu} 值一般可取 0.0033。反弯点 D 之后，曲线仍能继续延伸，是由于试件压碎后，各块体间存在咬合力或摩擦力的缘故。

混凝土的应力—应变曲线反映了混凝土受压力学性能的全过程，对混凝土结构构件的设计计算有着重要的作用。但应力—应变曲线与许多因素有关。例如，图 1-8 为不同混凝土强度的受压应力—应变曲线，可见混凝土的强度越高，曲线就越陡，ε_{cu} 也越小。此外，混凝土是否受约束，也对其应力—应变曲线有较大的影响。对有侧向约束的混凝土，随着约束作用的增大，不仅混凝土的强度有较大的提高，而且 ε_{cu} 增大很多，如图 1-9 所示。

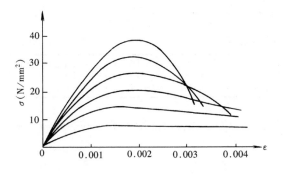

图 1-8　不同混凝土强度的应力—应变曲线

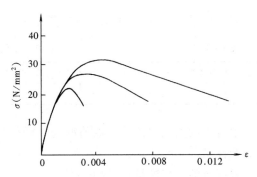

图 1-9　有侧向约束混凝土的应力—应变曲线

混凝土受压时，不仅纵向产生压缩应变 ε_1，横向还要产生拉应变 ε_2。ε_2 与 ε_1 的比值称为横向变形系数，当材料处于弹性阶段时称为泊松比，以 υ_c 表示。《规范》取混凝土的泊松比 $\upsilon_c = 0.2$。

混凝土受拉的应力—应变曲线与受压类似，但极限拉应变比受压小得多，约为 $(1 \sim 1.5) \times 10^{-4}$，因此混凝土构件受拉力作用时很容易开裂。

2. 混凝土在重复荷载作用下的变形

混凝土棱柱体试件在多次重复荷载作用下的应力—应变曲线如图 1-10 所示。曲线的形状与加荷时的应力大小有关。当加荷应力不超过某一限值时，经过 5～10 次重复加荷、卸荷后，其应力—应变曲线越来越闭合，并接近于直线，此直线与曲线在原点的切线基本平行；此后再重复加荷、卸荷，混凝土如同弹性体一样工作而不破坏。当加荷应力超过某一限值时，经过多次循环

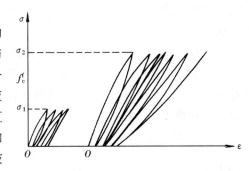

图 1-10　混凝土重复荷载下的应力—应变曲线

后，应力—应变曲线也成为直线，但很快又重新变弯，凸向应变轴，且应变越来越大，试件接着就破坏。这个限值就是混凝土抵抗周期重复荷载的疲劳强度 f_c^f。

一般混凝土的强度等级越高，疲劳强度也越高；荷载重复次数越多，疲劳强度越低；疲劳应力比值 ρ_c^f 越小，疲劳强度也越低。

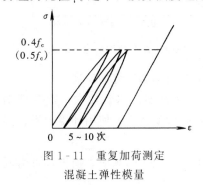

图 1-11　重复加荷测定
混凝土弹性模量

3. 混凝土的弹性模量

计算混凝土构件的变形、预应力混凝土构件的预应力以及超静定结构的内力等时，需要知道混凝土的弹性模量。

《规范》采用棱柱体试件，将其加荷至应力为 $0.4f_c$（对高强度混凝土为 $0.5f_c$），然后卸荷到零，如此重复加荷卸荷 5～10 次，直至应力—应变曲线逐渐稳定，并成为一直线，如图 1-11 所示，则该直线的斜率即为混凝土的

受压弹性模量 E_c。通过试验统计分析得出

$$E_c = \frac{10^5}{2.2 + \dfrac{34.74}{f_{cu,k}}}\qquad\qquad(1-1)$$

《规范》给定的混凝土受压弹性模量 E_c 值见表 1-3。

表 1-3　　　　　　　　　　　　混凝土受压弹性模量 E_c　　　　　　　　　　　×10^4 MPa

混凝土强度等级	C15	C20	C25	C30	C35	C40	C45	C50	C55	C60	C65	C70	C75	C80
E_c	2.20	2.55	2.80	3.00	3.15	3.25	3.35	3.45	3.55	3.60	3.65	3.70	3.75	3.80

混凝土的受拉弹性模量取值同受压弹性模量。当拉应力达到混凝土的抗拉强度 f_t 时，受拉弹性系数 v 可取 0.5。

混凝土的剪变模量 G_c 取 $0.4E_c$。

4. 混凝土的徐变

混凝土在荷载长期作用下，即使应力不变，应变也会随时间而不断增长，这种现象称为混凝土的徐变。图 1-12 是混凝土棱柱体试件在荷载长期作用下，应变 ε 与时间 t 的变化曲线。在加荷的瞬间，试件产生的应变为弹性应变 ε_{ce}。随着时间增长，试件除产生收缩应变 ε_{ch} 外，同时还产生徐变应变 ε_{cr}。徐变应变 ε_{cr} 初期发展较快，以后逐渐减缓，经过很长时间后趋于稳定。徐变应变 ε_{cr} 与弹性应变 ε_{ce} 的比值称为徐变系数，用 ψ 表示，一般 ψ 在 2～4 之间变化。

上述徐变应变 ε_{cr} 与时间 t 的关系曲线是在加荷应力 $\sigma \leqslant 0.5f_c$ 时得出的。试验表明，当 $\sigma \leqslant 0.5f_c$ 时，ε_{cr} 与 σ 成正比，称此为线性徐变；当 $\sigma > 0.5f_c$ 时，ε_{cr} 较 σ 增长更快，称为非线性徐变；当 $\sigma > 0.8f_c$ 时，徐变变形将导致试件破坏，因此 $\sigma = 0.8f_c$ 可作为混凝土的长期抗压强度，如图 1-13 所示。

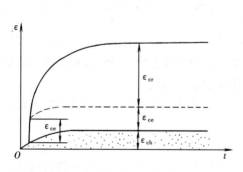

图 1-12　混凝土试件的徐变

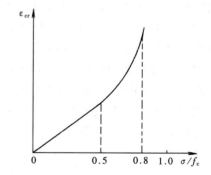

图 1-13　混凝土徐变与加荷应力的关系

产生徐变的主要原因是混凝土中水泥凝胶体的黏性流动和内部微裂缝的发展。

影响徐变大小的因素有很多，除加荷应力外，一般水泥用量多或水灰比大，徐变就增大；骨料的弹性模量大，徐变就小；养护条件好，龄期长，则徐变就小；使用环境干燥、温度高，则徐变就较大。

徐变使混凝土结构的变形增大；使预应力混凝土构件中产生较大的预应力损失；可引起构件的截面应力重分布。

5. 混凝土的收缩和温度变形

混凝土在空气中结硬时，体积会缩小，这种现象称为混凝土的收缩。

混凝土的收缩变形初期发展较快，半个月可完成最终收缩值的 25%，之后逐渐减慢，一般要延续两年以上才能趋于稳定。最终收缩应变极限值约为 $(2\sim6)\times10^{-4}$。

混凝土的收缩变形除不受外力作用影响外，其他影响因素与徐变基本相同。

当混凝土的收缩变形受到外部（如支座）或内部（如钢筋）的约束而不能自由发展时，就会在混凝土中产生拉应力，导致混凝土构件开裂。如为预应力混凝土构件，收缩还会引起预应力损失。因此在实际工程中可采取如下几方面措施，减小混凝土的收缩：

1）减少水泥用量。

2）选用弹性模量大的骨料。

3）减小水灰比。

4）增加混凝土的密实度。

5）加强对混凝土的早期养护。

6）设置施工缝，配置构造钢筋等。

混凝土在温度变化时，体积热胀冷缩，称之为温度变形。当温度在 $0\sim100℃$ 时，混凝土的温度线膨胀系数 α_c 可采用 $1\times10^{-5}/℃$。当温度变形受到约束时，将产生温度应力，造成混凝土结构的裂缝。所以要采取一定的措施，减小温度变形的不利影响，如在结构的适当部位设置伸缩缝。钢筋混凝土结构伸缩缝的最大间距见《规范》。

第三节　钢筋与混凝土的粘结

一、粘结的作用及产生原因

钢筋与混凝土之间的粘结力是保证这两种材料组成的构件共同受力、变形的最基本条件。粘结力产生的原因及组成主要有：

1）混凝土中水泥凝胶与钢筋表面之间的胶结力。

2）混凝土收缩，将钢筋紧紧握裹而产生的摩擦力。

3）钢筋表面凹凸不平与混凝土之间产生的机械咬合力。机械咬合力较大，约占总粘结力的 50% 以上。光面钢筋的机械咬合力较变形钢筋要小。

二、保证粘结的构造措施

在实际工程中，为保证钢筋与混凝土能够共同工作，必须采取可靠的工程构造措施。

1. 钢筋的锚固

根据对钢筋的拔出试验，钢筋的拉应力 σ_s 达到其屈服强度 f_y 时，尚未产生粘结破坏所需的锚固长度称为基本锚固长度，用 l_{ab} 表示。经过对大量的试验研究结果进行分析以及可靠度运算，《规范》规定，当计算中充分利用钢筋的抗拉强度时，受拉钢筋的基本锚固长度

对普通钢筋

$$l_{ab} = \alpha \frac{f_y}{f_t} d \tag{1-2}$$

对预应力钢筋

$$l_{ab} = \alpha \frac{f_{py}}{f_t} d \tag{1-3}$$

上两式中　　f_y——普通钢筋的抗拉强度设计值；

f_{py}——预应力筋的抗拉强度设计值；

f_t——混凝土的轴心抗拉强度设计值，当混凝土强度等级高于 C60 时，按 C60 级取值；

d——锚固钢筋的直径；

α——锚固钢筋的外形系数，按表 1 - 4 采用。

表 1 - 4　　　　　　　　　　　　　　锚固钢筋的外形系数 α

钢筋类型	光面钢筋	带肋钢筋	螺旋肋钢丝	三股钢绞线	七股钢绞线
α	0.16	0.14	0.13	0.16	0.17

注　光面钢筋末端应做 180°弯钩，弯后平直段长度不应小于 $3d$，但作受压钢筋时可不做弯钩。

混凝土构件中纵向受拉钢筋的实际锚固长度 l_a 应考虑锚固条件的影响按式（1 - 4）计算，且不应小于 200mm：

$$l_a = \zeta_a l_{ab} \tag{1 - 4}$$

式中　ζ_a——锚固长度修正系数，对普通钢筋可按如下规定取用，当多余一项时，可连乘计算，但不应小于 0.6；对预应力筋可取 1.0。

普通钢筋的锚固长度修正系数 ζ_a 取值规定为：

1）当带肋钢筋的公称直径大于 25mm 时取 1.10。

2）环氧树脂涂层带肋钢筋取 1.25。

3）在混凝土施工过程中易受扰动的钢筋取 1.10。

4）锚固钢筋的保护层厚度为锚固钢筋直径的 3 倍时修正系数可取 0.80，保护层厚度为锚固钢筋直径的 5 倍时修正系数可取 0.70，中间按内插取值。

5）当纵向受力钢筋的实际配筋面积大于其设计计算面积时，修正系数取设计计算面积与实际配筋面积的比值。对有抗震设防要求及直接承受动力荷载的结构构件，不得考虑此项修正。

当纵向受拉普通钢筋末端采用弯钩或机械锚固措施时，包括弯钩或锚固端头在内的锚固长度可取基本锚固长度 l_{ab} 的 0.6 倍。弯钩或机械锚固的形式和技术要求应符合表 1 - 5 及图 1 - 14 的规定。

表 1 - 5　　　　　　　　　　钢筋弯钩或机械锚固的形式和技术要求

锚固形式	技　术　要　求	锚固形式	技　术　要　求
90°弯钩	末端 90°弯钩，弯钩内径 $4d$，弯后直线长度 $12d$	两侧贴焊锚筋	末端两侧贴焊长 $3d$ 同直径钢筋
135°弯钩	末端 135°弯钩，弯钩内径 $4d$，弯后直线长度 $5d$	焊端锚板	末端与厚度 d 的锚板穿孔焊
一侧贴焊锚筋	末端一侧贴焊长 $5d$ 同直径钢筋	螺栓锚头	末端旋入螺栓锚头

混凝土构件中的纵向受压钢筋，当计算中充分利用其抗压强度时，锚固长度不应小于相应受拉锚固长度的 0.7 倍。

对受拉或受压钢筋，当锚固钢筋的保护层厚度不大于 $5d$ 时，锚固长度范围内应配置横向构造钢筋，其直径不应小于 $d/4$，间距不应大于 $5d$，且不大于 100mm（d 锚固钢筋的直径）。

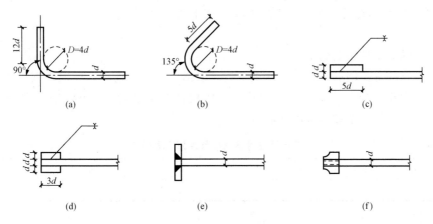

图 1-14　钢筋弯钩或机械锚固的形式和技术要求

（a）90°弯钩；（b）135°弯钩；（c）一侧贴焊锚筋；（d）两侧贴焊锚筋；（e）穿孔塞焊锚板；（f）螺栓锚头

2. 钢筋的连接

在实际工程中，当结构的尺度较大，且超过钢筋的供货长度时，就需要通过连接接头将钢筋接长。连接接头的类型有绑扎搭接接头、机械连接接头或焊接接头。

由于在钢筋的连接区段内，钢筋及构件的受力和变形性能比采用非连接的整筋总有所削弱，尤其是绑扎搭接接头的受力更为不利，故必须采用相应的构造措施予以加强。为此，《规范》对钢筋的连接作出了明确的规定，主要内容如下：

1）受力钢筋的接头宜设置在构件受力较小的部位，同一根钢筋上宜少设接头。

2）轴心受拉构件及小偏心受拉构件（如桁架或拱的拉杆）的纵向受力钢筋不得采用绑扎搭接接头。其他构件中的钢筋采用绑扎搭接时，受拉钢筋的直径不宜大于 25mm，受压钢筋的直径不宜大于 28mm。

3）在同一构件中，相邻纵向受力钢筋的绑扎搭接接头宜相互错开，如图 1-15 所示。钢筋绑扎搭接接头的连接区段长度取 1.3 倍的搭接长度 l_l，凡搭接接头中点位于该连接区段长度内的搭接接头，均属于同一连接区段。同一连接区段内纵向钢筋搭接接头的面积百分率，等于该区段内有搭接接头的纵向受力钢筋的截面面积与全部纵向受力钢筋的截面面积之比；当直径不同的钢筋搭接时，按直径较小的钢筋计算。位于同一连接区段内的受拉钢筋搭接接头的面积百分率，对梁、板及墙类构件，不宜大于 25%；对柱类构件，不宜大于 50%。当工程中确实需要增大受拉钢筋搭接接头的面积百分率时，可根据实际情况适当放宽。如对梁类构件不宜大于 50%。在任何情况下，纵向受力钢筋绑扎搭接接头的搭接长度 l_l 均不应小于 300mm。

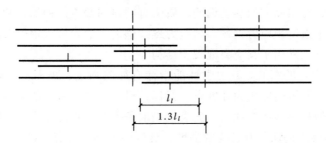

图 1-15　同一连接区段内纵向受拉钢筋绑扎搭接接头

纵向受拉钢筋绑扎搭接接头的搭接长度 l_l 按下式计算：

$$l_l = \zeta l_a \qquad (1-5)$$

式中　l_a——纵向受拉钢筋的锚固长度。

　　　ζ——纵向受拉钢筋搭接长度修正系数，根据位于同一连接区段内的钢筋搭接接头的面积百分率可按表1-6取用。当纵向搭接钢筋接头面积百分率为表的中间值时，修正系数可按内插取值。

表1-6　　　　　　　　　　　　　纵向受拉钢筋搭接长度修正系数 ζ

纵向钢筋搭接接头面积百分率（%）	≤25	50	100
ζ	1.2	1.4	1.6

4）当构件中的纵向受压钢筋采用搭接接头时，其受压搭接长度不应小于纵向受拉钢筋搭接长度 l_l 的0.7倍，且任何情况下不应小于200mm。

5）对梁、柱类构件，在纵向受力钢筋搭接长度范围内应配置横向构造钢筋，其直径不应小于 $d/4$，间距不应大于 $5d$，且不大于100mm（d 为纵向钢筋的直径）。

6）纵向受力钢筋采用机械连接接头时，接头应相互错开。其连接区段的长度取35倍的纵向受力钢筋的较小直径，凡接头中点位于该连接区段长度内的机械连接接头，均属于同一连接区段。位于同一连接区段内的纵向受拉钢筋接头面积百分率不宜大于50%；纵向受压钢筋的接头面积百分率可不受限制。

7）当纵向受力钢筋采用焊接接头时，接头位置也应相互错开。其连接区段的长度、接头面积百分率等规定基本同机械连接接头。

8）细晶粒热扎带肋钢筋以及直径大于28mm的带肋钢筋，其焊接应经试验确定，余热处理钢筋不宜焊接。

此外，考虑到光面钢筋的粘结强度较低，因此，除直径12mm以下的受压钢筋及焊接网或焊接骨架中的光面钢筋外，其余光面钢筋末端均应设置如图1-16所示的弯钩。

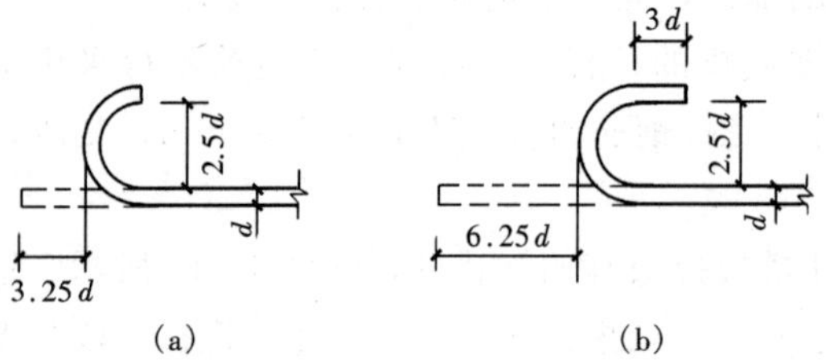

图1-16　光面钢筋的末端弯钩
（a）机械弯钩；（b）人工弯钩

本　章　小　结

1．混凝土结构中使用的钢筋分为普通钢筋和预应力筋。普通钢筋是指由低碳钢、普通低合金钢、细晶粒钢轧制而成的热轧钢筋，属于有明显屈服点的钢筋，常用于钢筋混凝土结构。预应力筋包括中强度预应力钢丝、预应力螺纹钢筋、消除应力钢丝及钢绞线，一般高强钢丝无明显的屈服点，常用于预应力混凝土结构。

2．对有明显屈服点的钢筋，其力学性能指标有屈服强度、极限抗拉强度、伸长率和冷弯性能，此类钢筋以屈服强度作为强度设计指标；对无明显屈服点的钢筋，其力学性能指标有极限抗拉强度、伸长率和冷弯性能，此类钢筋取条件屈服强度作为强度设计指标。

3．混凝土结构要求钢筋具有较高的强度，良好的塑性、可焊性以及与混凝土的粘结力。

4．混凝土的强度指标包括立方体抗压强度、轴心抗压强度和抗拉强度。其中的立方体抗压强度是最基本的强度指标，轴心抗拉强度是确定混凝土构件的抗裂度和变形的重要力学指标。在实际工程中，混凝土的强度等级应根据规范规定的最低限值要求选用。

5. 混凝土在短期荷载作用下的应力－应变关系是研究混凝土构件截面应力分析、建立强度和变形计算理论的重要依据。

6. 混凝土在荷载长期作用下产生的徐变变形，将引起构件截面应力重分布，使构件的变形增大，并将在预应力混凝土构件中产生较大的预应力损失。

7. 当混凝土收缩和温度变形受到约束时，将产生收缩、温度应力，导致混凝土结构开裂，工程中应采取相应的措施。

8. 为保证钢筋和混凝土能够共同工作，规范对钢筋的锚固和连接做了较详细的规定，在实际工程应用时，应严格按规定执行。

思　考　题

1-1　普通钢筋的强度等级有哪些？分别用什么符号表示？在实际工程中如何选用？

1-2　为什么有明显屈服点钢筋以屈服强度作为钢筋强度设计取值的依据？

1-3　钢筋的塑性性能用什么反映？

1-4　有明显屈服点钢筋和无明显屈服点钢筋的力学性能有何差异？

1-5　何谓条件屈服强度？

1-6　冷加工钢筋的力学性能有何特点？

1-7　钢筋混凝土结构对钢筋的性能有哪些要求？

1-8　混凝土的强度等级如何确定？

1-9　混凝土的轴心抗压强度和轴心抗拉强度如何确定？

1-10　线性徐变与非线性徐变的特点各是什么？

1-11　影响徐变的主要因素有哪些？徐变对工程结构构件有何影响？

1-12　减少混凝土的收缩可采取哪些措施？

1-13　混凝土构件中钢筋的实际锚固长度如何计算？

1-14　为什么钢筋在混凝土施工过程中易受扰动时，其锚固长度要增长？

1-15　为什么当钢筋在锚固区的混凝土保护层较厚且配有箍筋时，其锚固长度可适当减小？

1-16　为什么受压钢筋的锚固长度可比受拉钢筋的短？

1-17　钢筋的连接接头有哪几种形式？《规范》对连接接头的设置主要有哪些要求？

1-18　同一连接区段内连接接头钢筋的数量如何确定？

第二章
结构设计基本原则

本章提要 本章简要介绍工程结构设计常用的基本概念;重点叙述承载能力计算和正常使用极限状态验算的原则及混凝土结构耐久性设计的有关规定。

第一节 基 本 概 念

一、结构上的作用

使结构产生内力或变形的原因称为作用,一般用 Q 表示,结构上的作用分为直接作用和间接作用。直接作用又称为荷载,是施加在结构上的集中力或分布力,如结构自重、楼(屋)面活荷载、风荷载等。间接作用是指能够引起结构外加变形或约束变形的原因,如温度变化、混凝土收缩与徐变、地基变形、地震等原因引起的作用。

结构上的作用一般按随时间的变异分为如下几类:

1. 永久作用

永久作用又称为永久荷载(恒荷载),是指在设计所考虑的时期内始终存在且其量值变化与平均值相比可以忽略不计的作用,或其变化是单调的并趋于某个限值的作用。例如,结构自重、土压力等。

2. 可变作用

可变作用又称为可变荷载(活荷载),是指在设计使用年限内其量值随时间变化,且其变化与平均值相比不可忽略不计的作用。例如,楼(屋)面活荷载、吊车荷载、风荷载等。

设计使用年限是指设计规定的结构或构件不需进行大修即可按预定目的使用的年限。

3. 偶然作用

偶然作用是在设计使用年限内不一定出现,而一旦出现,则其量值很大,且持续时间很短的作用。例如,地震作用、爆炸力、撞击力等。

二、作用的代表值

在结构设计中采用的作用值称为作用代表值。作用代表值包括标准值、组合值和准永久值等。

1. 作用标准值

作用标准值为设计基准期(指为确定可变作用等的取值而选用的时间参数;房屋建筑结构的设计基准期为 50 年。)内最大作用概率分布的某个分位值。它是作用的基本代表值,其他代表值都可在标准值的基础上乘以相应的系数后得到。

我国《荷载规范》给出常用材料和构件的自重以及各种可变荷载标准值,设计时可直接查用。

2. 作用组合值

对可变作用，使组合后的作用效应在设计基准期内的超越概率，能与该作用单独出现时的相应概率趋于一致的作用值。可变荷载组合值由可变荷载标准值乘以组合系数 ψ_c 得到。ψ_c 可查《荷载规范》。

3. 作用准永久值

对可变作用，在设计基准期内，其被超越的总时间为设计基准期一半的作用值。它对结构的影响相当于永久作用。可变荷载准永久值由可变荷载标准值乘以准永久值系数 ψ_q 得到。ψ_q 可查《荷载规范》。

三、作用效应

由各种作用引起的结构或构件的反应，称为作用效应，用 S 表示。例如，内力、变形和裂缝等。由于作用 Q 为随机变量，因此作用效应 S 也为随机变量，其变异性应采用统计分析进行处理。一般情况下，结构上的作用为荷载，荷载效应 S 与荷载 Q 之间可近似按线性关系考虑，即

$$S = CQ \tag{2-1}$$

式中　S——作用效应。

　　　　C——荷载效应系数，通常由结构力学分析确定。例如承受均布荷载作用的简支梁 $C = 1/8 l_0^2$。

四、结构抗力

结构或构件承受作用效应的能力，称为结构抗力，用 R 表示。例如，构件的承载力、刚度、抗裂度等。结构抗力也是随机变量，其变异性与结构的材料性能、几何尺寸、配筋情况和抗力的计算假定、计算公式等有关。通常，结构抗力主要取决于材料性能。材料性能的基本代表值是材料强度标准值。一般取符合规定质量的具有不小于95%保证率的材料强度下分位值作为材料强度标准值，即

$$f_k = f_m(1 - 1.645\delta_f) \tag{2-2}$$

式中　f_k——材料强度标准值；

　　　　f_m——材料强度平均值；

　　　　δ_f——材料强度变异系数，$\delta_f = \sigma_f / f_m$；

　　　　σ_f——材料强度标准差。

对钢筋强度标准值，考虑到我国冶金生产钢材质量控制标准的废品限值具有97.73%的保证率，已满足《规范》材料强度标准值的保证率不小于95%的要求，因此，钢筋的强度标准值取钢材质量控制标准的废品限值。普通钢筋的屈服强度标准 f_{yk}、极限强度标准 f_{stk} 按表2-1采用；预应力钢丝、预应力螺纹钢筋和钢绞线的屈服强度标准值 f_{pyk}、极限强度标准值 f_{ptk} 按表2-2采用。

表2-1　　　　　　　　　　　　普通钢筋强度标准值　　　　　　　　　　　　N/mm²

钢筋牌号	符　号	公称直径 d (mm)	屈服强度标准值 f_{yk}	极限强度标准值 f_{stk}
HPB300	Φ	6～22	300	420

钢筋牌号	符　号	公称直径 d（mm）	屈服强度标准值 f_{yk}	极限强度标准值 f_{stk}
HRB335 HRBF335	Φ Φ^F	6～50	335	455
HRB400 HRBF400 RRB400	Φ Φ^F Φ^R	6～50	400	540
HRB500 HRBF500	Φ Φ^F	6～50	500	630

表 2-2　　　　　　　　　　　　预应力筋强度标准值　　　　　　　　　　　　N/mm²

钢筋种类		符　号	公称直径 d（mm）	屈服强度标准值 f_{pyk}	极限强度标准值 f_{ptk}
中强度预 应力钢丝	光面 螺旋肋	Φ^{PM} Φ^{HM}	5、7、9	620	800
				780	970
				980	1270
预应力螺纹钢筋	螺纹	Φ^T	18、25、32、 40、50	785	980
				930	1080
				1080	1230
消除应力钢丝	光面 螺旋肋	Φ^P Φ^H	5	—	1570
				—	1860
			7	—	1570
				—	1470
			9	—	1570
钢绞线	1×3 （三股）	Φ^S	8.6、10.8、12.9	—	1570
				—	1860
				—	1960
	1×7 （七股）		9.5、12.7、 15.2、17.8	—	1720
				—	1860
				—	1960
			21.6	—	1860

对混凝土，其立方体抗压强度标准值 $f_{cu,k}$ 的保证率是 95%，即

$$f_{cu,k} = f_{cu,m}(1 - 1.645\delta_f) \qquad (2-3)$$

式中　　$f_{cu,m}$——混凝土立方体抗压强度平均值。

δ_f——混凝土立方体抗压强度变异系数，对 C40 级以下的混凝土 $\delta_f = 0.12$；对 C60 级，$\delta_f = 0.10$；对 C80 级，$\delta_f = 0.08$。

确定混凝土轴心抗压强度和轴心抗拉强度的标准值时，假定它们的变异系数与立方体抗压强度的变异系数相同。根据式（2-2），考虑结构混凝土强度与试件混凝土强度的差异，以及高强混凝土的脆性对受力的影响，利用混凝土轴心抗压强度和轴心抗拉强度平均值与立方体强度平均值的关系，可得混凝土轴心抗压强度标准值 f_{ck} 和轴心抗拉强度标准值 f_{tk}，见表 2-3。

表 2-3 　　　　　　　　　 **混 凝 土 强 度 标 准 值** 　　　　　　　　　 N/mm²

强度种类	混凝土强度等级												
	C15	C20	C25	C30	C35	C40	C45	C50	C55	C60	C65	C70	C75	C80
f_{ck}	10.0	13.4	16.7	20.1	23.4	26.8	29.6	32.4	35.5	38.5	41.5	44.5	47.4	50.2
f_{tk}	1.27	1.54	1.78	2.01	2.20	2.39	2.51	2.64	2.74	2.85	2.93	2.99	3.05	3.11

第二节　结构功能和可靠度

一、结构的功能

建筑结构在规定的设计使用年限内（表 2-4）应满足的各种要求，称为结构的功能。工程结构设计时，应规定结构的设计使用年限。

表 2-4 　　　　　　　　　 **建筑结构设计使用年限分类**

类别	设计使用年限（年）	示　　例	类别	设计使用年限（年）	示　　例
1	5	临时性建筑结构	3	50	普通房屋和构筑物
2	25	易于替换的结构构件	4	100	标志性建筑和特别重要的建筑结构

结构的功能包括以下三个方面：

1. 安全性

建筑结构在正常设计、施工和维护条件下，应能承受在施工和使用期间可能出现的各种作用而不发生破坏；当发生火灾时，在规定的时间内可保持足够的承载力；当发生爆炸、撞击、人为错误等偶然事件时，结构能保持必需的整体稳固性，不出现与起因不相称的破坏后果，防止出现结构的连续倒塌。

2. 适用性

建筑结构在正常使用过程中应保持良好的使用性能，不出现影响正常使用的变形和裂缝等。

3. 耐久性

建筑结构在正常维护条件下应具有足够的耐久性能，不致因混凝土的劣化、腐蚀或钢筋的锈蚀等影响结构正常使用到规定的设计使用年限。

安全性、适用性和耐久性可概括称为结构的可靠性。即结构在规定的设计使用年限内，在正常设计、正常施工、正常使用和正常维护条件下，完成预定功能的能力。结构的可靠性可用概率来度量，即结构完成预定功能的概率，称为结构的可靠度。

二、结构的可靠概率和失效概率

结构完成预定功能的工作状态可用结构的功能函数 Z 来描述，即

$$Z = R - S \qquad (2-4)$$

显然，当 $Z>0$ 时，即结构抗力 R 大于作用效应 S 时，则结构能完成预定的功能，处于可靠状态；当 $Z<0$ 时，即结构抗力 R 小于作用效应 S 时，结构不能完成预定的功能，处于失效状态；而当 $Z=0$ 时，即结构抗力 R 等于作用效应 S 时，则结构处于极限状态。因此，结构可靠工作的基本条件为

$$Z \geqslant 0 \qquad (2-5)$$

或

$$R \geqslant S \qquad (2-6)$$

由于结构抗力 R 和作用效应 S 是随机变量，所以，结构的功能函数 Z 也是随机变量。设 μ_Z、μ_R 和 μ_S 分别为 Z、R 和 S 的平均值；σ_Z、σ_R 和 σ_S 分别为 Z、R 和 S 的标准差；R 和 S 相互独立，则

$$\mu_Z = \mu_R - \mu_S \qquad (2-7)$$

$$\sigma_Z = \sqrt{\sigma_R^2 + \sigma_S^2} \qquad (2-8)$$

结构的功能函数 Z 的分布曲线如图 2-1 所示。图中，纵坐标轴以左（$Z<0$）的阴影面积即为结构的失效概率 P_f，纵坐标轴以右（$Z>0$）的分布曲线与横坐标 Z 轴所围成的面积即为结构的可靠概率 P_s，则结构的失效概率 P_f 为

$$P_f = \int_{-\infty}^{0} f(Z)\,\mathrm{d}z \qquad (2-9)$$

结构的可靠概率 P_s 为

$$P_s = \int_{0}^{+\infty} f(Z)\,\mathrm{d}z \qquad (2-10)$$

结构的失效概率 P_f 与可靠概率 P_s 的关系为

$$P_s + P_f = 1 \qquad (2-11)$$

或

$$P_s = 1 - P_f \qquad (2-12)$$

因此，可采用结构的失效概率 P_f 或者结构的可靠概率 P_s 来度量结构的可靠性。一般采用失效概率 P_f 来度量结构的可靠性，只要失效概率 P_f 足够小，则结构的可靠性必然高。

三、结构的可靠指标

考虑到计算失效概率 P_f 比较复杂，故引入可靠指标 β 代替失效概率 P_f 来具体度量结构的可靠性。

可靠指标 β 为结构的功能函数 Z 的平均值 μ_z 与其标准差 σ_z 之比，即

$$\beta = \frac{\mu_z}{\sigma_z} \qquad (2-13)$$

由式（2-13）得

$$\mu_z = \beta\sigma_z \qquad (2-14)$$

由式（2-14）和图 2-1 可见，可靠指标 β 值越大，失效概率 P_f 值就越小，即结构就越可靠。故将 β 称为可靠指标。

可靠指标 β 和失效概率 P_f 对应的数值见表 2-5。

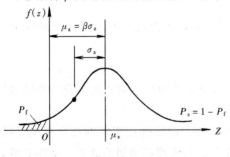

图 2-1　功能函数分布曲线

表 2-5　　　　　　　　　可靠指标 β 与失效概率 P_f 的对应值

β	2.7	3.2	3.7	4.2
P_f	3.5×10^{-3}	6.9×10^{-4}	1.1×10^{-4}	1.3×10^{-5}

四、结构的安全等级与目标可靠指标

在进行建筑结构设计时，应根据结构破坏可能产生的后果严重性，即危及人的生命、造成经济损失、对社会或环境产生的影响等，采用不同的安全等级。建筑结构安全等级的划分应符合表 2-6 的要求。

同一建筑物中的各种结构构件宜与整个结构采用相同的安全等级。但允许对部分结构构件，根据其重要程度和综合经济效益进行适当调整。如果提高某一结构构件的安全等级所增加费用很少，又能减轻荷载对整个结构的破坏，从而减少人员伤亡和财产损失，

表 2-6　　　建筑结构的安全等级

安全等级	破坏后果	示例
一级	很严重	大型的公共建筑等
二级	严重	普通的住宅和办公楼等
三级	不严重	小型的或临时性储存建筑等

则将该结构构件的安全等级较整个结构的安全等级提高一级；相反，某一结构构件的破坏不会影响整个结构或其他的构件，则可将其安全等级降低一级，但不得低于三级。

为了使所设计的结构既安全可靠，又经济合理，则结构的失效概率 P_f 应小到人们可以接受的程度，用可靠指标 β 表示时，则为

$$\beta \geqslant [\beta] \tag{2-15}$$

式中　　$[\beta]$——目标可靠指标。

结构的目标可靠指标 $[\beta]$ 主要与结构的安全等级和破坏类型有关。结构的安全等级愈高，则其目标可靠指标应愈大。结构构件在破坏前有明显的变形或其他预兆，属于延性破坏时，则其目标可靠指标可取得小一些；相反，结构构件在破坏前无明显的变形或其他预兆，具有突发性，即属于脆性破坏时，则其目标可靠指标应取得大一些。结构构件持久设计状况承载能力极限状态设计时采用的目标可靠指标 $[\beta]$ 见表 2-7。

表 2-7　　结构构件承载能力极限状态的目标可靠指标

破坏类型	安全等级		
	一级	二级	三级
延性破坏	3.7	3.2	2.7
脆性破坏	4.2	3.7	3.2

对一般的结构构件，直接根据目标可靠指标进行设计仍然比较繁杂。因此《规范》采用以概率理论为基础的极限状态设计法，以可靠指标度量结构构件的可靠度，采用分项系数的设计表达式进行设计，即结构构件设计时不直接计算可靠指标 β，而是按规范给定的各分项系数进行计算，则所设计的结构构件隐含的可靠指标 β 可以满足不小于目标可靠指标 $[\beta]$ 的要求。

第三节　极限状态设计法

一、结构极限状态的定义和分类

结构能完成预定功能的可靠状态与其不能完成预定功能的失效状态的界限，称为极限状

态。或者说，整个结构或结构的一部分超过某一特定状态就不能满足设计规定的某一功能要求，则此特定状态称为该功能的极限状态。

结构的极限状态可分为以下两类：

1. 承载能力极限状态

当结构或其构件达到最大承载力，或达到不适于继续承载的变形时，称该结构或其构件达到承载能力极限状态。

结构或其构件出现下列状态之一时，就认为超过了承载能力极限状态。

1）结构构件或连接因超过材料强度而破坏，或因过度变形而不适宜继续承载。

2）整个结构或其一部分作为刚体失去平衡。

3）结构转变为机动体系。

4）结构或结构构件丧失稳定。

5）结构因局部破坏而发生连续倒塌。

6）地基丧失承载力而破坏。

7）结构或结构构件的疲劳破坏。

2. 正常使用极限状态

当结构或其构件达到正常使用或耐久性的某项规定限值时，称该结构或其构件达到正常使用极限状态。

结构或其构件出现下列状态之一时，就认为超过了正常使用极限状态。

1）影响正常使用或外观的变形。

2）影响正常使用或耐久性能的局部损坏。

3）影响正常使用的振动。

4）影响正常使用的其他特定状态。

结构设计时应对结构的不同极限状态分别进行计算或验算。当某一极限状态的计算或验算起控制作用时，可仅对该极限状态进行计算或验算。

二、结构的设计状况

设计状况是代表一定时段内实际情况的一组设计条件，设计应做到在该组条件下结构不超越有关的极限状态。工程结构设计时应区分下列设计状况：

1. 持久设计状况

持久设计状况是指在结构使用过程中一定出现，且持续期很长的实际状况，其持续期一般与设计使用年限为同一数量级。持久设计状况适用于结构使用时的正常情况。

2. 短暂设计状况

短暂设计状况是指在结构施工和使用过程中出现概率较大，而与设计使用年限相比持续期很短的设计状况。短暂设计状况适用于结构出现的临时情况，包括结构施工和维修时的情况等。

3. 偶然设计状况

偶然设计状况是指在结构使用过程中出现概率很小，且持续期很短的设计状况。偶然设计状况适用于结构出现的异常情况，包括结构遭受火灾、爆炸、撞击时的情况等。

4. 地震设计状况

地震设计状况是指结构遭受地震时的设计状况。地震设计状况适用于结构遭受地震时的情况，在抗震设防地区必须考虑地震设计状况。

对上述四种设计状况，均应进行承载能力极限状态设计。对持久设计状况，还应进行正常使用极限状态设计。对短暂设计状况和地震设计状况，可根据需要进行正常使用极限状态设计。对偶然设计状况，可不进行正常使用极限状态设计。

三、承载能力极限状态计算

1. 计算内容

1）结构构件应进行承载力（包括失稳）计算。

2）直接承受重复荷载的构件应进行疲劳验算。

3）有抗震设防要求时，应进行抗震承载力计算。

4）必要时还应进行结构的倾覆、滑移、漂浮验算。

5）对于可能遭受偶然作用，且倒塌可能引起严重后果的重要结构，宜进行防连续倒塌设计。

2. 设计表达式

对持久设计状况、短暂设计状况和地震设计状况，当用内力的形式表达时，结构构件的承载能力极限状态设计表达式为

$$\gamma_0 S = R \tag{2-16}$$

式中　γ_0——结构重要性系数；

　　　S——承载能力极限状态下作用组合的效应设计值；

　　　R——结构构件的抗力设计值。

3. 结构重要性系数 γ_0

结构重要性系数 γ_0 取决于设计状况和结构的安全等级。在持久设计状况和短暂设计状况下，对安全等级为一级的结构构件不应小于 1.1；对安全等级为二级的结构构件不应小于 1.0；对安全等级为三级的结构构件不应小于 0.9；对地震设计状况下应取 1.0。

4. 作用组合的效应设计值 S

作用组合的效应设计值 S 是指由可能同时出现的各种荷载的设计值所产生的轴力组合设计值 N、弯矩组合设计值 M、剪力组合设计值 V 或扭矩组合设计值 T 等。

荷载设计值是荷载标准值与其相应的荷载分项系数的乘积。当两种或两种以上可变荷载同时作用在结构上时，除主导可变荷载外，其他可变荷载标准值还应乘以组合值系数，即采用荷载组合值。荷载分项系数及组合值系数由可靠度分析，并结合工程经验确定。

对持久设计状况和短暂设计状况，承载能力极限状态下作用组合的效应设计值 S 应从下列基本组合中取最不利值确定：

（1）由可变荷载效应控制的效应设计值

$$S = \sum_{j=1}^{m} \gamma_{Gj} S_{Gjk} + \gamma_{Q1} \gamma_{L1} S_{Q1k} + \sum_{i=2}^{n} \gamma_{Qi} \gamma_{Li} \psi_{ci} S_{Qik} \tag{2-17}$$

式中　γ_{Gj}——第 j 个永久荷载的分项系数；当永久荷载效应对结构不利时，对由可变荷载效应控制的组合，其值取 1.2；对由永久荷载效应控制的组合应取 1.35；当永久荷载效应对结构有利时，不应大于 1.0。

　　　γ_{Qi}——第 i 个可变荷载的分项系数，其中 γ_{Q1} 为主导可变荷载 Q_1 的分项系数；一般情况下，其值取 1.4；对标准值大于 $4kN/m^2$ 的工业房屋楼面结构的活荷载应取 1.3。

γ_{Li}——第 i 个可变荷载考虑设计使用年限的调整系数，其中 γ_{L1} 为主导可变荷载 Q_1 考虑设计使用年限的调整系数；对楼面和屋面活荷载，当设计使用年限为 50 年时取 1.0，当设计使用年限为 100 年时取 1.1。

S_{Gjk}——按第 j 个永久荷载标准值 G_{jk} 计算的荷载效应值。

S_{Qik}——按第 i 个可变荷载标准值 Q_{ik} 计算的荷载效应值，其中 S_{Q1k} 为各可变荷载效应中起主导作用者。

ψ_{ci}——第 i 个可变荷载 Q_i 的组合值系数，按《荷载规范》的规定采用。

m——参与组合的永久荷载数。

n——参与组合的可变荷载数。

当对 S_{Q1k} 无法明显判断时，可轮次以各可变荷载效应作为 S_{Q1k}，并选其中最不利的荷载效应组合。

（2）由永久荷载效应控制的效应设计值

$$S = \sum_{j=1}^{m} \gamma_{Gj} S_{Gjk} + \sum_{i=1}^{n} \gamma_{Qi} \gamma_{Li} \psi_{ci} S_{Qik} \tag{2-18}$$

对一般的排架结构、框架结构，可采用简化规则，并按下列组合值中取最不利值确定：

1）由可变荷载效应控制的效应设计值

$$S = \gamma_G S_{Gk} + \gamma_{Q1} S_{Q1k} \tag{2-19}$$

$$S = \gamma_G S_{Gk} + 0.9 \sum_{i=1}^{n} \gamma_{Qi} S_{Qi} \tag{2-20}$$

2）由永久荷载效应控制的效应设计值

$$S = 1.35 S_{Gk} + \sum_{i=1}^{n} \gamma_{Qi} \psi_{ci} S_{Qik} \tag{2-21}$$

5. 结构构件抗力设计值 R

结构构件抗力设计值 R 是按材料强度设计值和构件几何参数标准值等计算的截面所能抵抗的轴力、弯矩、剪力或扭矩设计值等。

材料强度设计值为材料强度标准值除以对应的材料分项系数。材料分项系数根据结构可靠度分析，并考虑材料的分布规律和一定的保证率确定。对 400MPa 级及以下的普通钢筋，其材料分项系数 γ_s 取 1.10；对 500MPa 级取 1.15；对预应力筋取 1.20。混凝土的材料分项系数 γ_c 取 1.4。普通钢筋的抗拉强度设计值 f_y 及抗压强度设计值 f'_y 按表 2-8 采用；预应力筋的抗拉强度设计值 f_{py} 及抗压强度设计值 f'_{py} 按表 2-9 采用。当结构构件中配有不同种类的钢筋时，每种钢筋应采用各自的强度设计值。横向钢筋的抗拉强度设计值 f_{yv} 按表 2-8 中的 f_y 数值采用；当用作受剪、受扭、受冲切承载力计算时，其数值大于 360MPa 时应取 360MPa。混凝土的轴心抗压强度设计值 f_c 和轴心抗拉强度设计值 f_t 按表 2-10 采用。

表 2-8　　　　　　　　　普通钢筋强度设计值　　　　　　　　　　N/mm²

钢 筋 牌 号	抗拉强度设计值 f_y	抗压强度设计值 f'_y
HPB300	270	270
HRB335、HRBF335	300	300
HRB400、HRBF400、RRB400	360	360
HRB500、HRBF500	435	410

表 2 - 9　　　　　　　　　　　　　　预应力钢筋强度设计值　　　　　　　　　　　　N/mm²

钢筋种类	极限强度标准值 f_{ptk}	抗拉强度设计值 f_{py}	抗压强度设计值 f'_{py}
中强度预应力钢丝	800	510	410
	970	650	
	1270	810	
消除应力钢丝	1470	1040	410
	1570	1110	
	1860	1320	
钢绞线	1570	1110	390
	1720	1220	
	1860	1320	
	1960	1390	
预应力螺纹钢筋	980	650	410
	1080	770	
	1230	900	

表 2 - 10　　　　　　　　　　　　　　混凝土强度设计值　　　　　　　　　　　　N/mm²

强度种类	混凝土强度等级													
	C15	C20	C25	C30	C35	C40	C45	C50	C55	C60	C65	C70	C75	C80
f_c	7.2	9.6	11.9	14.3	16.7	19.1	21.1	23.1	25.3	27.5	29.7	31.8	33.8	35.9
f_t	0.91	1.10	1.27	1.43	1.57	1.71	1.80	1.89	1.96	2.04	2.09	2.14	2.18	2.22

结构构件抗力设计值 R 的一般表达式为

$$R = R(.) = R(f_c, f_s, a_k \cdots)/\gamma_{Rd} \qquad (2 - 22)$$

式中　$R(.)$——结构构件的抗力函数。

　　　f_c、f_s——混凝土、钢筋的强度设计值。

　　　a_k——几何参数的标准值，当几何参数的变异性对结构性能有明显的不利影响时，应增减一个附加值。

　　　γ_{Rd}——结构构件的抗力模型不定性系数。静力设计取 1.0，对不确定性较大的结构构件根据具体情况取大于 1.0 的数值；抗震设计应用承载力抗震调整系数 γ_{RE} 代替 γ_{Rd}。

结构构件抗力设计值的具体计算公式，将在以后各章中叙述。

四、正常使用极限状态验算

1. 验算内容

凝土结构构件应根据其使用功能及外观要求进行如下正常使用极限状态的验算：

1）对需要控制变形的构件，应进行挠度验算。

2）对不允许出现裂缝的构件，应进行混凝土拉应力验算。

3）对允许出现裂缝的构件，应进行受力裂缝宽度验算。

4）对舒适度有要求的楼盖结构，应进行竖向自振频率验算。

对一般的建筑结构，正常使用极限状态验算主要为裂缝控制验算和挠度验算。

2. 设计表达式

由于结构构件达到或超过正常使用极限状态，对人们生命财产的影响程度比承载能力极限状态小得多，其目标可靠指标可定的低一些；因此，对钢筋混凝土构件和预应力混凝土构件进行正常使用极限验算时，应分别按荷载的准永久值组合并考虑长期作用的影响或标准组合并考虑长期作用的影响，采用如下设计表达式进行验算：

$$S \leqslant C \tag{2-23}$$

式中　S——正常使用极限状态荷载组合的效应设计值；

　　　C——结构构件达到正常使用要求所规定的变形、应力和裂缝宽度和自振频率等的限值。

对于标准组合，其荷载组合的效应设计值 S 的表达式为

$$S = S_{Gk} + S_{Q1k} + \sum_{i=2}^{n} \psi_{ci} S_{Qik} \tag{2-24}$$

对于准永久组合，其荷载组合的效应设计值 S 的表达式为

$$S = S_{Gk} + \sum_{i=1}^{n} \psi_{qi} S_{Qik} \tag{2-25}$$

式中　ψ_{qi}——可变荷载 Q_i 的准永久值系数。

第四节　混凝土结构耐久性设计

由于混凝土结构的材料组成及工作状况特点决定了其抗力在初期有增长和强盛的阶段，但随着时间的推移，在外界环境等各种因素作用下，其抗力将逐渐减弱，经历一定年代后，甚至会出现不满足设计预定功能要求而失效。因此，《规范》根据环境类别和设计使用年限，对混凝土结构提出耐久性设计。

一、影响混凝土结构耐久性的因素

（一）影响混凝土耐久性的因素

1. 混凝土碳化

混凝土因水泥水化反应产生氢氧化钙而呈碱性。但当外部酸性介质及水渗入后，将与混凝土中的氢氧化钙生成碳酸钙，即混凝土被碳化。当碳化深度达到钢筋的表面，将导致钢筋锈蚀。

2. 化学侵蚀

混凝土结构处于有侵蚀性化学物质环境中时，导致混凝土酥松、剥落，丧失力学性能。

3. 冻融破坏

混凝土在低温下因渗入其内部的水结冰膨胀，破坏混凝土内部的结构。

4. 温湿度变化

混凝土因温度变化产生热胀冷缩，因湿度变化产生干缩或湿胀。当这种胀缩受到约束影响时，混凝土就会开裂。

5. 碱骨料反应

混凝土中的碱金属与含有碱活性的骨料发生化学反应生成碱活性物质。这种物质吸水后

体积急剧膨胀，造成混凝土破坏。

（二）影响钢筋耐久性的因素

1. 钢筋锈蚀

混凝土的碳化、侵蚀性的酸性介质，特别是氯离子都会引起钢筋锈蚀。钢筋锈蚀后不仅受力面积减少，而且可将混凝土保护层胀裂，进一步加快钢筋的锈蚀速度。

2. 应力腐蚀

钢筋在应力状态下会发生电位变化，由于电化学作用使钢筋锈蚀速度加快。

影响混凝土结构耐久性的因素很多，还需进一步的研究。目前，对一般建筑结构的耐久性设计只能采用经验性的定性方法解决。

二、耐久性设计

1. 设计内容

1）确定结构所处的环境类别。

2）提出对混凝土材料的耐久性基本要求。

3）确定构件中钢筋的混凝土保护层厚度。

4）不同环境条件下的耐久性技术措施。

5）提出结构使用阶段的检测与维护要求。

2. 环境类别

混凝土结构所处的环境是影响耐久性的重要外因，根据混凝土暴露表面所处的环境条件，设计时按表 2-11 的要求确定环境类别。

表 2-11 混凝土结构的环境类别

环境类别	条 件
一	室内干燥环境； 无侵蚀性静水浸没环境
二 a	室内潮湿环境； 非严寒和非寒冷地区的露天环境； 非严寒和非寒冷地区与无侵蚀性的水或土壤直接接触的环境； 严寒和寒冷地区的冰冻线以下与无侵蚀性的水或土壤直接接触的环境
二 b	干湿交替环境； 水位频繁变动环境； 严寒和寒冷地区的露天环境； 严寒和寒冷地区的冰冻线以上与无侵蚀性的水或土壤直接接触的环境
三 a	严寒和寒冷地区冬季水位变动区环境； 受除冰盐影响环境； 海风环境
三 b	盐渍土环境； 受除冰盐作用环境； 海岸环境
四	海水环境
五	受人为或自然的侵蚀性物质影响的环境

注 1. 室内潮湿环境是指构件表面经常处于结露或潮湿状态的环境；

2. 严寒和寒冷地区的划分应符合现行国家标准 GB 50176《民用建筑热工设计规范》的有关规定。

3. 混凝土材料的基本要求

混凝土材料的质量是影响耐久性的重要内因，对设计使用年限为 50 年的混凝土结构，其混凝土材料宜符合表 2-12 的规定。

表 2-12　　　　　　　　　结构混凝土材料的耐久性基本要求

环境类别	最大水胶比	最低强度等级	最大氯离子含量（%）	最大碱含量（kg/m³）
一	0.60	C20	0.30	不限制
二 a	0.55	C25	0.20	
二 b	0.50（0.55）	C30（C25）	0.15	
三 a	0.45（0.50）	C35（C30）	0.15	3.0
三 b	0.40	C40	0.10	

注　1. 氯离子含量是指其占胶凝材料总量的百分比；

　　2. 预应力构件混凝土中的最大氯离子含量为 0.06%，其最低混凝土强度等级宜按表中的规定提高两个等级；

　　3. 素混凝土构件的水胶比及最低强度等级的要求可适当放松；

　　4. 有可靠工程经验时，二类环境中的最低混凝土强度等级可降低一个等级；

　　5. 处于严寒和寒冷地区二 b、三 a 类环境中的混凝土应使用引气剂，并可采用括号中的有关参数；

　　6. 当使用非碱活性骨料时，对混凝土中的碱含量可不作限值。

4. 技术措施

（1）混凝土结构及构件尚应采取下列耐久性技术措施：

1）预应力混凝土结构中的预应力筋应根据具体情况采取表面防护、孔道灌浆、加大混凝土保护层厚度等措施，外露的锚固端应采取封锚和混凝土表面处理等有效措施。

2）有抗渗要求的混凝土结构，混凝土的抗渗等级应符合有关标准的要求。

3）严寒及寒冷地区的潮湿环境中，结构混凝土应满足抗冻要求，混凝土抗冻等级应符合有关标准的要求。

4）处于二、三类环境中的悬臂构件宜采用悬臂梁－板的结构形式，或在其上表面增设防护层。

5）处于二、三类环境中的结构构件，其表面的预埋件、吊钩、连接件等金属部件应采取可靠的防锈措施。

6）处于三类环境中的混凝土结构构件，可采用阻锈剂、环氧树脂涂层钢筋或其他具有耐腐蚀性能的钢筋、采取阴极保护措施或采取可更换的构件等措施。

（2）一类环境中，设计使用年限为 100 年的混凝土结构应符合下列规定：

1）钢筋混凝土结构的最低强度等级为 C30；预应力混凝土结构的最低强度等级为 C40。

2）混凝土中的最大氯离子含量为 0.06%。

3）宜使用非碱活性骨料，当使用碱活性骨料时，混凝土中的最大碱含量为 3.0kg/m³。

4）混凝土保护层厚度应符合第三章第二节的规定；当采取有效的表面防护措施时，混凝土保护层厚度可适当减小。

（3）二、三类环境中，设计使用年限 100 年的混凝土结构应采取专门的有效措施。

（4）耐久性环境类别为四类和五类的混凝土结构，其耐久性要求应符合有关标准的规定。

（5）混凝土结构在设计使用年限内尚应遵守下列规定：

1）建立定期检测、维修制度。

2）设计中可更换的混凝土构件应按规定更换。

3）构件表面的防护层，应按规定维护或更换。

4）结构出现可见的耐久性缺陷时，应及时进行处理。

本 章 小 结

1. 结构上的作用可概括为施加在结构上的集中力或分布力和引起结构外加变形或约束变形的原因。一般按时间变化分为永久作用、可变作用和偶然作用。

2. 结构设计中采用的作用代表值有作用标准值、作用组合值和作用准永久值等，作用标准值是作用的基本代表值。

3. 作用效应是指由作用引起的结构或构件的反应；结构抗力是结构或构件承受作用效应的能力。二者都是具有不确定性的随机变量。

4. 钢筋和混凝土的材料强度标准值都是在对其强度进行统计分析的基础上，取具有不小于 95% 保证率的强度值。

5. 结构设计的目的就是要保证所建造的结构满足安全性、适用性和耐久性的功能要求。结构在规定的时间内、规定的条件下完成预定功能的能力称为可靠性。可靠性用概率度量时称为可靠度。

6. 结构的可靠概率、失效概率及可靠指标都可度量结构的可靠性，它们之间存在相互对应的关系。对一般的结构，在设计时不直接计算可靠指标，而是按规范给定的相关系数进行计算，即可满足不小于目标可靠指标的要求。

7. 建筑结构设计时，根据结构破坏后可能危及人的生命、造成经济损失、对社会或环境产生影响等的严重性，将结构划分为三个安全等级。

8. 结构的极限状态是指整个结构或结构的一部分超过某一特定状态就不能满足设计规定的某一功能要求，此特定状态称为该功能的极限状态。极限状态分为承载能力极限状态和正常使用极限状态，其分别具有明显的标志状态。

9. 设计状况是代表一定时段内实际情况的一组设计条件，分为持久设计状况、短暂设计状况、偶然设计状况及地震设计状况；对每种设计状况均应进行承载能力极限状态设计，但对正常使用极限状态则可根据需要进行设计。

10. 钢筋和混凝土的材料强度设计值均为其强度标准值除以对应的材料分项系数所得。

11. 结构构件的承载能力应按《规范》要求的计算内容和极限状态设计表达式进行设计；对于一般的工程结构构件，正常使用极限状态验算主要为裂缝控制验算和挠度验算。

12. 混凝土结构的耐久性能对保证结构安全、适用具有重要的意义，应正确的确定结构所处的环境类别，符合耐久性的基本要求，并采取相应的耐久性技术措施。

思 考 题

2-1 何谓结构上的作用？举例说明荷载与作用有何不同。

2-2 何谓作用的代表值？分别如何确定？

2-3 何谓作用效应和结构抗力？

2-4 影响结构抗力的因素有哪些？

2-5 材料的强度标准值如何确定？

2-6 何谓结构的可靠性和可靠度？

2-7 结构的失效概率和可靠概率的关系是什么？

2-8 结构的安全等级分为几级？根据什么确定？

2-9 结构的可靠指标与失效概率的关系是什么？

2-10 何谓结构的极限状态？其分类及相应的标志是什么？

2-11 工程结构的设计状况有哪几种？各适用于什么情况？

2-12 荷载设计值和材料强度设计值各如何确定？

2-13 作用组合的效应设计值 S 的表达式中各符号的意义是什么？

2-14 混凝土结构耐久性设计包括哪些内容？

第三章
受弯构件正截面承载力计算

本章提要　本章在介绍受弯构件的概念、设计计算内容及基本构造要求的基础上，简要分析了受弯构件正截面的受力性能及其承载力计算的基本理论，重点叙述单筋、双筋矩形截面和 T 形截面受弯构件正截面承载力计算的基本公式、公式的适用条件及设计计算方法，并通过算例说明在实际工程中的应用。

第一节　概　　述

在建筑结构中，同时承受弯矩 M 和剪力 V 作用的构件称为受弯构件，例如钢筋混凝土楼盖的梁和板。受弯构件在弯矩作用下，可能发生与构件轴线垂直相交的正截面破坏，如图 3-1 （a）所示；受弯构件在弯矩和剪力共同作用下，可能发生与构件轴线斜向相交的斜截面受剪或受弯破坏，如图 3-1 （b）所示。

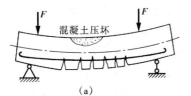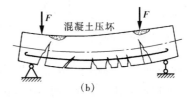

图 3-1　受弯构件破坏情况

（a）正截面破坏；（b）斜截面破坏

仅在受弯构件截面受拉区配置纵向受力钢筋的称为单筋截面，如图 3-2 （a）所示。如在其截面受拉区和受压区同时配置受力钢筋的称为双筋截面，如图 3-2 （b）所示。

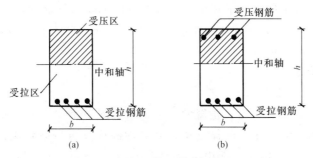

图 3-2　梁的正截面受力钢筋配置

（a）单筋截面；（b）双筋截面

钢筋混凝土受弯构件的设计通常包括以下内容：

（1）正截面受弯承载力计算。为保证受弯构件不因弯矩作用而破坏，根据控制截面（跨中或支座截面）的弯矩设计值确定截面尺寸和纵向受力钢筋的数量。

（2）斜截面受剪承载力计算。为保证斜截面不因弯矩、剪力作用而破坏，根据剪力设计值复核截面所需尺寸并确定抗剪所需的箍筋和弯起钢筋的数量。

（3）裂缝控制和挠度验算。根据受弯构件的使用要求进行正常使用极限状态的裂缝控制和挠度验算。

（4）构造设计。为保证构件的各个部位都具有足够的抗力，并具有必要的适用性和耐久性，对受弯构件，除进行上述计算外，还需采取一系列构造措施。

本章介绍受弯构件正截面承载力计算及相应的一些构造要求等。其他内容将在后续章节中介绍。

第二节　受弯构件的基本构造要求

一、板的构造要求

1. 板的厚度

板的厚度应满足承载能力及构造等要求，一般现浇板的最小厚度为 60mm，板厚以 10mm 为模数。现浇钢筋混凝土板的最小厚度要求详见第六章。

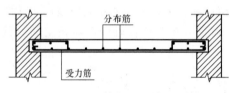

图 3-3　简支板的钢筋布置

2. 板的配筋

板中一般配置有受力钢筋和分布钢筋，如图 3-3 所示。

（1）受力钢筋。板中受力钢筋承担由弯矩作用产生的拉力。

1）板中受力钢筋常用直径为 6～12mm，其中现浇板的受力钢筋直径不宜小于 8mm。当板厚度较大时，钢筋直径可为 14～18mm。

2）板中受力钢筋间距一般在 70～200mm 之间；当板厚 $h>150$mm 时，钢筋间距不宜大于 250mm，且不大于 $1.5h$。

（2）分布钢筋。分布钢筋与受力钢筋垂直，设置在受力钢筋的内侧。其作用是将荷载均匀地传递给受力钢筋，并在施工中固定受力钢筋的设计位置，同时也可抵抗混凝土收缩及温度变化在垂直受力钢筋方向产生的拉应力。

分布钢筋单位宽度上的配筋不宜小于单位宽度上的受力钢筋的 15%，且配筋率不宜小于 0.15%；其直径不宜小于 6mm，间距不宜大于 250mm。当有较大的集中荷载作用于板面时，间距不宜大于 200mm。

二、梁的构造要求

1. 梁的截面形式及尺寸

梁的截面形式有矩形、T 形、花篮形、十字形、倒 L 形等。梁的截面高度和宽度应根据计算确定。对一般荷载作用下的简支梁，其截面高度 h 可按高跨比 $h/l=1/10～1/16$ 取用。为统一模板尺寸便于施工，常用梁高为 250、300、350、…、750、800、900、1000mm 等。梁的截面宽度可由高宽比来确定，对矩形截面 $h/b=2.0～2.5$；对 T 形截面 $h/b=2.5～4.0$（此处 b 为梁肋宽）。常用梁宽为 150、180、200、…，如 $b>200$mm，应取 50mm 的倍数。

2. 梁的配筋

钢筋混凝土梁中通常配置有纵向受力钢筋、箍筋、弯起钢筋及架立钢筋。当梁的截面高度较大时，还应在梁侧设置纵向构造钢筋。这里主要讨论纵向受力钢筋和架立钢筋的构造要求。

（1）纵向受力钢筋。纵向受力钢筋主要布置于梁的受拉区，用以承受由弯矩产生的拉力，其数量由计算确定。

1）梁底部纵向受力钢筋一般不少于 2 根，常用直径为 12～32mm；同一构件中钢筋直径相差不宜小于 2mm，但同一截面内受力钢筋直径也不宜相差太大。

2）为保证钢筋与混凝土之间的粘结和混凝土浇筑的密实性，梁中纵向钢筋的净距不应小于表 3-1 的规定。

在梁的配筋密集区域，当受力钢筋单根配置导致混凝土难以浇筑密实时，可采用两根或三根一起配置的并筋形式。对直径不大于 28mm 的钢筋，并筋数量不宜超过 3 根；对直径为 32mm 的钢筋，并筋数量宜为 2 根；直径为 36mm 的钢筋不宜采用并筋。当采用并筋时，在有关梁的纵向钢筋最小间距和钢筋的混凝土保护层厚度构造规定中所涉及的钢筋直径 d 均改用并筋的等效直径 d_e。并筋的等效直径 d_e 按面积等效的原则确定，对等直径双并筋，$d_e = 1.4d$；对等直径三并筋，$d_e = 1.7d$，d 为单根钢筋的直径。

表 3-1　　　　　　　　　　　　　梁中纵向钢筋的最小间距

间　距　类　型	水　平　净　距		垂直净距（层距）
钢筋类型	上部钢筋	下部钢筋	25mm 和 d
最小间距	30mm 和 1.5d	25mm 和 d	

注　1. 当梁的下部钢筋配置多于两层时，两层以上钢筋水平方向的中距应比下面两层的中距增大一倍；

　　2. d 为钢筋的最大直径。

（2）架立钢筋。梁上部无受压钢筋时，需配置 2 根架立钢筋，以便与箍筋和梁底纵向受力钢筋形成钢筋骨架，并承受由混凝土收缩及温度变化而产生的拉力。当梁的跨度 $l_0 < 4m$ 时，直径不宜小于 8mm；当 $l_0 = 4 \sim 6m$ 时，直径不应小于 10mm；当 $l_0 > 6m$ 时，直径不宜小于 12mm。

三、混凝土保护层厚度和截面有效高度

1. 混凝土保护层厚度

为防止构件中普通钢筋和预应力筋的锈蚀，保证握裹层混凝土对受力筋的锚固，构件最外层钢筋（包括箍筋、分布筋等构造筋）的外缘至混凝土表面的最小距离 c 为钢筋的混凝土保护层厚度。《规范》规定：构件中受力筋的保护层厚度不应小于钢筋的公称直径 d 或并筋的等效直径 d_e；对设计使用年限为 50 年的混凝土结构，其钢筋的混凝土保护层厚度还应符合表 3-2 的规定；对设计使用年限为 100 年的混凝土结构，考虑混凝土碳化速度的影响，其钢筋的混凝土保护层厚度不应小于表 3-2 中数值的 1.4 倍。当有充分依据并采取一定的有效措施时，可适当减小混凝土保护层的厚度。

表 3-2　　　　　　　　　　　　　混凝土保护层厚度的最小厚度

环境类别	板、墙、壳	梁、柱、杆
一	15	20
二 a	20	25
二 b	25	35
三 a	30	40
三 b	40	50

注　1. 混凝土强度等级不大于 C25 时，表中保护层厚度数值应增加 5mm。

　　2. 钢筋混凝土基础宜设置混凝土垫层，基础中钢筋的混凝土保护层厚度应从垫层顶面算起，且不应小于 40mm。

当梁、柱及墙中纵向受力钢筋的保护层厚度大于 50mm 时，宜对保护层采取有效的构造措施。当在保护层内配置防裂、防剥落的钢筋网片时，网片钢筋的保护层厚度不应小于 25mm。

2. 截面有效高度 h_0

截面有效高度 h_0 是指受拉钢筋的重心至截面受压混凝土边缘的垂直距离，其值与受拉钢筋的直径、层数及混凝土保护层厚度有关。截面有效高度 h_0 的计算公式为

$$h_0 = h - a_s \tag{3-1}$$

式中　　h——截面高度；

a_s——受拉钢筋的重心至截面受拉混凝土边缘的垂直距离。

对板　　　　　　　　　　　　$a_s = c + d/2$

对梁，当受拉钢筋为单层时　　　$a_s = c + d_v + d/2$

双层时　　　　　　　　　　　$a_s = c + d_v + d + d_n/2$

式中　　c——保护层厚度；

d——受力钢筋直径（一般情况下，对梁取 20mm，板可取 10mm）；

d_v——箍筋的直径；

d_n——上下层钢筋之间的垂直净距。

第三节　受弯构件正截面受力性能

一、适筋梁正截面工作的三个阶段

图 3-4 所示为一配筋适中的钢筋混凝土矩形截面试验梁。为着重研究梁正面受弯性能，避免剪力的影响，采用两点对称加载的简支梁；在两个对称集中荷载之间的区段（即纯弯段）上，观察梁在不同荷载作用下的挠度和裂缝出现与开展情况。

通过试验，梁的弯矩与挠度关系曲线如图 3-5 所示。图中纵坐标为相对于梁破坏时极限弯矩 M_u 的弯矩无量纲 M/M_u 值；横坐标为梁的跨中挠度 f 值。

从图 3-5 中可看出，M/M_u—f 曲线有两个明显的转折点，将梁的受力和变形过程划分为三个阶段。

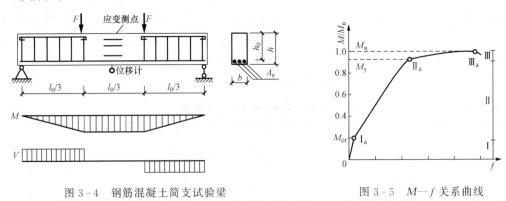

图 3-4　钢筋混凝土简支试验梁　　　　　　图 3-5　M—f 关系曲线

第 I 阶段弯矩较小，此时梁尚未出现裂缝，挠度和弯矩关系接近直线变化。当梁的弯矩达到开裂弯矩 M_{cr} 时，梁的裂缝即将出现，标志着第 I 阶段的结束即 I_a。

当弯矩超过开裂弯矩 M_{cr} 时，梁出现裂缝，即进入第Ⅱ阶段。随着荷载增加，裂缝不断出现和开展，挠度增长速度加快。在第Ⅱ阶段过程中，钢筋应力将随着弯矩的增加而增加。当弯矩增加到钢筋屈服时的 M_y 时，标志着第Ⅱ阶段的结束即Ⅱ$_a$。

进入第Ⅲ阶段后，弯矩增加不多，裂缝急剧开展，挠度急剧增加。钢筋应变有较大的增长，但其应力维持屈服强度不变。当弯矩增加到最大弯矩 M_u 时，受压区混凝土达到极限压应变，标志着梁即将破坏即Ⅲ$_a$。

二、受弯构件正截面各阶段应力状态

1. 弹性工作阶段（第Ⅰ阶段）

从开始加荷到受拉区混凝土开裂前，整个截面均参与受力，混凝土和钢筋基本处于弹性工作阶段，截面应变分布符合平截面假定，故截面应力分布呈直线形变化，中和轴在截面形心位置，如图 3-6（a）所示。

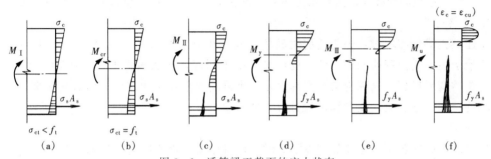

图 3-6 适筋梁正截面的应力状态

(a) Ⅰ阶段；(b) Ⅰ$_a$ 状态；(c) Ⅱ阶段；(d) Ⅱ$_a$ 状态；(e) Ⅲ阶段；(f) Ⅲ$_a$ 状态

随荷载增加，受拉区混凝土首先表现出明显的塑性性质，应变较应力增加速度快，拉应力图形呈现曲线分布，并将随荷载的增加而趋于均匀。当截面受拉边缘纤维应变 ε_{ct} 达到混凝土极限拉应变 ε_{tu} 时，截面处于即将开裂的极限状态，即第Ⅰ$_a$ 状态，相应的弯矩为开裂弯矩 M_{cr}。此时，受压区混凝土的压应力较小，仍处于弹性阶段，应力图形为直线分布，如图 3-6（b）所示。

对于不允许出现裂缝的构件，第Ⅰ$_a$ 状态将作为其抗裂度计算的依据。

2. 带裂缝工作阶段（第Ⅱ阶段）

荷载稍有增加，在"纯弯段"受拉区最薄弱截面开始出现裂缝，梁进入带裂缝工作阶段。在裂缝截面处受拉区混凝土退出工作，其所承担的拉力转移给钢筋承担，使钢筋的应力突然增大，因此裂缝一出现就有一定的宽度，并延伸到一定的高度，中和轴也随之上移，受压区高度将逐渐减小。

随着荷载增加，受拉钢筋的应力、应变增大，裂缝不断开展，受压区混凝土的应力与应变不断增加，其弹塑性特征越来越明显，压应力图形呈曲线分布，如图 3-6（c）所示。荷载增加到钢筋的应力刚达到屈服强度 f_y 时的受力状态称为第Ⅱ$_a$ 状态，相应的弯矩为屈服弯矩 M_y，如图 3-6（d）所示。

在正常使用情况下，钢筋混凝土受弯构件一般处于第Ⅱ阶段，因此，将该阶段的受力状态作为受弯构件的裂缝控制和挠度验算的依据。

3. 破坏阶段（第Ⅲ阶段）

对于配筋适中的梁，钢筋应力屈服后保持屈服强度 f_y 不变，但钢筋应变 ε_s 急剧增大，裂缝开展显著，中和轴迅速上移，导致受压区减小，混凝土的压应力和压应变迅速增大，混凝土受压的塑性特征表现的更加充分，压应力呈现显著的曲线分布，如图 3-6（e）所示。当荷载增加到混凝土受压区边缘纤维压应变达到混凝土极限压应变 ε_{cu} 时，受压区混凝土将出现一些纵向裂缝，混凝土被压碎甚至崩脱，截面破坏，也即达到第 III_a 状态，对应的弯矩称为极限弯矩 M_u，如图 3-6（f）所示。

第 III_a 状态是构件正截面破坏的极限状态，该状态将作为构件正截面承载力计算的依据。

三、受弯构件正截面破坏形态

钢筋混凝土受弯构件中钢筋用量的变化，将影响构件的受力性能和破坏形态。钢筋用量采用受拉钢筋面积 A_s 与混凝土有效面积 bh_0 的比值来反映，称为配筋率 ρ，即

$$\rho = \frac{A_s}{bh_0} \tag{3-2}$$

受弯构件正截面的破坏形态根据配筋率 ρ 的不同分为适筋梁、超筋梁、少筋梁三种类型。

1. 适筋梁

前述试验梁的破坏过程即为适筋梁破坏，其破坏形态如图 3-7（a）所示。其特点是截面破坏始于纵向受拉钢筋屈服，然后受压区混凝土压碎，从屈服弯矩 M_y 到极限弯矩 M_u 有一个较长的变形过程，表现为梁的裂缝急剧开展和挠度急增，出现明显的破坏预兆，具有延性破坏的特征。适筋梁是受弯构件设计计算的基础。

2. 超筋梁

当梁的截面配筋率 ρ 超过某一界限值时，构件中受拉钢筋的应力尚未达到屈服强度，受压区边缘混凝土应变先达到极限压应变 ε_{cu} 被压坏，称为超筋梁。其破坏形态如图 3-7（b）

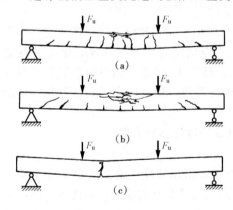

图 3-7　梁的破坏形态
（a）适筋梁；（b）超筋梁；（c）少筋梁

所示。超筋梁的承载力取决于混凝土的抗压强度，受拉钢筋的强度未得到充分利用，且破坏没有明显的预兆，属于脆性破坏，因此在实际工程中应避免采用。

3. 少筋梁

当梁的截面配筋率 ρ 低于某一限值时，构件受拉区混凝土一开裂，受拉钢筋的应力突增且迅速屈服并进入强化阶段，梁随即破坏，称为少筋梁。其破坏形态如图 3-7（c）所示。少筋梁的承载力取决于混凝土的抗拉强度，混凝土的抗压强度未得到充分利用，破坏属于受拉脆性破坏，在实际工程中也应避免采用。

第四节　受弯构件正截面承载力计算的基本理论

一、基本假定

根据钢筋混凝土梁的受弯性能分析，正截面受弯承载力计算可采用以下基本假定：

1）截面应变保持平面，即截面上各点的平均应变与该点到中和轴的距离成正比。

2）不考虑混凝土的抗拉强度，构件受拉区开裂后的拉力全部由受拉钢筋承担。

3）纵向受力钢筋采用如图 3-8 所示的受拉应力—应变关系，即当 $\varepsilon_s \leqslant \varepsilon_y$ 时，$\sigma_s = E_s \varepsilon_s$；当 $\varepsilon_s > \varepsilon_y$ 时，$\sigma_s = f_y$；受拉钢筋的极限拉应变取 0.01。

4）混凝土采用如图 3-9 所示的受压应力—应变关系，其中 ε_0 为混凝土压应力达到 f_c 时的压应变，取 0.002；ε_{cu} 为正截面的混凝土极限压应变，取 0.0033。

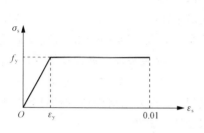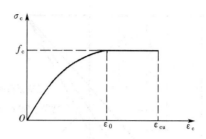

图 3-8 钢筋的应力—应变关系　　　　图 3-9 混凝土应力—应变关系

二、受压区混凝土的等效矩形应力图形

根据正截面受力性能试验分析以及上述基本假定，截面达到极限弯矩 M_u 时，受压区混凝土压应力图形为如图 3-10（c）所示曲线形，按此计算过程较繁杂。为简化计算，可采用等效矩形应力图形代换曲线形应力图形，如图 3-10（d）所示。

等效代换的原则是：

1）压应力的合力大小相等，即等效矩形应力图形的面积与理论曲线应力图形的面积相等。

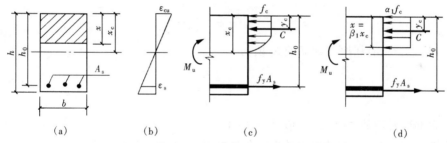

图 3-10 等效矩形应力图形代换曲线应力图形

（a）截面；（b）应变分布；（c）曲线应力分布；（d）等效矩形应力分布

2）压应力的合力作用点位置不变，即等效矩形应力图形的形心位置与理论曲线应力图形的形心位置相同。

等效矩形应力图形的应力值取为 $\alpha_1 f_c$，其受压区高度取为 x，实际受压区高度为 x_c，令 $x = \beta_1 x_c$。根据等效原则，通过计算统计分析，《规范》规定：当混凝土强度等级 $\leqslant$ C50 时，取 $\alpha_1 = 1.0$，$\beta_1 = 0.8$；当混凝土强度等级为 C80 时，取 $\alpha_1 = 0.94$，$\beta_1 = 0.74$；对介于 C50~C80 之间的混凝土强度等级，α_1、β_1 值按线性内插法确定。

三、适筋截面的界限条件

1. 相对界限受压区高度 ξ_b 和最大配筋率 ρ_{max}

适筋梁破坏与超筋梁破坏的区别：适筋梁破坏始自受拉钢筋，超筋梁破坏则始自受压区混凝土。当纵向受拉钢筋屈服时，受压区边缘纤维混凝土也同时达到极限压应变，这种破坏称为界限破坏。

根据基本假定，可同时绘出适筋梁破坏、界限破坏、超筋梁破坏的截面应变图形，分别见图 3-11 中的直线 ab、ac 和 ad。它们在受压边缘的混凝土极限压应变值 ε_{cu} 相同，但纵向受拉钢筋的应变却不相同，因此，受压区的高度也各不相同。

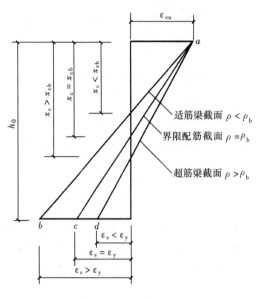

图 3-11   截面应变分布

适筋梁破坏 $\varepsilon_s > \varepsilon_y$，$x_c < x_{cb}$ （或 $x < x_b$）

界限破坏 $\varepsilon_s = \varepsilon_y$，$x_c = x_{cb}$ （或 $x = x_b$）

超筋梁破坏 $\varepsilon_s < \varepsilon_y$，$x_c > x_{cb}$ （或 $x > x_b$）

这里，x_{cb} 是界限破坏时截面实际受压区高度，x_b 是界限破坏时截面换算受压区高度。

令 $\xi = x/h_0$，$\xi_b = x_b/h_0$

这里，ξ 称为相对受压区高度，ξ_b 称为相对界限受压区高度。

当 $\xi \leqslant \xi_b$ 时，则 $\varepsilon_s \geqslant \varepsilon_y$ 属于适筋梁破坏（包括界限破坏）；

$\xi > \xi_b$ 时，则 $\varepsilon_s < \varepsilon_y$ 属于超筋梁破坏。

可见，ξ_b 值或 x_b 值是区别构件破坏性质的一个特征值。由图 3-11 中界限破坏时 ac 直线的几何关系得

$$\frac{x_{cb}}{h_0} = \frac{\varepsilon_{cu}}{\varepsilon_{cu} + \varepsilon_y}$$

$$\xi_b = \frac{x_b}{h_0} = \frac{\beta_1 x_{cb}}{h_0} = \frac{\beta_1}{1 + \varepsilon_y/\varepsilon_{cu}}$$

取 $\varepsilon_y = f_y/E_s$，得出有屈服点钢筋的 ξ_b 值为

$$\xi_b = \frac{\beta_1}{1 + \dfrac{f_y}{E_s \varepsilon_{cu}}} \tag{3-3}$$

普通钢筋所对应的 ξ_b 及 $\alpha_{s,max}$ 值见表 3-3。

根据图 3-10（d），由截面力的平衡条件可得 $\alpha_1 f_c bx = f_y A_s$，即

$$\xi = \frac{x}{h_0} = \frac{A_s}{bh_0} \frac{f_y}{\alpha_1 f_c} = \rho \frac{f_y}{\alpha_1 f_c} \tag{3-4}$$

或

$$\rho = \xi \frac{\alpha_1 f_c}{f_y} \tag{3-5}$$

由式（3-4）可知，随配筋率 ρ 的增大，受压区高度 x 也在增大，即相对受压区高度 ξ 也在增大，当 ξ 达到适筋梁的界限 ξ_b 值时，相应地 ρ 也达到界限配筋率 ρ_b，故

$$\rho_b = \rho_{max} = \xi_b \frac{\alpha_1 f_c}{f_y} \tag{3-6}$$

由式（3-6）可见，最大配筋率 ρ_{max} 与 ξ_b 值有直接的关系。

表 3-3   相对界限受压区高度 ξ_b 和 $\alpha_{s,max}$

钢筋牌号	系数	$\leqslant$C50	C60	C70	C80
HPB300	ξ_b	0.576	0.556	0.537	0.518
	$\alpha_{s,max}$	0.410	0.402	0.393	0.384

钢筋牌号	系数	≤C50	C60	C70	C80
HRB335	ξ_b	0.550	0.531	0.512	0.493
HRBF335	$\alpha_{s.max}$	0.399	0.390	0.381	0.372
HRB400	ξ_b	0.518	0.499	0.481	0.463
HRBF400	$\alpha_{s.max}$	0.384	0.375	0.365	0.356
RRB400					
HRB500	ξ_b	0.482	0.464	0.447	0.429
HRBF500	$\alpha_{s.max}$	0.366	0.357	0.347	0.337

注 表中系数 $\alpha_{s.max} = \xi_b(1 - 0.5\xi_b)$。

2. 最小配筋率 ρ_{min}

最小配筋率 ρ_{min} 是适筋梁破坏与少筋梁破坏的界限。确定 ρ_{min} 的原则是配有最小配筋率 ρ_{min} 的钢筋混凝土梁在破坏时所能承担的弯矩 M_u 等同于相同截面的素混凝土受弯构件所能承担的弯矩 M_{cr}，即 $M_u = M_{cr}$。

经计算可得

$$\rho_{min} = \frac{A_s}{bh} = 0.327 \frac{f_{tk}}{f_{yk}} \tag{3-7}$$

根据上述原则，考虑混凝土温、湿度变化等影响及实际工程经验，《规范》规定：受弯构件的最小配筋百分率取 0.20% 和 $45f_t/f_y$（%）中的较大值；对板类受弯构件的受拉钢筋，当采用强度级别为 400MPa 和 500MPa 的钢筋时，其最小配筋百分率允许采用 0.15% 和 $45f_t/f_y$（%）中的较大值。注意，验算最小配筋时应采用全截面积 bh。

3. 经济配筋率

当已知弯矩设计值后，可以设计出很多不同截面尺寸、不同配筋率的梁。为了使总造价最低，结合我国工程实践经验，配筋率应在一定的范围内变动，即应处于经济配筋率范围之内。对于板，$\rho = (0.4 \sim 0.8)\%$；对于矩形截面梁，$\rho = (0.6 \sim 1.5)\%$；对于 T 形截面梁，$\rho = (0.9 \sim 1.8)\%$。

第五节 单筋矩形截面受弯构件正截面承载力计算

根据适筋梁破坏时的应力状态及基本假定，并用等效矩形应力图形代换混凝土曲线应力图形，则单筋矩形截面受弯构件正截面承载力的计算应力图形如图 3-12 所示。

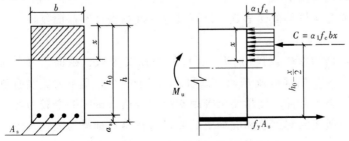

图 3-12 单筋矩形截面计算应力图形

一、基本公式及适用条件

1. 基本公式

按图 3-12 所示的计算应力图形，建立平衡条件；根据承载能力极限状态设计表达式 $M \leqslant M_u$。单筋矩形截面受弯构件正截面承载力计算公式为

$$\alpha_1 f_c b x = f_y A_s \tag{3-8}$$

$$M \leqslant M_u = \alpha_1 f_c b x \left(h_0 - \frac{x}{2} \right) \tag{3-9}$$

或

$$M \leqslant M_u = f_y A_s \left(h_0 - \frac{x}{2} \right) \tag{3-10}$$

式中　f_c——混凝土轴心抗压强度设计值；

b——截面宽度；

x——混凝土受压区高度；

α_1——系数，当混凝土强度等级 $\leqslant$ C50 时取 1.0，当混凝土等级为 C80 时取 0.94，其间按线性内插法取用；

f_y——钢筋抗拉强度设计值；

A_s——纵向受拉钢筋截面面积；

h_0——截面有效高度；

M_u——正截面极限抵抗弯矩设计值；

M——截面上的弯矩设计值。

2. 适用条件

1）为防止发生超筋梁的脆性破坏，应满足

$$\rho \leqslant \rho_{max} \tag{3-11}$$

或

$$\xi \leqslant \xi_b（即 x \leqslant x_b = \xi_b h_0） \tag{3-12}$$

或

$$M \leqslant M_{u \cdot max} = \alpha_1 f_c b h_0^2 \xi_b (1 - 0.5 \xi_b) = \alpha_{s \cdot max} \alpha_1 f_c b h_0^2 \tag{3-13}$$

这里，$M_{u \cdot max}$ 是适筋梁所能承担的最大弯矩。从式（3-13）中可知，$M_{u \cdot max}$ 是一个定值，只取决于截面尺寸、材料种类等因素，与钢筋的数量无关。

2）为了防止发生少筋梁的脆性破坏，应满足

$$\rho \geqslant \rho_{min} \tag{3-14}$$

或

$$A_s \geqslant \rho_{min} b h \tag{3-15}$$

注意，此处计算 ρ 时应采用全截面，即 $\rho = A_s / b h$。

二、截面设计与截面复核

钢筋混凝土受弯构件正截面承载力计算可分为截面设计和截面复核。

（一）截面设计

截面设计时，已知弯矩设计值 M，而材料的强度等级、截面尺寸均需设计人员选定，因此未知数有 f_y、f_c、b、h（或 h_0）、A_s 和 x，多于两个，基本公式没有唯一解。设计人员应根据材料供应、施工条件、使用要求等因素综合分析，确定一个较为经济合理的设计。

首先按第一章所述的对钢筋和混凝土的要求选择材料种类与强度等级。

其次确定截面尺寸。一般考虑截面的刚度要求，按高跨比 h/l 来估计截面高度 h，再由高宽比确定截面宽度 b。

当材料强度 f_y、f_c、a_1 和截面尺寸 b、h（或 h_0）确定后，未知数就只有 x、A_s，即可求解。

1. 基本公式计算法

1）求出截面受压区高度 x

$$x = h_0 - \sqrt{h_0^2 - \frac{2M}{\alpha_1 f_c b}} \qquad (3-16)$$

2）求纵向受拉钢筋 A_s

若 $x \leqslant \xi_b h_0$，则

$$A_s = \frac{\alpha_1 f_c b x}{f_y} \qquad (3-17)$$

若 $x > \xi_b h_0$，则属于超筋梁，说明截面尺寸过小，应加大截面尺寸或提高混凝土强度等级，重新设计。

3）根据计算的 A_s，在表 3-4 或表 3-5 中选择钢筋的直径和根数，并复核钢筋净距及保护层能否满足要求。如果纵向钢筋需要按两排放置，则应改变截面有效高度 h_0，重新计算 A_s，并再次选择钢筋。

表 3-4　　　　　　　　　钢筋的公称直径、公称截面面积及理论重量

公称直径 (mm)	不同根数钢筋的公称截面面积（mm²）									单根钢筋理论重量 (kg·m⁻¹)
	1	2	3	4	5	6	7	8	9	
6	28.3	57	85	113	142	170	198	226	255	0.222
6.5	33.2	66	100	133	166	199	232	265	299	0.260
8	50.3	101	151	201	252	302	352	402	453	0.395
10	78.5	157	236	314	393	471	550	628	707	0.617
12	113.1	226	339	452	565	678	791	904	1017	0.888
14	153.9	308	461	615	769	923	1077	1231	1385	1.21
16	201.1	402	603	804	1005	1206	1407	1608	1809	1.58
18	254.5	509	763	1017	1272	1527	1781	2036	2290	2.00 (2.11)
20	314.2	628	942	1256	1570	1884	2199	2513	2827	2.47
22	380.1	760	1140	1520	1900	2281	2661	3041	3421	2.98
25	490.9	982	1473	1964	2454	2945	3436	3927	4418	3.85 (4.10)
28	615.8	1232	1847	2463	3079	3695	4310	4926	5542	4.83
32	804.2	1609	2413	3217	4021	4826	5630	6434	7238	6.31 (6.65)
36	1017.9	2036	3054	4072	5089	6107	7125	8143	9161	7.99
40	1256.6	2513	3770	5027	6283	7540	8796	10053	11310	9.87 (10.34)
50	1963.5	3928	5892	7856	9820	11784	13748	15712	17676	15.42 (16.28)

注　括号内为预应力螺纹钢筋数值。

表 3-5　　　　　　　　钢筋混凝土板每米宽的钢筋截面面积　　　　　　　　mm²

钢筋间距 (mm)	钢　筋　直　径（mm）											
	3	4	5	6	6/8	8	8/10	10	10/12	12	12/14	14
70	101	180	280	404	561	719	920	1121	1369	1616	1907	2199
75	94.2	168	262	377	524	671	899	1047	1277	1508	1780	2052
80	88.4	157	245	354	491	629	805	981	1198	1414	1669	1924

续表

钢筋间距 (mm)	钢 筋 直 径（mm）											
	3	4	5	6	6/8	8	8/10	10	10/12	12	12/14	14
85	83.2	148	231	333	462	592	758	924	1127	1331	1571	1181
90	78.2	140	218	314	437	559	716	872	1064	1257	1438	1710
95	74.5	132	207	298	414	529	678	826	1008	1190	1405	1620
100	70.6	126	196	283	393	503	644	785	958	1131	1335	1539
110	64.2	114	178	257	357	457	585	714	871	1028	1214	1399
120	58.9	105	163	236	327	419	537	654	798	942	1113	1283
125	56.5	101	157	226	314	402	515	628	766	905	1068	1231
130	54.4	96.6	151	218	302	387	495	604	737	870	1027	1184
140	50.5	89.8	140	202	281	359	460	561	684	808	954	1099
150	47.1	83.8	131	189	262	335	429	523	639	754	890	1026
160	44.1	78.5	123	177	246	314	403	491	599	707	834	962
170	41.5	73.9	115	166	231	296	379	462	564	665	785	905
180	39.2	69.8	109	157	218	279	358	436	532	628	742	855
190	37.2	66.1	103	149	207	265	339	413	504	595	703	810
200	35.3	62.8	98.2	141	196	251	322	393	479	565	668	770
220	32.1	57.1	89.2	129	176	229	293	357	436	514	607	700
240	29.4	52.4	81.8	118	164	210	268	327	399	471	556	641
250	28.3	50.3	78.5	113	157	201	258	314	383	452	534	616

4）验算最小配筋率 $\rho_{\min}$。最小配筋率应满足

$$A_s / bh \geqslant \rho_{\min} \tag{3-18}$$

注意，此处 A_s 应为实际配筋的钢筋面积。

若 $A_s/bh < \rho_{\min}$，说明截面尺寸过大，应适当减小截面尺寸。当截面尺寸不能减小时，则应按最小配筋率配筋，即

$$A_s = \rho_{\min} bh \tag{3-19}$$

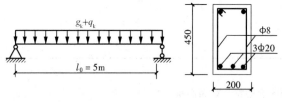

【例 3-1】 钢筋混凝土矩形截面简支梁（一类环境），如图 3-13 所示。梁上作用均布永久荷载标准值（包括梁自重）$g_k = 6\text{kN/m}$，均布可变荷载标准值 $q_k = 15\text{kN/m}$。采用 C20 混凝土，HRB335 级钢筋，试设计该截面。

图 3-13 ［例 3-1］图

解

（1）选用材料并确定设计参数。

由表 2-10 查得 C20 混凝土，$f_c = 9.6\text{N/mm}^2$，$f_t = 1.1\text{N/mm}^2$，$\alpha_1 = 1.0$；由表 2-8 查得 HRB335 级钢筋，$f_y = 300\text{N/mm}^2$。

（2）确定跨中截面最大弯矩设计值。

$$M = \frac{1}{8} \times (1.2g_k + 1.4q_k)l_0^2 = \frac{1}{8} \times (1.2 \times 6 + 1.4 \times 15) \times 5^2 = 88.125 \text{kN} \cdot \text{m}$$

（3）确定截面尺寸。

根据高跨比初步估计高度 $h = l/12 = 5000/12 = 416.7 \text{mm}$，取 $h = 450 \text{mm}$。

由高宽比确定宽度 $b = h/(2.0 \sim 2.5) = 450/(2 \sim 2.5) = 225 \sim 180 \text{mm}$，取 $b = 200 \text{mm}$。

（4）计算钢筋截面面积和选择钢筋。

假定梁中受拉钢筋单层布置，梁的箍筋选用Φ8 的 HPB300 级钢筋。混凝土保护层厚度 $c = 25 \text{mm}$，$a_s = c + d_v + d/2 = 25 + 8 + 20/2 = 43 \text{mm}$，则截面有效高度 $h_0 = 450 - 43 = 407 \text{mm}$

由式（3-16）得

$$x = h_0 - \sqrt{h_0^2 - \frac{2M}{\alpha_1 f_c b}} = 407 - \sqrt{407^2 - \frac{2 \times 88.125 \times 10^6}{1.0 \times 9.6 \times 200}}$$

$$= 135.25 \text{mm} < x_b = \xi_b h_0 = 0.550 \times 407 = 223.85 \text{mm}$$

将 $x = 135.25 \text{mm}$ 代入式（3-17）得

$$A_s = \frac{\alpha_1 f_c b x}{f_y} = \frac{1.0 \times 9.6 \times 200 \times 135.25}{300} = 865.6 \text{mm}^2$$

选用 3Φ20 钢筋（$A_s = 942 \text{mm}^2$）。

（5）验算最小配筋率。

$$\rho = \frac{A_s}{bh} = \frac{942}{200 \times 450} = 0.0104 > \rho_{min} = 0.45 \frac{f_t}{f_y} = 0.45 \times \frac{1.1}{300} = 0.00165$$

同时 $\rho > 0.2\%$，满足要求。

（6）验算配筋构造要求。

钢筋净间距为 $\dfrac{200 - 25 \times 2 - 8 \times 2 - 20 \times 3}{2} = 37 \text{mm} \begin{matrix} > 25 \text{mm} \\ > d = 20 \text{mm} \end{matrix}$ 满足构造要求。

钢筋布置如图 3-13 所示。

2. 查表计算法

为方便工程设计，可将基本公式适当变换后，编制成计算表格，采用查表计算法。

由于相对受压区高度 $\xi = x/h_0$，则 $x = \xi h_0$，由式（3-9）得

$$M = \alpha_1 f_c b x \left(h_0 - \frac{x}{2}\right) = \alpha_1 f_c b h_0^2 \xi (1 - 0.5\xi)$$

令　　　　　　　　　　　　$\alpha_s = \xi(1 - 0.5\xi)$ 　　　　　　　　　　　　（3-20）

则　　　　　　　　　　　　$M = \alpha_s \cdot \alpha_1 f_c b h_0^2$ 　　　　　　　　　　　　（3-21）

式中　α_s——截面抵抗矩系数，反映截面抵抗矩的相对大小，在适筋梁范围内，ρ 越大，则 α_s 值也越大，M_u 值也越高。

同时由式（3-10）得

$$M = f_y A_s \left(h_0 - \frac{x}{2}\right) = f_y A_s h_0 (1 - 0.5\xi)$$

令　　　　　　　　　　　　$\gamma_s = 1 - 0.5\xi$ 　　　　　　　　　　　　（3-22）

则　　　　　　　　　　　　$M = f_y A_s \gamma_s h_0$ 　　　　　　　　　　　　（3-23）

由式（3-17）得

$$A_s = \frac{\alpha_1 f_c bx}{f_y} = \xi bh_0 \frac{\alpha_1 f_c}{f_y} \qquad (3-24)$$

由式（3-23）得

$$A_s = \frac{M}{f_y \gamma_s h_0} \qquad (3-25)$$

式中 γ_s——截面内力臂系数，是截面内力臂与有效高度的比值，ξ 越大，γ_s 越小。

显然，α_s、γ_s 均为相对受压区高度 ξ 的函数，利用 α_s、γ_s 和 ξ 的关系，可预先编制成计算表格见表 3-6，供设计时查用。当已知 α_s、γ_s、ξ 三个数中的某一值时，就可查出相对应的另外两个系数值。

利用表 3-6 查取 ξ 和 γ_s 时，可能要用插入法。这时，ξ 和 γ_s 可直接按下列公式计算

$$\xi = 1 - \sqrt{1 - 2\alpha_s} \qquad (3-26)$$

$$\gamma_s = 0.5(1 + \sqrt{1 - 2\alpha_s}) \qquad (3-27)$$

利用计算表格进行截面设计时的步骤如下：

（1）计算 α_s。

$$\alpha_s = \frac{M}{\alpha_1 f_c bh_0^2} \qquad (3-28)$$

（2）查表或计算系数 γ_s 或 ξ。

（3）求纵向钢筋面积 A_s。

若 $\xi \leqslant \xi_b$，则 $\qquad A_s = \frac{M}{f_y \gamma_s h_0}$ 或 $A_s = \xi bh_0 \frac{\alpha_1 f_c}{f_y} \qquad (3-29)$

若 $\xi > \xi_b$，则属超筋梁，说明截面尺寸过小，应加大截面或提高混凝土强度等级，重新计算。

（4）验算最小配筋率。

$$A_s \geqslant \rho_{min} bh$$

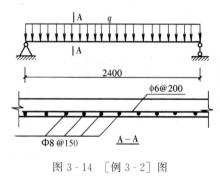

图 3-14 ［例 3-2］图

【例 3-2】 图 3-14 所示为某教学楼内现浇钢筋混凝土简支走道板的计算简图。板厚 $h=80$mm，计算跨度 $l_0=2.4$m，承受均布荷载设计值为 6.3kN/m² （包括板自重），混凝土强度等级为 C20，用 HPB300 级钢筋配筋，试设计该简支板。

解 取宽度 $b=1$m 的板带为计算单元。

（1）计算跨中弯矩设计值。

$$M = \frac{ql_0^2}{8} = \frac{1}{8} \times 6.3 \times 2.4^2 = 4.536 \text{kN} \cdot \text{m}$$

（2）计算钢筋截面面积和选择钢筋。

对一般厚度的板，设计时常假定板中受拉钢筋的直径 $d=10$mm。混凝土保护层厚度 $c=20$mm，则 $a_s = c + d/2 = 25$mm。

$$h_0 = h - a_s = 80 - 25 = 55 \text{mm}$$

$$\alpha_s = \frac{M}{\alpha_1 f_c bh_0^2} = \frac{4.536 \times 10^6}{1.0 \times 9.6 \times 1000 \times 55^2} = 0.156$$

查表 3-6 得 $\qquad \gamma_s = 0.915 \qquad \xi = 0.17 < \xi_b = 0.576$

所以　　　　　　$A_s = \dfrac{M}{f_y \gamma_s h_0} = \dfrac{4.536 \times 10^6}{270 \times 0.915 \times 55} = 334\text{mm}^2$

选用Φ8@150，实用 $A_s = 335\text{mm}^2$。

（3）验算最小配筋率。

$$\rho = \dfrac{A_s}{bh} = \dfrac{335}{1000 \times 80} = 0.42\% > \rho_{min} = 0.2\%$$

受力钢筋布置如图 3-14 所示，分布钢筋Φ6@200。

表 3-6　　　　　钢筋混凝土矩形和 T 形截面受弯构件正截面承载力计算系数表

ξ	γ_s	α_s	ξ	γ_s	α_s	ξ	γ_s	α_s
0.01	0.995	0.010	0.21	0.895	0.188	0.41	0.795	0.326
0.02	0.990	0.020	0.22	0.890	0.196	0.42	0.790	0.332
0.03	0.985	0.030	0.23	0.885	0.203	0.43	0.785	0.337
0.04	0.980	0.039	0.24	0.880	0.211	0.44	0.780	0.343
0.05	0.975	0.048	0.25	0.875	0.219	0.45	0.775	0.349
0.06	0.970	0.058	0.26	0.870	0.226	0.46	0.770	0.354
0.07	0.965	0.067	0.27	0.865	0.234	0.47	0.765	0.359
0.08	0.960	0.077	0.28	0.860	0.241	0.48	0.760	0.365
0.09	0.955	0.085	0.29	0.855	0.248	0.482	0.759	0.366
0.10	0.950	0.095	0.30	0.850	0.255	0.49	0.755	0.370
0.11	0.945	0.104	0.31	0.845	0.262	0.50	0.750	0.375
0.12	0.940	0.113	0.32	0.840	0.269	0.51	0.745	0.380
0.13	0.935	0.121	0.33	0.835	0.275	0.518	0.741	0.384
0.14	0.930	0.130	0.34	0.833	0.282	0.52	0.740	0.385
0.15	0.925	0.139	0.35	0.825	0.289	0.53	0.735	0.390
0.16	0.920	0.147	0.36	0.820	0.295	0.54	0.730	0.394
0.17	0.915	0.155	0.37	0.815	0.301	0.550	0.725	0.400
0.18	0.910	0.164	0.38	0.810	0.309	0.56	0.720	0.403
0.19	0.905	0.172	0.39	0.805	0.314	0.57	0.715	0.408
0.20	0.900	0.180	0.40	0.800	0.320	0.576	0.712	0.410

注　表中数值适用于混凝土强度等级不超过 C50 的受弯构件。

（二）截面复核

在实际工程中，常会遇到需对已建成的结构或已完成的结构构件设计，复核其极限承载能力，以确定结构构件的安全性。此时，可根据已知的截面尺寸、材料强度设计值、截面配筋及荷载产生的截面弯矩设计值 M，求得截面极限抵抗弯矩设计值 M_u。当 $M_u \geq M$ 时结构处于安全；当 $M_u < M$ 时结构处于不安全，此时应修改原设计或进行加固处理。

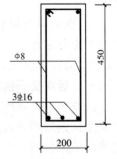

图 3-15　[例 3-3] 图

【例 3-3】　如图 3-15 所示钢筋混凝土梁，处于二 a 类环境，箍筋直径Φ8，截面尺寸 $b \times h = 200\text{mm} \times 450\text{mm}$，采用 C25 混凝土和 HRB400 级钢筋。该梁承受最大弯矩设计值 $M = 77\text{kN·m}$，复核该截面是否安全。

解　$h_0 = h - a_s = 450 - 30 - 8 - 16/2 = 404\text{mm}$

钢筋 3Φ16，$A_s = 603\text{mm}^2$

由式（3-8）得

$$x = \frac{360 \times 603}{1.0 \times 11.9 \times 200} = 91.21\text{mm} < \xi_b h_0 = 0.518 \times 404 = 209.3\text{mm}$$

由式（3-9）得

$$M_u = 1.0 \times 11.9 \times 200 \times 91.21 \times (404 - 0.5 \times 92.21)$$

$$= 77.8\text{kN} \cdot \text{m} > M = 77\text{kN} \cdot \text{m}$$

显然，该梁正截面设计是安全和经济的。

三、影响受弯构件正截面承载力的因素

从受弯构件正截面承载力 M_u 的计算公式可看出，M_u 与截面尺寸、材料强度以及钢筋数量等因素有关。

1. 截面尺寸（b、h）

试验结果表明，加大截面高度 h 和宽度 b 均可提高构件的受弯承载力，但从公式 $M_u = \alpha_s \cdot \alpha_1 f_c b h_0^2$ 中可看出，截面高度 h 的影响效果要明显大于宽度 b 的影响。

2. 材料强度（f_c、f_y）

在截面尺寸一定、钢筋数量相同的情况下，提高混凝土的强度等级可提高正截面承载力 M_u，但不如提高钢筋强度对 M_u 值的增大效果明显。

3. 受拉钢筋数量（A_s）

在适筋梁范围，随着配筋量 A_s 的增大，截面受压区高度 x 也将逐渐加大，受弯构件的承载力 M_u 将明显提高。

总之，提高受弯构件正截面承载力 M_u 应优先考虑加大截面高度，其次是提高受拉钢筋的强度等级或增加钢筋的数量，一般不宜加大截面宽度或提高混凝土的强度等级。

第六节　双筋矩形截面受弯构件正截面承载力计算

在受弯构件中，利用受压钢筋协助混凝土承受压力是不经济的。但在下述情况下可采用双筋截面：

1）$M > \alpha_{s,\max} \alpha_1 f_c b h_0^2$，但截面尺寸及材料强度受使用和施工条件等限制不能再增大和提高。

2）在不同荷载组合下，截面承受正、负弯矩作用（如风荷载作用下的框架梁），为承受变号弯矩分别作用于截面上的拉力，并考虑受压钢筋的作用。

3）为提高框架梁的抗震性能，在梁中必须配置一定比例的受压钢筋。

一、纵向受压钢筋的强度值

试验表明，双筋截面受弯构件的受力阶段和破坏形态基本上与单筋截面适筋梁相似，仍然是受拉钢筋的应力先达到屈服强度，然后受压区混凝土压碎而破坏。对配置在截面受压区的纵向受压钢筋，当采用普通钢筋，且梁内布置的封闭箍筋能够约束纵向受压钢筋的侧向压屈，同时混凝土的受压区高度 $x \geq 2a'_s$，则纵向受压钢筋的压应力能够达到抗压强度设计值 f'_y。这里，a'_s 为受压区纵向受压钢筋合力点至截面受压边缘的距离。

二、基本计算公式及适用条件

1. 计算应力图形

根据试验结果，双筋矩形截面受弯构件正截面承载力的计算应力图形，如图 3-16（a）

所示。可见，与单筋矩形截面不同的是在受压区增加了纵向受压钢筋的合力 $f'_y A'_s$。

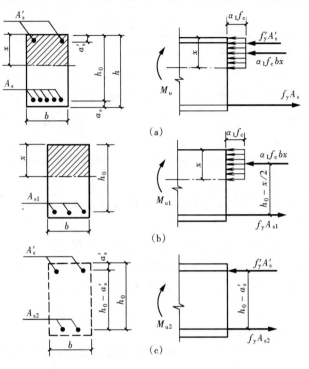

图 3-16　双筋矩形截面计算应力图形

2. 基本计算公式

根据平衡条件，可写出下列基本公式为

$$\alpha_1 f_c bx + f'_y A'_s = f_y A_s \tag{3-30}$$

$$M \leqslant M_u = \alpha_1 f_c bx \left(h_0 - \frac{x}{2}\right) + f'_y A'_s (h_0 - a'_s) \tag{3-31}$$

双筋截面的受弯承载力 M_u 可分解为两部分：第一部分是由受压区混凝土和相应的一部分受拉钢筋 A_{s1} 组成的单筋截面所承担的弯矩 M_{u1} [见图 3-16 （b）]；第二部分是由受压钢筋 A'_s 和另一部分受拉钢筋 A_{s2} 组成的截面所承担的弯矩 M_{u2} [见图 3-16 （c）]，即

$$M_u = M_{u1} + M_{u2} \tag{3-32}$$

$$A_s = A_{s1} + A_{s2} \tag{3-33}$$

对第一部分 [见图 3-16 （b）]，由平衡条件可得

$$\alpha_1 f_c bx = f_y A_{s1} \tag{3-34}$$

$$M_{u1} = \alpha_1 f_c bx \left(h_0 - \frac{x}{2}\right) \tag{3-35}$$

对第二部分 [见图 3-16 （c）]，由平衡条件可得

$$f'_y A'_s = f_y A_{s2} \tag{3-36}$$

$$M_{u2} = f'_y A'_s (h_0 - a'_s) \tag{3-37}$$

3. 适用条件

（1）为防止超筋梁破坏，应满足

$$x \leqslant \xi_b h_0 \text{ 或 } \xi \leqslant \xi_b$$

或
$$\rho = \frac{A_{s1}}{bh_0} \leqslant \xi_b \frac{\alpha_1 f_c}{f_y} \tag{3-38}$$

（2）为保证受压钢筋的强度充分利用，应满足

$$x \geqslant 2a_s' \tag{3-39}$$

双筋截面一般不会出现少筋破坏情况，故一般可不必验算最小配筋率。

三、设计计算方法

1. 截面设计

截面设计时，一般是已知弯矩设计值、截面尺寸和材料强度设计值。计算时有下列两种情况：

（1）在弯矩设计值 M、截面尺寸 $b \times h$ 及材料强度 f_c、f_y、f_y'、α_1 已知的情况下，求钢筋截面面积 A_s 和 A_s'。

由于式（3-30）和式（3-31）两个基本公式中，含有 A_s'、A_s 和 x 三个未知数，因此，还需补充一个条件才能求解。为使钢筋总的用量（$A_s' + A_s$）为最小，应充分利用混凝土的受压能力，由适用条件 $x \leqslant \xi_b h_0$，取 $x = \xi_b h_0$ 作为补充条件。

计算步骤如下：

1）判别是否需要采用双筋截面。

若 $M > M_{umax} = \alpha_1 f_c b h_0^2 \xi_b(1 - 0.5\xi_b)$，则按双筋截面设计，否则按单筋截面设计。

2）令 $x = \xi_b h_0$，代入式（3-34）求得 $A_{s1} = \dfrac{\alpha_1 f_c b h_0 \xi_b}{f_y}$。

3）由式（3-35）、式（3-32）分别计算

$$M_{u1} = \alpha_1 f_c b h_0^2 \xi_b(1 - 0.5\xi_b)$$
$$M_{u2} = M - M_{u1}$$

4）由式（3-37）求得 $A_s' = \dfrac{M_{u2}}{f_y'(h_0 - a_s')}$。

5）由式（3-36）求得 $A_{s2} = \dfrac{f_y' A_s'}{f_y}$。

6）计算 $A_s = A_{s1} + A_{s2}$。

（2）已知弯矩设计值 M、截面尺寸 $b \times h$、材料强度设计值 f_c、f_y、f_y'、α_1 及受压钢筋截面面积 A_s'，求受拉钢筋截面面积 A_s。

此种情况常常是由于变号弯矩的需要或由于构造要求，已在受压区配置截面面积为 A_s' 的受压钢筋。因此应充分利用 A_s' 以减少 A_s，达到节约钢筋的目的。

计算步骤如下：

1）由已知的 A_s' 计算 A_{s2}、M_{u2}。

$$A_{s2} = \frac{f_y' A_s'}{f_y}$$
$$M_{u2} = f_y' A_s'(h_0 - a_s')$$

2）计算 M_{u1}。

$$M_{u1} = M - M_{u2}$$

3）求 A_{s1}。

$$\alpha_s = \frac{M_{u1}}{\alpha_1 f_c b h_0^2}$$

若 $\alpha_s \leqslant \alpha_{smax}$（即 $x \leqslant \xi_b h_0$），且 $x \geqslant 2a'_s$，则查表 3 - 6 或用式（3 - 26）、式（3 - 27）计算 ξ 或 γ_s。然后求 A_{s1}，则 $A_s = A_{s1} + A_{s2}$。

若 $\alpha_s > \alpha_{smax}$（即 $x > \xi_b h_0$），说明已知的 A'_s 数量不足，应增加 A'_s 的数量或按 A'_s 未知的情况求 A'_s 和 A_s 的数量。

若 $x < 2a'_s$ 说明受压钢筋 A'_s 的应力达不到抗压强度 f'_y，这时应取 $x = 2a'_s$，按下式计算 A_s：

$$A_s = \frac{M}{f_y(h_0 - a'_s)} \tag{3 - 40}$$

2. 截面复核

已知截面尺寸（$b \times h$）、材料强度（f_c、f_y、f'_y、α_1）以及钢筋面积（A'_s、A_s），求截面抵抗弯矩设计值 M_u。

计算步骤如下：

1）由式（3 - 30）求得 x

$$x = \frac{f_y A_s - f'_y A'_s}{\alpha_1 f_c b}$$

2）若 $x \leqslant \xi_b h_0$，且 $x \geqslant 2a'_s$，则由式（3 - 31）直接求 M_u；

3）若 $x > \xi_b h_0$，说明属超筋梁，此时应取 $x = \xi_b h_0$ 代入式（3 - 31）求 M_u；

4）若 $x < 2a'_s$，则由式（3 - 40）求 M_u；

5）将求出的 M_u 与截面实际承受的弯矩 M 相比较，若 $M_u \geqslant M$ 则截面安全；若 $M_u < M$ 则截面不安全。

【例 3 - 4】　钢筋混凝土矩形截面梁处于一类环境，$b = 200\text{mm}$，$h = 500\text{mm}$，混凝土强度等级为 C20（$f_c = 9.6\text{N/mm}^2$，$\alpha_1 = 1.0$），采用 HRB335 级钢筋配筋（$f_y = f'_y = 300\text{N/mm}^2$），承受弯矩设计值 $M = 205\text{kN} \cdot \text{m}$。当箍筋采用Φ8 钢筋时，求所需钢筋截面面积。

解　（1）验算是否需采用双筋截面。

假设受拉钢筋为双排布置，则 $a_s = c + d_v + d + d_n/2 = 25 + 8 + 20 + 25/2 = 65.5\text{mm}$ 取 $h_0 = h - a_s = 500 - 65 = 435\text{mm}$

$$M_{u \cdot max} = \alpha_1 f_c b h_0^2 \alpha_{s \cdot max} = 1.0 \times 9.6 \times 200 \times 435^2 \times 0.399$$
$$= 145\text{kN} \cdot \text{m} < M = 205\text{kN} \cdot \text{m}$$

故需配受压钢筋，$a'_s = c + d_v + d/2 = 25 + 8 + 20/2 = 43\text{mm}$。

（2）计算受压钢筋截面面积 A'_s 及相应的受拉钢筋 A_{s2}。

$$A'_s = \frac{M - M_{u \cdot max}}{f'_y(h_0 - a'_s)} = \frac{205 \times 10^6 - 145 \times 10^6}{300 \times (435 - 43)} = 510\text{mm}^2$$

$$A_{s2} = \frac{f'_y}{f_y}A'_s = \frac{300}{300} \times 510 = 510\text{mm}^2$$

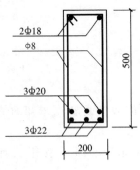

图 3-17 ［例 3-4］图

（3）求与受压混凝土相对应的受拉钢筋 A_{s1}。

取 $x = \xi_b h_0$

则 $A_{s1} = \dfrac{\alpha_1 f_c b h_0 \xi_b}{f_y} = 0.55 \times \dfrac{1.0 \times 9.6}{300} \times 200 \times 435 = 1531 \text{mm}^2$

（4）总受拉钢筋截面面积。

$$A_s = A_{s1} + A_{s2} = 1531 + 510 = 2041 \text{mm}^2$$

（5）选择钢筋。

受拉钢筋选用 3Φ20+3Φ22，$A_s = 2082 \text{mm}^2$；受压钢筋选用 2Φ18，$A'_s = 509 \text{mm}^2$。截面配筋见图 3-17。

【例 3-5】 已知条件同 ［例 3-4］，但出于构造要求在受压区已配置了 3Φ18 的受压钢筋（$A'_s = 763 \text{mm}^2$）求受拉钢筋截面面积 A_s。

解 （1）计算与受压钢筋 A'_s 相对应的受拉钢筋 A_{s2} 及 M_{u2}。

$$A_{s2} = \frac{f'_y}{f_y} A'_s = \frac{300}{300} \times 763 = 763 \text{mm}^2$$

$$M_{u2} = f'_y A'_s (h_0 - a'_s) = 300 \times 763 \times (435 - 42) = 907 \times 10^6 \text{N} \cdot \text{mm}$$

（2）求与受压混凝土相对应的 M_{u1} 及受拉钢筋 A_{s1}。

$$M_{u1} = M - M_{u2} = 205 \times 10^6 - 907 \times 10^6 = 115.0 \times 10^6 \text{N} \cdot \text{mm}$$

$$\alpha_s = \frac{M_{u1}}{\alpha_1 f_c b h_0^2} = \frac{115.0 \times 10^6}{1.0 \times 9.6 \times 200 \times 435^2} = 0.317 < \alpha_{s \cdot \max} = 0.399$$

相应地 $\gamma_s = 0.802$，$\xi = 0.395$

$$x = \xi h_0 = 0.395 \times 435 = 172 \text{mm} > 2a'_s = 84 \text{mm}$$

$$A_{s1} = \frac{M_{u1}}{f_y h_0 \gamma_s} = \frac{115 \times 10^6}{300 \times 0.802 \times 435} = 1099 \text{mm}^2$$

（3）受拉钢筋总截面面积 A_s。

$$A_s = A_{s1} + A_{s2} = 1099 + 763 = 1862 \text{mm}^2$$

（4）选择钢筋。

受拉钢筋选用 6Φ20，$A_s = 1884 \text{mm}^2$。截面配筋见图 3-18。

比较 ［例 3-4］ 和 ［例 3-5］ 的结果可知，因为在 ［例 3-4］ 中混凝土受压区高度 x 取最大值 $\xi_b h_0$，即充分发挥了混凝土的抗压能力，故使钢筋的总数量 $A_s + A'_s = 2041 + 510 = 2551 \text{mm}^2$ 较 ［例 3-5］ 中的钢筋总数量 $A_s + A'_s = 1862 + 763 = 2625 \text{mm}^2$ 为少。

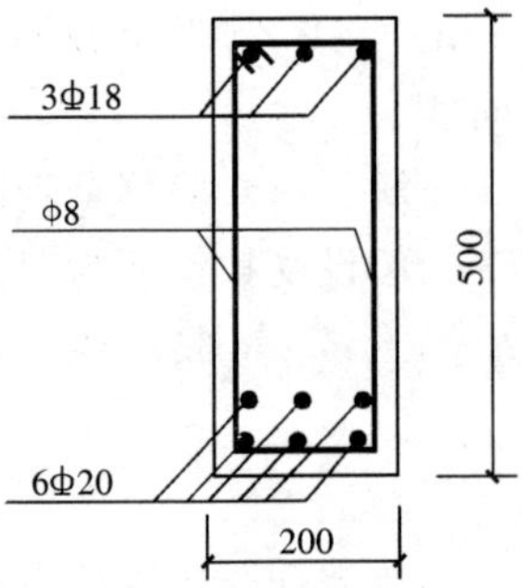

【例 3-6】 钢筋混凝土梁的截面尺寸 $b \times h = 200 \text{mm} \times 400 \text{mm}$，混凝土为 C20，采用 HRB335 级钢筋，受拉钢筋为 3Φ22（$A_s = 1140 \text{mm}^2$），受压钢筋为 2Φ16（$A'_s = 402 \text{mm}^2$），承受弯矩设计值 $M = 100 \text{kN} \cdot \text{m}$。当该梁处于一类环境，采用 ϕ8 的箍筋时，验算其截面是否安全。

图 3-18 ［例 3-5］图

解 截面有效高度 $h_0 = 400 - 45 = 355 \text{mm}$

截面受压区高度 x 为

$$x = \frac{f_y A_s - f'_y A'_s}{\alpha_1 f_c b} = \frac{300 \times 1140 - 300 \times 402}{1.0 \times 9.6 \times 200} = 115.3 \text{mm} > 2a'_s = 90 \text{mm}$$

且 $\qquad x = 115.3\text{mm} < \xi_b h_0 = 0.55 \times 355 = 195.3\text{mm}$

相应地 $\qquad M_u = \alpha_1 f_c b x \left(h_0 - \dfrac{x}{2}\right) + f_y' A_s' (h_0 - a_s')$

$$= 1.0 \times 9.6 \times 200 \times 115.3 \left(355 - \dfrac{115.3}{2}\right) + 300 \times 402 \times (355 - 45)$$

$$= 103.2 \times 10^6 \text{N} \cdot \text{mm} = 103.2\text{kN} \cdot \text{m} > M = 100\text{kN} \cdot \text{m}$$

故截面承载力满足要求。

第七节　T形截面受弯构件正截面承载力计算

矩形截面受弯构件产生裂缝后，受拉混凝土开裂退出工作，拉力认为全部由受拉钢筋承担，故可将受拉区混凝土的一部分挖去，并把原有的纵向受拉钢筋集中布置，形成如图 3-19（a）所示的 T 形截面。该 T 形截面的正截面承载力不但与原有矩形截面相同，而且有利于节约混凝土减轻结构自重。

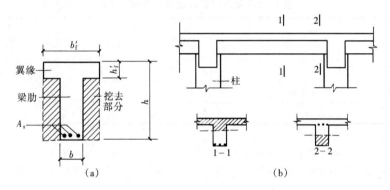

图 3-19　T 形截面梁

T 形截面由梁肋 $(b \times h)$ 和挑出翼缘 $(b_f' - b) h_f'$ 两部分组成。梁肋宽度为 b，受压翼缘宽度为 b_f'，厚度为 h_f'，截面全高度为 h。

由于 T 形截面受力比矩形截面合理，所以在工程中应用十分广泛。一般用于：①独立的 T 形截面梁、工字形截面梁，如吊车梁、屋面梁；②整体现浇肋形楼盖中的主、次梁[图 3-19（b）]等；③槽形板、预制空心板等受弯构件。

一、T 形截面受弯构件受压区有效翼缘计算宽度

试验和理论分析均表明，受压翼缘内混凝土的纵向压应力分布是不均匀的，距梁肋越远翼缘的压应力越小，如图 3-20（a）、（b）所示。为了简化计算，在设计中把翼缘宽度限制在一定范围内，称为有效翼缘计算宽度 b_f'，并认为在 b_f' 范围内压应力是均匀分布的，如图 3-20（c）、（d）所示。

表 3-7 为《规范》对受弯构件受压区有效翼缘计算宽度 b_f' 的取值规定，计算 b_f' 时应取表 3-7 有关各项中的最小值。

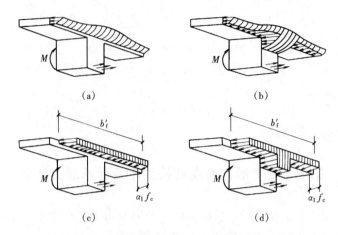

图 3-20　T 形截面应力分布和翼缘计算宽度 b'_f

（a）、（c）中和轴位于翼缘；（b）、（d）中和轴位于梁肋

表 3-7　　　　　　　　　　受弯构件受压区有效翼缘计算宽度 b'_f

序号	情　　　况	T 形、工字形截面		倒 L 截面
		肋形梁（板）	独立梁	肋形梁（板）
1	按计算跨度 l_0 考虑	$l_0/3$	$l_0/3$	$l_0/6$
2	按梁（纵肋）净距 s_n 考虑	$b+s_n$	—	$b+s_n/2$
3	按翼缘高度 h'_f 考虑	$b+12h'_f$	b	$b+5h'_f$

注　1. 表中 b 为梁的腹板宽度。

　　2. 肋形梁在梁跨内设有间距小于纵肋间距的横肋时，可不考虑表中情况 3 的规定。

　　3. 独立梁受压区的翼缘板在荷载作用下经验算沿纵肋方向可能产生裂缝时，其翼缘计算宽度应取腹板宽度 b。

二、T 形截面分类及其判别

根据 T 形截面梁受力后受压区高度 x 的大小，可分为两类 T 形截面：

（1）第一类 T 形截面。$x \leqslant h'_f$，中和轴在翼缘内，受压区面积为矩形，如图 3-21（a）所示。

（2）第二类 T 形截面。$x > h'_f$，中和轴在梁肋内，受压区面积为 T 形，如图 3-21（b）所示。

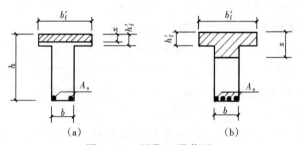

图 3-21　两类 T 形截面

（a）第一类 T 形截面；（b）第二类 T 形截面

两类 T 形截面的界限情况为 $x = h'_f$，按照图 3-22 所示，由平衡条件可得

$$\alpha_1 f_c b'_f h'_f = f_y A_s \tag{3-41}$$

$$M_{\mathrm{uf}} = \alpha_1 f_{\mathrm{c}} b_{\mathrm{f}}' h_{\mathrm{f}}' \left(h_0 - \frac{h_{\mathrm{f}}'}{2} \right) \tag{3-42}$$

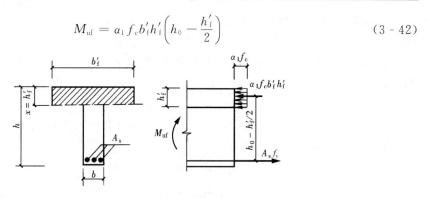

图 3-22　两类 T 形截面的界限

根据式（3-41）和式（3-42），两类 T 形截面的判别可按下述方法进行。

当满足下列条件之一时，属于第一类 T 形截面。否则，属于第二类 T 形截面。

$$x \leqslant h_{\mathrm{f}}'$$

$$f_{\mathrm{y}} A_{\mathrm{s}} \leqslant \alpha_1 f_{\mathrm{c}} b_{\mathrm{f}}' h_{\mathrm{f}}' \tag{3-43}$$

$$M \leqslant M_{\mathrm{uf}} = \alpha_1 f_{\mathrm{c}} b_{\mathrm{f}}' h_{\mathrm{f}}' (h_0 - h_{\mathrm{f}}'/2) \tag{3-44}$$

截面设计时，因受拉钢筋未知，用式（3-44）判别 T 形截面类型；截面复核时，受拉钢筋已知，用式（3-43）判别 T 型截面类型。

三、基本计算公式及适用条件

1. 第一类 T 形截面

第一类 T 形截面的受压区面积为矩形，其承载力与宽度为 b_{f}' 的矩形截面梁完全相同，故可按宽度为 b_{f}' 的矩形截面进行计算。计算应力图形如图 3-23 所示。

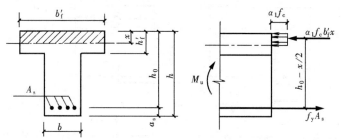

图 3-23　第一类 T 形截面计算应力图形

根据平衡条件，可得基本计算公式为

$$\alpha_1 f_{\mathrm{c}} b_{\mathrm{f}}' x = f_{\mathrm{y}} A_{\mathrm{s}} \tag{3-45}$$

$$M \leqslant M_{\mathrm{u}} = \alpha_1 f_{\mathrm{c}} b_{\mathrm{f}}' x \left(h_0 - \frac{x}{2} \right) \tag{3-46}$$

基本公式的适用条件：

1）为防止超筋梁破坏，要求 $\xi \leqslant \xi_{\mathrm{b}}$

或　　　　　　　　　　$M \leqslant \alpha_1 f_{\mathrm{c}} b_{\mathrm{f}}' h_0^2 \xi_{\mathrm{b}} (1 - 0.5 \xi_{\mathrm{b}})$

对于第一类 T 形截面，由于受压区高度 x 较小，相应的受拉钢筋不会太多，所以这个条件一般可满足，不必验算。

2）为防止少筋梁破坏，要求　$\rho \geqslant \rho_{\min}$

或

$$A_{s} \geqslant \rho_{\min} bh$$

由于最小配筋率是由截面的开裂弯矩 M_{cr} 决定的，而 M_{cr} 主要取决于受拉区混凝土的面积，故 $\rho = A_{s}/bh$。

2. 第二类 T 形截面

混凝土受压区的形状已由矩形变为 T 形，其计算应力图形如图 3 - 24（a）所示。根据平衡条件，可得基本计算公式为

$$\alpha_{1}f_{c}(b'_{f}-b)h'_{f} + \alpha_{1}f_{c}bx = f_{y}A_{s} \tag{3-47}$$

$$M \leqslant M_{u} = \alpha_{1}f_{c}(b'_{f}-b)h'_{f}\left(h_{0}-\frac{h'_{f}}{2}\right) + \alpha_{1}f_{c}bx\left(h_{0}-\frac{x}{2}\right) \tag{3-48}$$

如同双筋矩形截面，可把第二类 T 形截面所承担的弯矩 M_{u} 分为两部分：第一部分为 $b \times x$ 的受压区混凝土与部分受拉钢筋 A_{s1} 组成的单筋矩形截面，相应的受弯承载力为 M_{u1}，如图 3 - 24（b）所示；第二部分为翼缘挑出部分 $(b'_{f}-b)h'_{f}$ 的混凝土与相应的其余部分受拉钢筋 A_{s2} 组成的截面，其相应的受弯承载力为 M_{u2}，如图 3 - 24（c）所示。总受拉钢筋面积 $A_{s} = A_{s1} + A_{s2}$；总受弯承载力 $M_{u} = M_{u1} + M_{u2}$。

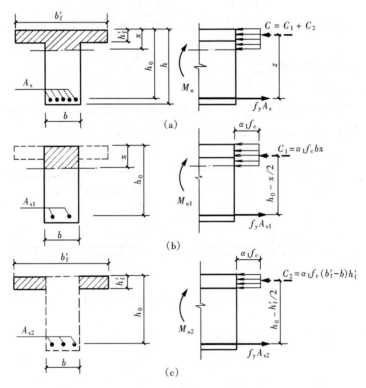

图 3 - 24　第二类 T 形截面计算应力图形

对第一部分，由平衡条件可得

$$f_{y}A_{s1} = \alpha_{1}f_{c}bx \tag{3-49}$$

$$M_{u1} = \alpha_{1}f_{c}bx\left(h_{0}-\frac{x}{2}\right) \tag{3-50}$$

对第二部分，由平衡条件可得

$$f_y A_{s2} = \alpha_1 f_c (b'_f - b) h'_f \tag{3-51}$$

$$M_{u2} = \alpha_1 f_c (b'_f - b) h'_f \left(h_0 - \frac{h'_f}{2} \right) \tag{3-52}$$

基本公式的适用条件：

1）为防止超筋梁破坏，要求 $x \leqslant \xi_b h_0$

或

$$\rho = \frac{A_{s1}}{b h_0} \leqslant \rho_{max} = \xi_b \frac{\alpha_1 f_c}{f_y}$$

2）为防止少筋梁破坏，要求 $\rho \geqslant \rho_{min}$

由于第二类 T 形截面梁受压区高度 x 较大，相应的受拉钢筋配筋率较高，故此条件一般可满足，不必验算。

四、截面设计计算方法

已知截面尺寸（b、h、b'_f、h'_f），材料强度设计值（f_c、f_y），弯矩设计值 M，求纵向受拉钢筋截面面积 A_s。

1. 第一类 T 形截面

当 $M \leqslant \alpha_1 f_c b'_f h'_f \left(h_0 - \frac{h'_f}{2} \right)$ 时，属第一类 T 形截面。其计算方法与 $b'_f \times h$ 的单筋矩形截面完全相同。

2. 第二类 T 形截面

当 $M > \alpha_1 f_c b'_f h'_f \left(h_0 - \frac{h'_f}{2} \right)$ 时，属于第二类 T 形截面。其计算方法与双筋截面梁类似，计算步骤如下：

（1）计算 A_{s2} 和相应承担的弯矩 M_{u2}。

$$A_{s2} = \frac{\alpha_1 f_c (b'_f - b) h'_f}{f_y}$$

$$M_{u2} = \alpha_1 f_c (b'_f - b) h'_f \left(h_0 - \frac{h'_f}{2} \right)$$

（2）计算 M_{u1}。

$$M_{u1} = M - M_{u2} = M - \alpha_1 f_c (b'_f - b) h'_f \left(h_0 - \frac{h'_f}{2} \right)$$

（3）计算 A_{s1}。

$$\alpha_s = \frac{M_{u1}}{\alpha_1 f_c b h_0^2}$$

由 α_s 查出或计算相对应的 ξ、γ_s。

若 $\xi > \xi_b$，则表明梁的截面尺寸不够，应加大截面尺寸或改用双筋 T 形截面。

若 $\xi \leqslant \xi_b$，表明梁处于适筋状态，截面尺寸满足要求，则

$$A_{s1} = \frac{M_{u1}}{f_y \gamma_s h_0} \quad 或 \quad A_{s1} = \xi b h_0 \frac{\alpha_1 f_c}{f_y}$$

（4）计算总钢筋截面面积 $A_s = A_{s1} + A_{s2}$。

【例 3-7】　现浇肋形楼盖中的次梁（一类环境）如图 3-25（a）所示。跨中承受弯矩设计值 $M = 135 \text{kN} \cdot \text{m}$，梁的计算跨度 $l_0 = 6\text{m}$，混凝土强度等级为 C30，纵向钢筋采用

HRB400 级钢筋配筋。箍筋采用Φ8 钢筋，求该次梁所需的纵向受拉钢筋面积 A_s。

解 （1）确定翼缘计算宽度 b'_f。

取 $h_0 = 450 - 40 = 410\text{mm}$

当按计算跨度 l_0 考虑时，$b'_f = \dfrac{l_0}{3} = 2\text{m}$

按梁的净距 s_n 考虑时，$b'_f = b + s_n = 0.2 + 1.6 = 1.8\text{m}$

按梁的翼缘高度 h'_f 考虑时，$b'_f = b + 12h'_f = 0.2 + 12 \times 0.08 = 1.16\text{m}$

故取 $b'_f = 1160\text{mm}$

（2）判别截面类型。

$$\alpha_1 f_c b'_f h'_f \left(h_0 - \frac{h'_f}{2}\right) = 1.0 \times 14.3 \times 1160 \times 80 \left(410 - \frac{80}{2}\right) = 491 \times 10^6 \text{N} \cdot \text{mm}$$
$$= 491\text{kN} \cdot \text{m} > M = 135\text{kN} \cdot \text{m}$$

属于第一类 T 形截面，按截面尺寸 $b'_f \times h$ 的矩形截面计算。

（3）计算 A_s。

$$\alpha_s = \frac{M}{\alpha_1 f_c b'_f h_0^2} = \frac{135 \times 10^6}{1.0 \times 14.3 \times 1160 \times 410^2} = 0.048$$

查表 3-6，得 $\xi = 0.05$

则

$$A_s = \xi b'_f h_0 \frac{\alpha_1 f_c}{f_y} = 0.05 \times 1160 \times 410 \times \frac{1.0 \times 14.3}{360} = 945\text{mm}^2$$

选用 3 Φ 20 （$A_s = 942\text{mm}^2$）

（4）验算适用条件。

$$\rho = \frac{A_s}{bh} = \frac{942}{200 \times 450} = 1.01\% > \rho_{\min} = 0.2\%$$

符合要求

截面配筋如图 3-25（b）所示。

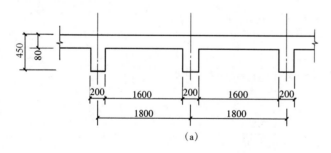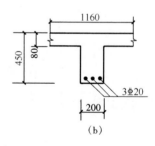

图 3-25 ［例 3-7］图

【例 3-8】 T 形截面梁的截面尺寸如图 3-26 所示，承受弯矩设计值 $M = 550\text{kN} \cdot \text{m}$，混凝土强度等级 C25，采用 HRB335 级钢筋。当梁处于二 a 类环境，采用Φ8 的箍筋时，计算该梁受拉钢筋截面面积。

解 （1）判别类型。

取 $h_0 = 800 - 70 = 730\text{mm}$

设 T 形截面梁的翼缘在荷载作用下不产生沿梁纵肋方向的裂缝，取翼缘宽度 $b'_f = 600\text{mm}$。

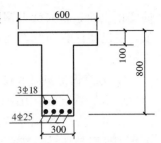

图 3 - 26　［例 3 - 8］图

$$\alpha_1 f_c b'_f h'_f \left(h_0 - \frac{h'_f}{2}\right) = 1.0 \times 11.9 \times 600 \times 100 \times \left(730 - \frac{100}{2}\right)$$

$$= 485.5 \times 10^6 \text{N} \cdot \text{mm}$$

$$= 485.5\text{kN} \cdot \text{m} < M = 550\text{kN} \cdot \text{m}$$

属于第二类 T 形截面

（2）计算 A_s。

$$A_{s2} = \frac{\alpha_1 f_c (b'_f - b) h'_f}{f_y} = \frac{1.0 \times 11.9 \times (600 - 300) \times 100}{300} = 1190\text{mm}^2$$

$$M_{u2} = \alpha_1 f_c (b'_f - b) h'_f (h_0 - h'_f/2)$$

$$= 1.0 \times 11.9 \times (600 - 300) \times 100 \times \left(730 - \frac{100}{2}\right)$$

$$= 242.8 \times 10^6 \text{N} \cdot \text{mm} = 242.8\text{kN} \cdot \text{m}$$

$$M_{u1} = M - M_{u2} = 550 - 242.8 = 307.2\text{kN} \cdot \text{m}$$

$$\alpha_s = \frac{M_{u1}}{\alpha_1 f_c b h_0^2} = \frac{307.2 \times 10^6}{1.0 \times 11.9 \times 300 \times 730^2} = 0.161$$

相应地　　　　　　　　$\gamma_s = 0.912, \xi = 0.177 < \xi_b = 0.55$

则　　　　　　　$A_{s1} = \frac{M_{u1}}{f_y \gamma_s h_0} = \frac{307.2 \times 10^6}{300 \times 0.912 \times 730} = 1538\text{mm}^2$

所以　　　　　　$A_s = A_{s1} + A_{s2} = 1190 + 1538 = 2728\text{mm}^2$

选 4 $\boldsymbol{\Phi}$ 25＋3 $\boldsymbol{\Phi}$ 18（$A_s = 2727\text{mm}^2$），截面配筋如图 3 - 26 所示。

本　章　小　结

1. 在混凝土结构中，常用的梁和板是典型的受弯构件，其设计内容包括正截面承载力计算、斜截面承载力计算、正常使用极限状态验算及构造设计。

2. 对钢筋混凝土梁和板除了进行必需的设计计算外，为确保其可靠性，并方便施工，还需在截面尺寸、材料选用、钢筋的直径、钢筋间距、钢筋根数及混凝土保护层等方面符合相应的构造要求。

3. 适筋梁正截面的受力和变形过程可分为弹性工作阶段（第 I 阶段）、带裂缝工作阶段（第 II 阶段）及破坏阶段（第 III 阶段）；其各阶段末的应力状态分别是抗裂度验算、裂缝控制与变形验算及承载力计算的依据。

4. 钢筋混凝土受弯构件正截面的破坏形态有适筋梁破坏、超筋梁破坏及少筋梁破坏。适筋梁破坏的特点是纵向受拉钢筋的应力先达到屈服强度，然后受压区混凝土被压碎，材料强度可得到较好的利用，且具有明显的破坏预兆，属于延性破坏。超筋梁破坏的特点是纵向受拉钢筋的应力尚未达到屈服强度，受压区边缘混凝土应变先达到极限压应变被压碎，钢筋强度未能充分利用，破坏无明显的预兆，具有脆性破坏的特征。少筋梁破坏的特点是一裂即坏。在工程设计中，应避免超筋梁和少筋梁。

5. 钢筋混凝土构件正截面承载力计算的四项基本假定，规定了正截面上各点平均应变的变化规律、纵向受力钢筋的受拉应力－应变关系与混凝土的受压应力－应变关系及其取值，不仅使计算简化，而且有利于扩大设计计算的范围，是混凝土结构设计计算的基本理论。

6. 为简化正截面承载力的计算，根据试验分析和基本假定，将混凝土受压区的曲线应力图形用等效矩形应力图形代换。

7. 正截面上纵向受拉钢筋屈服与受压区混凝土破坏同时发生时的破坏状态，称为界限破坏。界限破坏是适筋梁与超筋梁破坏的分界。

8. 最小配筋率是适筋梁与少筋梁的界限，其值根据少筋梁的极限弯矩 M_u 等于相同截面素混凝土梁的开裂弯矩 M_{cr}，并考虑环境影响及工程经验等确定。

9. 单筋矩形截面受弯构件正截面承载力的基本公式是根据其正截面的计算应力图形，由受压区混凝土的合压力与受拉钢筋的合拉力平衡及力矩平衡的原则建立的。基本公式的适用条件是 $x \leqslant \xi_b h_0$（或 $\xi \leqslant \xi_b$）且 $\rho \geqslant \rho_{min}$。设计时，一般采用查表计算法。

10. 在梁中配置受压钢筋帮助混凝土承受压力是不经济的，但当弯矩设计值较大而截面尺寸和材料强度不能增大，或者截面承受变号弯矩以及为提高截面延性时，可采用双筋截面。当梁内配置的箍筋符合构造要求，且 $x \geqslant 2a'_s$ 时，配置在截面受压区的纵向受压钢筋的应力可取抗压强度设计值 f'_y。

11. T 形截面受弯构件正截面承载力计算时，首先需要判别截面类型，然后根据其所属类型进行计算。当为第一类 T 型截面时，按宽度为 b'_f 的矩形截面计算；当为第二类 T 型截面时，则按受压区为 T 形面积考虑。

思　考　题

3-1　钢筋混凝土受弯构件的设计一般包括哪些内容？其目的各是什么？分别如何实现？

3-2　板中分布钢筋的作用是什么？其基本构造要求有哪些？

3-3　梁中纵向受力钢筋的直径、根数及间距各有何要求？为什么？

3-4　梁中设置架立钢筋的作用是什么？

3-5　钢筋的混凝土保护层厚度是指什么？设计时如何确定？在工程施工时是如何保证的？

3-6　受弯构件的截面有效高度是指什么？如何考虑计算？

3-7　适筋梁各阶段的受力状态分别是设计计算或验算什么的依据？

3-8　适筋梁、超筋梁及少筋梁的破坏特点各是什么？为什么在实际工程中应避免超筋梁和少筋梁？

3-9　受弯构件正截面承载力计算的基本假定有哪些？如何体现在设计计算中？

3-10　确定等效矩形应力图形的原则是什么？

3-11　什么是界限破坏？其受压区高度与适筋梁、超筋梁破坏时的受压区高度有何关系？

3-12　确定最小配筋率的原则是什么？

3-13　受弯构件正截面承载力计算时，为什么要求 $x \leqslant \xi_b h_0$（或 $\xi \leqslant \xi_b$）且 $\rho \geqslant \rho_{min}$？

3-14　当计算出纵向受力钢筋的面积后，如何选用钢筋的根数和直径？

3-15　什么情况下采用双筋截面？要求 $x \geqslant 2a_s'$ 的意义是什么？

3-16　对 T 形截面梁进行截面设计和截面复核时如何判别其计算类型？

习　题　与　实　训　题

*3-1　某教学楼内廊走道板，采用现浇钢筋混凝土简支板，板在内廊两侧墙体（240mm 厚）上的支撑长度为 120mm，净跨度为 1860mm，板厚 80mm；板在垂直跨度方向上的长度为 6.6m。混凝土强度等级为 C20，钢筋为 HPB300 级。板上作用的均布活荷载标准值为 2.5kN/m²，水磨石地面及细石混凝土垫层共 30mm 厚（重度为 22kN/m³），板底抹灰 12mm 厚（重度为 17kN/m³）。试设计配置板中钢筋，并绑扎该走道板的部分钢筋骨架，按《混凝土结构工程施工质量验收规范》（2011 年版）GB 50204—2002 标准进行验收。

3-2　某矩形截面梁，处于一类环境，$b = 250$mm，$h = 500$mm，混凝土强度等级为 C25，采用 HRB400 级钢筋，承受的弯矩设计值 $M = 150$kN·m，试确定该梁的纵向受拉钢筋，并绘制截面配筋图。

3-3　矩形截面梁的截面尺寸 $b \times h = 250$mm×500mm，混凝土强度等级为 C20，钢筋为 HRB335 级，受拉钢筋为 4 Φ 18（$A_s = 1017$mm²），构件处于一类环境，弯矩设计值 $M = 100$kN·m，构件安全等级为二级。验算该梁的正截面承载力。

3-4　某矩形截面梁，处于二 a 类环境，$b \times h = 250$mm×500mm，混凝土强度等级为 C30，HRB400 级钢筋，承受弯矩设计值 $M = 305$kN·m，试确定该梁的纵向受力钢筋。

3-5　已知矩形截面梁的截面尺寸 $b \times h = 250$mm×500mm，处于二 a 类环境，混凝土强度等级为 C30，钢筋为 HRB500 级。当配置受压钢筋为 2 Φ 20（$A_s' = 628$mm²），弯矩设计值 $M = 155$kN·m 时，求所需受拉钢筋面积 A_s。

3-6　某 T 形截面梁，处于一类环境，$b_f' = 400$mm，$h_f' = 100$mm，$b = 200$mm，$h = 600$mm，采用 C25 级混凝土，HRB400 级钢筋，试计算该梁的配筋。

1）当承受弯矩设计值 $M = 152$kN·m 时；

2）当承受弯矩设计值 $M = 283$kN·m 时。

第四章
受弯构件斜截面承载力计算

本章提要　本章在分析受弯构件斜截面的受力状态、破坏形态及影响斜截面受剪承载力主要因素的基础上，根据试验研究成果，给出了受弯构件斜截面受剪承载力计算公式及其适用条件，同时叙述了受弯构件受剪承载力设计计算方法和为保证斜截面受弯承载力需要采取的相关构造措施，并附有钢筋混凝土外伸梁设计计算和施工图实例。

第一节　概　　述

受弯构件在荷载作用下，各截面上除产生弯矩外，还作用有剪力。图 4-1 所示的简支梁，在两集中力之间，剪力为零，该区段称为纯弯段，可能发生正截面破坏；而在集中力到支座之间的区段，既有弯矩作用，又有剪力作用，该区段称为剪弯段。在剪弯段内可能产生斜裂缝，导致斜截面破坏，这种破坏带有脆性性质，无明显预兆。因此，对于受弯构件既要进行正截面承载力计算，还要进行斜截面承载力计算。

根据试验研究和工程实践，为保证受弯构件的斜截面承载力，防止梁沿斜截面破坏，除要求梁具有足够的截面尺寸外，还应在梁内配置必要的箍筋和弯起钢筋，并符合相关构造要求。箍筋和弯起钢筋统称为梁的腹筋。配有腹筋和纵向钢筋的梁称为有腹筋梁；仅配置纵向钢筋的梁称为无腹筋梁。腹筋和纵向钢筋绑扎在一起，形成如图 4-2 所示的钢筋骨架。

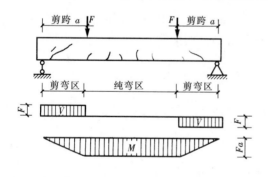

图 4-1　梁对称加载受力图

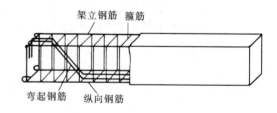

图 4-2　钢筋骨架图

本章主要叙述斜截面受剪承载力的计算及保证斜截面受弯承载力的有关构造规定。

第二节　无腹筋梁斜截面受剪性能

一、斜裂缝出现后截面受力状态

1. 斜裂缝的形成

斜裂缝的出现和发展可按材料力学的方法进行分析。在剪弯段中，由于既有拉应力又有剪应力，主拉应力的方向与梁轴线不再平行。因此，当主拉应力的应力值超过混凝土的抗拉极限强度时，在剪弯段中出现斜裂缝。当第一条斜裂缝形成后，随着荷载的增加，还会出现新的斜裂缝，当荷载增加到一定程度时，在数条斜裂缝中形成一条主要裂缝，称为临界斜裂缝。

2. 斜裂缝出现后的受力状态

如图 4-3 所示，当斜裂缝出现后，随着荷载的继续增加，斜裂缝向集中力作用点处延伸，剪压区高度不断减小，梁的受力状态变化如下：

（1）截面剪应力的变化。斜裂缝出现前，支座剪力 V_A 由全部截面承担。当斜裂缝出现后，剪力 V_A 只由截面 AA'（称为剪压面或剪压区）承受，由于此时的面积显著减小。所以，临界斜裂缝出现后，剪压区混凝土的剪应力和压应力明显增大。这是斜裂缝出现后应力重分布的一个现象。剪压区混凝土在剪应力和压应力的共同作用下，复合应力达到混凝土的抗压极限强度，导致梁斜截面受剪承载力不足而破坏。

（2）纵向受力钢筋的应力变化。斜裂缝出现前，截面 BB' 处纵向钢筋拉应力的大小决定于垂直截面的弯矩 M_B，其值较小。斜裂缝出现后，截面 BB' 处纵向钢筋的拉应力则

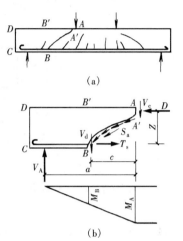

图 4-3　斜裂缝出现后
截面受力状态

(a) 梁的受力图；(b) 斜截面受力图

由截面 AA' 处的弯矩 M_A 决定。因为 M_A 远大于 M_B，故钢筋拉应力突然增大。这是斜裂缝出现后应力重分布的又一个现象。当钢筋不能适应这种应力变化时，将导致梁斜截面受弯承载力不足而破坏。

（3）销栓力和骨料咬合力的形成。斜裂缝从梁底开始出现，由于斜裂缝两边有相对的上下错动，使纵向钢筋承受一定的剪力，通常称为钢筋的销栓力 V_d。在斜裂缝开展过程中，斜裂缝两边将发生相对剪切位移，由于沿斜裂缝两侧面凹凸不平，使斜裂缝面上产生骨料咬合力，其合力用 S_a 表示。这两种力对梁的斜截面受剪承载力有一定的提高作用，但影响较小。由于销栓力和骨料咬合力都难以定量计算，而且随斜裂缝的开展不断变化，因此在计算时都不予考虑。

由于无腹筋梁的受剪承载力很低。而且一旦出现斜裂缝，会很快发展成为临界斜裂缝，裂缝开展很宽，梁呈脆性破坏，在工程中是禁止采用的。

二、斜截面的破坏形态

无腹筋梁的受剪破坏形态及承载力与剪弯段中弯矩和剪力的组合有关。如图 4-1 所示集中荷载作用下的简支梁，剪切破坏一般发生在剪弯段，a 为集中荷载作用点到支座截面或节点边缘的距离，称为剪跨长度，h_0 为截面的有效高度。令 $\lambda=a/h_0$，λ 称为剪跨比，它是影响无腹筋梁破坏形态的主要因素。根据剪跨比的不同，梁有以下三种破坏形式：

1. 斜压破坏

当集中荷载作用点距支座较近，剪跨比 $\lambda<1$ 时，将会发生斜压破坏。其受力特点是集中荷载与支座之间梁腹混凝土，出现一些大体相互平行的斜裂缝，这些斜裂缝随着荷载的增加，使梁腹混凝土形成斜向的受压短柱，最后混凝土被斜向压碎而破坏，这种破坏称为斜压

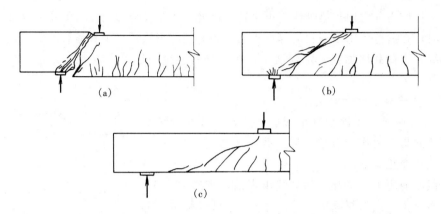

图 4-4 斜截面的破坏形态

(a) 斜压破坏；(b) 剪压破坏；(c) 斜拉破坏

破坏，如图 4-4（a）所示。

2. 剪压破坏

当剪跨比 $1 \leqslant \lambda \leqslant 3$ 时，将会发生剪压破坏。这种破坏的特点是在梁腹出现斜裂缝后，随着荷载的增加，陆续出现其他斜裂缝，其中有一条形成主裂缝，向集中力作用点处发展，导致集中荷载作用点处的混凝土被压碎而破坏，这种破坏称为剪压破坏，如图 4-4（b）所示。

3. 斜拉破坏

当集中荷载作用点距支座较远，剪跨比 $\lambda > 3$ 时，将会发生斜拉破坏。其特点是在斜裂缝一旦出现，就会形成主裂缝，并迅速向集中荷载作用点处延伸，将梁斜劈成两半，这种破坏称为斜拉破坏，如图 4-4（c）所示。

上述三种破坏形态，就其承载力而言，斜压破坏较高，剪压破坏次之，斜拉破坏最低。不同剪跨比无腹筋梁的破坏形态和承载力虽有不同，但无腹筋梁的受剪破坏均属于脆性破坏，其中斜拉破坏尤为突出。

三、影响无腹筋梁斜截面受剪承载力的主要因素

影响无腹筋梁受剪承载力的因素很多，主要有剪跨比、混凝土的强度等级、纵向钢筋的配筋率及截面尺寸效应等。

1. 剪跨比

为能更好地反映梁截面上所承受弯矩和剪力的相对关系，剪跨比可用下式表示：

$$\lambda = \frac{M}{Vh_0} \tag{4-1}$$

式中，λ 称为广义剪跨比，它实质上反映了截面上正应力 σ 和剪应力 τ 的数值关系。由于 σ 和 τ 决定了主应力的大小和方向，因此也就间接影响了梁斜截面破坏形态和承载力。

试验结果表明，对于无腹筋梁，随着剪跨比的增大，梁斜截面的破坏形态发生了显著变化，梁斜截面受剪承载力明显降低。当 $\lambda > 3$ 时，剪跨比对梁斜截面受剪承载力不再有明显影响。

2. 混凝土强度等级

试验结果表明，混凝土强度等级对梁的受剪承载力有显著的影响。一般情况下，梁的受剪承载力随着混凝土强度等级的提高而提高，呈线性关系。但是，斜截面破坏形态不同，其

影响程度也不同。斜压破坏时，梁的受剪承载力主要取决于混凝土的抗压强度，随着混凝土强度等级的提高，梁的受剪承载力显著提高；斜拉破坏时，梁的受剪承载力主要取决于混凝土的抗拉强度，一方面混凝土的抗拉强度较低，另一方面混凝土强度等级的提高，其抗拉强度提高的较小，所以梁的受剪承载力随着混凝土强度等级的提高而提高的较少；剪压破坏时，混凝土强度等级的影响介于上述两者之间。

3. 纵向钢筋的配筋率

当斜裂缝出现以后，纵向钢筋能抑制斜裂缝的扩展，增加剪压区混凝土的面积，并使骨料咬合力及纵筋的销栓作用力有所提高，因而间接地提高了梁的受剪承载力。试验资料分析表明，纵向钢筋配筋率较小时，对梁受剪承载力的影响并不明显；只有配筋率 $\rho > 1.5\%$ 时，对梁受剪承载力的影响才较为明显。

由于实际工程中受弯构件的纵向钢筋配筋率 $\rho \leqslant 1.5\%$，故《规范》给出的斜截面承载力计算公式中没有考虑纵向钢筋配筋率对斜截面受剪承载力的影响。

4. 截面尺寸效应

T 形和工字形截面存在有受压翼缘，其斜拉破坏和剪压破坏受剪承载力比梁腹宽度 b 相同的矩形截面有一定的提高，但对斜压破坏，翼缘的存在并不能提高其受剪承载力。试验还表明，加大截面尺寸会降低受剪承载力，当梁的有效高度 $h_0 \leqslant 800$mm 时，对截面受剪承载力的影响不大；当梁的有效高度 $h_0 > 800$mm 时，截面的受剪承载力将有所降低。

四、无腹筋受弯构件斜截面受剪承载力计算

根据对大量的均布荷载作用下无腹筋受弯构件的试验结果分析，可得到承受均布荷载为主的无腹筋一般受弯构件受剪承载力的较低值。但考虑无腹筋受弯构件的受剪破坏均为脆性破坏，故《规范》仅给出无腹筋一般板类受弯构件的受剪承载力计算公式：

$$V \leqslant 0.7\beta_h f_t bh_0 \tag{4-2}$$

$$\beta_h = \left(\frac{800}{h_0}\right)^{1/4} \tag{4-3}$$

式中 V——构件斜截面上的最大剪力设计值。

      β_h——截面高度影响系数。当 $h_0 < 800$mm 时，取 $h_0 = 800$mm；当 $h_0 > 2000$mm 时，取 $h_0 = 2000$mm。

      f_t——混凝土轴心抗拉强度设计值。

      b——矩形截面的宽度，T 形截面或工字形截面的腹板宽度。

      h_0——截面有效高度。

当无腹筋一般板类受弯构件符合上式要求时，通常不会发生斜截面受剪破坏，故无需在板内配置受力腹筋。

第三节   有腹筋梁斜截面受剪性能与承载力计算公式

一、腹筋的作用

有腹筋梁在斜裂缝出现之前，腹筋的应力很小，其作用也不明显，对斜裂缝出现时的荷载影响不大，受力性能与无腹筋梁基本相近。但在斜裂缝出现以后，腹筋可以大大加强斜截面的受剪承载力。其原因是：①与斜裂缝相交的腹筋可以直接承受剪力；②腹筋可以抑制斜裂缝的开展和延伸，增大破坏前斜裂缝上部混凝土剪压区的截面面积，从而提高受剪承载力；③由于腹筋减小了裂缝的宽度，因而提高了斜截面上的骨料咬合力；④腹筋还可以限制纵筋的竖向位移，阻止混凝土沿纵筋的撕裂，提高纵筋的销栓作用。

弯起钢筋与斜裂缝几乎垂直，因而传力更直接，但由于弯起钢筋一般由纵向钢筋弯起而成，其直径较粗，根数较少，受力不很均匀；箍筋虽然不与斜裂缝正交，但分布均匀。因此，一般在配置腹筋时，总是先配置一定数量的箍筋，然后根据需要再将一定数量的纵向钢筋弯起，即配置适当的弯起钢筋。

二、配箍率

构件中箍筋的数量可用配箍率 ρ_{sv} 表示（图 4-5），即

$$\rho_{sv} = \frac{A_{sv}}{bs} = \frac{nA_{sv1}}{bs} \tag{4-4}$$

式中　A_{sv}——配置在同一截面内箍筋各肢的全部截面面积，$A_{sv} = nA_{sv1}$；

　　　n——在同一截面内箍筋的肢数；

　　　A_{sv1}——单肢箍筋的面积；

　　　s——沿梁的长度方向箍筋的间距。

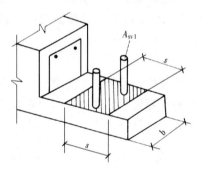

图 4-5　配箍率 ρ_{sv} 的定义

钢筋混凝土梁中，当配箍率在适当的范围内时，箍筋配的愈多，箍筋的强度愈高，梁的受剪承载力就愈高。配箍率的大小会影响有腹筋梁的破坏形态。

三、有腹筋梁的破坏形态

随着剪跨比 λ 和配箍率的不同，有腹筋梁的斜截面受剪破坏与无腹筋梁相似，也可归纳为斜压破坏、剪压破坏和斜拉破坏三种主要破坏形态。

1）当剪跨比 λ 过小，或剪跨比虽然大，但配箍率过大时，斜裂缝出现后箍筋的应力较小且增长缓慢，斜裂缝发展缓慢，在箍筋应力未达到屈服强度前，斜裂缝间的梁腹混凝土已达到抗压强度，发生斜压破坏，破坏具有脆性性质。其受剪承载力取决于混凝土强度以及截面尺寸，即使再增加箍筋或增加弯起钢筋对斜截面受剪承载力的提高已不起作用。

2）当剪跨比 λ 适中，配箍率适当时，斜裂缝出现后箍筋的应力增大，箍筋的存在限制了斜裂缝的开展和延伸，使荷载可有较大的增长。随着荷载的增大，箍筋的应力达到屈服强度后，其限制斜裂缝开展的作用消失。最后剪压区混凝土达到极限强度，梁丧失承载力，发生剪压破坏。其承载力主要取决于混凝土强度、截面尺寸及配箍率。

3）当剪跨比 λ 过大，配箍率过小时，与受弯构件中的少筋梁一样，斜裂缝一旦出现，箍筋的应力即达到屈服强度，箍筋对斜裂缝的限制作用已不存在，此时梁发生与无腹筋梁相似的斜拉破坏，其破坏带有突然性，破坏前无明显的预兆。

四、斜截面受剪承载力计算公式

有腹筋梁中箍筋和弯起钢筋的设计方法，与正截面承载力计算中纵向受拉钢筋的设计方法是相似的。用控制最小配箍率来防止斜拉破坏；采用截面限制条件（相当于控制最大配箍率）的方法防止斜压破坏。对于剪压破坏，则给出了受剪承载力计算公式，用以确定所需配置的箍筋和弯起钢筋。

图 4-6 为配置箍筋和弯起钢筋的简支梁发生斜截面剪压破坏时，斜裂缝到支座之间的受力体。可见，梁的斜截面受剪承载力 V_u 主要由三部分组成：①剪压区混凝土承受的剪力 V_c；②与斜裂缝相交的箍筋承受的剪力 V_{sv}；③与斜裂缝相交的弯起钢筋承受的剪力 V_{sb}。根据图 4-6 所示受力体的竖向力平衡条件，可列出有腹筋梁的受剪承载力计算公式为

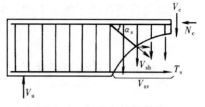

图 4-6　斜截面计算简图

$$V \leqslant V_u = V_c + V_{sv} + V_{sb} \tag{4-5}$$

将 V_c 与 V_{sv} 之和，称为混凝土和箍筋的受剪承载力，用 V_{cs} 表示，即

$$V_{cs} = V_c + V_{sv} \tag{4-6}$$

则，式（4-5）可写为

$$V \leqslant V_u = V_{cs} + V_{sb} \tag{4-7}$$

下面分别叙述 V_{cs} 和 V_{sb} 的计算公式：

1. 混凝土与箍筋受剪承载力 V_{cs} 的计算

根据试验分析，并结合工程实际经验，对于矩形、T 形和工字形截面的一般受弯构件，混凝土和箍筋的受剪承载力为

$$V_{cs} = 0.7 f_t b h_0 + f_{yv} \frac{A_{sv}}{s} h_0 \tag{4-8}$$

式中　f_{yv}——箍筋抗拉强度设计值，一般取 $f_{yv} = f_y$，当 $f_y > 360 \text{N/mm}^2$ 时，应取 360N/mm^2。

对集中荷载作用下的矩形、T 形和工字形截面独立梁（包括作用有多种荷载，其中集中荷载对支座截面或节点边缘所产生的剪力值占总剪力值的 75% 以上的情况），箍筋和混凝土的受剪承载力为

$$V_{cs} = \frac{1.75}{\lambda + 1.0} f_t b h_0 + f_{yv} \frac{A_{sv}}{s} h_0 \tag{4-9}$$

式中　λ——计算截面的剪跨比，可取 $\lambda = a/h_0$；当 $\lambda < 1.5$ 时，取 $\lambda = 1.5$；当 $\lambda > 3$ 时，取 $\lambda = 3$，集中荷载作用点至支座之间的箍筋，应均匀布置。

2. 弯起钢筋受剪承载力 V_{sb} 的计算

弯起钢筋承担的剪力，应等于弯起钢筋所承受的拉力在垂直于梁轴方向上的分力，可按下式计算：

$$V_{sb} = 0.8 f_{yv} A_{sb} \sin \alpha_s \tag{4-10}$$

式中　A_{sb}——同一弯起平面内弯起钢筋的截面面积。

f_{yv}——弯起钢筋的抗拉强度设计值，其取值同箍筋的抗拉强度。

α_s——斜截面上弯起钢筋与梁纵轴之间的夹角，当梁高 $h \leqslant 800$ 时，α_s 取 $45°$；当梁高 $h > 800$ 时，α_s 取 $60°$。

0.8——考虑弯起钢筋与破坏斜截面相交位置的不定性，其应力可能达不到 f_{yv} 的不均匀系数。

因此，对同时配有箍筋和弯起钢筋的矩形、T 形和工字形截面的一般受弯构件，斜截面承载力可按下式计算：

$$V \leqslant V_{cs} + V_{sb} = 0.7 f_t b h_0 + f_{yv} \frac{A_{sv}}{s} h_0 + 0.8 f_{yv} A_{sb} \sin \alpha_s \tag{4-11}$$

对集中荷载作用下的独立梁，斜截面承载力可按下式计算：

$$V \leqslant V_{cs} + V_{sb} = \frac{1.75}{\lambda + 1.0} f_t b h_0 + f_{yv} \frac{A_{sv}}{s} h_0 + 0.8 f_{yv} A_{sb} \sin\alpha_s \qquad (4-12)$$

五、计算公式的适用条件

1. 上限值——最小截面尺寸

当梁的截面尺寸过小，剪力较大时，梁可能发生斜压破坏，并可能在使用阶段发生斜裂缝。试验证明，在这种情况下，即使配置较多的箍筋也不能发挥作用。因此，《规范》规定：矩形、T 形和工字形截面的受弯构件，其受剪截面应符合下列条件：

当 $\frac{h_w}{b} \leqslant 4$ 时

$$V \leqslant 0.25\beta_c f_c b h_0 \qquad (4-13)$$

当 $\frac{h_w}{b} \geqslant 6$ 时

$$V \leqslant 0.2\beta_c f_c b h_0 \qquad (4-14)$$

当 $4 < \frac{h_w}{b} < 6$ 时，按线性内插法确定。

式中 β_c——混凝土强度影响系数，当混凝土强度等级不超过 C50 时，取 $\beta_c = 1.0$；当混凝土强度等级为 C80 时，取 $\beta_c = 0.8$；其间按线性内插法确定。

      f_c——混凝土轴心抗压强度设计值。

      h_w——截面的腹板高度，对矩形截面，取有效高度 h_0；对 T 形截面，取有效高度减去翼缘高度；对工字形截面，取腹板净高。

在工程设计中，如不能满足上限值的要求，应加大截面尺寸或提高混凝土强度等级。

2. 下限值——最小配箍率

当出现斜裂缝后，斜裂缝上的主拉应力全部转移给箍筋。试验表明，若箍筋配置过少，一旦斜裂缝出现，箍筋中突然增大的拉应力很可能达到屈服强度，造成斜裂缝的加速开展，甚至箍筋被拉断，当剪跨比较大时将导致斜拉破坏。为防止这种情况的发生，《规范》规定：梁中箍筋的直径和间距应满足表 4-1 和表 4-2 的限值，当 $V > 0.7 f_t b h_0$ 时，配筋率还应符合最小配箍率的要求，即

$$\rho_{sv} = \frac{A_{sv}}{bs} \geqslant \rho_{sv,\min} = 0.24 \frac{f_t}{f_{yv}} \qquad (4-15)$$

表 4-1   梁中箍筋最小直径

梁高 h(mm)	箍筋直径 d(mm)
$h \leqslant 800$	6
$h > 800$	8

表 4-2   梁中箍筋最大间距 $S_{\max}$

梁高 h(mm)	$V > 0.7 f_t b h_0$	$V \leqslant 0.7 f_t b h_0$
$150 < h \leqslant 300$	150	200
$300 < h \leqslant 500$	200	300
$500 < h \leqslant 800$	250	350
$h > 800$	300	400

3. 构造配筋要求

矩形、T 形和工字形截面受弯构件，当符合下列公式要求时，可不进行斜截面的受剪承载力计算，即

对一般受弯构件 $V \leqslant 0.7 f_t b h_0$ $(4-16)$

对集中荷载作用下的独立梁　　$V \leqslant \dfrac{1.75}{\lambda + 1.0} f_t b h_0$　　　　　　　　　　　（4-17）

考虑到受剪破坏具有显著的脆性特征，尤其是斜拉破坏，斜裂缝一旦出现，构件立即破坏；因此，即使符合上式要求，仍应按表4-1和表4-2的构造要求配置箍筋。

《规范》规定，按计算不需要箍筋的梁，当截面高度大于300mm时，应按构造要求沿梁全长设置箍筋；当截面高度为150~300mm时，可仅在构件端部1/4跨度范围内设置箍筋，但当在构件的1/2跨度范围内有集中荷载时，则应沿梁全长设置箍筋；当截面高度为150mm以下时，可不设置箍筋。

第四节　斜截面受剪承载力计算方法

一、受剪计算截面的位置

在进行斜截面承载力设计时，计算截面的位置应为斜截面受剪承载力较为薄弱的截面。在受弯构件中，斜截面受剪破坏只能沿着唯一的一条临界斜裂缝发生，而临界裂缝位置是随着构件上作用的荷载、构件的截面形状、腹筋的配置方式和数量的不同而不同。因此较难准确地确定剪压破坏发生的位置，在设计中，计算截面的位置应按下列规定采用：

1）支座边缘处的截面，图4-7的1—1。

2）受拉区弯起钢筋弯起点处的截面，图4-7的2—2或3—3。

3）箍筋截面面积或间距改变处的截面，图4-7的4—4。

4）腹板厚度改变处的截面，图4-7的5—5。

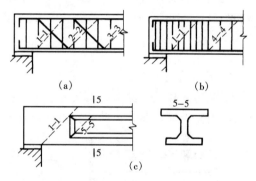

图4-7　斜截面受剪承载力计算截面位置
（a）弯起钢筋；（b）箍筋；（c）混凝土变截面

按《规范》规定，计算截面的剪力设计值应取其相应截面上的最大剪力值。其剪力设计值可按下列规定采用：

当计算第一排（对支座而言）弯起钢筋时，采用支座边缘处的剪力值；当计算以后的每一排弯起钢筋时，采用前一排弯起钢筋弯起点处的剪力值。同时，箍筋间距以及弯起钢筋前一排（对支座而言）的弯起点至后一排弯起终点的距离应符合箍筋最大间距的要求。

二、计算步骤

受弯构件斜截面受剪承载力计算通常有两种情况，即截面设计和承载力复核。

1. 截面设计

截面设计是在正截面承载力计算完成以后，即在截面尺寸、材料强度、纵向受力钢筋已知的条件下，计算梁内的腹筋。其计算方法和步骤如下：

1）复核截面尺寸。用上限条件式（4-13）或式（4-14）对截面尺寸进行复核，如不满足应加大截面尺寸或提高混凝土强度等级。

2）验算是否需要按计算配置箍筋。如果满足式（4-16）或式（4-17）时，可按构造配置箍筋，否则按计算配置腹筋。

3）腹筋的计算。梁内腹筋通常有两种配置方法，一种是只配箍筋，不设置弯起钢筋；另一种是既配箍筋又设置弯起钢筋。这是因为当剪力较大时，如果只靠混凝土和箍筋抵抗剪力就会使箍筋的直径较大，间距很小，而且很不经济。因此当纵向钢筋多于两根，且靠近支座对抵抗弯矩又不需要的纵向钢筋可以弯起，承担一部分剪力，但是梁两侧的下部纵向钢筋不得弯起。至于采用哪一种方法，根据构件的具体情况、剪力设计值的大小以及纵向钢筋的配置而确定。

只配箍筋时，由式（4-8）和式（4-9）可计算出所需箍筋量。

对一般的梁，可按式（4-18）计算：

$$\frac{A_{sv}}{s} = \frac{nA_{sv1}}{s} \geqslant \frac{V - 0.7f_t bh_0}{f_{yv}h_0} \tag{4-18}$$

对集中荷载作用的独立梁，可按式（4-19）计算：

$$\frac{A_{sv}}{s} = \frac{nA_{sv1}}{s} \geqslant \frac{V - \dfrac{1.75}{\lambda + 1.0}f_t bh_0}{f_{yv}h_0} \tag{4-19}$$

式（4-18）和式（4-19）中含有箍筋肢数 n、单肢箍筋截面面积 A_{sv1}、箍筋间距 s 三个未知数，设计时可根据具体情况，假设箍筋直径 d 和箍筋肢数 n，计算箍筋的间距 $s(s \leqslant s_{max})$；也可设定 n、s，求得 A_{sv1} 后，再选用 d。

既配箍筋又设置弯起钢筋时，先选定箍筋的肢数、直径和间距，然后计算弯起钢筋的截面面积 A_{sb}，由式（4-11）或式（4-12）得

$$A_{sb} \geqslant \frac{V - V_{cs}}{0.8f_y \sin\alpha_s} \tag{4-20}$$

2. 承载力复核

承载力复核是在已知截面尺寸、材料强度、纵向受力钢筋和腹筋的条件下，验算梁的受剪承载力是否满足要求，即计算斜截面能承受的剪力设计值。

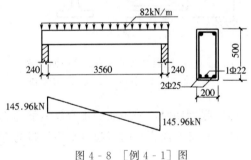

图 4-8　[例 4-1] 图

【例 4-1】　钢筋混凝土简支梁，两端支撑在 240mm 厚的砖墙上，如图 4-8 所示。梁上承受均布荷载设计值 $q = 82$kN/m（包括梁自重），截面尺寸 $b \times h = 200$mm $\times 500$mm，混凝土强度等级为 C25（$f_c = 11.9$N/mm^2，$f_t = 1.27$N/mm^2），箍筋为 HPB300（$f_{yv} = 270$N/mm^2），纵向钢筋为 HRB335（$f_y = 300$N/mm^2），试对梁按一类环境进行斜截面承载力计算。

解

（1）求剪力设计值。

支座边缘处截面的剪力　$V = \dfrac{1}{2} \times 82 \times 3.56 = 145.96$kN

（2）验算截面尺寸。

$$h_w = h_0 = h - a_s = 500 - 45 = 455\text{mm}$$

$$\frac{h_w}{b} = \frac{455}{200} = 2.275 < 4$$

即　　　$0.25\beta_c f_c bh_0 = 0.25 \times 1.0 \times 11.9 \times 200 \times 455 = 270725\text{N} > V = 145960\text{N}$

截面尺寸符合要求。

（3）验算梁是否计算配置箍筋。

$$0.7f_tbh_0 = 0.7 \times 1.27 \times 200 \times 455 = 80899\text{N} < V = 145960\text{N}$$

故需要按计算配置箍筋。

（4）若只配箍筋而不用弯起钢筋。

$$\frac{nA_{sv1}}{s} = \frac{V - 0.7f_tbh_0}{f_{yv}h_0} = \frac{145960 - 80899}{270 \times 455} = 0.53\text{mm}^2/\text{mm}$$

选用ϕ8的双肢箍筋（$A_{sv1} = 50.3\text{mm}^2$）。

则箍筋间距为

$$s \leqslant \frac{nA_{sv}}{0.53} = \frac{2 \times 50.3}{0.53} = 190\text{mm}$$

取$s = 150\text{mm}$，沿梁全长布置。

配箍率为

$$\rho_{sv} = \frac{nA_{sv1}}{bs} = \frac{2 \times 50.3}{200 \times 150} = 0.335\%$$

$$\rho_{sv,min} = 0.24\frac{f_t}{f_{yv}} = 0.24 \times \frac{1.27}{270} = 0.11\% < 0.335\%$$

（5）若既配箍筋又配弯起钢筋。按构造要求箍筋选用双肢ϕ6@200。

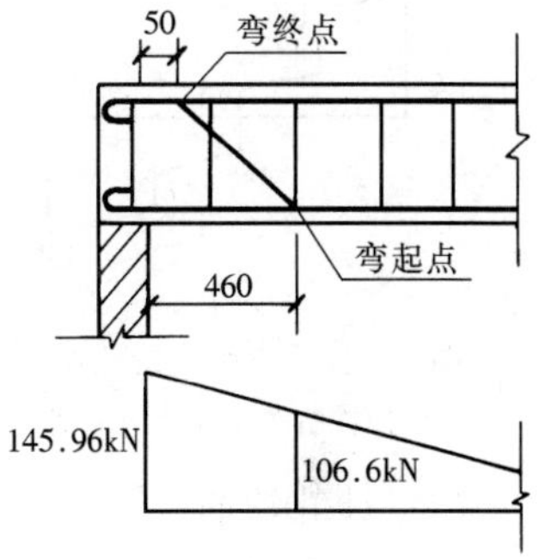

图4-9 弯起钢筋布置图

弯起钢筋与梁轴夹角$\alpha_s = 45°$，由式（4-8）得

$$V_{cs} = 0.7f_tbh_0 + f_{yv}\frac{nA_{sv1}}{s}h_0$$

$$= 0.7 \times 1.27 \times 200 \times 455 + 270 \times \frac{2 \times 28.3}{200} \times 455$$

$$= 115665.6\text{N}$$

$$A_{sb} \geqslant \frac{V - V_{cs}}{0.8f_{yv}\sin\alpha_s} = \frac{145960 - 115665.6}{0.8 \times 300 \times 0.707} = 178.5\text{mm}^2$$

弯起纵筋中的1ϕ22，$A_{sb} = 380.1\text{mm}^2$。

（6）验算弯起钢筋弯起点处截面的剪力设计值。纵筋弯起点距支座边缘的水平距离为$50 + (500 - 45 - 45) = 460\text{mm}$，如图4-9所示。

弯起点处截面的剪力设计值为

$$V = 145960 \times \frac{1.78 - 0.46}{1.78} = 108240\text{N} < V_{cs} = 115665.6\text{N}$$

该截面处混凝土和箍筋的受剪承载力能满足要求，不需要弯起第二排钢筋。

【例4-2】 钢筋混凝土矩形截面简支梁，承受如图4-10所示的荷载设计值，截面尺寸$b \times h = 200\text{mm} \times 600\text{mm}$，混凝土C25（$f_t = 1.27\text{N/mm}^2$，$f_c = 11.9\text{N/mm}^2$），箍筋采用HPB300（$f_{yv} = 270\text{N/mm}^2$），试按$a_s = 45\text{mm}$对该梁配置箍筋。

解

（1）求剪力设计值。

A支座

在均布荷载作用下 $V = \frac{8}{2} \times 4 = 16\text{kN}$

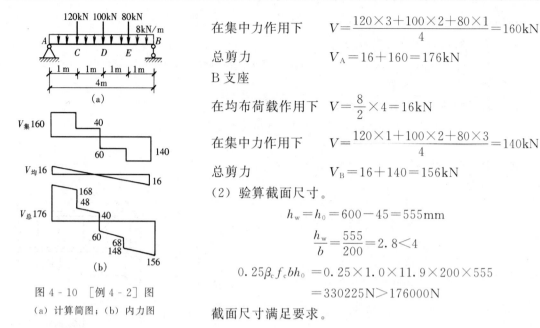

图 4-10 ［例 4-2］图
(a) 计算简图；(b) 内力图

在集中力作用下 $V = \dfrac{120 \times 3 + 100 \times 2 + 80 \times 1}{4} = 160\text{kN}$

总剪力 $V_A = 16 + 160 = 176\text{kN}$

B 支座

在均布荷载作用下 $V = \dfrac{8}{2} \times 4 = 16\text{kN}$

在集中力作用下 $V = \dfrac{120 \times 1 + 100 \times 2 + 80 \times 3}{4} = 140\text{kN}$

总剪力 $V_B = 16 + 140 = 156\text{kN}$

(2) 验算截面尺寸。

$$h_w = h_0 = 600 - 45 = 555\text{mm}$$

$$\frac{h_w}{b} = \frac{555}{200} = 2.8 < 4$$

$$0.25\beta_c f_c b h_0 = 0.25 \times 1.0 \times 11.9 \times 200 \times 555$$
$$= 330225\text{N} > 176000\text{N}$$

截面尺寸满足要求。

(3) 计算箍筋。

由于该梁既受均布荷载作用又受集中力作用

A 支座 $V_集/V_总 = 160/176 = 90.9\%$

B 支座 $V_集/V_总 = 140/156 = 89.7\%$

集中力在支座截面产生的剪力占总剪力的 75% 以上，因此应按式（4-9）计算受剪承载力。根据集中力的变化情况，可将梁分为 AC、CD、DE 及 EB 四个区段计算斜截面的抗剪能力。

AC 段 $\lambda = \dfrac{1000}{555} = 1.8$

$$\frac{1.75}{\lambda + 1.0} f_t b h_0 = \frac{1.75}{1.8 + 1.0} \times 1.27 \times 200 \times 555 = 88106\text{N} < 176000\text{N}$$

必须按计算配置箍筋，选用双肢Φ8 的箍筋，则 $n = 2$，$A_{sv1} = 50.3\text{mm}^2$

$$\frac{nA_{sv1}}{s} = \frac{V_A - \dfrac{1.75}{\lambda + 1.0} f_t b h_0}{f_{yv} h_0} = \frac{176000 - 88106}{270 \times 555} = 0.587\text{mm}$$

$s = \dfrac{2 \times 50.3}{0.587} = 171\text{mm}$，选用Φ8 @150。

CD 段 $\lambda = \dfrac{2000}{555} = 3.6 > 3$ 取 $\lambda = 3$

$$\frac{1.75}{\lambda + 1.0} f_t b h_0 = \frac{1.75}{3 + 1.0} \times 1.27 \times 200 \times 555 = 61674\text{N} > 48000\text{N} \ (V_C)$$

可按构造配置箍筋，选用Φ8 @200。

DE 段 $\lambda = \dfrac{2000}{555} = 3.6 > 3$ 取 $\lambda = 3$

$$\frac{1.75}{\lambda + 1.0} f_t b h_0 = \frac{1.75}{3 + 1.0} \times 1.27 \times 200 \times 565 = 61674\text{N} < 68000\text{N} \ (V_E)$$

必须按计算配置箍筋，选用双肢Φ8的箍筋，则 $n=2$，$A_{sv1}=50.3\text{mm}^2$

$$\frac{nA_{sv1}}{s}=\frac{V_E-\dfrac{1.75}{\lambda+1.0}f_tbh_0}{f_{yv}h_0}=\frac{68000-61674}{270\times555}=0.04\text{mm}$$

$s=\dfrac{2\times50.3}{0.04}=2515\text{mm}$，可按构造配置箍筋，选用Φ8@200。

EB 段　　　　　　　　　　　　　　　$\lambda=\dfrac{1000}{555}=1.8$

$$\frac{1.75}{\lambda+1.0}f_tbh_0=\frac{1.75}{1.8+1.0}\times1.27\times200\times555=88106\text{N}<156000\text{N}$$

必须按计算配置箍筋，选用双肢Φ8的箍筋，则 $n=2$，$A_{sv1}=50.3\text{mm}^2$

$$\frac{nA_{sv1}}{s}=\frac{V_B-\dfrac{1.75}{\lambda+1.0}f_tbh_0}{f_{yv}h_0}=\frac{156000-88106}{270\times555}=0.453\text{mm}$$

$s=\dfrac{2\times50.3}{0.453}=222\text{mm}$，选用Φ8@150。

【例4-3】　钢筋混凝土简支梁，如图4-11所示。截面尺寸 $b\times h=200\text{mm}\times500\text{mm}$，混凝土C20（$f_t=1.1\text{N/mm}^2$），箍筋采用HPB300，梁内配有双肢Φ8@200的箍筋，试按梁的受剪承载力，计算梁可承担的均布荷载设计值（$a_s=45\text{mm}$）。

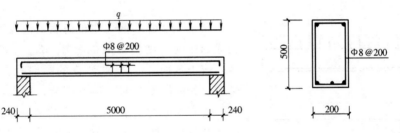

图4-11　［例4-3］图

解　已知 $f_t=1.1\text{N/mm}^2$　$f_c=9.6\text{N/mm}^2$　$f_{yv}=270\text{N/mm}^2$

$n=2$　$A_{sv1}=50.3\text{mm}^2$　$\beta_c=1.0$　$s=200\text{mm}$

（1）验算配箍率是否满足要求。

$$\rho_{sv}=\frac{nA_{sv1}}{bs}=\frac{2\times50.3}{200\times200}=0.25\%>\rho_{sv,min}=0.24\times\frac{1.1}{270}=0.1\%$$

配箍率符合要求。

（2）复核截面尺寸。

$h_w=h_0=500-45=455\text{mm}$

$$\frac{h_w}{b}=\frac{h_0}{b}=\frac{455}{200}=2.3<4$$

$$0.25\beta_cf_cbh_0=0.25\times1.0\times9.6\times200\times455=218400\text{N}>131863\text{N}$$

截面尺寸符合要求。

（3）计算梁的受剪承载力 V。

由于该梁受均布荷载，故

$$V = 0.7 f_t b h_0 + f_{yv} \frac{n A_{sv1}}{s} h_0$$

$$= 0.7 \times 1.1 \times 200 \times 455 + 270 \times \frac{2 \times 50.3}{200} \times 455 = 131863 \mathrm{N}$$

（4）计算均布荷载设计值 q。

梁的净跨 $l_n = 5.0 \mathrm{m}$

$$V = \frac{q l_n}{2}$$

所以按受剪承载力计算该梁可承受的均布荷载（包括梁自重）设计值为

$$q = \frac{2V}{l_n} = \frac{2 \times 131863}{5.0} = 52745 \mathrm{N/m} = 52.7 \mathrm{kN/m}$$

第五节　构　造　要　求

受弯构件沿斜截面除了有可能发生受剪破坏外，由于弯矩的作用还有可能发生弯曲破坏。纵向受拉钢筋是按照正截面最大弯矩计算确定的，如果纵向受拉钢筋在梁的全跨内既不弯起，又不切断，可以保证构件任何截面都不会发生弯曲破坏，也能满足任何斜截面的受弯承载力。但是如果一部分纵向受拉钢筋在某一位置弯起或切断时，则有可能使斜截面的受弯承载力得不到保证。

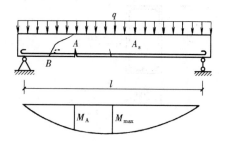

图 4 - 12　梁斜截面受弯承载力分析

图 4 - 12 所示承受均布荷载的简支梁，当出现斜裂缝 AB 时，则斜截面的弯矩 $M_{AB} = M_A < M_{max}$。显然，按正截面 M_{max} 要求计算的纵向受拉钢筋 A_s，在梁的全跨内既不弯起，又不切断，可以满足任何斜截面的受弯承载力要求。若 A_s 中的部分受拉钢筋在截面 B 处被截断，则 B 截面剩余纵向受力钢筋可能不足以抵抗斜截面弯矩 M_{AB} 而发生斜截面受弯破坏。

因此，为了保证斜截面受弯承载力，需要确定纵向受拉钢筋的弯起或切断的位置，并对锚固等构造措施作出相应的规定。一般通过绘制正截面的抵抗弯矩图（材料图）予以判断。

一、抵抗弯矩图

抵抗弯矩图又称材料图，它是按实际配置的纵向受拉钢筋所确定的梁上各正截面所能抵抗的弯矩图形，简称 M_R 图。图上各纵坐标代表正截面实际能抵抗的弯矩值，它与混凝土的强度等级、构件的截面尺寸、纵向受拉钢筋的数量及其布置有关。

图 4 - 13（a）表示承受均布荷载作用的简支梁，若按跨中最大弯矩计算，需配置纵向受拉钢 2 Φ 25＋1 Φ 22，其能够抵抗的弯矩可按式（4 - 21）计算：

$$M_R = A_s f_y \gamma_s h_0 \tag{4-21}$$

则某根钢筋所抵抗的弯矩

$$M_{Ri} = \frac{A_{si}}{A_s} M_R \tag{4-22}$$

如果全部纵筋沿梁长通长布置，并在支座处有足够的锚固长度时，则在梁长度方向任何

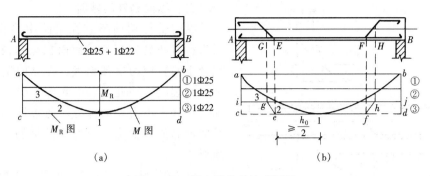

图 4 - 13　简支梁的抵抗弯矩图

一个截面上的抵抗弯矩都相等。因而梁的抵抗弯矩图为矩形 $abcd$。

在图中，跨中 1 点是①、②、③号 3 根钢筋的充分利用点；2 点处是①、②号 2 根钢筋的充分利用点，而③号钢筋不再需要；3 点处是①号钢筋的充分利用点，②、③号钢筋不再需要；通常把 1 点称为③号钢筋的"充分利用点"，2 点称为③号钢筋的"不需要点"或"理论断点"。其余以此类推。

从图 4 - 13 （a）可以看出，纵筋沿梁通长布置，构造上简单，施工方便。但是除跨中截面外，其余截面钢筋未充分利用，因此这种布置不合理，也不经济。为了充分合理利用纵筋，在保证正截面和斜截面受弯承载力的前提条件下，设计时应该把一部分纵筋在不需要的地方弯起或切断，使抵抗弯矩图尽量接近设计弯矩图，达到节约钢筋的目的。

但需要注意的是，M 图与 M_R 图的比较，反映了"需要"与"可能"的关系，即荷载作用要求构件承受的弯矩 M 与按实际钢筋布置时构件所能抵抗的弯矩 M_R 之间的关系。为了保证正截面的受弯承载力，要求 $M_R \geqslant M$，即 M_R 图必须包纳 M 图。从理论上讲，M 图与 M_R 图越接近 ［见图4 - 13 （b）］，说明钢筋的利用越充分，但是考虑到施工方便，纵筋的构造不宜过于复杂。

二、纵向钢筋的弯起

将梁底部承受正弯矩的纵筋弯起后承受剪力或作为在支座承受负弯矩的钢筋时，必须考虑以下三方面的要求。

1. 保证正截面受弯承载力

部分纵筋弯起后，纵筋的数量减少，正截面承载力降低，为了保证正截面受弯承载力，要求纵筋弯起点的位置必须在该钢筋的充分利用点以外，使梁的 M_R 图包住 M 图。

2. 保证斜截面受剪承载力

当混凝土和箍筋的受剪承载力 $V_{cs} < V$ 时，需要弯起纵筋，纵筋弯起的数量要通过斜截面受剪承载力计算确定。

3. 保证斜截面受弯承载力

为了使梁的斜截面受弯承载力得到保证，《规范》规定：在混凝土梁的受拉区中，弯起钢筋的弯起点可设在按正截面受弯承载力计算不需要该钢筋的截面之前，但弯起钢筋与梁中心线的交点应位于不需要该钢筋的截面之外；同时，弯起点与按计算充分利用该钢筋的截面之间的距离不应小于 $h_0/2$，如图 4 - 14 所示。

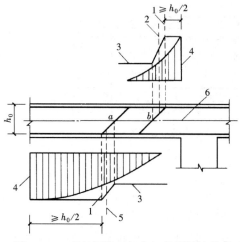

图 4-14　弯起钢筋弯起点与弯矩图的关系

1—受拉区的弯起点；2—按计算不需要钢筋"b"的截面；3—正截面受弯承载力图；4—按计算充分利用钢筋"a"或"b"强度的截面；5—按计算不需要钢筋"a"的截面；6—梁中心线

三、纵向钢筋的截断

纵向受拉钢筋不宜在梁跨中受拉区截断，因为在截断处钢筋的截面面积突然减小，导致混凝土的拉应力突然增大，在纵向钢筋截断处易出现裂缝。因此，对梁底部承受正弯矩的钢筋，当计算不需要的部分，通常将其弯起作为受剪钢筋或承受支座负弯矩的钢筋，不采用截断形式。

钢筋混凝土梁支座截面承受负弯矩的纵向受拉钢筋不宜在受拉区截断。当必须截断时，可按弯矩图的变化，通过计算将不需要的纵向受拉钢筋分批截断（见图 4-15），并应符合以下规定：

1）当 $V \leqslant 0.7 f_t b h_0$ 时，应延伸至按正截面受弯承载力计算不需要该钢筋的截面以外不小于 $20d$ 处截断，且从该钢筋强度充分利用截面伸出的长度不应小于 $1.2 l_a$ [见图 4-15（a）]。

2）当 $V > 0.7 f_t b h_0$ 时，应延伸至按正截面受弯承载力计算不需要该钢筋的截面以外不小于 h_0 且不小于 $20d$ 处截断，且从该钢筋强度充分利用截面伸出的长度不应小于 $1.2 l_a + h_0$ [见图 4-15（b）]。

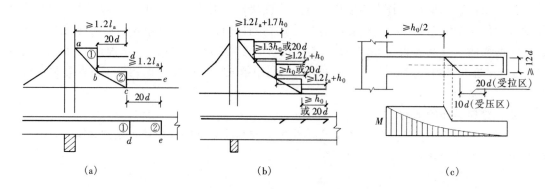

図 4-15　纵向受拉钢筋截断时的延伸长度

（a）$V \leqslant 0.7 f_t b h_0$ 时的钢筋截断；（b）$V > 0.7 f_t b h_0$ 时的钢筋截断；（c）悬臂梁钢筋的弯折

3）若按上述规定确定的截断点仍位于负弯矩受拉区内，则应延伸至按正截面受弯承载力计算不需要该钢筋的截面以外不小于 $1.3 h_0$ 且不小于 $20d$ 处截断，且从该钢筋强度充分利用截面伸出的长度不应小于 $1.2 l_a + 1.7 h_0$，如图 4-15（b）所示。

在钢筋混凝土悬臂梁中，应有不少于 2 根的上部钢筋伸至悬臂梁外端，并下弯不小于 $12d$；其余钢筋不应在梁的上部截断，应按图 4-14 的要求，将承担支座负弯矩的纵向受拉钢筋向下弯折，且在弯折钢筋的终点外应留有平行于轴线方向的锚固长度，在受压区不应小于 $10d$，在受拉区不应小于 $20d$，如图 4-15（c）所示。

在计算中充分利用钢筋的抗拉强度时，受拉钢筋的实际锚固长度应符合第一章第三节中所述的有关构造要求。

四、纵向钢筋的锚固

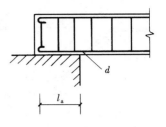

图 4 - 16　简支梁纵筋
在支座上的锚固

为保证钢筋混凝土构件正常可靠地工作，防止纵向受力钢筋在支座处被拔出导致构件破坏，简支梁和连续梁简支端的下部纵向受力钢筋，从支座边缘算起伸入梁支座范围内的锚固长度 l_a（见图 4 - 16）应符合下列规定要求：

当 $V \leqslant 0.7 f_t b h_0$ 时　　　$l_a \geqslant 5d$

当 $V > 0.7 f_t b h_0$ 时，对带肋钢筋 $l_a \geqslant 12d$；对光面钢筋 $l_a \geqslant 15d$。d 为钢筋的直径。

如纵向受力钢筋伸入梁支座范围内的锚固长度不符合上述要求时，应采取有效锚固措施，参见第一章第三节中所述的有关构造要求。

支承在砌体结构上的钢筋混凝土独立梁，在纵向受力钢筋的锚固长度 l_a 范围内应配置不少于 2 根箍筋，其直径不宜小于纵向受力钢筋的 0.25 倍，间距不宜大于纵向受力钢筋最小直径的 10 倍；当采用机械锚固措施时，箍筋间距尚不宜大于纵向受力钢筋最小直径的 5 倍。

五、箍筋及弯起钢筋的构造要求

1. 箍筋的形式与肢数

箍筋可分为封闭箍筋和开口箍筋。一般情况下均采用封闭箍筋，只有在 T 形截面当翼缘顶面另有横向钢筋时，可使用开口箍筋。箍筋的肢数有单肢箍、双肢箍及四肢箍（见图 4 - 17）。

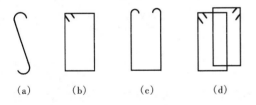

(a)　　(b)　　(c)　　(d)

图 4 - 17　箍筋的形式
(a) 单肢箍；(b) 封闭双肢箍；
(c) 开口双肢箍；(d) 四肢箍

2. 箍筋的直径

箍筋的直径除应符合表 4 - 1 的要求外，当梁中配有计算需要的纵向受压钢筋时，箍筋直径尚不应小于纵向受压钢筋最大直径的 0.25 倍。

3. 箍筋的间距

箍筋的间距除满足表 4 - 2 规定的要求外，还应符合以下规定：

当梁中配有按计算需要的纵向受压钢筋时，箍筋应做成封闭式；此时，箍筋的间距不应大于 15d（d 为纵向受压钢筋的最小直径），同时不应大于 400mm；当一层内的纵向受压钢筋多于 5 根且直径大于 18mm 时，箍筋的间距不应大于 10d；当梁的宽度大于 400mm 且一层内的纵向受压钢筋多于 3 根时，或当梁的宽度不大于 400mm 但一层内的纵向受压钢筋多于 4 根时，应设置复合箍筋。

箍筋的末端应做成 135° 弯钩，不能采用 90° 弯折。弯钩端头水平直段长度不应小于 50mm 或 5d（d 为箍筋直径）。

4. 弯起钢筋的构造

在采用绑扎骨架的钢筋混凝土梁中，承受剪力的钢筋应优先采用箍筋。当设置弯起钢筋时，梁中弯起钢筋的弯起角度宜取 45° 或 60°。弯起钢筋的弯折终点外应留平行于梁轴线方向的锚固长度，其锚固长度在受拉区不应小于 20d；在受压区不应小于 10d（d 为弯起钢筋的直径），如图 4 - 18 所示。对光面弯起钢筋，其末端应设置标准弯钩。位于梁底层两侧的钢筋不应弯起，顶层钢筋中的角部钢筋不应弯下。

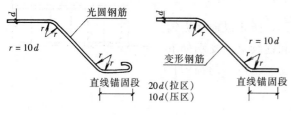

图 4-18 弯起钢筋的端部构造

为了防止弯折处对混凝土挤压力的过分集中，弯折的半径不应小于 $10d$。

当不能弯起纵向受力钢筋抗剪时，也可设单独的抗剪弯筋，并将弯筋布置成"鸭筋"形式，如图 4-19 所示，不应采用浮筋，因为浮筋在受拉区只有一小段水平长度，若锚固不足，不能发挥作用。

5. 腰筋和拉筋

当梁的腹板高度 $h_w \geqslant 450$mm 时，在梁的两侧应沿高度配置纵向构造钢筋（简称腰筋），如图 4-20 所示的①号筋。每侧腰筋的面积不应小于腹板截面积 bh_w 的 0.1%，且其间距不宜大于 200mm。两腰筋之间采用拉筋联系（②号筋），拉筋间距一般为箍筋间距的 2 倍。设置腰筋目的是防止混凝土梁由于收缩和温度变化而产生竖向裂缝，同时也是为了提高钢筋骨架的刚度。

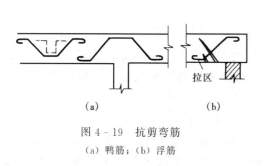

图 4-19 抗剪弯筋
(a) 鸭筋；(b) 浮筋

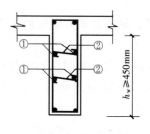

图 4-20 腰筋

六、钢筋细部尺寸

在钢筋混凝土梁中，钢筋的形状不完全相同，种类较多，为方便施工，在施工图中应给出钢筋的细部尺寸及钢筋表。

1. 钢筋尺寸计算

直钢筋按实际长度计算。对光面钢筋，两端应设置标准弯钩，该钢筋总长度为实际长度加 $12.5d$，如图 4-21 (a) 所示。

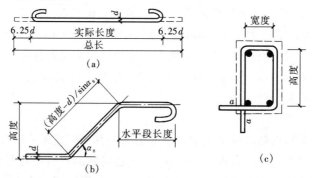

图 4-21 钢筋细部尺寸
(a) 直钢筋；(b) 弯起钢筋；(c) 箍筋

弯起钢筋的高度以钢筋外皮至外皮的距离作为控制尺寸，弯折段的斜长以弯起点钢筋中心至弯终点钢筋中心计算，如图 4 - 21（b）所示。

箍筋的宽度和高度均以箍筋的内皮至内皮的距离作为控制尺寸，如图 4 - 21（c）所示。

2. 钢筋表

钢筋表是施工图中的一个组成部分，一般把钢筋混凝土构件中不同种类的钢筋制成表格，其内容包括钢筋编号、规格、形状、尺寸、数量、重量等。供施工和工程预算时使用。

第六节　钢筋混凝土外伸梁设计计算实例

一、设计资料

1）教学楼为外廊式建筑，开间 3.6m，进深 7.2m，外廊悬挑 2.1m，层高 3.6m。

2）楼盖采用预应力钢筋混凝土预制板和现浇钢筋混凝土外伸梁，梁的截面尺寸 $b \times h = 250mm \times 600mm$。经计算，作用于梁上的均布永久荷载标准值（包括梁自重）$g_k = 18kN/m$，可变荷载标准值分别为 $q_{k1} = 7.2kN/m$，$q_{k2} = 9kN/m$。其支承情况和受力图如图 4 - 22 所示。

3）梁纵向受力钢筋采用 HRB335 级，箍筋采用 HPB300 级，混凝土采用 C25。

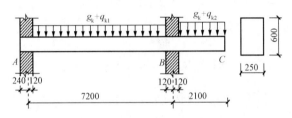

图 4 - 22　外伸梁支承情况和受力图

二、设计计算

1. 确定计算简图

AB 段净跨　　　$l_n = 7.2 - 0.24 = 6.96m$

BC 段净跨　　　$l_n = 2.1 - 0.12 = 1.98m$

AB 段计算跨度　$l_{01} = l_c = 7.26m$

BC 段计算跨度　$l_{02} = 2.1m$

AB 段荷载设计值　　$g = 1.35g_k = 1.35 \times 18 = 24.3kN/m$

　　　　　　　　　$q_1 = 1.4q_{k1} = 1.4 \times 7.2 = 10.08kN/m$

　　　　　　　　　$g + q_1 = 1.35g_k + 1.4q_{k1} = 24.3 + 10.08 = 34.38kN/m$

BC 段荷载设计值　　$g = 1.35g_k = 1.35 \times 18 = 24.3kN/m$

　　　　　　　　　$q_2 = 1.4q_{k2} = 1.4 \times 9 = 12.6kN/m$

　　　　　　　　　$g + q_2 = 1.35g_k + 1.4q_{k2} = 24.3 + 12.6 = 36.9kN/m$

计算简图如图 4 - 23 所示。

图 4 - 23　外伸梁计算简图

2. 内力计算

考虑活荷载的不利布置，内力计算分为以下两种情况：

（1）第一种情况。AB 段有活荷载，BC 段无活荷载，如图 4 - 24 所示。AB 段跨内正弯矩最大。

1）求支反力。

$$R_B = \frac{34.38 \times 7.26^2 \times \frac{1}{2} + 24.3 \times 2.1 \times \left(7.26 + 2.1 \times \frac{1}{2}\right)}{7.26} = 183.2 \text{kN}$$

$$R_A = 34.38 \times 7.26 + 24.3 \times 2.1 - 183.2 = 117.4 \text{kN}$$

2）求支座边缘的剪力。

$$V_A = R_A - 34.38 \times 0.18 = 117.4 - 34.38 \times 0.18 = 111.2 \text{kN}$$

$$V_{B左} = 111.2 - 34.38 \times 6.96 = -128.1 \text{kN}$$

$$V_{B右} = 24.3 \times 1.98 = 48.1 \text{kN}$$

$$V_C = 0$$

3）弯矩计算。AB 段跨中最大弯矩应在剪力为零处。

由

$$V_x = R_A - 34.38x = 0$$

得

$$x = \frac{117.4}{34.38} = 3.41 \text{m}$$

则

$$M = R_A x - \frac{34.38 \times 3.41^2}{2}$$

$$= 117.4 \times 3.41 - \frac{34.38 \times 3.41^2}{2}$$

$$= 200.45 \text{kN} \cdot \text{m}$$

BC 段悬臂端

$$M_B = \frac{1}{2} \times 24.3 \times 2.1^2 = 53.58 \text{kN} \cdot \text{m}$$

4）内力图。弯矩和剪力图如图 4 - 24 所示。

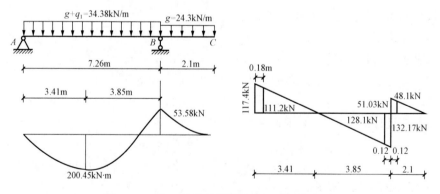

图 4 - 24　第一种情况梁的计算简图及内力图

（2）第二种情况。梁全长布置活荷载，如图 4 - 25 所示。B 支座的弯矩与剪力最大。

1）求支反力。

同理，经计算可得

$$R_B = 213.5\text{kN}, \quad R_A = 113.6\text{kN}$$

2）求支座边缘处的剪力。

同理，经计算可得

$$V_A = 107.4\text{kN}$$

$$V_{B左} = -131.9\text{kN}, \quad V_{B右} = 73.1\text{kN}$$

$$V_C = 0$$

3）弯矩计算。经计算，AB 段跨中最大弯矩在距 A 支座 3.3m 处，$M = 187.7\text{kN·m}$；BC 段 B 支座处，$M_B = 81.36\text{kN·m}$。

4）内力图。弯矩和剪力图如图 4-25 所示。

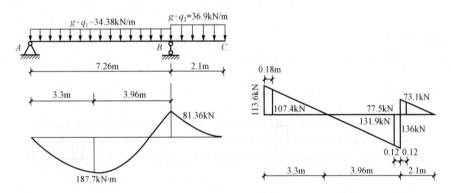

图 4-25　第二种情况梁的计算简图及内力图

3. 正截面承载力计算

1）AB 段跨中截面计算。取 $M = 200.45\text{kN·m}$，$h_0 = 600 - 45 = 555\text{mm}$

$$\alpha_s = \frac{M}{a_1 f_c b h_0^2} = \frac{200.45 \times 10^6}{1.0 \times 11.9 \times 250 \times 555^2} = 0.219$$

$$\xi = 1 - \sqrt{1 - 2\alpha_s} = 1 - \sqrt{1 - 2 \times 0.219} = 0.25 < \xi_b = 0.550$$

$$\gamma_s = 1 - 0.5\xi = 1 - 0.5 \times 0.25 = 0.875$$

$$A_s = \frac{M}{\gamma_s f_y h_0} = \frac{200.45 \times 10^6}{0.875 \times 300 \times 555} = 1376\text{mm}^2$$

钢筋选用 3 Φ 25（$A_s = 1473\text{mm}^2$）。

2）B 支座截面计算。取 $M = 81.36\text{kN·m}$，经计算 $A_s = 512\text{mm}^2$，钢筋选用 2 Φ 20（$A_s = 628\text{mm}^2$）。

4. 斜截面承载力计算

验算截面尺寸　　　　　　$\dfrac{h_w}{b} = \dfrac{h_0}{b} = \dfrac{555}{250} = 2.22 < 4.0$

$0.25\beta_c f_c b h_0 = 0.25 \times 1.0 \times 11.9 \times 250 \times 555 = 412.8\text{kN} > V_{B左} = 131.9\text{kN}$

截面尺寸符合要求。

1）A 支座截面计算。验算是否按计算设置腹筋

$0.7 f_t b h_0 = 0.7 \times 1.27 \times 250 \times 555 = 123.3\text{kN} > V_A = 111.2\text{kN}$

按构造设置 Φ 8@200 的双肢箍筋。

配箍率

$$\rho_{sv} = \frac{2 \times 50.3}{250 \times 200} = 0.2\% > \rho_{sv,min} = 0.24 \frac{f_t}{f_{yv}} = 0.24 \times \frac{1.27}{270} = 0.11\%$$

2）B 支座截面计算。验算是否按计算设置腹筋

$$0.7 f_t b h_0 = 0.7 \times 1.27 \times 250 \times 555 = 123.3 \text{kN} < V_B = 131.9 \text{kN}$$

B 支座需按计算配置箍筋。选用Φ8@200 的双肢箍筋，则

$$V_u = 0.7 f_t b h_0 + f_{yv} \frac{n A_{sv1}}{s} h_0$$

$$= 123.3 + 270 \times \frac{2 \times 50.3}{200} \times 555$$

$$= 198.7 \text{kN} > V_B = 131.9 \text{kN}$$

满足要求。

三、施工图

外伸梁的配筋图见图 4-26，钢筋材料表见表 4-3。

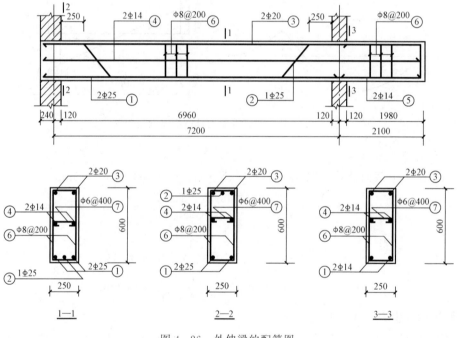

图 4-26 外伸梁的配筋图

四、梁的挠度和裂缝控制验算

外伸梁的挠度和裂缝控制验算见第五章第四节。

表 4-3　　　　　　　　　　　　钢 筋 材 料 表

构件名称	钢筋编号	直径	钢 筋 形 式	长度	根数	重量（kg）
L-1	①	Φ25	7415	7415	2	57.1
	②	Φ25	585　720　5440　720　490　45°	7955	1	30.6
	③	Φ20	9490　530	10024	2	49.5

续表

构件名称	钢筋编号	直径	钢 筋 形 式	长度	根数	重量（kg）
L-1	④	Φ14	9490	9490	2	23.0
	⑤	Φ14	2075	2075	2	5.0
	⑥	Φ8	184 | 534	1574	49	30.5
	⑦	Φ6	200	275	25	1.5

本 章 小 结

1. 为保证受弯构件斜截面的受剪和受弯承载力，除了要求受弯构件具有足够的截面尺寸外，还需配置适量的箍筋和弯起钢筋，并应符合有关构造规定。

2. 无腹筋梁在斜裂缝出现前，截面上的剪力由其全截面承受，剪应力较小；斜裂缝出现后，截面上的剪力主要由斜裂缝上端剪压区的混凝土承受，剪压区混凝土的剪、压应力均显著增大，但与斜裂缝相交的纵向钢筋的受剪承载力却很低，而拉应力明显增大。考虑到无腹筋受弯构件的受剪承载力很低，且均为脆性破坏，故《规范》仅给出无腹筋一般板类受弯构件的受剪承载力计算公式。

3. 根据剪跨比和配箍率的不同，受弯构件的斜截面破坏形态主要有斜压破坏、剪压破坏和斜拉破坏，其中斜压破坏和斜拉破坏均呈现明显的脆性破坏特征，故在实际工程中不允许发生。

4. 受弯构件的斜截面受剪承载力主要与剪跨比、混凝土的强度、截面尺寸、腹筋的用量等有关。

5. 根据剪压破坏形态的受力特征，《规范》给出了受剪承载力计算公式及其适用条件。在计算公式的适用范围内，随着腹筋的用量增加，受剪承载力增大。

6. 受弯构件的斜截面受弯承载力一般不需计算，而是通过构造措施来保证。为此，纵向受拉钢筋的弯起或切断以及锚固等必须符合《规范》给出的有关规定。

思 考 题

4-1　在受弯构件中，斜截面破坏有哪几种形态？它们的特点是什么？

4-2　什么是剪跨比？它对斜截面破坏有何影响？

4-3　影响梁斜截面受剪承载力的主要因素有哪些？与受剪承载力有何关系？

4-4　梁斜截面受剪承载力计算时，为什么要规定上下限？

4-5　在斜截面受剪承载力计算时，什么情况下需要考虑集中荷载的影响？

4-6　为什么对均布荷载作用的钢筋混凝土板一般不进行斜截面承载力计算？

4-7　钢筋混凝土梁中纵筋的弯起和切断应满足什么要求？为什么？

4-8　纵筋在支座的锚固有何要求？

4-9　什么是抵抗弯矩图？抵抗弯矩图与弯矩图比较能说明什么问题？

4-10　什么是腰筋？其作用是什么？

习　题　与　实　训　题

4-1　图 4-27 所示矩形截面简支梁，承受均布荷载设计值（包括梁自重）$q=45$kN/m，混凝土采用 C25，箍筋采用 HPB300 级，试按一类环境计算该梁需配置的箍筋。

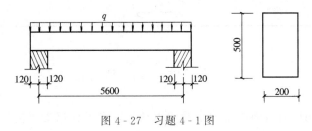

图 4-27　习题 4-1 图

4-2　钢筋混凝土简支梁的截面尺寸及配筋如图 4-28 所示。该梁材料选用：混凝土 C25，纵向钢筋 HRB335 级，箍筋 HPB300 级。试根据腹筋的布置情况，按一类环境计算该梁能承受的均布荷载（包括梁的自重）的设计值 q。

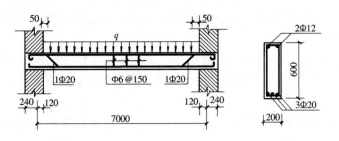

图 4-28　习题 4-2 图

4-3　已知矩形截面梁，如图 4-29 所示，$b=250$mm，$h=600$mm，集中荷载设计值 $P=90$kN，均布荷载（包括梁自重）设计值 $q=5$kN/m，混凝土强度等级为 C25，纵向受拉钢筋采用 HRB335 级，箍筋采用 HPB300 级。按照一类环境，根据正截面承载力计算已配置 2Φ20+2Φ22 的纵向受拉钢筋，试分别按下述两种腹筋配置方式对梁进行斜截面受剪承载力计算：

（1）只配箍筋，确定箍筋的数量。

（2）箍筋按双肢Φ6@200 沿梁长均匀布置，试计算所需弯起的钢筋。

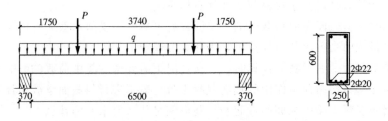

图 4-29　习题 4-3 图

* 4-4　外伸梁的跨度 6.0m，悬挑长度 1.8m，截面尺寸 $b×h＝250mm×600mm$，作用于全梁上的均布永久荷载设计值（包括梁自重）$g＝51kN/m$，可变荷载设计值 $q＝12.6kN/m$，悬挑梁端部作用的由其他构件自重引起的集中力设计值 $P＝15kN$，其受力图如图 4-30 所示。梁的纵向受力钢筋采用 HRB400 级，箍筋采用 HPB300 级，混凝土采用 C30，构件处于一类环境。试设计此梁，绘制梁的施工详图；安装梁的混凝土模板，绑扎钢筋骨架，并按 GB 50204—2002《混凝土结构工程施工质量验收规范》（2011 年版）标准验收。

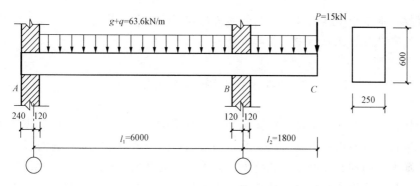

图 4-30　外伸梁支承和受力图

第五章
钢筋混凝土构件的裂缝控制和挠度验算

本章提要 本章介绍钢筋混凝土构件的裂缝控制和挠度验算的原则、基本原理、计算方法及减少裂缝宽度与挠度的措施，并附有计算实例。

第一节 概 述

混凝土构件除为保证安全性功能要求必须进行承载能力计算外，还应考虑适用性和耐久性功能要求进行正常使用极限状态的验算，即对构件的裂缝宽度及挠度进行验算。

一般情况下，构件的裂缝宽度和挠度对其承载力的影响较小，对人们生命财产的危害程度较低，故验算时采用荷载标准值或荷载准永久值以及材料强度标准值，并考虑荷载长期作用的影响。

钢筋混凝土构件的裂缝宽度应满足下式要求：

$$w_{max} \leqslant w_{lim} \tag{5-1}$$

式中 w_{max}——按荷载的准永久组合并考虑长期作用影响计算的最大裂缝宽度；

w_{lim}——结构构件的最大裂缝宽度限值，按表 5-1 确定。

表 5-1 结构构件的裂缝控制等级及最大裂缝宽度的限值 mm

环境类别	钢筋混凝土结构		预应力混凝土结构	
	裂缝控制等级	w_{lim}	裂缝控制等级	w_{lim}
一	三级	0.30 (0.40)	三级	0.20
二 a				0.10
二 b		0.20	二级	—
三 a、三 b			一级	—

注 1. 对处于年平均相对湿度小于60%地区一类环境下的受弯构件，其最大裂缝宽度限值可采用括号内的数值。

2. 在一类环境下，对钢筋混凝土屋架、托架及需作疲劳验算的吊车梁、其最大裂缝宽度限值应取为 0.20mm；对钢筋混凝土屋面梁和托梁，其最大裂缝宽度限值应取为 0.30mm。

3. 在一类环境下，对预应力混凝土屋架、托架及双向板体系，应按二级裂缝控制等级进行验算；对预应力混凝土屋面梁、托梁、单向板，按表中二 a 类环境的要求进行验算；在一类和二 a 类环境下，对需作疲劳验算的预应力混凝土吊车梁，应按裂缝控制等级不低于二级的构件进行验算。

4. 表中规定的预应力混凝土构件的裂缝控制等级和最大裂缝宽度限值仅适用于正截面的验算；预应力混凝土构件的斜截面裂缝控制验算应符合预应力构件的有关规定。

5. 对于烟囱、筒仓和处于液体压力下的结构构件，其裂缝控制要求应符合专门标准的有关规定。

6. 对于处于四、五类环境下的结构构件，其裂缝控制要求应符合专门标准的有关规定。

钢筋混凝土受弯构件的挠度应满足下式要求：

$$f_{\max} \leqslant f_{\lim} \tag{5-2}$$

式中　$f_{\max}$——按荷载的准永久组合并考虑长期作用影响计算的最大挠度；

　　　$f_{\lim}$——受弯构件挠度限值，按表 5-2 确定。

表 5-2　　　　　　　　　　　　　　受弯构件的挠度限值

构　件　类　型		挠　度　限　值
吊车梁	手动吊车	$l_0/500$
	电动吊车	$l_0/600$
屋盖、楼盖及楼梯构件	$l_0 < 7\text{m}$	$l_0/200\ (l_0/250)$
	$7\text{m} \leqslant l_0 \leqslant 9\text{m}$	$l_0/250\ (l_0/300)$
	$l_0 > 9\text{m}$	$l_0/300\ (l_0/400)$

注　1. 表中 l_0 为构件的计算跨度；

　　2. 表中括号内数值适用于使用上对挠度有较高要求的构件；

　　3. 计算悬臂构件的挠度限值时，其计算跨度按实际悬臂长度的 2 倍取用。

第二节　钢筋混凝土构件裂缝控制验算

在混凝土结构中，引起混凝土裂缝的原因很多，最主要的是由于荷载作用所引起的裂缝。此外，混凝土的收缩、温度变化以及地基的不均匀沉降等也会引起混凝土的开裂。本节仅限于讨论荷载作用下产生的裂缝控制验算。

一、裂缝的出现、分布和开展

现以受弯构件纯弯区段为例，说明垂直裂缝的发生及其分布特点。

1）当 $M < M_{cr}$ 时，即出现裂缝前，混凝土和钢筋的应力（应变）沿构件的长度基本是均匀分布的，且混凝土拉应力 σ_{ct} 小于混凝土抗拉强度 f_{tk}，如图 5-1（a）所示。由于混凝土的离散性，实际抗拉能力沿构件的长度分布并不均匀。

2）当 $M = M_{cr}$ 时，混凝土的拉应力 σ_{ct} 达到其抗拉强度 f_{tk}，第一条（批）裂缝将在抗拉能力最薄弱的截面出现，位置是随机的，如图 5-1（a）中的 a—a、c—c 截面。裂缝出现后，裂缝处的受拉混凝土退出工作，并向裂缝两侧回缩，其应力降为零，而开裂前由混凝土承担的拉应力将转移给钢筋承担，故钢筋应力突然增加，由 $\sigma_{s,cr}$ 增至 σ_s，如图 5-1（b）所示。钢筋的应力变化使钢筋与混凝土之间产生粘结力和相对滑移，通过粘结力的作用，随着距裂缝截面距离的增大，钢筋拉应力逐渐传递给混凝土而逐渐减小，混凝土拉应力由裂缝处的零逐渐增大，直到距裂缝截面 $l_{cr,\min}$ 处，钢筋与混凝土的应力又恢复至裂缝出现前的应力状态，趋于均匀，粘结应力消失。在此，$l_{cr,\min}$ 即为粘结力作用长度，也称为传递长度。

显然，在距第一条（批）裂缝两侧 $l_{cr,\min}$ 范围内由于 $\sigma_{ct} < f_{tk}$，不会出现新的裂缝。

3）当 $M > M_{cr}$ 时，就有可能在距离裂缝截面 $\geqslant l_{cr,\min}$ 的另一薄弱截面出现新的第二条（批）裂缝，如图 5-1（b）、（c）中的 b—b 截面处。第二条（批）裂缝处的混凝土同样向两侧回缩滑移，混凝土的拉应力又逐渐增大直至达到混凝土的 f_{tk} 时，又出现新的裂缝。按类似规律，新的裂缝不断产生，裂缝间距不断减小，直到裂缝之间混凝土拉应力 σ_{ct} 无法达到混凝土抗拉强度 f_{tk} 时，裂缝将基本"出齐"，即不会再出现新的裂缝，裂缝分布处于稳定状态。

由此可见，由于混凝土材料的不均匀性，裂缝的出现具有随机性，因而裂缝的分布是不

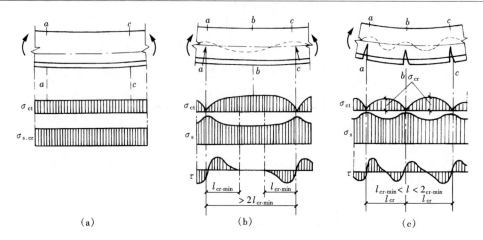

图 5 - 1　裂缝的出现、分布和开展

（a）裂缝即将出现；（b）第一批裂缝出现；（c）裂缝的分布及开展

均匀的，其平均裂缝间距约为 $1.5 l_{cr \cdot min}$。

二、平均裂缝间距 l_{cr}

理论分析和试验表明，平均裂缝间距不仅与钢筋和混凝土的粘结特性有关，而且与钢筋种类及混凝土保护层厚度有关，其值可由下述公式计算：

$$l_{cr} = \beta \left(1.9 c_s + 0.08 \frac{d_{eq}}{\rho_{te}} \right) \qquad (5 - 3)$$

$$d_{eq} = \frac{\Sigma n_i d_i^2}{\Sigma n_i \nu_i d_i} \qquad (5 - 4)$$

$$\rho_{te} = \frac{A_s}{A_{te}} \qquad (5 - 5)$$

$$A_{te} = 0.5bh + (b_f - b)h_f \qquad (5 - 6)$$

上四式中　β——系数，对于受弯构件取 $\beta = 1.0$，对于轴心受拉构件取 $\beta = 1.1$。

c_s——最外层纵向受拉钢筋外边缘至受拉边缘的距离。当 $c_s < 20$ 时，取 $c_s = 20mm$；当 $c_s > 65$ 时，取 $c_s = 65mm$。

d_{eq}——纵向受拉钢筋的等效直径，mm。

d_i——第 i 种纵向受拉钢筋的公称直径，mm。

n_i——第 i 种纵向受拉钢筋的根数。

ν_i——第 i 种纵向受拉钢筋的相对粘结特性系数，按表 5 - 3 采用。

ρ_{te}——按有效受拉混凝土截面面积计算的纵向受拉钢筋配筋率，当 $\rho_{te} < 0.01$ 时，取 $\rho_{te} = 0.01$。

A_{te}——有效受拉混凝土截面面积，对轴心受拉构件取构件截面面积；对受弯、偏心受压和偏心受拉构件见图 5 - 2。

b_f、h_f——受拉翼缘的宽度、高度。

表 5 - 3　　　　　　　　　　　钢筋的相对粘结特性系数

钢筋类别	钢筋		先张法预应力筋			后张法预应力筋		
	光面钢筋	带肋钢筋	带肋钢筋	螺旋肋钢筋	钢绞丝	带肋钢筋	钢绞丝	光面钢丝
ν_i	0.7	1.0	1.0	0.8	0.6	0.8	0.5	0.4

注　对环氧树脂涂层带肋钢筋，其相对粘结特性系数应按表中系数的 0.8 倍取用。

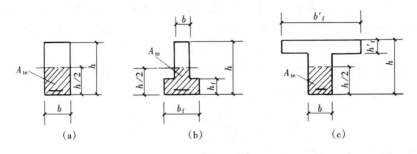

图 5 - 2　有效受拉混凝土面积

(a) 矩形截面；(b) 倒 T 形截面；(c) T 形截面

三、平均裂缝宽度 w_{cr}

裂缝宽度是指纵向受拉钢筋重心水平线处构件外侧表面上的裂缝宽度。

裂缝的开展是由于混凝土回缩造成的，也即在裂缝出现后受拉钢筋与受拉混凝土的伸长差值所造成。因此，平均裂缝宽度 w_{cr} 应等于在 l_{cr} 内钢筋的平均伸长值 $\bar{\varepsilon}_s l_{cr}$ 与混凝土的平均伸长值 $\bar{\varepsilon}_c l_{cr}$ 的差值，如图 5 - 3 所示，即

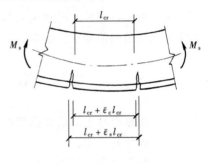

$$w_{cr} = \bar{\varepsilon}_s l_{cr} - \bar{\varepsilon}_c l_{cr} = \bar{\varepsilon}_s l_{cr}\left(1 - \frac{\bar{\varepsilon}_c}{\bar{\varepsilon}_s}\right) \qquad (5 - 7)$$

式中　$\bar{\varepsilon}_s$——纵向受拉钢筋的平均拉应变；

$\bar{\varepsilon}_c$——混凝土的平均拉应变。

图 5 - 3　平均裂缝宽度

令 $\alpha_c = 1 - \dfrac{\bar{\varepsilon}_c}{\bar{\varepsilon}_s}$，$\alpha_c$ 反映裂缝间混凝土伸长对裂缝宽度影

响的系数，对受弯构件取 $\alpha_c = 0.77$，对其他构件取 $\alpha_c = 0.85$，将受拉钢筋的平均应变 $\bar{\varepsilon}_s$ 用裂缝截面处钢筋应变 $\varepsilon_s = \sigma_{sq}/E_s$ 乘以裂缝间纵向受拉钢筋应变不均匀系数 ψ 表示，即 $\bar{\varepsilon}_s = \psi \varepsilon_s$，则 w_{cr} 为

$$w_{cr} = \alpha_c \psi \frac{\sigma_{sq}}{E_s} l_{cr} \qquad (5 - 8)$$

$$\psi = 1.1 - 0.65 \frac{f_{tk}}{\rho_{te}\sigma_{sq}} \qquad (5 - 9)$$

$$\sigma_{sq} = \frac{M_q}{0.87 h_0 A_s} \text{(受弯构件)} \qquad (5 - 10)$$

$$\sigma_{sq} = \frac{N_q}{A_s} \text{(轴心受拉构件)} \qquad (5 - 11)$$

上四式中　ψ——裂缝间纵向受拉钢筋应变不均匀系数，反映受拉区混凝土参与工作的程度。当 $\psi < 0.2$ 时，取 $\psi = 0.2$；当 $\psi > 1.0$ 时，取 $\psi = 1.0$；对直接承受重复荷载的构件，取 $\psi = 1.0$。

σ_{sq}——按荷载准永久组合计算的纵向受拉钢筋的应力。

M_q、N_q——按荷载准永久组合计算的弯矩值、轴力值。

四、最大裂缝宽度 w_{max}

最大裂缝宽度由平均裂缝宽度乘以扩大系数得到。扩大系数主要考虑以下两个方面：一是在一定荷载组合下裂缝宽度的不均匀性，引入扩大系数 τ_s，对受弯构件取 $\tau_s=1.66$，对轴心受拉构件取 $\tau_s=1.9$；二是在荷载长期作用下，由于混凝土收缩、受拉混凝土的应力松弛和滑移徐变，将使裂缝宽度不断增大，引入扩大系数 τ_l，取 $\tau_l=1.5$。因此，最大裂缝宽度 w_{max} 为

$$w_{max} = \tau_s \tau_l w_{cr} \tag{5-12}$$

将 $\tau_s \tau_l \alpha_c \beta$ 用 α_{cr} 表示后，《规范》给出了矩形、T 形、倒 T 形和工字形截面的钢筋混凝土受弯构件、轴心受拉构件的最大裂缝宽度 w_{max} 计算公式为

$$w_{max} = \alpha_{cr} \psi \frac{\sigma_{sq}}{E_s} \left(1.9 c_s + 0.08 \frac{d_{eq}}{\rho_{te}} \right) \tag{5-13}$$

式中，α_{cr} 为构件受力特征系数。对受弯构件，$\alpha_{cr}=1.0 \times 1.5 \times 1.66 \times 0.77=1.9$；对轴心受拉构件，$\alpha_{cr}=1.1 \times 1.5 \times 1.9 \times 0.85=2.7$。

从式（5-13）中可知，w_{max} 主要与钢筋应力 σ_{sq}、有效配筋率 ρ_{te} 及钢筋直径 d_{eq} 等有关。当计算最大裂缝宽度超过裂缝宽度限值不大时，常采用减小钢筋直径的办法解决，必要时可适当增大配筋率或提高混凝土强度等级；如 w_{max} 超过 w_{lim} 较大时，有效的措施是施加预应力。

需要指出，在施工过程中遇到钢筋代换时，除必须满足承载力要求外，还应保证构件的裂缝宽度满足限值要求。必要时，应进行裂缝宽度验算。

第三节　受弯构件的挠度验算

一、钢筋混凝土梁抗弯刚度的特点

（1）弹性材料梁。

在材料力学中，简支梁跨中挠度计算的一般形式为

$$f = S \cdot \frac{M l_0^2}{EI} \tag{5-14}$$

式中　f——梁跨中最大挠度；

　　　M——梁跨中最大弯矩；

　　　EI——截面抗弯刚度；

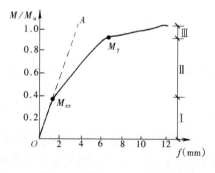

图 5-4　梁的 $M-f$ 的关系

S——与荷载形式有关的荷载效应系数，例如均布荷载时 $S=5/48$；

l_0——梁的计算跨度。

由材料力学可知，截面抗弯刚度与截面曲率的关系为

$$EI = \frac{M}{\frac{1}{r}} \tag{5-15}$$

式中　r——曲率半径；

　　　$1/r$——截面曲率。

截面抗弯刚度 EI 体现了截面抵抗弯曲变形的能力，

同时也反映了截面弯矩与曲率之间的物理关系。当梁的截面形状、尺寸和材料已知时，EI 为常数，挠度 f 与弯矩 M 为直线关系，如图 5-4 中虚线 OA 所示。

（2）钢筋混凝土梁。

钢筋混凝土属弹塑性材料，在梁的变形全过程中，截面抗弯刚度是一个变量，梁的弯矩与挠度（$M-f$）关系曲线如图 5-4 中实线所示。随着 M 的增大，裂缝的出现和开展，挠度 f 增大且速度加快，即抗弯刚度逐渐减小。同时，随着荷载作用持续时间的增加，钢筋混凝土梁的截面抗弯刚度还将进一步减小，梁的挠度还将进一步增大，故不能用 EI 来表示钢筋混凝土梁的抗弯刚度。

为了区别于匀质弹性材料受弯构件的抗弯刚度，钢筋混凝土梁在荷载准永久组合作用下的截面抗弯刚度，简称为短期刚度，用 B_s 表示；钢筋混凝土梁按荷载准永久组合并考虑荷载长期作用影响的刚度，称为长期刚度，简称受弯构件刚度，用 B 表示。

钢筋混凝土受弯构件的挠度计算，关键在于计算受弯构件刚度 B。在求得受弯构件刚度后，构件的挠度就可按弹性材料梁的变形公式进行计算。

二、短期刚度 B_s

根据理论推导和试验资料分析，《规范》给出钢筋混凝土受弯构件短期刚度 B_s 的计算公式为

$$B_s = \frac{E_s A_s h_0^2}{1.15\psi + 0.2 + \dfrac{6\alpha_E \rho}{1 + 3.5\gamma_f'}} \tag{5-16}$$

式中　α_E——钢筋与混凝土的弹模比，即 E_s/E_c；

ρ——受拉钢筋的配筋率，即 A_s/bh_0；

γ_f'——受压翼缘面积与腹板有效面积的比值，$\gamma_f' = (b_f' - b)h_f'/bh_0$。

其余符号同前。

三、受弯构件刚度 B

在长期荷载作用下，受压混凝土的徐变、受拉混凝土的收缩以及滑移徐变等均会导致梁的刚度随时间而降低，挠度随时间而增大。其中受压混凝土的徐变是引起挠度增大的主要原因。

在长期荷载作用下受弯构件挠度的增大，可用挠度增大影响系数 θ 来反应。θ 为短期刚度与长期刚度的比值。对钢筋混凝土受弯构件，当 $\rho' = 0$ 时，$\theta = 2.0$；当 $\rho' = \rho$ 时，$\theta = 1.6$；当 ρ' 为中间数值时，θ 按直线内插，即

$$\theta = 2.0 - 0.4\frac{\rho'}{\rho} \geqslant 1.6 \tag{5-17}$$

$$\rho' = A_s'/bh_0, \quad \rho = A_s/bh_0$$

式中　ρ'、ρ——受压及受拉钢筋的配筋率。

对于翼缘位于受拉区的倒 T 形梁，由于在短期荷载作用下受拉混凝土参加工作较多，在长期荷载下退出工作的影响就较大，从而使挠度增大较多。为此，对翼缘位于受拉区的倒 T 形截面，θ 应增大 20%。

综合上述分析，《规范》给出矩形、T 形、倒 T 形和工字形截面受弯构件的刚度计算公式为

$$B = \frac{B_s}{\theta} \tag{5-18}$$

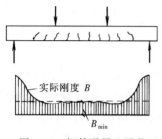

图 5 - 5　钢筋混凝土梁截面
刚度的分布

四、受弯构件的挠度验算

上述刚度计算公式是指纯弯区段内平均的截面弯曲刚度。对于受弯构件，弯矩一般沿梁轴线方向是变化的，因此抗弯刚度沿梁轴线方向也是变化的。如图 5 - 5 所示的简支梁，在靠近支座的剪跨范围内，各截面的弯矩是不相等的，越靠近支座，弯矩越小，因而，其刚度越大。由此可见，沿梁长不同区段的平均刚度是变值，这就给挠度计算带来了一定的复杂性。为了简化计算，对图 5 - 5 所示的梁，可近似地按纯弯区段平均的截面弯曲刚度（即该区段最小刚度 $B_{\min}$）采用，这一计算原则通常称为"最小刚度原则"。

在等截面构件中，可假定各同号弯矩区段内的刚度相等，并取该区段内最大弯矩处的刚度。当计算跨度内的支座截面刚度不大于跨中截面刚度的 2 倍或不小于跨中截面刚度的 1/2 时，该跨也可按等刚度进行计算，其构件刚度可取跨中最大弯矩截面的刚度。

当钢筋混凝土梁产生的挠度值不满足《规范》规定的限值要求时，提高刚度的最有效的措施是增大截面高度 h，也可采取增大受拉钢筋配筋率、选择合理的截面形式（T 形、工字形）、采用双筋截面以及提高混凝土的强度等级等措施。如挠度值超过 $f_{\lim}$ 值过大时，可采用预应力混凝土，此法最为有效。

第四节　钢筋混凝土外伸梁挠度和裂缝控制验算实例

一、设计资料

钢筋混凝土外伸梁的基本设计资料和承载力计算见第四章第六节。由《荷载规范》查得活荷载准永久系数 $\psi_q = 0.5$；由《混凝土结构设计规范》查得梁的挠度限值 $f_{\lim} = l_0 / 250$、梁的最大裂缝宽度限值 $\omega_{\lim} = 0.3 \text{mm}$。据此对该外伸梁的跨中挠度和裂缝宽度进行验算。

二、梁的跨中挠度验算

以图 4 - 24 所示的第一种荷载不利布置方式对梁的跨中挠度进行验算。

1. 计算荷载准永久组合下的弯矩值 M_q

支座反力 R_B 和 R_A 及弯矩值 M_q 分别为

$$R_B = \frac{(18 + 0.5 \times 7.2) \times 7.26^2 \times \dfrac{1}{2} + 18 \times 2.1 \times \left(7.26 + 2.1 \times \dfrac{1}{2}\right)}{7.26} = 121.7 \text{kN}$$

$$R_A = (18 + 0.5 \times 7.26) \times 7.26 + 18 \times 2.1 - 121.7 = 73.1 \text{kN}$$

$$M_q = R_A \times 3.63 - (g_k + q_q) \times 3.63^2 \times \frac{1}{2}$$

$$= 73.1 \times 3.63 - (18 + 0.5 \times 7.2) \times 3.63^2 \times \frac{1}{2} = 123.0 \text{kN} \cdot \text{m}$$

2. 计算有关参数

$$h_0 = h - a_s = 600 - 45 = 555 \text{mm}$$

$$\alpha_E \rho = \frac{E_s}{E_c} \cdot \frac{A_s}{b h_0} = \frac{200}{28} \times \frac{1473}{250 \times 555} = 0.076$$

$$\rho_{te} = \frac{A_s}{A_{te}} = \frac{1473}{0.5 \times 250 \times 600} = 0.02$$

$$\sigma_{sq} = \frac{M_q}{\eta h_0 A_s} = \frac{123.0 \times 10^6}{0.87 \times 555 \times 1473} = 173 \text{N/mm}^2$$

$$\psi = 1.1 - \frac{0.65 f_{tk}}{\rho_{te} \sigma_{sq}} = 1.1 - \frac{0.65 \times 1.78}{0.02 \times 173} = 0.76$$

3. 计算 B_s

由于是矩形截面梁，$\gamma_f' = 0$

$$B_s = \frac{E_s A_s h_0^2}{1.15\psi + 0.2 + \frac{6\alpha_E \rho}{1 + 3.5\gamma_f'}} = \frac{200 \times 10^3 \times 1473 \times 555^2}{1.15 \times 0.76 + 0.2 + 6 \times 0.076}$$

$$= 5.9 \times 10^{13} \text{N} \cdot \text{mm}^2$$

4. 计算 B

$$B = \frac{B_s}{\theta} = \frac{5.9 \times 10^{13}}{2} = 2.95 \times 10^{13} \text{N} \cdot \text{mm}^2$$

5. 挠度验算

由材料力学关于外伸梁挠度计算公式可知

$$f = \frac{5(g_k + q_q)l_{01}^4}{384B} - 0.0321 \frac{g_k l_{01}^2 l_{02}^2}{B}$$

$$= \frac{5 \times (18 + 3.6) \times 7260^4}{384 \times 2.95 \times 10^{13}} - 0.0321 \times \frac{18 \times 7260^2 \times 2100^2}{2.95 \times 10^{13}}$$

$$= 26.5 - 4.6 = 21.9 \text{mm}$$

$$f = 21.9 \text{mm} < f_{lim} = l_0/250 = \frac{7260}{250} = 29 \text{mm}$$

挠度满足要求。

三、梁的跨中裂缝宽度验算

以图 4-24 所示的第一种荷载不利布置方式对梁的跨中裂缝宽度进行验算。

1. 计算 d_{eq}

$$d_{eq} = \frac{\sum n_i d_i^2}{\sum n_i v_i d_i} = \frac{3 \times 25^2}{3 \times 1.0 \times 25} = 25 \text{mm}$$

2. 梁的裂缝宽度验算

$$\omega_{max} = \alpha_{cr} \psi \frac{\sigma_{sq}}{E_s}\left(1.9 c_s + 0.08 \frac{d_{eq}}{\rho_{te}}\right)$$

$$= 1.9 \times 0.76 \times \frac{173}{2 \times 10^5} \times \left(1.9 \times 33 + 0.08 \times \frac{25}{0.02}\right)$$

$$= 0.2 \text{mm}$$

$$\omega_{max} < \omega_{lim} = 0.3 \text{mm}$$

梁的裂缝宽度满足要求。

本 章 小 结

1. 钢筋混凝土结构构件的裂缝控制和挠度验算时，采用荷载准永久组合并考虑荷载长期作用的影响，对材料则采用强度标准值。

2. 钢筋混凝土结构构件在荷载作用下的裂缝控制和挠度验算应根据实际工程需要进行，并符合《规范》相应的规定。

3. 钢筋混凝土梁在荷载作用下，受拉区裂缝不断出现并扩展。在裂缝截面处，混凝土的拉应力降为零，并向裂缝两侧回缩；钢筋的拉应力增大，在钢筋与混凝土之间产生粘结力和相对滑移。由于粘结力的作用，随着距裂缝截面的距离增大，钢筋的拉应力逐渐减小，而混凝土的拉应力由零逐渐增大。随着荷载增加，相邻裂缝间的混凝土拉应力增大并达到混凝土的抗拉强度时，即将产生新的裂缝。如此，直至裂缝间距较小，裂缝间的混凝土拉应力无法再达到其抗拉强度，裂缝分布趋于稳定。

4. 影响裂缝宽度的主要因素有构件的受力状态、混凝土的抗拉强度、纵向受拉钢筋的配筋率与直径及其应力、纵向受拉钢筋外缘至受拉边缘的距离等。《规范》在试验研究的基础上给出荷载作用下最大裂缝宽度的计算公式。当最大裂缝宽度超过其限值时，应针对影响裂缝宽度的因素采取相应的措施。

5. 钢筋混凝土受弯构件在荷载作用下，随着弯矩增大，裂缝扩展并延伸，刚度不断降低，挠度逐渐增大。《规范》在试验分析的基础上给出截面抗弯刚度 B 的计算公式。根据"最小刚度原则"，在确定构件抗弯刚度后，即可按结构力学方法计算钢筋混凝土受弯构件的挠度。当构件的最大挠度计算值超过其限值时，应采取增大构件截面高度等有效措施。

思　考　题

5-1　钢筋混凝土受弯构件与匀质弹性材料受弯构件的挠度计算有何异同？

5-2　简述钢筋混凝土构件裂缝的出现、分布和开展过程。裂缝间距与裂缝宽度之间具有什么样的规律？

5-3　影响钢筋混凝土构件裂缝宽度的主要因素有哪些？若 $w_{max} > w_{lim}$，可采取哪些措施？最有效的措施是什么？

5-4　在长期荷载作用下，钢筋混凝土构件的裂缝宽度、挠度为何会增大？主要影响因素有哪些？

5-5　何谓最小刚度原则？对等截面受弯构件，如何确定其截面弯曲刚度？

5-6　如何减小梁的挠度？最有效的措施是哪些？

习　　题

5-1　某楼层钢筋混凝土矩形截面简支梁，计算跨度为 $l_0 = 5\text{m}$，截面尺寸 $b \times h = 200\text{mm} \times 500\text{mm}$，承受楼面传来的均布恒载标准值（含自重）$g_k = 25\text{kN/m}$，均布活荷载标准值 $q_k = 14\text{kN/m}$，准永久值系数 $\psi_q = 0.5$。采用 C25 级混凝土和 $6 \Phi 18$ 的 HRB335 级钢筋（$A_s = 1526\text{mm}^2$），梁的允许挠度 $f_{lim} = l_0/250$，试验算梁的挠度。

5-2　验算习题 5-1 梁的裂缝宽度。已知最大允许裂缝宽度为 $w_{lim} = 0.2\text{mm}$，混凝土保护层厚度 $c = 25\text{mm}$。

第六章
钢筋混凝土梁板结构

本章提要 本章主要介绍钢筋混凝土现浇整体式单向板、双向板肋形楼盖以及楼梯的结构布置原则、计算简图确定、内力计算方法、截面设计要点及相关的构造要求，并附有单向板、双向板肋形楼盖及楼梯的设计算例及配筋图。

第一节 概 述

在建筑工程中，钢筋混凝土梁板结构应用十分广泛。例如楼盖、屋盖、楼梯及基础等，其中楼盖是典形的梁板结构。按施工方法不同，楼盖可分为现浇整体式、装配式和装配整体式三种形式。现浇整体式楼盖由于整体性好、抗震性强、防水性好，在实际工程中采用较为普遍。

一、现浇整体式楼盖

现浇整体式楼盖按楼板受力和支承条件不同，可分为如下几种形式。

1. 现浇肋形楼盖

现浇肋形楼盖由板、次梁和主梁（有时没有主梁）组成，它是楼盖中最常用的结构形式，其特点是结构布置灵活，可以适应不规则的柱网布置和复杂的工艺及建筑平面要求，且构造简单，同其他结构相比一般用钢量较低，缺点是支模比较复杂。

根据楼盖中主次梁的不同布置方式，现浇肋形楼盖又可分为单向板肋形楼盖（图 6-1）和双向板肋形楼盖（图 6-2）。

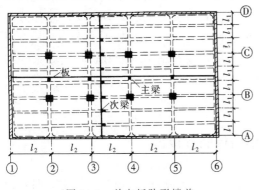

图 6-1 单向板肋形楼盖

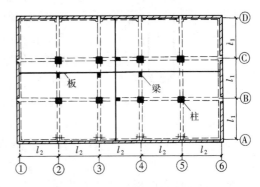

图 6-2 双向板肋形楼盖

2. 井式楼盖

井式楼盖是由肋形楼盖演变而成，其特点是在两个方向上梁的截面尺寸相同，不分主次梁，共同直接承受板传来的荷载，主要用于房间为矩形的楼盖（两个方向边长越接近越经济）。由于在两个方向上的梁具有相同的截面尺寸，截面的高度较肋形楼盖小，梁的跨度较大，常用于公共建筑的大厅，如图 6-3 所示。

3. 无梁楼盖

这种楼盖没有主梁和次梁，板直接支承在柱上，板较厚。当荷载较小时可采用无柱帽形式；当荷载较大时，为提高楼板承载力和刚度，减小板厚，也可做成有柱帽形式，如图 6-4 所示。

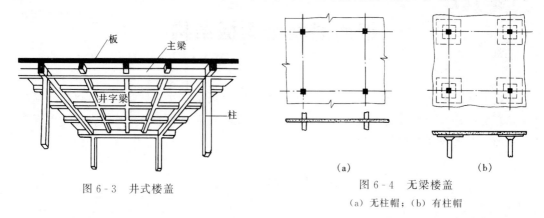

图 6-3　井式楼盖

图 6-4　无梁楼盖

（a）无柱帽；（b）有柱帽

无梁楼盖的优点是楼层净空高，通风和卫生条件比一般楼盖好；缺点是自重大，用钢量大。常用于书库、仓库、商场等处，有时也用于水池的顶板、底板和筏片基础等处。

二、装配式楼盖

装配式钢筋混凝土楼盖可以是现浇梁和预制板结合而成，也可以是预制梁和预制板结合而成，由于楼盖采用钢筋混凝土预制构件，便于工业化生产，在多层民用建筑和多层工业厂房中得到广泛应用。但是这种楼盖由于整体性、抗震性、防水性较差，又不便于在楼板上开设孔洞，所以对于高层建筑，有抗震设防要求的建筑，使用上要求防水和开设孔洞的楼面均不宜采用。

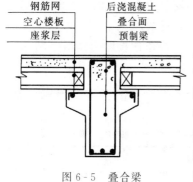

图 6-5　叠合梁

三、装配整体式楼盖

装配整体式混凝土楼盖由预制板（梁）上现浇一叠合层而成为一个整体，如图 6-5 所示。这种楼盖兼有现浇整体式和预制装配楼盖的特点，其优缺点介于二者之间，装配整体式混凝土楼盖具有良好的整体性，又较整体式节省模板和支撑，但这种楼盖要进行混凝土二次浇灌，有时还需要增加焊接工作量，故对施工进度和造价会带来一些不利影响。它仅适用于荷载较大的多层工业厂房、高层民用建筑及有抗震设防要求的建筑。

第二节　整体式单向板肋形楼盖

现浇肋形楼盖的板可支承在次梁、主梁或砖墙上。设计板时，《规范》规定：两对边支承的板应按单向板计算；板四边支承时，当长边与短边长度之比小于或等于 2.0 时，应按双向板计算；当长边与短边长度之比大于 2.0，但小于 3.0 时，宜按双向板计算。但也可按沿短边方向受力的单向板计算，此时应沿长边方向布置足够数量的构造钢筋；当长边与短边长度之比大于或等于 3.0 时，宜按沿短边方向受力的单向板计算。

在单向板肋形楼盖中，荷载的传递路线是荷载→板→次梁→主梁→柱或墙，即板的支座为次梁，次梁的支座为主梁，主梁的支座为柱或墙。在实际工程中，由于楼盖整体现浇，因此楼盖中的板和梁往往形成多跨连续结构，在内力计算和构造要求上与单跨简支的梁和板的计算有较大的区别，所以在现浇楼盖的设计和施工中必须注意。

单向板肋形楼盖的设计步骤：

（1）结构平面布置。

（2）确定计算简图。

（3）板、次梁、主梁内力计算。

（4）板、次梁、主梁配筋计算。

（5）绘制楼盖施工图。

一、结构平面布置

楼盖结构平面布置的主要任务是合理地确定柱网和梁格，通常是在建筑设计初步方案提出的柱网和承重墙布置基础上进行的。结构平面布置应按下列原则进行。

1. 满足房屋使用要求

柱或墙的间距决定了主、次梁的跨度。当房屋的宽度不大于 5～7m 时，梁可以沿一个方向布置，如图 6-6（a）所示。当房屋的平面尺寸较大时，梁则应布置在两个方向上，并设若干排支承柱，此时主梁可平行于纵向布置，如图 6-6（b）、（d）、（e）所示，或垂直于纵向布置，如图 6-6（c）所示。

2. 结构受力合理

布置梁板结构时，应尽量避免将集中荷载作用于板上，如板上有隔墙或机器设备等集中荷载作用时，宜在板下设置梁，也应尽量避免将梁支承在门窗洞口上，否则门窗过梁就要加强。

梁格布置力求规则整齐，梁尽可能连续贯通，板厚和梁的截面尺寸尽可能统一，这样不但便于设计和施工，而且还容易满足经济美观的要求。

3. 节约材料，降低造价

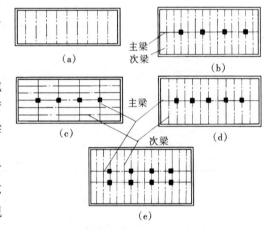

图 6-6　单向板楼盖的几种结构布置

由于板的混凝土用量占整个楼盖的 50%～70%，因此板应尽可能接近构造要求的最小板厚，一般不小于表 6-1 的规定。板的跨长即次梁的间距一般为 1.7～2.7m，常用的跨度为 2m 左右。

对于次梁和主梁的截面尺寸根据荷载的大小，可参考下列数据初估：

次梁　截面高度 $h=l_0/18～l_0/12$　$b=h/2～h/3$

表 6-1　　　　　　　　　　　　现浇钢筋混凝土板的厚度　　　　　　　　　　　　　　　　mm

板 的 类 别		最 小 厚 度
单向板	屋面板	60
	民用建筑楼板	60
	工业建筑楼板	70
	行车道下的楼板	80

板 的 类 别		最 小 厚 度
双向板		80
密肋楼盖	面板	50
	肋高	250
悬臂板（根部）	悬臂长度不大于 500mm	60
	悬臂长度 1200mm	100
无梁楼板		150
现浇空心楼盖		200

主梁　截面高度 $h = l_0/14 \sim l_0/8$　　$b = h/2 \sim h/3$

其中　l_0 为次梁或主梁的计算跨度；b 为次梁或主梁的宽度。

同时为了保证板、梁应具有足够的刚度，在初步设定板、梁截面尺寸时，尚应符合表 6-2 的规定要求。

表 6-2　　　　　　　　　一般不作挠度验算的板、梁截面的最小高度

构件类型	简 支	两端连续	悬 臂
单 向 板	$l_0/35$	$l_0/40$	$l_0/12$
双 向 板	$l_0/45$	$l_0/50$	$l_0/10$
次 梁	$l_0/16$	$l_0/20$	$l_0/8$
主 梁	$l_0/12$	$l_0/15$	$l_0/6$
独 立 梁	$l_0/12$	$l_0/15$	$l_0/6$

注　1. l_0 为板、梁的计算跨度（双向板按短向跨度计算）；

　　2. 当梁的跨度大于 9m 时，表中梁的各项数值应乘以系数 1.2。

由实践可知，当梁的跨度增大时，楼盖的造价随着提高，当梁的跨度过小时，又使柱子和柱基础的数量增多，也会提高房屋的造价，同时柱子愈多，房屋的使用面积就愈小，不能满足使用功能要求。因此，主、次梁的平面布置也存在一个比较经济合理的范围，次梁的跨度一般为 4~6m，主梁的跨度一般为 5~8m。

二、单向板楼盖计算简图的确定

结构平面布置确定以后，即可确定梁、板的计算简图，其内容包括荷载、支承条件、计算跨度和跨数。

1. 荷载计算

作用在楼盖上的荷载，有恒荷载和活荷载两种，恒荷载包括结构自重，各构造层自重，永久设备自重等。活荷载主要为使用时的人群家具及一般设备的重量，上述荷载通常按均布荷载考虑。

楼盖恒荷载的标准值按结构实际构造情况通过计算来确定，楼盖的活荷载标准值按《荷载规范》来确定。

当楼面板承受均布荷载时，通常取宽度为 1m 的板带进行计算，在确定板传递给次梁的荷载和次梁传递给主梁的荷载时，一般均忽略结构的连续性而按简支进行计算。所以对于次梁，取相邻板跨中线所分割出来的面积作为受荷面积，次梁所承受荷载为次梁自重及其受荷面积上板传来的荷载；对于主梁，则承受主梁自重以及由次梁传来的集中荷载，但由于主梁自重与次梁传来的荷载相比较一般较小，故为了简化计算，一般可将主梁的均布自重荷载简化为若干集中荷载，与次梁传来的集中荷载合并。板、次梁荷载的计算单元如图 6-7（a）所示，板、次梁、主梁的计算简图如图 6-7（b）所示。

2. 支承条件

图 6-7 所示的砌体结构，楼盖四周为砖墙承重，梁（板）在墙上的支承条件比较明确，可按铰支（或简支）考虑。但是，对于与柱现浇整体的肋形楼盖，梁板的支承条件与梁柱之间的相对刚度有关，情况比较复杂。因此，应按下述原则确定支承条件，以减少内力计算的误差。

对于支承在钢筋混凝土柱上的主梁，其支承条件应根据梁柱抗弯刚度比而定。分析表明，如果主梁与柱的线刚度比不小于 5，可将主梁视为铰支于柱上的连续梁计算。对于支承在次梁上的板（或支承于主梁上的次梁）可忽略次梁（或主梁）的弯曲变形（挠度），且不考虑支承点处的刚性，将其支座视为可动铰支座，按连续板（或梁）计算。

将与板（或梁）整体连接的支承视为铰支承的假定，对于等跨连续板（或梁），当活载沿各跨均为满布时是可行的。因为此时板或梁在中间支座发生的转角很小，按铰支计算与实际情况相差甚微。但是，当活载隔跨布置时情况则不同。现以支承在次梁上的连续板为例来说明。图 6-8（a）所示的连续板，当按铰支座计算时，板绕支座的转角 θ 值较大。实际上，由于板与次梁整体现浇在一起，当板受荷载弯曲在支座发生转动时，将带动次梁（支座）一道转动。同时，次梁具有一定的抗扭刚度且两端又受主梁的约束，将阻止板自由转动最终只能产生两者变形协调的约束转角 θ'，如图 6-8（b）所示，其值小于前述自由转角 θ，使板的跨中弯矩有所降低，支座负弯矩相应地有所增加，但不会超过两相邻跨布满活载时的支座负

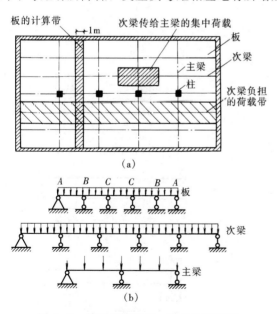

图 6-7　单向板楼盖板、梁的计算简图

（a）荷载计算单元；（b）板梁的计算简图

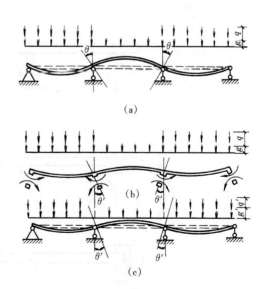

图 6-8　连续板（梁）的折算荷载

（a）理想铰支座的变形；（b）支座弹性约束的变形；（c）采用折算荷载的影响

弯矩。类似的情况也发生在次梁与主梁及主梁与柱之间，这种由于支承构件的抗扭刚度，使被支承构件跨中弯矩相对于按铰支计算有所减小的有利影响，在设计中一般采用增大恒载和减小活荷载的办法来考虑，如图 6-8（c）所示，即

对于板 $$g' = g + q/2 \qquad q' = q/2 \tag{6-1}$$

对于次梁 $$g' = g + q/4 \qquad q' = 3q/4 \tag{6-2}$$

上两式中 g'、q'——调整后的折算恒荷载、活荷载；

g、q——实际的恒荷载、活荷载。

对于主梁，转动影响很小，一般不予考虑。即 $g' = g$，$q' = q$。

3. 计算跨度和跨数

梁、板的计算跨度 l_0 是指在计算内力时所采用的跨长，也就是简图中支座反力之间的距离，其值与支承长度和构件的弯曲刚度有关。对于连续梁、板，当其内力按弹性理论计算时，一般按表 6-3 采用。

在表 6-3 中，l_n 为梁或板的净跨，l_c 为梁或板支承中心线间的距离，h 为板厚，b 为支承梁的宽度。从以上可见，按弹性理论计算多跨连续梁板，为计算方便，若取构件支承中心线间的距离 l_c 作为计算跨长，结果总是偏安全的。

对于五跨和小于五跨的连续梁（板），按实际跨数考虑。对于五跨以上的连续梁（板），如图 6-9（a）所示，当跨度相差不超过 10% 时，且各跨截面尺寸及荷载相同时，可近似按五跨连续梁（板）进行计算，如图 6-9（b）所示。从图 6-9 中可知，实际结构 1、2、3 跨的内力按五跨连续（板）计算简图采用，其余中间各跨（第 4 跨）内力均按五跨连续梁（板）的第 3 跨采用。

表 6-3 连续梁板的计算跨度 l_0

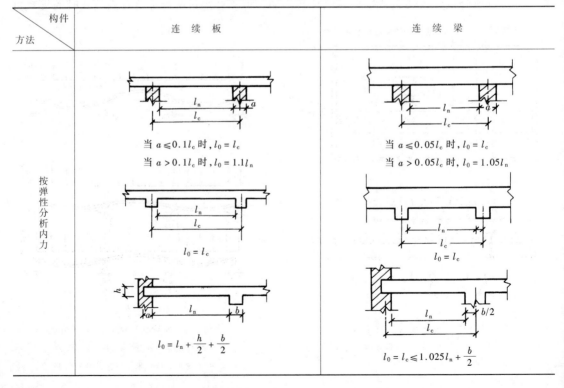

构件 方法	连续板	连续梁
按弹性分析内力	当 $a \leqslant 0.1 l_c$ 时，$l_0 = l_c$ 当 $a > 0.1 l_c$ 时，$l_0 = 1.1 l_n$ $l_0 = l_c$ $l_0 = l_n + \dfrac{h}{2} + \dfrac{b}{2}$	当 $a \leqslant 0.05 l_c$ 时，$l_0 = l_c$ 当 $a > 0.05 l_c$ 时，$l_0 = 1.05 l_n$ $l_0 = l_c$ $l_0 = l_c \leqslant 1.025 l_n + \dfrac{b}{2}$

续表

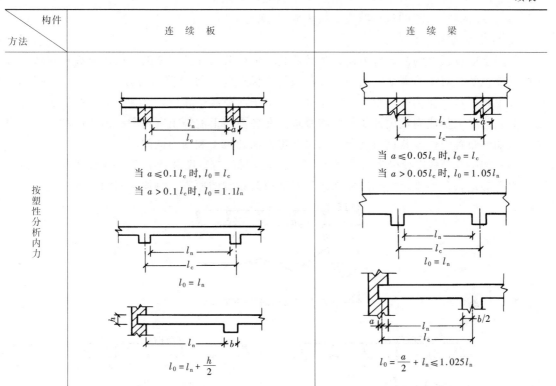

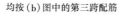

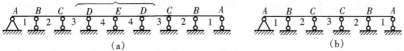

图 6-9　连续梁（板）的计算简图

三、按弹性方法计算内力

计算简图确定后，即可对梁、板进行结构内力计算。当内力按弹性理论计算，即按结构力学的原理进行计算时，一般常用力矩分配法来求连续板梁的内力。为方便计算，对于常用荷载作用下的等跨度等截面的连续梁板已有现成计算表格，见附表 1。对于跨度相差在 10% 以内的不等跨连续梁，其内力也可按附表 1 进行计算。具体方法如下：

当均布荷载作用时

$$M = K_1 g l_0^2 + K_2 q l_0^2 \tag{6-3}$$

$$V = K_3 g l_0 + K_4 q l_0 \tag{6-4}$$

当集中荷载作用时

$$M = K_1 G l_0 + K_2 Q l_0 \tag{6-5}$$

$$V = K_3 G + K_4 Q \tag{6-6}$$

上四式中　g、q——单位长度上的均布恒荷载和活荷载；

G、Q——集中恒荷载和活荷载；

$K_1 \sim K_4$——内力系数，由附表1中相应栏内查得；

l_0——梁的计算跨度，按表6-3规定采用。

1. 活荷载的最不利组合

作用于梁或板上的荷载有恒荷载和活荷载，恒荷载是保持不变的，而活荷载在各跨的分布则是随机的。对于简支梁，当恒、活荷载均为满载时，将产生的内力（M与V）为最大，即为最不利；对于连续梁，则不一定是这样。由于活荷载位置的可变性，为使构件在各种可能的荷载情况下都能满足设计要求，需要求出在各截面上的最不利内力。因此，存在一个将活荷载如何布置与恒荷载进行组合，求出指定截面的最不利内力的问题。

图6-10为五跨连续梁当活荷载布置在不同跨时的弯矩图和剪力图，分析其变化规律和不同组合的结果，不难得出确定截面最不利活荷载布置的原则，具体可归纳为以下几点：

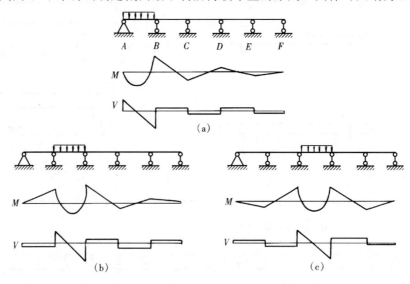

图6-10　连续梁活载在不同跨时的内力图

1）求某跨跨中的最大正弯矩时，应该在该跨布置活荷载，然后向其左右每隔一跨布置活荷载，如图6-11（a）、（b）所示。

2）求某跨跨中最大负弯矩时，应在该跨不布置活荷载，而在相邻两跨布置活荷载，然后向左右每隔一跨布置活荷载，如图6-11（a）、（b）所示。

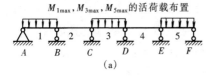

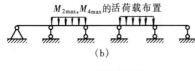

3）求某支座最大负弯矩时，应在该支座左右两跨布置活荷载，然后向左右每隔一跨布置活荷载，如图6-11（c）所示。

4）求某支座截面的最大剪力时应在该支座的左右两跨布置活荷载，然后向左右每隔一跨布置活荷载，如图6-11（c）所示。

梁上恒荷载应按实际情况布置。

活荷载布置确定后即可按结构力学的方法或附表1进行连续梁的内力计算。

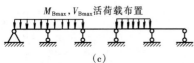

图6-11　活荷载不利布置图

2. 内力包络图

在恒荷载作用下求出各截面内力的基础上，分别叠加对各截面为最不利活荷载布置时的内力，可以得到各截面可能出现的最不利内力，也就是若干个内力图叠合，其外包线即为内力包络图。在设计中，不必对构件的每个截面进行设计，只需对若干控制截面（跨中、支座）进行设计。图 6-12 所示一承受均布荷载的两跨连续梁在各种最不利荷载组合下的弯矩包络图，用类似的方法可绘出剪力包络图。

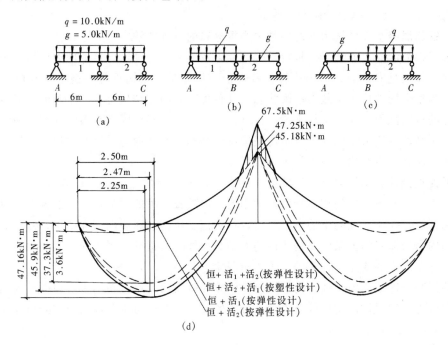

图 6-12 两跨连续梁的弯矩图

3. 支座宽度影响——支座截面计算内力的确定

在按弹性理论计算连续梁（板）的内力时，其计算跨度取支座中心线间的距离，若梁（板）与支座非整体连接或支承宽度很小时，计算简图与实际情况基本相符。然而支座总是有一定的宽度，且整体连接，这样在支座中心处梁（板）的截面高度将会由于支承梁的存在而实际增大了。实践证明不会在该截面破坏，破坏都出现在支承梁（柱）的边缘处，如图 6-13 所示，因此在设计整体肋形楼盖时，应考虑支承宽度的影响，支座边缘处的内力比支座中心处要小，而支座边缘处的截面是危险截面。在承载力计算中应取支座边缘处的内力作为支座截面配筋计算的依据，为简化计算可按下列近似公式求得计算值。

$$M_b = M - Vb/2 \qquad (6-7)$$

式中　M——支座中心处弯矩；

　　　V——按简支梁计算的支座剪力；

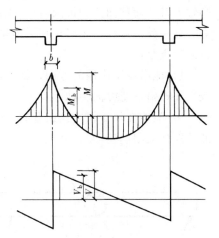

图 6-13 梁支座边缘的弯矩和剪力

b——支座宽度。

同理，剪力的实际计算值也应按支座边缘处采用，当均布荷载时，为

$$V_b = V - (g + q)b/2 \qquad (6 - 8)$$

当集中力时，即

$$V_b = V \qquad (6 - 9)$$

上两式中　V——支座中心处的剪力；

　　　　　g，q——梁上的恒荷载和活荷载。

四、钢筋混凝土连续梁板考虑塑性内力重分布的设计方法

在进行钢筋混凝土连续梁、板设计时，如果按上述弹性理论计算的内力包络图来选择截面及配筋，显然是安全的，因为这种计算理论的依据是，当构件任一截面达到极限承载力时，即认为整个构件达到承载力极限状态，这种理论对静定结构是完全正确的。但对于具有一定塑性的钢筋混凝土连续梁板来说，构件的任一截面达到极限承载力时并不会使结构丧失承载力，按弹性方法求得的内力已不能正确反映结构的实际内力，因此在楼盖设计中考虑材料的塑性性质来分析结构的内力将更加合理。

按弹性理论计算钢筋混凝土连续梁，是假定它为均质弹性体，荷载与内力为线性关系。在荷载较小，混凝土开裂的初始阶段是适用的。但随着荷载的增加，由于混凝土受拉区裂缝的出现和开展，受压区混凝土的塑性变形，特别是受拉钢筋屈服的塑性变形，使钢筋混凝土连续梁的内力与荷载的关系已不是线性的而是非线性的。钢筋混凝土连续梁的内力，相对于线性弹性分布发生的变化，称为内力重分布现象。

钢筋混凝土连续梁内塑性铰的形成是结构破坏阶段内力重分布的主要原因。为此先讨论塑性铰的概念，然后讨论塑性铰与内力重分布的关系，最后讨论塑性内力重分布计算的原则和方法。

1. 塑性铰的概念

由第三章知道，钢筋混凝土受弯构件从加荷载到正截面破坏，共经历了三个阶段，其变形由弹性变形和塑性变形两部分组成，特别是钢筋达到屈服强度后会产生很大的塑性变形。当加载到受拉钢筋屈服，随着荷载的少许增加，裂缝向上开展，混凝土受压区高度减小，中和轴上升，使截面达到极限弯矩 M_u；当受压区边缘混凝土达到极限应变值，构件丧失承载力。这一破坏过程，相当于在梁内拉压塑性变形集中的区域形成了一个性能异常的铰，这个铰的特点是：

1）能沿弯矩作用的方向，绕不断上升的中和轴发生单向转动，而不能像普通铰（理想铰）那样沿任意方向转动。

2）只能在从受拉区钢筋开始屈服到受压区混凝土压坏的有限范围内转动，而不能像普通铰那样无限制转动。

3）在转动时能承受一定的弯矩，而普通铰不能承受弯矩。

因此，具有上述性能的铰，在杆系结构中称为塑性铰，它是构件塑性变形发展的结果。塑性铰出现后，对简支梁形成三铰在一直线上的破坏机构，标志着构件进入破坏状态。如图 6 - 14 所示。

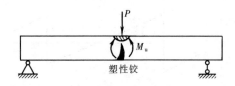

图 6 - 14　简支梁的破坏机构

2. 塑性内力重分布

对静定结构而言，当出现塑性铰时就不能再继续加载，因此静定结构出现塑性铰后便成为几何可变体系。但对超静定结构来说，它破坏的标志不是一个截面出现塑性铰，而是整个结构破坏机构的形成。它的破坏过程是：首先在一个截面出现塑性铰，随着荷载的增加，塑性铰陆续出现，每出现一个塑性铰，相当于超静定结构减少一次约束，直到最后一个塑性铰出现，整个结构形成破坏机构为止。在形成破坏机构的过程中，结构的内力分布和塑性铰出现前的弹性分布规律完全不同。在塑性铰出现后的加载过程中，结构的内力经历了一个重新分布的过程，这个过程称为塑性内力重分布。

钢筋混凝土连续梁塑性内力重分布的基本原则，可综述如下：

1）钢筋混凝土连续梁达到承载力极限状态的标志，不是某一截面达到极限弯矩，而必须是出现足够的塑性铰，使整个结构形成可变体系。

2）塑性铰出现以前，连续梁的弯矩服从弹性内力分布规律，塑性铰出现以后，结构计算简图发生变化，各截面弯矩的增长率发生变化。

3）按弹性理论计算，连续梁的弯矩系数（内力分布）与截面配筋率无关，内力与外力既符合平衡条件，同时也满足变形协调关系。

4）考虑塑性内力重分布计算，虽然仍符合平衡条件，但不再符合变形协调关系。在塑性铰截面处，梁的变形曲线不再连续。

5）通过控制支座截面和跨中截面的配筋率可以控制连续梁中塑性铰出现的顺序和位置，控制调幅的大小和方向。为了保证调幅截面能形成塑性铰，具有足够的转动能力并限制裂缝宽度，应使调幅截面相对受压区高度 $\xi = x/h_0$ 不应超过 0.35，且不宜小于 0.10；同时，应选用符合第一章表 1-1 规定的钢筋。

6）弯矩调幅不宜过大，对钢筋混凝土梁的支座截面负弯矩调幅幅度不宜大于 25%；对钢筋混凝土板的负弯矩调幅不宜大于 20%。

3. 塑性内力重分布的计算方法

钢筋混凝土连续梁和连续板考虑塑性内力重分布计算时，应用较多的是调幅法，即对构件中一些绝对值最大的弯矩进行调幅。根据弯矩调幅的基本原则，可以得出塑性内力重分布的内力计算方法。下面介绍在均布荷载作用下等跨连续梁和连续板考虑塑性内力重分布时弯矩和剪力的计算方法。

（1）弯矩计算。板和次梁的跨中及支座弯矩按下面公式计算：

$$M = \alpha_m (g + q) l_0^2 \qquad (6 - 10)$$

式中　g——作用在梁、板上的均布恒荷载的设计值；

　　　q——作用在梁、板上的均布活荷载的设计值；

　　　l_0——计算跨度，按表 6-3 采用；

　　　α_m——弯矩系数，按表 6-4 采用。

（2）剪力计算。次梁支座的剪力可按下面公式计算：

$$V = \alpha_v (g + q) l_n \qquad (6 - 11)$$

式中　l_n——净跨度；

　　　α_v——剪力系数，按表 6-5 采用。

表 6-4　　　　　　　　　　　　　　　　弯　矩　系　数

支　承　情　况		截　面　位　置					
		端支座	边跨中	第二支座	第二跨中	中间支座	中间跨中
梁、板搁置在墙上		0	$\frac{1}{11}$	两跨连续 $-\frac{1}{10}$ 三跨以上连续 $-\frac{1}{11}$	$\frac{1}{16}$	$-\frac{1}{14}$	$\frac{1}{16}$
板	与梁整浇连接	$-\frac{1}{16}$	$\frac{1}{14}$				
梁		$-\frac{1}{24}$					
梁与柱刚性连接		$-\frac{1}{16}$	$\frac{1}{14}$				

注　1. 本表适用于荷载比 $q/g>0.3$ 的情况。

　　2. 各跨长度不等，但相邻两跨比值小于 1.1 时，仍可采用表中系数计算。但支座弯矩计算取相邻两跨中的较长跨度；跨中弯矩计算仍取本跨跨度。

表 6-5　　　　　　　　　　　　　　　　剪　力　系　数

支　承　情　况	截　面　位　置				
	端支座内侧	第　二　支　座		中　间　支　座	
		外　侧	内　侧	外　侧	内　侧
搁置在墙上	0.45	0.60	0.55	0.55	0.55
与梁或柱整体连接	0.50	0.55			

应当指出，按内力塑性重分布理论计算超静定结构虽然可以节约钢材，但在使用阶段钢筋应力较高，构件裂缝和变形均较大。因此，在下列情况下不应采用塑性计算方法，而应采用弹性理论计算方法。

　1) 使用阶段不允许开裂的结构。

　2) 重要部位的结构，要求可靠度较高的结构（如主梁）。

　3) 受动力和疲劳荷载作用的结构。

　4) 处于三 a、三 b 类环境中的结构。

五、截面配筋计算及构造要求

（一）板的计算和构造要求

1. 板的计算

　1) 板一般能满足斜截面受剪承载力要求，设计时可不进行受剪承载力计算。

　2) 板受荷载进入极限状态时，支座处在上部开裂，而跨中在下部开裂，从支座到跨中各截面受压区合力作用点形成具有一定拱度的压力线。当板的周边具有足够的刚度（如板四周设有限制水平位移的边梁）时，在竖向荷载作用下，周边将对它产生水平推力，如图6-15所示。该推力可减少板中各计算截面

负弯矩上部开裂

正弯矩下部开裂

图 6-15　板的拱作用

的弯矩，其减少程度则视板的边长比及边界条件而异。为了考虑这种有利因素，一般规定，对四周与梁整体连接的单向板，其中间跨的跨中截面及中间支座截面的计算弯矩可减少 20%，其他截面则不予降低。

　3) 根据弯矩算出各控制截面的钢筋面积之后，为使跨数较多的内跨钢筋与计算值的尽

可能一致，同时使支座截面尽可能利用跨中弯起的钢筋，应按先内跨后外跨，先跨中后支座程序选择钢筋的直径和间距。

2. 板的构造要求

1）板的支承长度应满足其受力钢筋在支座内锚固的要求，且一般不小于板厚，当搁置在砖墙上时，不小于120mm。

2）板中受力钢筋应符合第三章第二节中所述的有关要求。

连续板受力钢筋有弯起式和分离式两种，如图6-16所示。前者整体性较好，且可节约钢材，但施工较复杂。后者整体性稍差，用钢量稍高，但施工方便。当板厚$h \leqslant 120$mm，且所受动态荷载不大时，可采用分离式配筋。采用分离式配筋的多跨板，板底钢筋宜全部伸入支座。

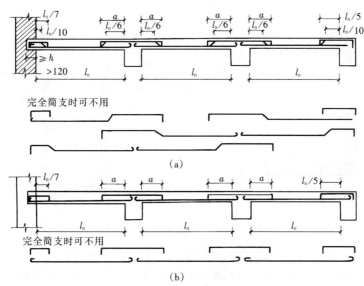

图6-16　连续板受力钢筋的布置方式

(a) 弯起式；(b) 分离式

弯起式配筋可先按跨中正弯矩确定其钢筋直径和间距。然后，在支座附近将跨中钢筋按需要弯起1/2（隔一弯一）以承受负弯矩，但最多不超过2/3（隔一弯二）。如弯起钢筋的截面面积不够，可另加直钢筋。

弯起钢筋弯起的角度一般采用$30°$，当板厚$h > 120$mm时，可用$45°$。采用弯起式配筋，应注意相邻两跨跨中及中间支座钢筋直径互相配合，间距变化应有规律，钢筋直径种类不宜过多，以利施工。

简支板或连续板下部纵向受力钢筋伸入支座的锚固长度不应小于钢筋直径的5倍，且宜伸过支座中心线。

为了保证钢筋锚固可靠，板内伸入支座的下部受力钢筋采用半圆弯钩。对于上部负钢筋，为了保证施工时钢筋的设计位置，宜做成直抵模板的直钩。因此，直钩部分的钢筋长度为板厚减一倍保护层厚。

确定连续板钢筋的弯起点和切断点，一般不必绘弯矩包络图，可按图6-16所示的构造要求处理。图中的a值，当$q/g \leqslant 3$时，$a = l_n/4$。当$q/g > 3$时，$a = l_n/3$，g、q、l_n分别为恒荷载、活荷载设计值和板的净跨度。如板相邻跨跨度相差超过20%或各跨荷载相差较大时，应绘弯矩包络图以确定钢筋的弯起点和切断点。

3. 板中构造钢筋

1) 分布钢筋可按第三章第二节中所述要求配置。

2) 嵌入墙内的板面应设置附加钢筋，如图 6-17 所示，是为了防止如图 6-18 所示的板面裂缝。由于砖墙的嵌固作用，板内产生负弯矩，使板面受拉开裂。在板角部分，除因传递荷载使板在两个正交方向引起负弯矩外，由温度收缩影响产生的角部拉应力，也促使板角发生斜向裂缝。为避免这种裂缝的出现和开展，《规范》规定，对与支承结构整体浇筑或嵌固于承重砌体墙内的现浇混凝土板，应沿支承周边配置上部构造钢筋，其直径不宜小于 8mm，间距不宜大于 200mm，并应符合如下规定：

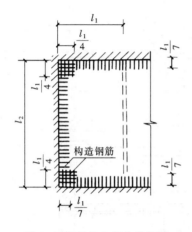

图 6-17　板的上部构造钢筋

图 6-18　板顶面裂缝的分布

现浇楼盖周边与混凝土梁或混凝土墙整体浇筑的单向板或双向板，应在板边上部设置垂直于板边的构造钢筋，其单位宽度内的配筋面积不宜小于跨中相应方向板底钢筋截面面积的 1/3；该钢筋自梁边或墙边伸入板内的长度，在单向板中不宜小于受力方向板计算跨度的 1/4，在双向板中不宜小于板短跨方向计算跨度的 1/4；在板角处该钢筋应沿两个垂直方向布置或按放射状布置；当柱角或墙的阳角突出到板内且尺寸较大时，亦应沿柱边或墙阳角边布置构造钢筋，该构造钢筋深入板内的长度应从柱边或墙边算起。上述上部构造钢筋应按受拉钢筋锚固在梁内、墙内或柱内。

嵌固在砌体墙内的现浇混凝土板，其上部与板边垂直的构造钢筋伸入板内的长度，从墙边算起不宜小于板短边跨度的 1/7；在两边嵌固于墙内的板角部分，应配置双向上部构造钢筋，该钢筋伸入板内的长度从墙边算起不宜小于板短边跨度的 1/4，如图 6-17 所示；沿板的受力方向配置的上部构造钢筋，其截面面积不宜小于该方向跨中受力钢筋截面面积的 1/3；沿非受力方向配置的上部构造钢筋，可根据经验适当减少。

3) 垂直于主梁的板面应设置构造钢筋。现浇楼盖的单向板，实际上是周边支承板，主梁也将对板起支承作用。靠近主梁的板面荷载将直接传递给主梁，因而产生一定的负弯矩，并使板与主梁连接处产生板面裂缝，有时甚至开展较宽。因此，《规范》规定，当现浇板的受力钢筋与梁平行时，应沿主梁长度方向配置间距不大于 200mm 且与梁垂直的上部构造钢筋，其直径不宜小于 8mm，且单位长度内的总截面面积不宜小于板中单位宽度内受力钢筋截面面积 1/3，该构造钢筋伸入板内的长度从梁边算起每边不宜小于板计算跨度 l_0 的 1/4，如图 6 - 19 所示。

4）板内孔洞周边应设置附加钢筋。当孔洞的边长 b（矩形孔）或直径 D（圆形孔）不大于 300mm 时，由于削弱面积较小，可不设附加钢筋，板内受力钢筋可绕过孔洞，不必切断，如图 6 - 20（a）所示。

当边长 b 或直径 D 大于 300mm，但小于 1000mm 时，应在洞边每侧配置加强洞口的附加钢筋，其面积不小于洞口被切断的受力钢筋截面

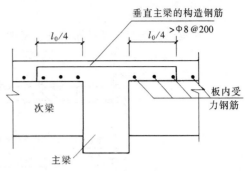

图 6 - 19　板与主梁连接的构造钢筋

面积的 1/2，且不小于 $2\Phi10$。如仅按构造配筋，每侧可附加 $2\Phi10 \sim 2\Phi12$ 的钢筋，如图 6 - 20（b）所示。当 b 或 D 大于 1000mm 或孔洞周边有较大集中荷载时，宜在洞边加设小梁，如图 6 - 20（c）所示。对于圆形孔洞，板中还需配置如图 6 - 20（c）所示的上部和下部钢筋以及图 6 - 20（d）、（e）所示的洞口附加环筋和放射向钢筋。

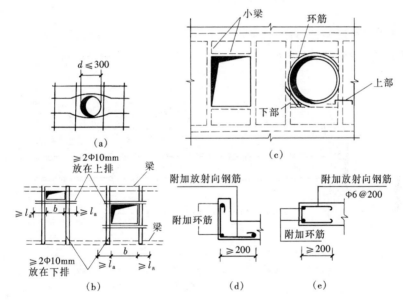

图 6 - 20　板上开洞的配筋方法

（a）当 b（或 d）≤300mm 时；（b）当 300<b（或 d）≤1000mm 时；
（c）当 b（或 d）>1000mm 时；（d）、（e）洞口附加环筋和放射钢筋

（二）次梁的计算与构造要求

1. 次梁的计算

1）按正截面受弯承载力确定纵向受拉钢筋时，通常跨中按 T 形截面计算，其翼缘计算宽度 b_f' 按表 3 - 7 采用；支座因翼缘位于受拉区，按矩形截面计算。

2）按斜截面受剪承载力确定腹筋，当荷载、跨度较小时，一般只利用箍筋抗剪；当荷载、跨度较大时，宜在支座附近设置弯起钢筋，以减少箍筋用量。

3）截面尺寸满足前述高跨比（1/18～1/12）和宽高比（1/3～1/2）的要求时，一般不必作使用阶段的挠度和裂缝宽度验算。

2. 次梁的构造要求

1）次梁的钢筋组成及其布置可参考图 6-21。次梁伸入墙内的长度一般应不小于 240mm。

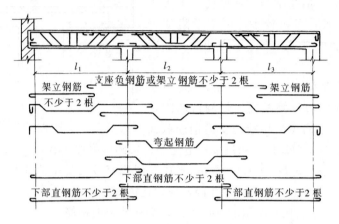

图 6-21　次梁的钢筋组成及布置

2）当次梁相邻跨度相差不超过 20%，且均布活荷载与恒荷载设计值比 $q/g < 3$ 时，其纵向受力钢筋的弯起和切断可按图 6-22 进行。否则应按弯矩包络图确定。

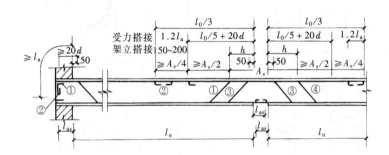

图 6-22　次梁的配筋构造要求

①、④—弯起钢筋可同时用于抗剪和抗弯；②—架立钢筋

兼负钢筋；③—弯起钢筋或鸭筋仅用于抗剪

（三）主梁的计算与构造要求

1. 主梁的计算

1）正截面受弯承载力计算与次梁相同，通常跨中按 T 形截面计算，支座按矩形截面计算，当跨中出现负弯矩时，跨中也应按矩形截面计算。

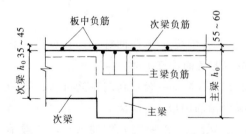

图 6-23　主梁支座处的截面有效高度

2）由于支座处板、次梁、主梁的钢筋重叠交错，且主梁负筋位于次梁和板的负筋之下，如图 6-23 所示，故截面有效高度在支座处有所减小。当钢筋单排布置时，$h_0 = h - (55 \sim 60)$mm；当双排布置时，$h_0 = h - (100 \sim 110)$mm。

3）主梁主要承受集中荷载，剪力图呈矩形。

如果在斜截面受剪承载力计算中，要利用弯起钢筋承担剪力，则应考虑跨中有足够的钢筋可供弯起，以使抗受承载力图完全覆盖剪力包络图。若跨中钢筋可供弯起的根数不够，则应在支座设置专门抗剪的鸭筋，如图 6-24 所示。

4）截面尺寸满足前述高跨比 1/14～1/8 和宽高比 1/3～1/2 的要求时，一般不必作使用阶段挠度和裂缝宽度验算。

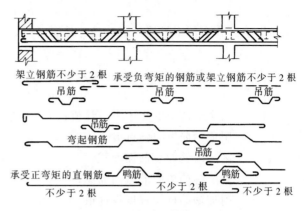

图 6-24　主梁配筋构造要求

2. 主梁的构造要求

1）主梁钢筋的组成及布置可参考图 6-24，主梁伸入墙内的长度一般应不小于 370mm。

2）主梁纵向受力钢筋的弯起与切断，应使其抵抗弯矩图覆盖弯矩包络图，并应满足有关构造要求。

3）在次梁和主梁相交处，次梁在支座负弯矩作用下，在顶面将出现裂缝，如图 6-25（a）所示。这样，次梁主要通过其支座截面剪压区将集中力传给主梁梁腹。试验表明，当梁腹有集中力作用时，将产生垂直于梁轴线的局部应力，作用点以上的梁腹内为拉应力，以下为压应力。该局部应力在荷载两侧的 0.5～0.65 倍梁高范围内逐渐消失。由该局部应力和梁下部的法向拉应力引起的主拉应力将在梁腹引起斜裂缝。为防止这种斜裂缝引起的局部破坏，应在主梁承受次梁传来集中力处设置附加的横向钢筋（吊筋或箍筋），如图 6-25（b）、（c）所示。《规范》规定附加横向钢筋宜优先采用附加箍筋。

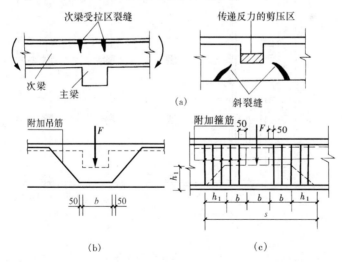

图 6-25　梁截面高度范围内有集中荷载作用时的附加横向钢筋的布置
(a) 梁腹集中力的传递；(b) 附加吊筋；(c) 附加箍筋

《规范》规定，附加箍筋应布置在长度 $s=2h_1+3b$ 的范围内。

第一道附加箍筋距离次梁边 50mm，如图 6-25（c）所示。如集中力 F 全部由附加箍筋承受，则所需附加箍筋的总截面面积为

$$A_{sv} = F/f_{yv} \quad\quad (6-12)$$

如集中力 F 全部由吊筋承受，其总截面面积为

$$A_{sb} = F/2f_y \sin\alpha \quad\quad (6-13)$$

如集中力 F 同时由附加吊筋和箍筋承受时，应满足下列条件：

$$F \leqslant 2A_{sb}f_y\sin\alpha + m \times nA_{sv1}f_{yv} \quad\quad (6-14)$$

式中　F——由次梁传递的集中力设计值；

f_y——附加吊筋抗拉强度设计值；

A_{sb}——附加吊筋的总截面面积；

A_{sv1}——附加箍筋单肢的截面面积；

f_{yv}——附加箍筋抗拉强度设计值；

n——同一截面内附加箍筋的肢数；

m——在 s 范围内附加箍筋的个数；

α——附加吊筋弯起部分与构件轴线夹角，一般为 $45°$，当梁高 $h>800$ 时，采用 $60°$。

第三节　整体式单向板肋形楼盖设计计算实例

一、设计资料

1）某多层工业建筑为砌体结构，楼盖为现浇钢筋混凝土肋形楼盖，结构平面布置如图 6-26 所示。楼面活载标准值 $6kN/m^2$。

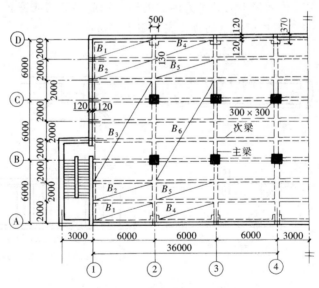

图 6-26　楼盖结构平面图

2）楼面面层采用 30 厚水磨石，梁、板下面 20mm 厚混合砂浆粉底。

3）梁、板均采用 C25 混凝土，钢筋采用 HPB300 和 HRB335 级钢筋。

二、设计计算

（一）板设计

板按考虑塑性内力重分布方法计算，取 1m 宽板带为计算单元，有关尺寸及计算简图如

图 6 - 27 所示，设板厚 $h=80$mm。

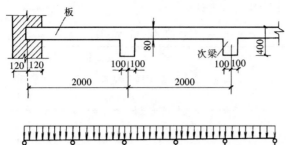

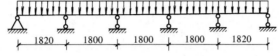

图 6 - 27　板的计算简图

1. 荷载计算

30mm 厚水磨石面层	$22 \times 0.03 = 0.66$kN/m²
80mm 厚钢筋混凝土板	$25 \times 0.08 = 2$kN/m²
20mm 厚混合砂浆粉底	$17 \times 0.02 = 0.34$kN/m²
恒载标准值	$g_k = 3.00$kN/m²
活载标准值	$q_k = 6$kN/m²
荷载设计值	$g + q = 1.2 \times 3.00 + 1.3 \times 6 = 11.40$kN/m²

《荷载规范》规定：对活载标准值大于 4kN/m² 的工业房屋楼面结构的活荷载，分项系数取 1.3。

2. 内力计算

初估次梁截面尺寸：

高 $h = l/18 \sim l/12$　取 $h = 400$mm

宽 $b = h/3 \sim h/2 = 130 \sim 200$　取 $b = 200$mm

计算跨度取净跨。

边跨　　　　　　　　$l_0 = 2000 - 120 - 100 + 80/2 = 1820$mm

中间跨　　　　　　　$l_0 = 2000 - 200 = 1800$mm

因跨度差 $(1820 - 1800)/1800 = 1.11\%$　在 10% 以内，故可按等跨计算。

计算结果见表 6 - 6。

表 6 - 6　　　　　　　　　　　　　　板 的 弯 矩 计 算

截面	边跨跨中	边支座	中间跨跨中	中间支座
弯矩系数 α_m	$1/11$	$-1/11$	$1/16$	$-1/14$
$M = \alpha_m(g+q)l_0^2$ (kN·m)	$\frac{1}{11} \times 11.40 \times 1.82^2$ $= 3.43$	$-\frac{1}{11} \times 11.40 \times 1.82^2$ $= -3.43$	$\frac{1}{16} \times 11.40 \times 1.8^2$ $= 2.31$	$-\frac{1}{14} \times 11.40 \times 1.8^2$ $= -2.64$

3. 配筋计算

取 1m 宽板带计算，$b = 1000$mm　$h = 80$mm　$h_0 = 80 - 25 = 55$mm

钢筋采用 HPB300 级（$f_y = 270$N/mm²），混凝土 C25（$f_c = 11.9$N/mm²），$a_1 = 1.0$。

②～④轴线间中间区格板与梁为整浇，故计算弯矩乘以系数 0.8，予以折减。板的配筋计算见表 6-7，配筋图如图 6-28 所示。

表 6-7　　　　　　　　　　　　　　**板 的 配 筋 计 算**

截面位置	边跨跨中	B 支座	中间跨跨中		中间支座	
			①～②轴线	②～④轴线	①～②轴线	②～④轴线
M（kN·m）	3.43	−3.43	2.31	2.31×0.8	−2.64	−2.64×0.8
$a_s = M/a_1 f_c b h_0^2$	0.095	0.095	0.064	0.051	0.073	0.059
$\xi = 1 - \sqrt{1 - 2a_s}$	0.1	0.1	0.066	0.052	0.076	0.061
$A_s = \xi b h_0 \dfrac{a_1 f_c}{f_y}$（mm²）	242	242	160	126	184	148
选用钢筋	Φ6/8@150	Φ6/8@150	Φ6@150	Φ6@150	Φ6@150	Φ6@150
实配钢筋面积（mm²）	262	262	189	189	189	189

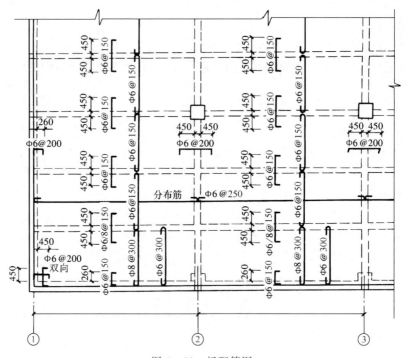

图 6-28　板配筋图

（二）次梁的计算

次梁按考虑塑性内力重分布方法计算，有关尺寸及计算简图如图 6-29 所示。

1. 荷载计算

由板传来恒载　$3.00 \times 2.0 = 6.00$ kN/m

次梁自重　$25 \times 0.2 \times (0.4 - 0.08) = 1.6$ kN/m

次梁粉刷　　$17 \times 0.02 \times (0.4-0.08) \times 2 = 0.218 \text{kN/m}$

恒载标准值　$g_k = 7.82 \text{kN/m}$

活载标准值　$q_k = 6 \times 2.0 = 12 \text{kN/m}$

荷载设计值　$g+q = 1.2 \times 7.82 + 1.3 \times 12 = 24.98 \text{kN/m}$

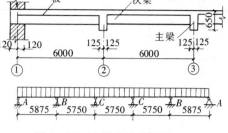

图 6 - 29　次梁的计算简图

2. 内力计算

计算跨度（设主梁 $b \times h = 250 \text{mm} \times 650 \text{mm}$）

边跨　　　　　　　$l_0 = 6000 - 250/2 - 120 + 240/2 = 5875 \text{mm}$

中间跨　　　　　　$l_0 = 6000 - 250 = 5750 \text{mm}$

因跨度差 $(5875 - 5750)/5750 = 2.2\% < 10\%$ 可按等跨计算，计算结果见表 6 - 8 及表 6 - 9。

表 6 - 8　　　　　　　　　　　　　**次 梁 的 弯 矩 计 算**

截　　面	边跨跨中	第二支座	中间跨跨中	中间支座
弯矩系数 α_m	$1/11$	$-1/11$	$1/16$	$-1/14$
$M = \alpha_m(g+q)l_0^2$ （kN·m）	$\dfrac{1}{11} \times 24.98 \times 5.875^2$ $= 78.38$	$-\dfrac{1}{11} \times 24.98 \times 5.875^2$ $= -78.38$	$\dfrac{1}{16} \times 24.98 \times 5.75^2$ $= 51.62$	$-\dfrac{1}{14} \times 24.98 \times 5.75^2$ $= -58.99$

表 6 - 9　　　　　　　　　　　　　**次 梁 的 剪 力 计 算**

截　　面	端支座	第二支座外侧	第二支座内侧	中间支座
剪力系数 α_v	0.45	0.60	0.55	0.55
$V = \alpha_v(g+q)l_0$ （kN）	$0.45 \times 24.98 \times 5.875$ $= 66.04$	$0.6 \times 24.98 \times 5.875$ $= 88.05$	$0.55 \times 24.98 \times 5.75$ $= 79$	$0.55 \times 24.98 \times 5.75$ $= 79$

3. 配筋计算

（1）正截面配筋计算。钢筋采用 HRB335 级（$f_y = 300 \text{N/mm}^2$），混凝土采用 C25（$f_c = 11.9 \text{N/mm}^2$，$f_t = 1.27 \text{ N/mm}^2$，$a_1 = 1.0$）。

次梁支座截面按矩形截面进行计算，跨中截面按 T 形截面进行计算，T 形截面翼缘宽度为：

边跨 b_f' 取 $1/3 \times 5875 = 1958 \text{mm}$、$b + s_n = 2000 \text{mm}$ 和 $b + 12h_f' = 1160 \text{mm}$ 中的较小值，$b_f' = 1160 \text{mm}$。

中间跨 b_f' 取 $1/3 \times 5750 = 1917 \text{mm}$、$b + s_n = 2000 \text{mm}$ 和 $b + 12h_f' = 1160 \text{mm}$ 中的较小值，$b_f' = 1160 \text{mm}$。

设 $h_0 = h - a_s = (400 - 45) = 355 \text{mm}$，翼缘高 $h_f' = 80 \text{mm}$。

$a_1 f_c b_f' h_f' (h_0 - h_f'/2) = 1.0 \times 11.9 \times 1160 \times 80 \times (355 - 80/2) = 347.9 \text{kN·m} > 78.38 \text{kN·m}$。故次梁各跨中截面均属第一类 T 形截面。计算结果见表 6 - 10。

表 6-10   **次 梁 受 弯 配 筋 计 算**

截　面	边跨跨中	B 支座	中间跨跨中	C 支座
b_f' 或 b（mm）	1160	200	1160	200
M（kN·m）	78.38	78.38	51.62	58.99
$\alpha_s = \dfrac{M}{a_1 f_c b h_0^2}$	0.045	0.26	0.03	0.196
$\xi = 1 - \sqrt{1 - 2\alpha_s}$	0.046	0.307	0.03	0.225
$A_s = \xi b h_0 \dfrac{a_1 f_c}{f_y}$（mm²）	751	864	490	634
选用钢筋	3 Φ 18	2 Φ 18+2 Φ 16	3 Φ 16	1 Φ 18+2 Φ 18
实配钢筋面积（mm²）	763	911	603	763

选用的 A_s 均大于 $\rho_{\min} b h = 0.002 \times 200 \times 400 = 160 \text{mm}^2$

（2）斜截面配筋计算。箍筋采用 HPB300 级（$f_{yv} = 270 \text{N/mm}^2$），混凝土为 C25（$f_c = 11.9 \text{N/mm}^2$，$f_t = 1.27 \text{N/mm}^2$），验算斜截面尺寸。

$$\frac{h_w}{b} = \frac{275}{200} = 1.38 < 4$$

$$0.25\beta_c b h_0 f_c = 0.25 \times 1.0 \times 200 \times 355 \times 11.9$$
$$= 211.2 \text{kN} > V_b(\text{左}) = 88.05 \text{kN}$$

截面尺寸合适。

箍筋计算结果见表 6-11。

表 6-11   **次 梁 抗 剪 配 筋 计 算**

截　面	A 支座	B 支座（左）	B 支座（右）	C 支座
V（kN）	66.04	88.05	79	79
$0.25\beta_c f_c b h_0$（kN）	211.2>V	211.2>V	211.2>V	211.2>V
选配箍筋、直径、间距	双肢 Φ 6@200	双肢 Φ 6@200	双肢 Φ 6@200	双肢 Φ 6@200
$V_c = 0.7 f_t b h_0$（kN）	63.1	63.1	63.1	63.1
$V_s = f_{yv} \dfrac{A_{sv}}{s} h_0$（kN）	27.1	27.1	27.1	27.1
$V_{cs} = V_c + V_s$（kN）	90.2>V	90.2>V	90.2>V	90.2>V

次梁配筋图如图 6-30 所示。

（三）主梁的设计

主梁按弹性理论设计，视为铰支在柱顶上的连续梁。有关尺寸及计算简图如图 6-31 所示。

1. 荷载计算

由次梁传来 $7.82 \times 6 = 46.92 \text{kN}$

主梁自重 $25 \times 0.25 \times (0.65 - 0.08) \times 2 = 7.125 \text{kN}$

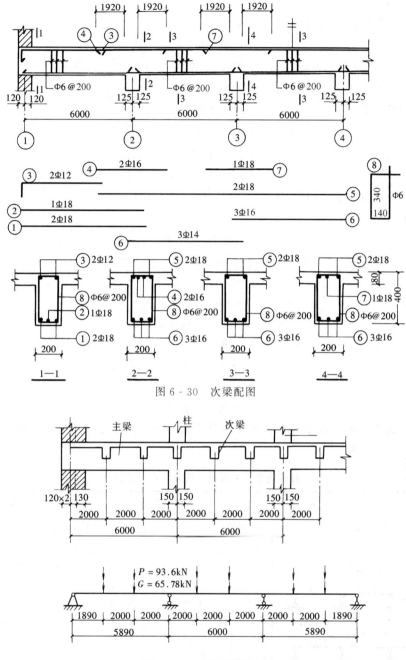

图 6 - 30　次梁配图

图 6 - 31　主梁计算简图

主梁粉刷	$17 \times 0.02 \times (0.65 - 0.08) \times 2 \times 2 = 0.775 \text{kN}$
恒载标准值	$G_k = 54.82 \text{kN}$
活载标准值	$P_k = 12 \times 6 = 72 \text{kN}$
恒载设计值	$G = 1.2 \times 54.82 = 65.78 \text{kN}$
活载设计值	$P = 1.3 \times 72 = 93.6 \text{kN}$

2. 内力计算

计算跨度（设柱截面尺寸 $300 \times 300 \text{mm}^2$）

边跨　　　　　　　　　　$l_n = 6000 - 250 - 300/2 = 5600 \text{mm}$

$$l_0 = l_n + a/2 + b/2 = 5600 + 370/2 + 300/2 = 5935 \text{mm}$$

$$l_0 = l_n + b/2 + 0.025 l_n = 5600 + 150 + 0.025 \times 5600 = 5890 \text{mm}$$

取两者中较小值　　　　　　　　$l_0 = 5890 \text{mm}$

中间跨　　　　　　　　　　$l_n = 6000 - 300 = 5700 \text{mm}$

$$l_0 = l_n + b = 5700 + 300 = 6000 \text{mm}$$

跨度差　　　　　　　$(6000 - 5890)/5890 = 1.9\% < 10\%$

可采用等跨连续梁表格计算内力。

（1）弯矩

$$M = K_1 Gl + K_2 Pl$$

边跨　　　　　　　　$Gl = 65.78 \times 5.89 = 387.44 \text{kN} \cdot \text{m}$

　　　　　　　　　　$Pl = 93.6 \times 5.89 = 551.30 \text{kN} \cdot \text{m}$

中间跨　　　　　　　$Gl = 65.78 \times 6 = 394.68 \text{kN} \cdot \text{m}$

　　　　　　　　　　$Pl = 93.6 \times 6 = 561.6 \text{kN} \cdot \text{m}$

B 支座　　　　　　　$Gl = 65.78 \times (5.89 + 6)/2 = 391.06 \text{kN} \cdot \text{m}$

　　　　　　　　　　$Pl = 93.6 \times (5.89 + 6)/2 = 556.45 \text{kN} \cdot \text{m}$

（2）剪力

$$V = K_3 G + K_4 P$$

由附表 1 查得各种荷载不利位置下的内力系数，弯矩、剪力及其组合见表 6 - 12，内力包络图如图 6 - 33 所示。

表 6 - 12　　　　　　　　　各种荷载下的弯矩、剪力及不利组合

项次	荷 载 简 图	弯矩值（kN·m）					剪力值（kN·m）		
		边跨中		B 支座	中间跨中		A 支座	B 支座	
		$\dfrac{k}{M_{1-1}}$	$\dfrac{k}{M_{1-2}}$	$\dfrac{k}{M_B}$	$\dfrac{k}{M_{2-1}}$	$\dfrac{k}{M_{2-2}}$	$\dfrac{k}{V_A}$	$\dfrac{k}{V_{B左}}$	$\dfrac{k}{V_{B右}}$
①	$G = 65.78 \text{kN}$	0.244 94.54	— 60.14	-0.267 -104.41	0.067 26.44	0.067 26.44	0.733 48.22	-1.267 -83.34	1.0 65.78
②	$P = 93.6 \text{kN}$	0.289 159.33	— 134.82	-0.133 -74.01	— -74.01	— -74.01	0.866 81.06	-1.134 -106.14	0 0
③	P	— -23.75	— -48.88	-0.133 -74.01	0.2 112.32	0.2 112.32	-0.133 -12.45	-0.133 -12.45	1.0 93.6
④	P	0.229 126.25	— 69.4	-0.311 -173.06	— 55.32	0.17 95.47	0.689 64.49	-1.311 -122.71	1.222 114.38
⑤	P	— -15.89	— -32.71	-0.089 -49.52	0.17 95.47	— 55.32	-0.089 -8.33	-0.089 -8.33	0.778 72.82

续表

项次	荷载简图	弯矩值（kN·m）					剪力值（kN·m）		
		边跨中		B支座	中间跨中		A支座	B支座	
		$\dfrac{k}{M_{1-1}}$	$\dfrac{k}{M_{1-2}}$	$\dfrac{k}{M_B}$	$\dfrac{k}{M_{2-1}}$	$\dfrac{k}{M_{2-2}}$	$\dfrac{k}{V_A}$	$\dfrac{k}{V_{B左}}$	$\dfrac{k}{V_{B右}}$
内力不利组合	①+②	253.87	194.96	−178.42	−47.57	−47.57	129.28	−189.48	65.78
	①+③	70.79	11.26	−178.42	138.76	138.76	35.77	−95.79	159.38
	①+④	220.79	129.54	−277.47	81.76	121.91	112.71	−206.05	180.16
	①+⑤	78.65	27.43	−153.93	121.91	81.76	39.89	−91.67	138.60

表中弯矩系数由附表 1 查不到时，其截面弯矩值可取脱离体由平衡条件求得。例如项次（2）中的 M_{1-2}，其计算过程如图 6 - 32 所示。

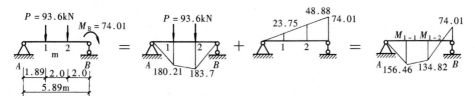

图 6 - 32 求 M_{1-2} 计算图

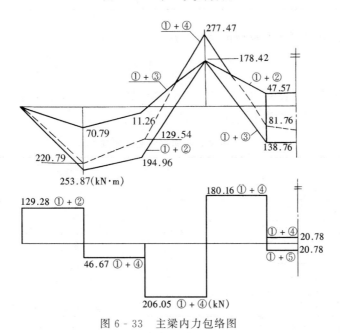

图 6 - 33 主梁内力包络图

3. 截面配筋计算

（1）正截面配筋计算。主梁跨中截面在正弯矩作用下按 T 形截面计算，其翼缘宽度 b_f' 为

$$l/3 = 6000/3 = 2000\text{mm}$$

$$b + s_n = 6000\text{mm}, \quad 取\ b_f' = 2000\text{mm}$$

设 $h_0 = 650 - 45 = 605\text{mm}$，则

$$a_1 f_c b_f' h_f' (h_0 - h_f'/2) = 1.0 \times 11.9 \times 2000 \times 80 \times (605 - 80/2) = 1075.76\text{kN} \cdot \text{m} >$$

253.87kN·m，截面属于第一类 T 形截面。

主梁支座截面以及在负弯矩作用下的跨中截面按矩形截面计算。设主梁支座截面钢筋按双排布置，则 $h_0 = 650 - 100 = 550$mm。

B 支座边弯矩

$$M_{边} = M_{中} - Vb/2 = 277.47 - 180.16 \times 0.3/2 = 250.45 \text{kN·m}$$

主梁正截面配筋计算见表 6-13。

表 6-13   **主梁正截面配筋计算**

截　　面	边跨跨中	中间支座	中间跨跨中
b_f' 或 b(mm)	2000	250	2000
M(kN·m)	253.87	250.45	138.76
h_0(mm)	605	550	605
$\alpha_s = \dfrac{M}{a_1 f_c b h_0^2}$	0.029	0.278	0.016
$\xi = 1 - \sqrt{1 - 2\alpha_s}$	0.029	0.333	0.016
$A_s = \xi b h_0 \dfrac{a_1 f_c}{f_y}$(mm²)	1391	1816	768
选配钢筋	2Φ22+2Φ20	3Φ20+2Φ25	2Φ18+1Φ20
实配钢筋（mm²）	1388	1924	823

（2）斜截面配筋计算。验算截面尺寸，B 支座处 $h_0 = 550$mm。

$$\frac{h_w}{b} = \frac{470}{250} = 1.88 < 4$$

$0.25 f_c b h_0 = 0.25 \times 11.9 \times 250 \times 550 = 409kN> V_b$（左），截面合适。

斜截面配筋计算结果见表 6-14。

表 6-14   **主梁斜截面抗剪配筋计算**

截　　面	A 支座	B 支座（左）	B 支座（右）
V(kN)	129.28	206.05	180.16
$0.25\beta_c f_c b h_0$(kN)	409>V	409>V	409>V
选配箍筋、直径、间距	双肢Φ8@200	双肢Φ8@200	双肢Φ8@200
$V_c = 0.7 f_t b h_0$(kN)	122.24	122.24	122.24
$V_s = f_{yv} \dfrac{A_{sv}}{S} h_0$(kN)	74.70	74.70	74.70
$V_{cs} = V_c + V_s$(kN)	196.94>V	196.94<V	196.94>V
弯筋根数及面积		1Φ20(314.2)	
$V_{sb} = 0.8 f_y A_{sb} \cdot \sin\alpha_s$(kN)		53.32	
$V = V_{cs} + V_{sb}$(kN)		250.26>V	

（3）吊筋计算。由次梁传来集中荷载的设计值为

$$F = 1.2 \times 46.92 + 1.3 \times 72 = 149.90 \text{kN}$$

吊筋采用 HRB335 级钢筋，弯起角度为 45°。

$$A_{sb} = \frac{F}{2f_y \sin\alpha} = \frac{149.90 \times 10^3}{2 \times 300 \times 0.707} = 353.37 mm^2$$

吊筋采用 2 **Φ** 16，$A_{sb} = 402 mm^2$。

抵抗弯矩图及主梁配筋图见图 6 - 34（图中未表示腰筋）。

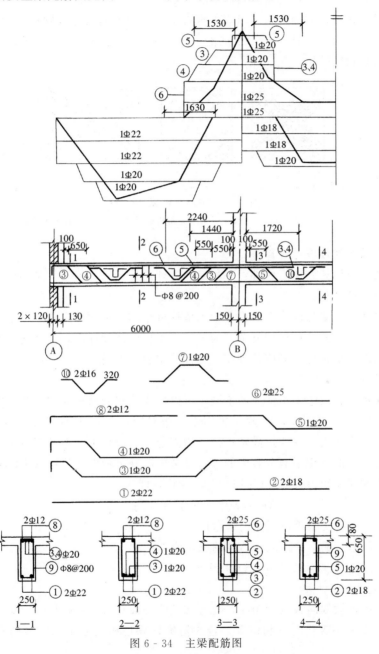

图 6 - 34　主梁配筋图

第四节　整体式双向板肋形楼盖

一、双向板的受力特点和主要试验结果

双向板上的荷载将向两个方向传递，在两个方向上发生弯曲并产生内力，内力的分布取

决于双向板四边的支承条件（简支、嵌固、自由等）、几何条件（板边长的比值）以及作用于板上荷载的形式（集中力、均布荷载）等因素。

试验结果表明，承受均布荷载四边简支的双向板，随着荷载的增加，第一批裂缝首先出现在板底中央，随后沿对角线成45°向四角扩展，如图6-35（a）、（c）所示。当荷载增加到接近板破坏时，在板顶的四角附近出现了垂直于对角线方向大体成圆形的裂缝，如图6-35（b）所示。裂缝的出现，使得板中钢筋的应力增大，应变增大，直至钢筋屈服，裂缝进一步发展，最后导致板破坏。

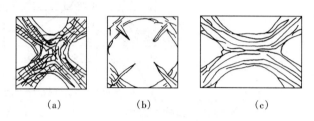

　　　　　　（a）　　　　　　　　（b）　　　　　　　　（c）

图6-35　双向板的裂缝示意图

（a）正方形板板底裂缝；（b）正方形板板面裂缝；（c）矩形板板底裂缝

二、双向板按弹性理论计算

双向板的内力计算方法有两种：一种是弹性理论计算法；另一种是塑性理论计算法。本节介绍弹性理论计算法。

弹性理论计算方法是以弹性薄板理论为依据进行的一种计算方法。由于这种方法考虑边界条件，进行内力分析计算比较复杂。为了便于工程设计和计算，采用简化的办法；根据双向板四边不同的支承条件，制成各种相应的计算用表，见附表2。

1. 单跨双向板的计算

单跨双向板按其四边支承情况的不同，可以形成不同的计算简图，其分别为：①四边简支；②一边固定、三边简支；③两对边固定、两对边简支；④两邻边固定、两邻边简支；⑤三边固定、一边简支；⑥四边固定；⑦三边固定、一边自由。在计算时可根据不同的支承条件，查附表2中的弯矩系数，表中的系数是考虑混凝土横向变形系数为1/6时得出的。双向板跨中弯矩和支座矩可按式（6-15）进行计算，即

$$M = 表中弯矩系数 \times (g+q)l_0^2 \tag{6-15}$$

式中　M——跨中或支座单位板宽内的弯矩；

　　　g，q——作用于板上的恒载和活载的设计值；

　　　l_0——计算跨度，取 l_x 和 l_y（m）中的较小者。

2. 多跨连续板的计算

在计算多跨连续双向板的弯矩时，要考虑其他跨板对所计算跨板的影响。同计算多跨连续梁一样，需要考虑活载的不利位置。若要精确计算是相当复杂的，采用简化计算，方法如下：

（1）求跨中最大弯矩。计算某跨跨中的最大弯矩时，活载的布置方式如图6-36（a）、（e）所示，即在区格中布置活载，然后在其前后左右每隔一区格布置活载（棋盘格式布置），可使该区格跨中弯矩为最大。为了求此弯矩，可将图6-36（b）的受力情况分解为图6-36（c）和图6-36（d）的叠加。

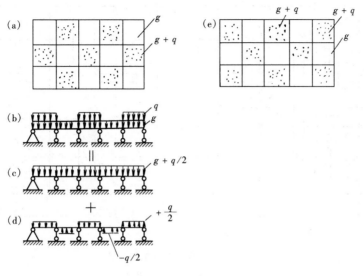

图 6 - 36　多跨连续双向板的活载最不利布置

当双向板各区格内作用有 $g+q/2$ 时，如图 6 - 36（c）所示。由于板的各支座转动变形很小，可近似地认为转角为零，内支座可近似地看作固定边，这样中间区格的板均可按四边固定的单跨双向板来计算其弯矩。对于边区格，根据边支座的实际支承情况，可分为三边固定，一边简支；两邻边固定，两邻边简支等。

当双向板各区格作用有 $\pm q/2$ 时，如图 6 - 36（d）所示。板在中间支座的转角方向是一致的，大小接近，可以近似认为内支座为连续板带的反弯点，弯矩为零。因而各区格板的内力可按单跨四边简支的双向板来计算。

最后，将以上两种计算结果叠加，即可求出多跨双向板的跨中最大弯矩。

（2）求支座最大弯矩。求支座最大弯矩时，其活载的布置方式与求跨中最大弯矩时的活载布置不同，可近似地假定活载布满所有区格时求出的支座弯矩，即为支座最大弯矩。对于边区格则按周边的实际支承情况来确定其支座弯矩。

三、双向板截面配筋计算和构造要求

1. 截面配筋计算特点

双向板中受力钢筋的配置是沿板的两个方向上布置的，短边方向上的受力钢筋要放在长边方向受力钢筋的外侧。双向板截面的有效高度 h_0 分为 h_{0x} 和 h_{0y}，若板厚为 h，x 方向为短边，y 方向为长边时，则 $h_{0x}=h-a_s$、$h_{0y}=h_{0x}-d$，d 为 x 方向上钢筋的直径。对于正方形板，可取 h_{0x} 和 h_{0y} 的平均值简化计算。

2. 板厚

双向板的厚度一般不小于 80mm，也不大于 160mm，双向板一般不进行变形和裂缝验算，但要求具有足够的刚度。

3. 板中钢筋的配置

双向板的配筋方式类似于单向板，有弯起式配筋和分离式配筋两种，如图 6 - 37 所示。为方便施工，实际工程中采用分离式较多。

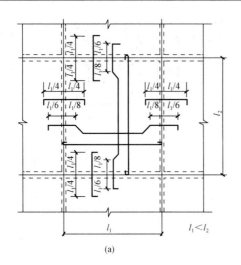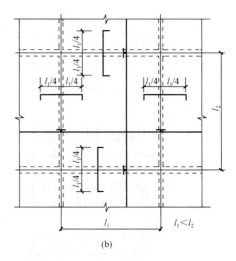

图 6-37　双向板的配筋方式

（a）弯起式；（b）分离式

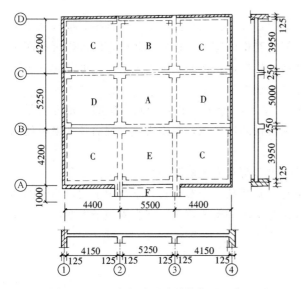

图 6-38　双向板肋形楼盖结构平面布置图

【例 6-1】　某工业厂房楼盖为双向板肋梁楼盖，结构平面布置如图 6-38 所示，楼板厚 120mm，加上面层粉刷等自重，恒荷载设计值 $g=4\text{kN/m}^2$，楼面活载的设计值 $q=8\text{kN/m}^2$，悬挑部分 $q=2\text{kN/m}^2$，混凝土强度等级采用 C25，钢筋采用 HPB300 级钢筋。按弹性理论计算各区格的弯矩，并进行截面设计。

解　根据板的支承条件和几何尺寸以及结构的对称性，将楼盖划分为 A，B，C，D，E，F 各区格，在各区格板的计算中 l_x 为短边方向，l_y 为长边方向。

1. 按弹性理论计算各区格的弯矩

区格 A

$$l_x = 5.25\text{m}\quad l_y = 5.5\text{m}$$
$$l_x/l_y = 5.25/5.5 = 0.94$$

查附表 2 得四边固定时的弯矩数和四边简支时的系数（表中 α 为弯矩系数）

l_x/l_y	支承条件	a_x	a_y	a'_x	a'_y
0.95	四边固定	0.0227	0.0205	-0.055	-0.0528
	四边简支	0.0471	0.0432	—	—

$$M_x = 0.0227 \times (g+q/2) \times l_x^2 + 0.0471 \times q/2 \times l_x^2$$
$$= 0.0227 \times (4+8/2) \times 5.25^2 + 0.0471 \times 8/2 \times 5.25^2 = 10.20\text{kN·m}$$
$$M_y = 0.0205 \times (g+q/2) \times l_x^2 + 0.0432 \times q/2 \times l_x^2$$

$$= 0.0205 \times (4+8/2) \times 5.25^2 + 0.0432 \times 8/2 \times 5.25^2 = 9.28 \text{kN} \cdot \text{m}$$

$$M'_x = -0.055 \times (g+q) \times l_x^2 = -0.055 \times (4+8) \times 5.25^2 = -18.19 \text{kN} \cdot \text{m}$$

$$M'_y = -0.0528 \times (g+q) \times l_x^2 = -0.0528 \times (4+8) \times 5.25^2 = -17.46 \text{kN} \cdot \text{m}$$

区格 B

$$l_x = 3.95 + 0.125 + 0.06 = 4.13 \text{m} \quad l_y = 5.5 \text{m} \quad l_x/l_y = 4.13/5.5 = 0.75$$

l_x/l_y	支承条件	a_x	a_y	a'_x	a'_y
0.75	三边固定，一边简支	0.0390	0.0273	−0.0837	−0.0729
	四边简支	0.0673	0.0420	—	—

$$M_x = 0.0390 \times (g+q/2) \times l_x^2 + 0.0673 \times q/2 \times l_x^2$$
$$= 0.0390 \times (4+8/2) \times 4.13^2 + 0.0673 \times 8/2 \times 4.13^2 = 9.91 \text{kN} \cdot \text{m}$$

$$M_y = 0.0273 \times (g+q/2) \times l_x^2 + 0.0420 \times q/2 \times l_x^2$$
$$= 0.0273 \times (4+8/2) \times 4.13^2 + 0.0420 \times 8/2 \times 4.13^2 = 6.59 \text{kN} \cdot \text{m}$$

$$M'_x = -0.0837 \times (g+q) \times l_x^2 = -0.0837 \times (4+8) \times 4.13^2 = -17.13 \text{kN} \cdot \text{m}$$

$$M'_y = -0.0729 \times (g+q) \times l_x^2 = -0.0729 \times (4+8) \times 4.13^2 = -14.92 \text{kN} \cdot \text{m}$$

区格 C

$$l_x = 4.13 \text{m} \quad l_y = 4.34 \text{m} \quad l_x/l_y = 4.13/4.34 = 0.95$$

l_x/l_y	支承条件	a_x	a_y	a'_x	a'_y
0.95	两邻边固定两邻边简支	0.0308	0.0289	−0.0726	−0.0698
	四边简支	0.0471	0.0432	—	—

$$M_x = 0.0308 \times (g+q/2) \times l_x^2 + 0.0471 \times q/2 \times l_x^2$$
$$= 0.0308 \times (4+8/2) \times 4.13^2 + 0.0471 \times 8/2 \times 4.13^2 = 7.42 \text{kN} \cdot \text{m}$$

$$M_y = 0.0289 \times (g+q/2) \times l_x^2 + 0.0432 \times q/2 \times l_x^2$$
$$= 0.0289 \times (4+8/2) \times 4.13^2 + 0.0432 \times 8/2 \times 4.13^2 = 6.89 \text{kN} \cdot \text{m}$$

$$M'_x = -0.0726 \times (g+q) \times l_x^2 = -0.0726 \times (4+8) \times 4.13^2 = -14.86 \text{kN} \cdot \text{m}$$

$$M'_y = -0.0698 \times (g+q) \times l_x^2 = -0.0698 \times (4+8) \times 4.13^2 = -14.29 \text{kN} \cdot \text{m}$$

区格 D

$$l_x = 4.15 + 0.125 + 0.06 = 4.34 \text{m} \quad l_y = 5.25 \text{m} \quad l_x/l_y = 4.34/5.25 = 0.83$$

l_x/l_y	支承条件	a_x	a_y	a'_x	a'_y
0.83	三边固定，一边简支	0.0326	0.0274	−0.0735	−0.0693
	四边简支	0.0584	0.0430	—	—

$$M_x = 0.0326 \times (g+q/2) \times l_x^2 + 0.0584 \times q/2 \times l_x^2$$

$$=0.0326\times(4+8/2)\times4.34^2+0.0584\times8/2\times4.34^2=9.31\text{kN}\cdot\text{m}$$

$$M_y=0.0274\times(g+q/2)\times l_x^2+0.0430\times q/2\times l_x^2$$

$$=0.0274\times(4+8/2)\times4.34^2+0.0430\times8/2\times4.34^2=7.37\text{kN}\cdot\text{m}$$

$$M_x'=-0.0735\times(g+q)\times l_x^2=-0.0735\times(4+8)\times4.34^2=-16.61\text{kN}\cdot\text{m}$$

$$M_y'=-0.0693\times(g+q)\times l_x^2=-0.0693\times(4+8)\times4.34^2=-15.66\text{kN}\cdot\text{m}$$

区格 E 悬挑部分的弯矩

$$M=-1/2\times(g+q)\times l^2=-1/2\times(4+2)\times1^2=-3\text{kN}\cdot\text{m}$$

由于悬挑弯矩远小于区格 E 按四边固定时所计算的弯矩，可取区格 E 同区格 B，其计算结果偏于安全。

2. 截面设计

板跨中截面两个方向有效高度 h_0 的确定：假定钢筋选用Φ10。

$$h_{0x}=h-a_s=120-20-5=95\text{mm}$$

$$h_{0y}=h-a_s-d=120-20-5-10=85\text{mm}$$

板支座截面有效高度 $h_0=h-a_s=120-20-5=95\text{mm}$

由于楼盖周边按铰支考虑，因此 C 角区格板的弯矩不折减，而中央区格 A 和跨长比 $l_{ed}/l_0<1.5$ 的区格板 B、D、E 的跨中弯矩和支座弯矩可减少 20%。为简化计算，受拉钢筋 A_s 可近似按下式计算：

$$A_s=\frac{M}{0.90f_yh_0}$$

配筋计算及配筋图略。

第五节　楼　　梯

一、楼梯的类型与组成

1. 楼梯的类型

在多层和高层建筑物中，楼梯作为垂直交通设施必不可少，而且要求楼梯经久耐用，具有良好的防火性能。它是建筑物中的一个重要组成部分。因此在一般建筑中常采用钢筋混凝土楼梯。

楼梯的外形和几何尺寸由建筑设计确定。目前，在建筑物中采用的楼梯类型很多。有板式、梁式、剪刀式、螺旋式等，如图 6-39 所示。楼梯按照施工方式的不同，又可分为整体式楼梯和装配式楼梯。本节重点介绍最基本的整体式板式楼梯和梁式楼梯的计算与构造。

2. 楼梯的组成

整体式板式楼梯由平台梁、平台板、踏步板（梯段板）三种基本构件组成。整体式梁式楼梯由平台梁、平台板、踏步板、斜梁四种基本构件组成。

二、钢筋混凝土现浇板式楼梯计算与构造

1. 踏步板

踏步板是带有踏步的斜板，两端分别支承于上、下平台梁上。为了保证踏步板具有一定的刚度，踏步板的厚度一般取（1/25~1/30）l_n，l_n 为踏步板水平投影长度。

计算踏步板的荷载时，应考虑恒载（踏步自重、斜板自重、面层自重等）和活载，且垂直向下作用，如图 6-40 所示。

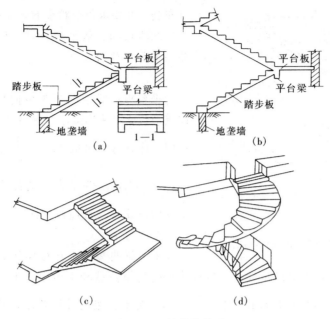

图 6 - 39　楼梯的类型

(a) 梁式；(b) 板式；(c) 剪刀式；(d) 螺旋式

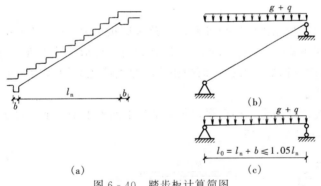

图 6 - 40　踏步板计算简图

计算踏步板的内力时，可取 1.0m 板宽或整个踏步板宽作为计算单元。踏步板在竖向荷载作用下的内力为

$$M_{\max} = \frac{1}{8}(g + q)l_0^2 \tag{6-16}$$

式中　g，q——作用于踏步板上的竖向恒载和活载设计值；

　　　　l_0——踏步板的计算跨度。

在实际计算中，考虑到平台梁与踏步板整体连接，平台梁对踏步板有一定的约束作用，故可以减少跨中弯矩，这时可取 $M_{\max} = \frac{1}{10}(g+q)l_0^2$。由于踏步板为斜向的受弯构件，在竖向荷载作用下，除产生弯矩和剪力外，还将产生轴力，其影响很小，设计时可不考虑。斜板中的受力筋按跨中弯矩计算求得，配筋可采用分离式或弯起式，如图 6 - 41 所示，为施工方便，采用分离式较多。在实际工程设计中，平台梁对斜板有一定的约束作用，在斜板端部有一定的负弯矩，通常板端的负弯矩按跨中弯矩考虑，是偏于安全的。在垂直受力筋方向要按构造要求配置

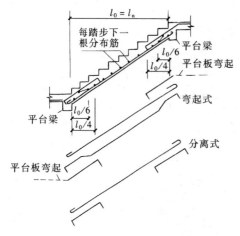

图 6-41 受力钢筋的弯起点位置

分布筋，并要求每个踏步下至少有一根分布筋。

踏步板同一般平板计算一样，可不必进行斜截面受剪承载力验算。

2. 平台板

平台板一般情况下为单向板，板的端部与墙体或平台梁整体连接，考虑到支座对平台板的约束作用，计算弯矩可取 $M_{max} = \frac{1}{8}(g+q)l_0^2$ 或 $M_{max} = \frac{1}{10}(g+q)l_0^2$，$l_0$ 为平台板的计算跨度，其配筋方式及构造要求与普通板一样。

3. 平台梁

平台梁两端支承在楼梯间的承重墙上（框架结构时支承在柱上），承受踏步板和平台板传来的均布荷载和平台梁自重。平台梁可按简支的倒 L 形梁计算。平台梁的截面高度 $h \geqslant \frac{1}{10}l_0$，$l_0$ 为平台梁的计算跨度，其他构造要求与一般梁相同。

三、钢筋混凝土现浇梁式楼梯计算与构造

1. 踏步板

梁式楼梯踏步的高和宽由建筑设计确定，踏步底板厚 $\delta = 30 \sim 50$mm。它是两端支承在斜梁上的单向板，如图 6-42（a）所示。为计算方便，可取一个踏步为计算单元，如图 6-42（b）所示，其截面为梯形可按截面面积相等的原则简化为同宽度的矩形截面的简支梁计算如图 6-42（c）所示。

踏步板的配筋按计算确定，构造要求每个踏步下面不少于 2Φ6 的受力钢筋，分布筋间距不大于 250mm，如图 6-43 所示。

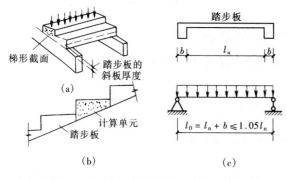

图 6-42 梁式楼梯踏步板计算简图

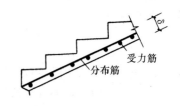

图 6-43 踏步板配筋示意图

2. 梯段斜梁

梯段斜梁两端支承在平台梁上，承受踏步板传来的均布荷载和斜梁自重，荷载的作用方向竖直向下，其内力计算简图如图 6-44 所示。斜梁的内力可按下列公式计算：

$$M_{max} = \frac{1}{8}(g+q)l_0^2 \qquad (6-17)$$

$$V_{\max} = \frac{1}{2}(g+q)l_n \cos\alpha \qquad\qquad (6-18)$$

式中　g，q——作用于梯段斜梁上竖向的恒载和活载的设计值；

l_0，l_n——梯段斜梁的计算跨度和净跨度的水平投影长度。

梯段斜梁可按倒 L 形截面进行承载力计算，踏步板下的斜板为其受压翼缘。梯段斜梁的截面高度 $h = (1/16 \sim 1/20)l_0$，其配筋及构造要求与一般梁相同。配筋图如图 6-45 所示。

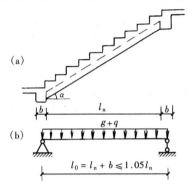

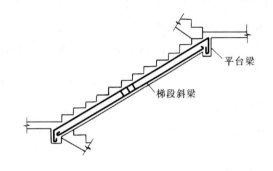

图 6-44　梯段斜梁的计算简图　　　　　图 6-45　梯段斜梁的配筋示意图

3. 平台板与平台梁

平台板的计算和构造要求与板式楼梯平台板相同。梁式楼梯中的平台梁承受平台板传来的均布荷载和梯段斜梁传来的集中力及平台梁自身的均布荷载，如图6-46所示；其内力、配筋和构造要求与一般梁相同。

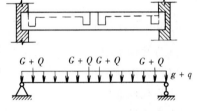

图 6-46　平台梁的计算简图

4. 折板的计算与构造要求

为了满足建筑上的要求，有时踏步板需要采用折板的形式，如图 6-47 所示。折板的内力计算与一般斜板相同，在板的折角处钢筋要分离，并满足钢筋的锚固要求，如图 6-48 所示。

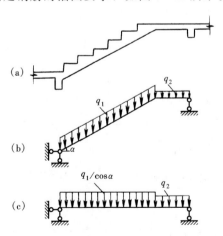

图 6-47　折线形板式楼梯的荷载

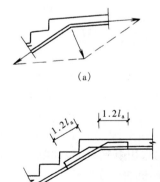

图 6-48　折线形楼梯板在曲折处的配筋
(a) 混凝土保护层剥落，钢筋被拉出；
(b) 转角处钢筋的锚固措施

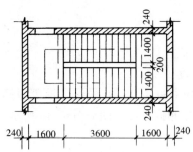

图 6-49　结构平面布置图

【例 6-2】　某楼梯采用现浇板式楼梯，其结构布置如图 6-49 所示。楼梯承受活荷载标准值 $q_k = 3.5\text{kN/m}^2$。混凝土采用 C25（$f_c = 11.9\text{N/mm}^2$，$f_t = 1.27\text{N/mm}^2$，$a_1 = 1.0$），板的钢筋选用 HPB300 级（$f_y = 270\text{N/mm}^2$），梁采用 HRB335 级（$f_y = 300\text{N/mm}^2$）。试进行承载力设计。

解　1. 梯段板的计算

（1）确定梯段板的厚度。$h = l_0/30 = 3600/30 = 120\text{mm}$，取 $h = 120\text{mm}$。

（2）荷载计算。取 1m 宽板计算，楼梯斜板的倾斜角为

$$a = \tan^{-1}\frac{150}{300} = \tan^{-1}0.5 = 26°34', \quad \cos\alpha = 0.894$$

恒荷载为

踏步重　$\dfrac{1.0}{0.3} \times \dfrac{1}{2} \times 0.3 \times 0.150 \times 25 = 1.875\text{kN/m}$

斜板重　$\dfrac{1.0}{0.894} \times 0.12 \times 25 = 3.356\text{kN/m}$

20mm 厚面层重　$\dfrac{0.3 + 0.150}{0.3} \times 1.0 \times 0.02 \times 20 = 0.60\text{kN/m}$

15mm 厚抹灰重　$0.015 \times 1.0 \times 17 \times \dfrac{1}{0.894} = 0.29\text{kN/m}$

恒荷载标准值　$g_k = 1.875 + 3.356 + 0.60 + 0.29 = 6.12\text{kN/m}$
恒荷载设计值　$g = 1.2 \times 6.12 = 7.33\text{kN/m}$
活荷载标准值　$q_k = 3.5 \times 1.0 = 3.5\text{kN/m}$
活荷载设计值　$q = 1.4 \times 3.5 = 4.9\text{kN/m}$

（3）内力计算。计算跨度 $l_0 = 3.78\text{m}$。跨中弯矩为

$$M = \frac{1}{10} \times (g + q) \times l_0^2 = \frac{1}{10} \times (7.33 + 4.9) \times 3.78^2 = 17.5\text{kN} \cdot \text{m}$$

（4）配筋计算。

$$h_0 = h - a_s = 120 - 25 = 95\text{mm}$$

$$a_s = \frac{M}{a_1 f_c b h_0^2} = \frac{17.5 \times 10^6}{1.0 \times 11.9 \times 1000 \times 95^2} = 0.163$$

$$\xi = 1 - \sqrt{1 - 2a_s} = 1 - \sqrt{1 - 2 \times 0.163} = 0.18 < \xi_b = 0.576$$

$$\gamma_s = 1 - 0.5\xi = 1 - 0.5 \times 0.18 = 0.91$$

$$A_s = \frac{M}{\gamma_s h_0 f_y} = \frac{17.5 \times 10^6}{0.91 \times 95 \times 270} = 750\text{mm}^2$$

受力筋选用 $\Phi 10@100$（$A_s = 785\text{mm}^2$）分布筋选用 $\Phi 6@200$。

2. 平台板的计算

（1）荷载取 1m 宽板带计算。恒荷载为

平台板自重（假定板厚 80mm）　　$0.08 \times 1 \times 25 = 2.0\text{kN/m}$
20mm 面层重　　$0.02 \times 1 \times 20 = 0.40\text{kN/m}$
15mm 厚抹灰重　　$0.015 \times 1 \times 17 = 0.26\text{kN/m}$

恒荷载标准值　　　　　$q_k=2.0+0.40+0.26=2.66kN/m$

恒荷载设计值　　　　　$g=1.2\times2.66=3.19kN/m$

活荷载设计值　　　　　$q=1.4\times3.5=4.9kN/m$

（2）内力计算。计算跨度　$l_0=l_n+h/2=1.4+0.08/2=1.44m$

跨中弯矩为　　$M=\dfrac{1}{8}\times(g+q)\times l_0^2=\dfrac{1}{8}\times(3.19+4.9)\times1.44^2=2.1kN/m$

（3）配筋计算。$h_0=h-a_s=80-25=55mm$

$$a_s=\frac{M}{a_1f_cbh_0^2}=\frac{2.1\times10^6}{1.0\times11.9\times1000\times55^2}=0.058$$

$$\xi=1-\sqrt{1-2a_s}=1-\sqrt{1-2\times0.058}=0.06<\xi_b=0.576$$

$$\gamma_s=1-0.5\xi=1-0.5\times0.06=0.97$$

$$A_s=\frac{M}{\gamma_sh_0f_y}=\frac{2.1\times10^6}{0.97\times55\times270}=146mm^2$$

受力筋选用$\Phi6@180$（$A_s=157mm^2$）；分布筋选用$\Phi6@200$，梯段板和平台板的配筋图见图6-50。

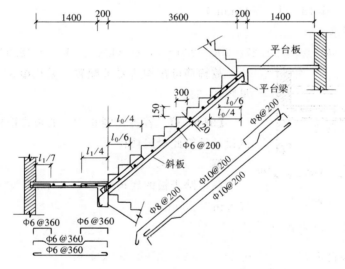

图6-50　踏步板与平台板配筋图

3. 平台梁的计算

（1）荷载的计算。

梯段板传来设计值　　　$(7.33+4.9)\times3.6/2=22.01kN/m$

平台板传来设计值　　$(3.19+4.9)\times(1.4/2+0.2)=7.28kN/m$

梁自重(假定$b\times h=200mm\times300mm$)

　　　　　　$1.2\times0.2\times(0.30-0.08)\times25=1.32kN/m$

总荷载设计值　　　　　$q=30.61kN/m$

（2）内力计算。计算跨度

$$l_0=l_n+a=3.0+0.24=3.24m$$

$$l_0=1.05l_n=1.05\times3.0=3.15m$$

取两者中较小者，$l_0 = 3.15\text{m}$

$$M_{max} = \frac{1}{8} \times q \times l_0^2 = \frac{1}{8} \times 30.61 \times 3.15^2 = 37.97\text{kN} \cdot \text{m}$$

$$V_{max} = \frac{1}{2} \times q \times l_n = \frac{1}{2} \times 30.61 \times 3.0 = 45.92\text{kN}$$

（3）配筋计算。正截面按第一类倒 L 形截面计算，翼缘宽度为

$$b_f' = l_0/6 = 3150/6 = 525\text{mm}$$

取 $b_f' = 525\text{mm}$

$$h_0 = h - a_s = 300 - 40 = 260\text{mm}$$

$$a_s = \frac{M}{a_1 f_c b_f' h_0^2} = \frac{37.97 \times 10^6}{1.0 \times 11.9 \times 525 \times 260^2} = 0.09$$

$$\xi = 1 - \sqrt{1 - 2a_s} = 1 - \sqrt{1 - 2 \times 0.09} = 0.094 < \xi_b = 0.55$$

$$\gamma_s = 1 - 0.5\xi = 1 - 0.5 \times 0.094 = 0.953$$

$$A_s = \frac{M}{\gamma_s h_0 f_y} = \frac{37.97 \times 10^6}{0.953 \times 260 \times 300} = 510\text{mm}^2$$

受力筋选用　$2 \Phi 18$（$A_s = 509\text{mm}^2$）

斜截面箍筋计算

$$0.7 f_t b h_0 = 0.7 \times 1.27 \times 200 \times 260 = 46.23 \text{（kN）} > V_{max} = 45.92\text{kN}$$

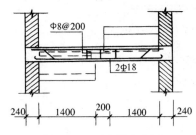

240　1400　200　1400　240

图 6-51　平台梁配筋图

故箍筋可按构造要求配置。采用 $\Phi 8@200$，钢筋布置见图 6-51。

【例 6-3】 若将［例 6-2］的板式楼梯改为梁式楼梯，试设计计算此梁式楼梯。

解　1. 踏步板的计算

假定踏步板的底板厚度 $\delta = 40\text{mm}$，斜梁截面取 $b \times h = 150\text{mm} \times 250\text{mm}$。

（1）荷载计算。恒荷载为

三角形踏步板自重　　$\frac{1}{2} \times 0.30 \times 0.15 \times 25 = 0.563\text{kN/m}$

40mm 厚踏步板自重 $0.04 \times \sqrt{0.30^2 + 0.15^2} \times 25 = 0.335\text{kN/m}$

20mm 厚面层重　　$0.02 \times (0.30 + 0.15) \times 20 = 0.18\text{kN/m}$

15mm 厚抹灰重　　$0.015 \times \sqrt{0.3^2 + 0.15^2} \times 17 = 0.086$

恒荷载标准值　$g_k = (0.563 + 0.335 + 0.18 + 0.086) = 1.164\text{kN/m}$

恒荷载设计值　　　　$g = 1.2 \times 1.164 = 1.4\text{kN/m}$

活荷载标准值　　　　$q_k = 3.5 \times 0.30 = 1.05\text{kN/m}$

活荷载设计值　　　　$q = 1.4 \times 1.05 = 1.47\text{kN/m}$

总荷载设计　　　　$g + q = 1.4 + 1.47 = 2.87\text{kN/m}$

转化为垂直于斜板方向的荷载 $(g + q)' = (g + q)\cos\alpha = 2.87 \times 0.894 = 2.57\text{kN/m}$

（2）内力计算。计算跨度　　$l_0 = l_n + a = 1.1 + 0.15 = 1.25\text{m}$

$$l_0 = 1.05 l_n = 1.05 \times 1.1 = 1.15\text{m}$$

取两者中较小者 $\qquad l_0 = 1.15 \text{m}$

跨中弯矩 $\qquad M = \dfrac{1}{8}(g+q)' \times l_0^2 = \dfrac{1}{8} \times 2.57 \times 1.15^2 = 0.42 \text{kN} \cdot \text{m}$

（3）配筋计算。为计算方便，踏步板的有效高度 h_0 可近似地按 $c/2$ 计算（c 为板厚加踏步三角形斜边之高）为

$$h_0 = \dfrac{1}{2} \times (40 + 150 \times 0.894) = 87 \text{mm}$$

踏步板斜向宽度为 $b = \sqrt{300^2 + 150^2} = 335 \text{mm}$。经计算 $a_s = 0.0139$，$\xi = 0.014 < \xi_b = 0.576$，$\gamma_s = 0.993$，$A_s = 18 \text{mm}^2$。

$$\rho_{min} bh = 0.45 \dfrac{f_t}{f_y} bh = 0.45 \times \dfrac{1.27}{270} \times 335 \times (87 + 25)$$
$$= 79 \text{mm}^2 > A_s = 18 \text{mm}^2$$

应按构造配筋，每级踏步 2 Φ 8（$A_s = 101 \text{mm}^2$）。分布筋采用 Φ 6@250。

2. 楼梯斜梁的计算

（1）荷载计算（转化为沿水平方向分布）。

由踏步板传来 $\qquad \dfrac{2.87}{0.30} \times \dfrac{1.4}{2} = 6.49 \text{kN/m}$

梁自重 $\qquad 1.2 \times 0.15 \times (0.25 - 0.04) \times 25 \times \dfrac{1}{0.894} = 1.06 \text{kN/m}$

沿水平方向分布的荷载总计 $\qquad q = 6.49 + 1.06 = 7.55 \text{kN/m}$

（2）内力计算。确定计算跨度

$$l_0 = l_n + a = 3.60 + 0.20 = 3.80 \text{m}$$
$$l_0 = 1.05 l_n = 1.05 \times 3.60 = 3.78 \text{m}$$

取较小值 $l_0 = 3.78 \text{m}$

$$M = \dfrac{1}{8} q l_0^2 = \dfrac{1}{8} \times 7.55 \times 3.78^2 = 13.48 \text{kN} \cdot \text{m}$$

$$V = \dfrac{1}{2} q l_0 \cos\alpha = \dfrac{1}{2} \times 7.55 \times 3.78 \times 0.894 = 12.76 \text{kN}$$

（3）配筋计算（按倒 L 形截面计算）。翼缘宽度为

$$b_f' = \dfrac{1}{6} \times \dfrac{3.78}{0.894} = 705 \text{mm}$$

$$b_f' = b + \dfrac{1}{2} s_0 = 150 + \dfrac{1}{2} \times 1100 = 700 \text{mm}$$

取 $b_f' = 700 \text{mm}$，$h_0 = 250 - 40 = 210 \text{mm}$

纵筋计算，$\alpha_s = 0.037$，$\xi = 0.038 < \xi_b = 0.550$，$\gamma_s = 0.98$，$A_s = 218 \text{mm}^2$，选用 2 Φ 12（$A_s = 226 \text{mm}^2$）。

箍筋计算

$$0.7 f_t bh_0 = 0.7 \times 1.27 \times 150 \times 210 = 28 \text{kN} > V = 12.76 \text{kN}$$

故可按构造要求配置，箍筋采用 Φ 6@200。

钢筋布置如图 6-52 所示。

平台梁计算略。

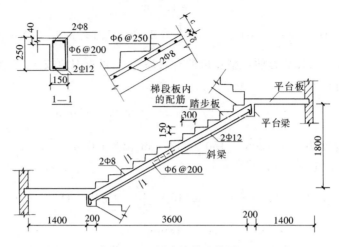

图 6-52　梁式楼梯配筋图

本 章 小 结

1. 在实际工程中，钢筋混凝土楼盖是典型的梁板结构。楼盖按施工方法不同，可分为现浇整体式、装配式及装配整体式，其中现浇整体式应用较为普遍。

2. 现浇整体式楼盖根据结构布置不同，分为单向板肋形楼盖、双向板肋形楼盖、井字梁楼盖和无梁楼盖等形式。实际工程中，应根据使用要求并结合各种楼盖的特点合理地选用楼盖的结构形式。

3. 现浇整体式肋形楼盖的设计步骤是：①结构选型和布置；②结构计算（包括确定简图、计算荷载、内力分析及截面配筋计算等）；③绘制结构施工图（包括结构布置图、构件配筋图及结构设计说明等）。

4. 设计现浇整体式肋形楼盖中的板时，应根据板的周边支承条件及其长边与短边之比，分别按单向板或双向板计算，并采取相应的构造措施。

5. 现浇整体式肋形楼盖的结构布置原则是：满足使用要求，结构传力途径简捷明确，构件受力合理，方便设计和施工，节约材料，并合理地设置结构缝。

6. 钢筋混凝土连续梁和连续单向板的内力可采用弹性方法计算，也可采用塑性内力重分布方法进行分析，但实践中连续梁、板的内力通常采用查表计算。

7. 按塑性内力重分布方法计算钢筋混凝土连续梁、板的内力时，为保证塑性铰具有足够的转动能力并限制裂缝宽度，应采用塑性好的钢筋，同时控制截面受压区高度及弯矩调幅幅度。

8. 塑性内力重分布方法不能用于直接承受动力荷载的构件，以及要求不出现裂缝或处于三 a、三 b 类环境情况下的结构内力分析。

9. 钢筋混凝土连续梁和连续板的钢筋布置方式有弯起式和分离式，一般采用分离式。

思 考 题

6-1　混凝土梁板结构设计的一般步骤是什么？

6-2 混凝土梁板结构有哪几种类型？分别说明它们各自的受力特点和适用范围。

6-3 现浇梁板结构中单向板和双向板是如何划分的？

6-4 现浇单向板肋形楼盖中的板、次梁和主梁的计算简图如何确定？为什么主梁只能用弹性理论计算，而不采用塑性理论计算？

6-5 什么叫"塑性铰"？混凝土结构中的"塑性铰"与结构力学中的"理想铰"有何异同？

6-6 什么叫塑性内力重分布？"塑性铰"与"塑性内力重分布"有何关系？

6-7 什么叫弯矩调幅？连续梁进行弯矩调幅时要考虑哪些因素？

6-8 为什么在计算支座截面配筋时，应取支座边缘处的内力？

6-9 在主次梁交接处，主梁中为什么要设置吊筋或附加箍筋？

6-10 什么叫内力包络图？为什么要做内力包络图？

6-11 常用的楼梯有哪几种类型？各有何优缺点？说明它们的适用范围。

6-12 板式楼梯与梁式楼梯的传力线路有何不同？

习 题 与 实 训 题

6-1 五跨连续板带如图 6-53 所示，板跨 2.4m，恒荷载标准值（不含板自重）$g=3kN/m^2$，活荷标准值 $g=4.5kN/m^2$。混凝土强度等级为 C25，采用 HPB300 级钢筋，次梁截面尺寸 $b×h=200×400mm$，板厚 $h=80mm$，按塑性理论计算板受力情况，并绘出配筋草图。

6-2 两跨连续梁如图 6-54 所示，承受次梁传来的恒荷载设计值 $G=20kN$，活荷载设计值 $P=50kN$，试按弹性理论计算并画出此梁的弯矩包络图和剪力包络图。若该梁截面尺寸 $b×h=300mm×500mm$，混凝土采用 C25，纵向受力主筋采用 HRB400，试绘出该梁的配筋图。

*6-3 某工业建筑的附属间为砌体结构，采用现浇钢筋混凝土肋形楼盖，结构平面布置如图 6-55 所示（楼板周边设有 240mm×240mm 的钢筋混凝土圈梁），楼面活荷载标准值 $q=2.5kN/m^2$，试设计计算该楼盖，绘制配筋图，并安装楼盖的混凝土模板，绑扎钢筋骨架，按 GB 50204—2002《混凝土结构工程施工质量验收规范》（2011 年版）标准进行验收。

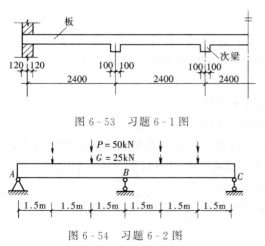

图 6-53 习题 6-1 图

图 6-54 习题 6-2 图

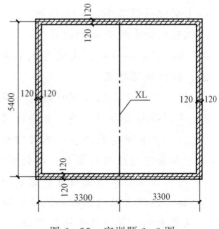

图 6-55 实训题 6-3 图

钢筋混凝土肋形楼盖设计实训任务书

一、工程资料

1）某多层工业建筑的楼层平面总长度 $L=24\sim36$m，总宽度 $B=15\sim18$m，具体尺寸可适当增减。

2）采用内框架承重结构，外墙厚 240（370）mm，外墙定位轴线距外墙边缘 120（250）mm，钢筋混凝土柱截面尺寸 400mm×400mm，楼梯等垂直交通另行考虑。

3）楼面均布活荷载标准值可按 5.0（6.0、7.0）kN/m² 考虑。

4）楼面工程做法。

①12mm 厚 1：2 水泥石子水磨石面层；

②素水泥浆结合层；

③10mm 厚 1：3 水泥砂浆找平层；

④素水泥浆结合层；

⑤钢筋混凝土现浇板；

⑥15mm 厚混合砂浆板底抹灰。

5）材料选用。

①混凝土采用 C25（C30、C35）。

②梁中受力钢筋采用 HRB400（HRB335）级，其余钢筋采用 HPB300 级。

二、设计实训内容

1）结构平面布置（柱网布置，主梁、次梁及板的布置）。

2）板的内力计算、配筋计算（按塑性理论计算内力）。

3）次梁的内力计算、配筋计算（按塑性理论计算内力）。

4）主梁的内力计算、配筋计算（按弹性理论计算内力）。

5）绘制结构施工图。

①结构平面布置图；

②次梁配筋图；

③主梁配筋图及 M、V 包络图；

④钢筋明细表及必要的说明。

6）绑扎楼盖部分板、次梁与主梁的钢筋骨架，并安装相应部分的模板。

三、设计实训要求

1）设计计算符合国家现行规范、规程及有关方针政策。

2）计算书要求书写工整、数字准确、画出必要的计算简图。

3）图纸要求所有图线、比例尺寸和标注方法均应符合国家现行的建筑制图标准，图上所有汉字和数字均应书写端正、排列整齐、笔画清晰，中文书写为长仿宋字。

4）每位学生按所给工程资料完成一种组合设计。

5）按《混凝土结构工程施工质量验收规范》（2011 年版）（GB 50204—2002）标准，对绑扎钢筋骨架和安装的模板进行验收。

四、设计成果

1）设计计算书一份。

2）设计图纸一套。

3）实训检验质量验收记录。

五、主要参考资料

1）《混凝土结构设计规范》（GB 50010—2010）。

2）《建筑结构荷载规范》（GB 50009—2012）。

3）《简明建筑结构计算手册》（第三版）中国建筑工业出版社。

4）《混凝土结构设计手册》（第三版）中国建筑工业出版社。

5）《混凝土结构构造手册》（第三版）中国建筑工业出版社。

6）《混凝土结构与砌体结构》教材。

7）《混凝土结构工程施工质量验收规范》（2011 年版）（GB 50204—2002）。

第七章
受扭构件承载力计算

本章提要 本章介绍纯扭、剪扭、弯扭及弯剪扭构件的承载力计算方法及相应的构造要求，并附有雨篷的设计计算实例。

第一节 概 述

受扭构件是指在截面上具有扭矩作用的构件。仅承受扭矩作用的纯扭构件在实际工程中很少，一般都是在弯矩、剪力、扭矩共同作用下的复合受扭构件。按照构件的受力状态分类，受扭构件分为纯扭、剪扭、弯扭和弯剪扭四种情况，其中以弯剪扭最为常见。如图7-1所示的吊车梁、框架中的边梁、雨篷梁等，都属于弯剪扭复合受扭构件。

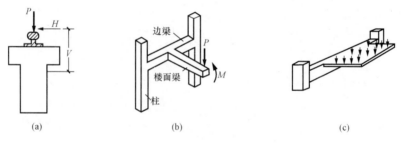

图 7-1 钢筋混凝土受扭构件
(a) 吊车梁；(b) 框架边梁；(c) 雨篷梁

第二节 矩形截面纯扭构件承载力计算

一、开裂扭矩

1. 开裂前的受力性能

钢筋混凝土纯扭构件在裂缝出现前处于弹性工作阶段，构件的变形很小，受扭钢筋的应力很低。因此，在分析开裂扭矩时可忽略钢筋的作用，按素混凝土纯扭构件计算。

由材料力学可知，矩形截面纯扭构件在其截面上的剪应力分布如图7-2所示。最大剪应力 τ_{max} 发生在截面长边中点，如图7-2（b）所示。τ_{max} 在构件侧面产生与剪应力方向成45°的主拉应力 σ_{tp} 和主压应力 σ_{cp}，σ_{tp} 和 σ_{cp} 迹线沿构件表面成45°正交螺旋线，且在数值上等于剪应力 τ_{max}，即 $\sigma_{tp} = \sigma_{cp} = \tau_{max}$。

当主拉应力 σ_{tp} 值达到混凝土的抗拉强度 f_t 值时，在构件的薄弱部位就会出现沿垂直于主拉应力方向的裂缝，所以混凝土纯扭构件的裂缝方向总是与构件轴线成45°的角度。

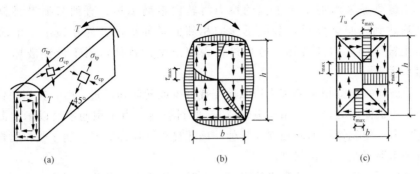

图 7-2　纯扭构件开裂前的截面剪应力分布

(a) 构件受力状态；(b) 弹性截面剪应力分布；(c) 塑性截面剪应力分布

2. 矩形截面开裂扭矩

按照弹性理论，当主拉应力 $\sigma_{tp} = \tau_{max} = f_t$ 时，构件即将出现裂缝，此时的扭矩为开裂扭矩 $T_{cr.e}$：

$$T_{cr.e} = f_t \alpha b^2 h = f_t W_{te} \tag{7-1}$$

式中　b、h——分别为截面的短边和长边；

　　　W_{te}——截面受扭弹性抵抗矩；

　　　α——与比值 h/b 有关的系数，一般 $\alpha = 0.25$。

按照塑性理论，当截面上某一点应力达到材料的极限强度时，只表示局部材料进入塑性状态，构件并未破坏，荷载还可增加，直至截面上各点应力全部达到极限强度时，构件才达到极限承载力；此时，截面承受的扭矩为开裂扭矩，截面上的剪应力为均匀分布，如图 7-2 (c) 所示。对截面的扭转中心取矩，可求得截面能承担的塑性极限扭矩 $T_{cr.p}$ 为

$$T_{cr.p} = f_t \frac{b^2}{6}(3h - b) = f_t W_t \tag{7-2}$$

式中　W_t——截面受扭塑性抵抗矩。

由于混凝土是弹塑性材料，所以开裂扭矩介于 $T_{cr.e}$ 和 $T_{cr.p}$ 之间。为了便于计算，将混凝土的开裂扭矩按塑性理论的计算结果乘以一个 0.7 的折减系数，即开裂扭矩的计算公式为

$$T_{cr} = 0.7 f_t W_t \tag{7-3}$$

二、纯扭构件承载力计算

1. 配筋方式

由纯扭构件的主拉应力方向可见，受扭构件最有效的配筋方式是沿主拉应力迹线成螺旋形布置，但螺旋形配筋施工复杂，且不能适应变号扭矩的作用，因此受扭构件一般都采用封闭受扭箍筋与受扭纵筋形成的空间骨架来承担扭矩。

2. 破坏形态

试验表明，配置适当数量的受扭钢筋对提高构件的受扭承载力有着明显的作用。受扭钢筋的数量，尤其是受扭箍筋的数量及间距对受扭构件的破坏形态影响很大，根据配筋量的不同可分为以下三种类型的破坏形态：

(1) 适筋破坏。当受扭箍筋和受扭纵筋配置都适量时，在扭矩作用下构件开裂后并不立即破坏。随着扭矩的增加，构件将陆续出现多条大体连续、倾角接近于 45° 的螺旋状裂

缝。此时，裂缝处原来由混凝土承担的拉力将转由钢筋承担。直到与临界斜裂缝相交的纵筋及箍筋均达到屈服强度后，裂缝迅速向相邻面延伸扩展，并在最后一个面上形成受压面，混凝土被压碎，构件破坏。破坏过程表现出塑性特征，属于延性破坏。受扭承载力与配筋量有关。

（2）少筋破坏。当受扭箍筋和受扭纵筋配置过少或配筋间距过大时，在扭矩作用下，先在构件截面长边最薄弱处产生一条与纵轴成 $45°$ 的斜裂缝。由于钢筋不足以承担混凝土开裂后转移来的拉力，使裂缝迅速向相邻面延伸，破坏过程迅速而突然，属于受拉脆性破坏。受扭承载力取决于混凝土的抗拉强度。

（3）超筋破坏。当受扭箍筋和纵筋配置过多时，构件受扭开裂，螺旋裂缝多而密，在纵筋和箍筋均未达到屈服强度时，构件由于裂缝之间混凝土被压碎而破坏。破坏具有脆性性质，受扭承载力取决于截面尺寸和混凝土抗压强度。

如果受扭纵筋和箍筋的配筋量或强度相差较大，在构件破坏时可能会出现仅其中一种钢筋屈服的现象，这种破坏过程虽然具有一定的延性，但比适筋构件的延性小。这种破坏形态称为"部分超筋破坏"。为了防止出现这种破坏，《规范》对受扭纵筋和箍筋的配筋强度比值 ζ 进行控制。即 ζ 值应符合 $0.6 \leqslant \zeta \leqslant 1.7$ 的要求。一般当 $\zeta = 1.2$ 左右时为受扭纵筋和箍筋共同发挥作用的最佳值。

$$\zeta = \frac{f_y A_{stl} s}{f_{yv} A_{st1} u_{cor}} \tag{7-4}$$

$$u_{cor} = 2(b_{cor} + h_{cor})$$

上两式中　　A_{stl}——截面中对称布置的全部受扭纵筋截面面积；

　　　　　　A_{st1}——沿截面周边配置的受扭箍筋单肢截面面积；

　　　　　　f_y——受扭纵筋的抗拉强度设计值；

　　　　　　f_{yv}——受扭箍筋的抗拉强度设计值；

　　　　　　s——沿构件长度方向的箍筋间距；

　　　　　　u_{cor}——截面核心部分的周长；

h_{cor}、b_{cor}——分别为箍筋内表面范围内截面核心部分的长边和短边尺寸，如图 7-3 所示。

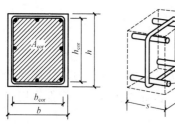

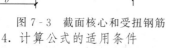

图 7-3　截面核心和受扭钢筋

3. 承载力计算公式

根据适筋破坏形态，矩形截面钢筋混凝土纯扭构件的承载力计算公式为

$$T \leqslant T_u = 0.35 f_t W_t + 1.2 \sqrt{\zeta} \frac{f_{yv} A_{st1} A_{cor}}{s} \tag{7-5}$$

式中　　T——扭矩设计值；

　　　　A_{cor}——截面核心面积，$A_{cor} = b_{cor} \times h_{cor}$。

4. 计算公式的适用条件

（1）受扭配筋的上限。为了防止出现超筋破坏，构件截面应符合下列条件：

当 $h_w/b \leqslant 4$ 时　　　　　　　$T \leqslant 0.2 \beta_c f_c W_t \tag{7-6}$

当 $h_w/b = 6$ 时　　　　　　　$T \leqslant 0.16 \beta_c f_c W_t \tag{7-7}$

当 $4 < h_w/b < 6$ 时，按线性内插法确定。

式中 h_w 和 β_c 的取值与第四章受剪截面限制条件相同。

当不满足上式时，应加大截面尺寸或提高混凝土强度等级。

（2）受扭配筋的下限。为了防止配筋过少而产生少筋破坏，受扭箍筋和纵筋应分别满足最小配筋率的要求：

$$\rho_{st} = \frac{2A_{st1}}{bs} \geqslant \rho_{st \cdot min} = 0.28 \frac{f_t}{f_{yv}} \qquad (7-8)$$

$$\rho_{tl} = \frac{A_{stl}}{bh} \geqslant \rho_{tl \cdot min} = 0.6 \sqrt{\frac{T}{Vb}} \frac{f_t}{f_y} \qquad (7-9)$$

上式中 V 为剪力设计值，对纯扭构件 $V = 1.0$；当 $T/(Vb) > 2.0$ 时，取 $T/(Vb) = 2.0$。

5. 简化计算

当符合下式要求时

$$T \leqslant 0.7 f_t W_t \qquad (7-10)$$

表明构件的混凝土能够抵抗扭矩，可不进行受扭承载力计算，需按式（7-8）、式（7-9）的要求配置构造钢筋。

6. 构造要求

在受扭构件中，受扭箍筋应做成封闭式，且末端应做成 135°弯钩，弯钩端头直线长度不应小于 $10d$（d 为箍筋直径）。受扭箍筋间距应符合第四章第三节中箍筋最大间距和最小直径的要求。受扭纵筋应沿截面周边均匀布置，且在截面四角必须设置纵筋，纵筋间距不应大于 200mm 和截面短边长度。受扭纵筋的接头与锚固均应按受拉钢筋的构造要求处理。

第三节 弯剪扭构件承载力计算

一、扭矩对受弯、受剪构件承载力的影响

试验表明，受弯构件同时受到扭矩作用时，扭矩的存在使构件受弯承载力降低。这是因为扭矩的作用使纵筋产生拉应力，加重了受弯构件纵向受拉钢筋的负担，使其应力提前到达屈服强度，因而降低了受弯承载能力。对于同时受到剪力和扭矩作用的构件，由于二者的剪应力在构件的一个侧面上是相互叠加的，所以承载力低于剪力或扭矩单独作用时的承载力。工程上把这种相互影响的性质称为构件各承载力之间的相关性。

由于弯、剪、扭承载力三者之间的相关性过于复杂，完全按照其相关关系对承载力进行精确计算是很困难的。所以《规范》仅考虑了剪力与扭矩之间的相关性影响。对弯扭构件采用简单而偏于安全的设计方法，即将受弯所需纵筋与受扭所需纵筋，分别计算然后进行叠加。

对剪扭构件，《规范》采用混凝土受扭承载力降低系数 β_t 来考虑剪扭共同作用的影响。β_t 的计算公式为

$$\beta_t = \frac{1.5}{1 + 0.5 \dfrac{VW_t}{Tbh_0}} \qquad (7-11)$$

对集中荷载作用下的独立剪扭构件，应考虑剪跨比 λ 的影响，式（7-11）变为

$$\beta_t = \frac{1.5}{1 + 0.2(\lambda + 1)\dfrac{VW_t}{Tbh_0}} \qquad (7-12)$$

λ 为计算截面的剪跨比，当 $\lambda < 1.5$ 时，取 $\lambda = 1.5$；当 $\lambda > 3$ 时，取 $\lambda = 3$。

按式（7-11）和式（7-12）计算得出的 β_t 值，当 $\beta_t < 0.5$ 时，取 $\beta_t = 0.5$；当 $\beta_t > 1$ 时，取 $\beta_t = 1$。

二、弯剪扭构件承载力计算公式

《规范》把弯剪扭构件的承载力按剪扭构件的承载力和弯扭构件的承载力分别考虑。即对钢筋混凝土矩形截面弯剪扭构件，其纵向钢筋应按弯扭构件的受弯、受扭承载力分别计算所需的纵筋面积之和配置；其箍筋应按剪扭构件的受剪、受扭承载力分别计算所需的箍筋截面面积之和进行配置。

在考虑了降低系数 β_t 后，其承载能力计算公式分别为

1. 矩形截面剪扭构件承载力计算公式

受扭承载力

$$T \leqslant T_u = 0.35\beta_t f_t W_t + 1.2\sqrt{\zeta}\frac{f_{yv}A_{st1}}{s}A_{cor} \qquad (7-13)$$

受剪承载力

$$V \leqslant V_u = 0.7(1.5 - \beta_t)f_t bh_0 + f_{yv}\frac{A_{sv}}{s}h_0 \qquad (7-14)$$

对于集中荷载作用下独立的钢筋混凝土剪扭构件，式（7-14）改为

$$V \leqslant V_u = \frac{1.75}{\lambda + 1}(1.5 - \beta_t)f_t bh_0 + f_{yv}\frac{A_{sv}}{s}h_0 \qquad (7-15)$$

根据式（7-13）、式（7-14）或式（7-15）求得单侧箍筋用量 $\dfrac{A_{st1}}{s}$ 和 $\dfrac{A_{sv1}}{s}$ 后，叠加得到剪扭构件所需的单肢箍筋总用量，再选用所需箍筋的直径和间距。

2. 矩形截面弯扭构件承载力计算公式

《规范》近似地采用叠加法进行计算，即纵向钢筋分别按受弯构件和纯扭构件承载力计算。受弯纵筋应布置在构件截面的受拉区，而受扭纵筋应沿截面核心周边均匀、对称布置，截面中总的纵向钢筋应为其叠加结果，如图7-4所示。

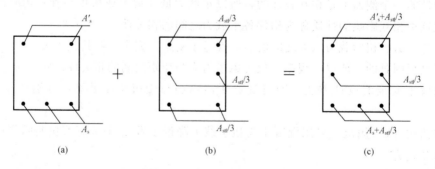

图 7-4 弯、扭纵筋的叠加

（a）受弯纵筋；（b）受扭纵筋；（c）纵筋叠加

3. 可忽略剪力或扭矩的情况

1）当符合下式要求时

$$\frac{V}{bh_0} + \frac{T}{W_t} \leqslant 0.7f_t \qquad (7-16)$$

可不进行构件受剪扭承载力计算，仅按构造要求配置箍筋和受扭钢筋，但仍需进行受弯纵筋的计算。

2）当剪力小于无腹筋梁所能承担剪力的一半时，即符合下式要求时

$$V \leqslant 0.35f_t bh_0 \qquad (7-17)$$

或以集中荷载为主的构件，当符合下式要求时

$$V \leqslant \frac{0.875}{\lambda+1}f_t bh_0 \qquad (7-18)$$

可忽略剪力的影响，按受弯承载力和受扭承载力分别进行计算。

3）当扭矩小于混凝土所能承担扭矩的一半时，即符合下式要求时

$$T \leqslant 0.175f_t W_t \qquad (7-19)$$

可忽略扭矩的影响，按受弯承载力和受剪承载力分别进行计算。

4. 计算公式的适用条件

1）为避免超筋破坏，构件截面尺寸应满足下式要求：

当 $h_w/b \leqslant 4$ 时

$$\frac{V}{bh_0} + \frac{T}{0.8W_t} \leqslant 0.25\beta_c f_c \qquad (7-20)$$

当 $h_w/b = 6$ 时

$$\frac{V}{bh_0} + \frac{T}{0.8W_t} \leqslant 0.2\beta_c f_c \qquad (7-21)$$

当 $4 < h_w/b < 6$ 时，按线性内插确定。

当不满足上式时，应加大截面尺寸或提高混凝土强度等级。

2）为避免少筋破坏，同样需满足式（7-8）和式（7-9）的要求。

三、设计计算方法

弯剪扭构件的承载力计算，通常有截面设计和承载力复核两种情况。

1. 截面设计

在选定构件的截面尺寸和材料强度等级，并已知弯矩、剪力、扭矩设计值后，可按下列步骤进行截面承载力计算：

（1）验算构件的截面尺寸。构件的截面尺寸应满足式（7-20）或式（7-21）的要求；否则应加大截面尺寸或提高混凝土强度等级。

（2）验算是否应按计算配置剪扭钢筋。当符合式（7-16）要求时，可不进行构件剪扭承载力计算，按式（7-8）、式（7-9）的要求配置箍筋和受扭钢筋，但应进行受弯纵筋的计算。

（3）可忽略剪力的情况。当符合式（7-17）或式（7-18）要求时，可不进行受剪承载力计算，只需按纯扭构件的受扭承载力计算受扭纵筋及箍筋，按受弯构件的正截面受弯承载力计算受弯纵向钢筋，二者纵向钢筋叠加后配置。

（4）可忽略扭矩的情况。当符合式（7-19）要求时，可不进行受扭承载力计算，只需按受弯构件的正截面受弯承载力计算纵筋截面面积，按受弯构件斜截面受剪承载力计算箍筋

数量。

（5）确定箍筋的数量。当弯、剪、扭承载力都需要计算时，应首先选定纵筋与箍筋的配筋强度比ζ，一般取ζ为1.2左右；然后按式（7-11）或式（7-12）确定受扭承载力降低系数β_t；将ζ、β_t及其他参数代入剪扭构件的受扭承载力计算公式（7-13）、受剪承载力计算公式（7-14）或式（7-15）后，可分别求得受扭所需的单肢箍筋用量$\dfrac{A_{st1}}{s}$和受剪所需的单肢箍筋用量$\dfrac{A_{sv1}}{s}$，将两者叠加后得到单肢箍筋总用量，并按此用量选用箍筋的直径和间距。所选的箍筋直径和间距还应符合构造要求。

（6）计算纵筋数量。受弯纵筋和受扭纵筋应分别计算。受弯纵筋按受弯构件正截面受弯承载力（单筋或双筋）公式计算，所配钢筋应布置在截面的弯曲受拉区、受压区。

受扭纵筋A_{stl}应根据上面已求得的受扭单肢箍筋用量$\dfrac{A_{st1}}{s}$和ζ值由式（7-4）求得，受扭钢筋应沿截面四周对称布置。最后配置在截面弯曲受拉区和受压区的纵筋总量，应为布置在该区受弯纵筋与受扭纵筋的截面面积之和。所配纵筋应满足纵筋的各项构造要求。

2. 截面复核

1）验算截面尺寸是否满足式（7-20）或式（7-21）的要求。

2）按式（7-16）验算构造配筋条件。若满足式（7-16）时，只需按式（7-8）、式（7-9）检查箍筋及受扭纵筋是否满足最小配筋率的要求，并按受弯构件进行截面复核。

3）当满足式（7-17）或式（7-18）时，只需按受弯构件的正截面受弯承载力和纯扭构件的受扭承载力进行截面复核；当满足式（7-19）时，只需按受弯构件正截面受弯承载力和斜截面受剪承载力进行截面复核。

4）当弯、剪、扭承载力都需要复核时，应先由式（7-11）或式（7-12）求出β_t，根据式（7-14）或式（7-15）求出受剪所需的单侧箍筋用量$\dfrac{A_{sv1}}{s}$，从实际配置的单侧箍筋用量中减去受剪单侧箍筋需要量，得到用来承担扭矩的单侧箍筋用量；再由受弯构件的正截面受弯承载力公式求出受弯所需的纵筋用量，从实际配置的纵筋用量中减去受弯纵筋需要量后，并考虑受扭纵筋对称布置原则，得到用来承担扭矩的纵筋用量；最后将上述求得的能够用来受扭的单肢箍筋数量和纵筋数量代入式（7-4）中求出ζ，将ζ及其他已知参数代入式（7-13）中，可得到该截面能够承担的扭矩。若该扭矩大于或等于该截面的扭矩设计值，则表明该截面的承载力满足要求。

第四节　雨　　篷

钢筋混凝土雨篷是房屋结构中最常见的悬挑构件。雨篷一般由雨篷板和雨篷梁两部分组成。雨篷梁支承雨篷板，又兼作门过梁。雨篷梁承受上部墙体的重量和雨篷板以及楼梯平台传来的荷载。雨篷可能发生三种破坏：①雨篷板在根部发生受弯断裂破坏；②雨篷梁受弯、剪、扭发生破坏；③雨篷发生整体倾覆破坏。因此，雨篷计算应包括三方面内容：①雨篷板的正截面承载力计算；②雨篷梁在弯矩、剪力、扭矩共同作用下的承载力计算；③雨篷整体抗倾覆验算。

1. 雨篷板的设计

雨篷板是悬挑板。板根部厚度一般为 1/10 的挑出长度，且不小于 70mm；板端部厚度不小于 60mm。雨篷板承受的荷载有恒荷载（包括自重、粉刷等）和均布活荷载，还应考虑沿板宽每隔 1m 布置一个不小于 1.0kN 的施工或检修集中荷载标准值，如图 7-5 所示。雨篷板按受弯构件设计，板中受力钢筋必须伸入雨篷梁并满足锚固长度要求，分布筋按构造要求设置（图 7-6）。

2. 雨篷梁的设计

雨篷梁是受弯剪扭作用的构件。雨篷梁上的墙体荷载计算应符合过梁荷载计算的规定。雨篷梁宽一般与墙厚相同，其高度应按承载能力要求确定，通常为砖的皮数。雨篷梁两端伸入墙体的长度应考虑雨篷抗倾覆要求。为防止雨水沿墙缝渗入墙内，有时在梁顶设置高过板顶 60mm 的凸块，如图 7-6 所示。

雨篷的整体抗倾覆验算见第十三章第七节。

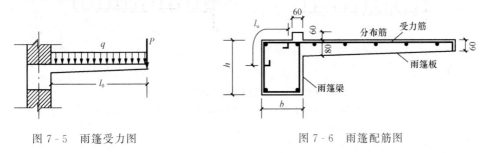

图 7-5　雨篷受力图　　　　　　图 7-6　雨篷配筋图

第五节　钢筋混凝土雨篷设计计算实例

一、设计资料

某厂房的雨篷如图 7-7 所示。雨篷梁上的墙体高 $h_w = 1.9m$，墙体自重标准值为 $5.25kN/m^2$；混凝土强度等级采用 C25，钢筋采用 HPB300 级。按二 a 类环境设计雨篷板和雨篷梁。

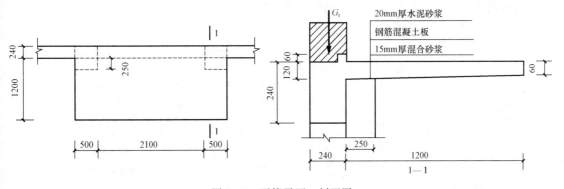

图 7-7　雨篷平面、剖面图

二、雨篷板设计

1. 荷载计算（取板宽 $b = 1m$ 的板带为计算单元）

水泥砂浆面层　　　　　　　　$0.02 \times 1 \times 20 = 0.40kN/m$

板底抹灰	$0.015 \times 1 \times 17 = 0.26\text{kN/m}$
板自重	$\dfrac{(0.12+0.06)}{2} \times 1 \times 25 = 2.25\text{kN/m}$

恒荷载标准值	$g_k = 0.40 + 0.26 + 2.25 = 2.91\text{kN/m}$
恒荷载设计值	$g = 1.2 \times 2.91 = 3.49\text{kN/m}$
均布活荷载设计值	$q = 1.4 \times 0.5 = 0.70\text{kN/m}$
施工集中荷载设计值	$P = 1.4 \times 1.0 = 1.4\text{kN/m}$

2. 计算简图

根据雨篷板承受的荷载情况，其计算简图分别如图 7-8（a）、（b）所示。

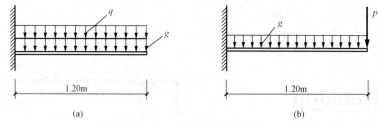

图 7-8　雨篷板的计算简图

（a）均布恒荷载和活荷载作用；（b）均布恒荷载和施工集中荷载作用

3. 内力计算

对图 7-8（a）情况

$$M = \frac{1}{2}(g+q)l_0^2 = \frac{1}{2}(3.49+0.7) \times 1.2^2 = 3.02\text{kN} \cdot \text{m}$$

对图 7-8（b）情况

$$M = \frac{1}{2}gl_0^2 + Pl_0$$

$$= \frac{1}{2} \times 3.49 \times 1.2^2 + 1.4 \times 1.2 = 4.19\text{kN} \cdot \text{m}$$

两者取较大值 $\qquad\qquad M = 4.19\text{kN} \cdot \text{m}$

4. 配筋计算

$$h_0 = 120 - 30 = 90\text{mm}$$

$$\alpha_s = \frac{M}{\alpha_1 f_c b h_0^2} = \frac{4.19 \times 10^6}{1.0 \times 11.9 \times 1000 \times 90^2} = 0.043 < \alpha_{s,\max}$$

查表得 $\qquad\qquad\qquad \gamma_s = 0.979$

$$A_s = \frac{M}{f_y \gamma_s h_0}$$

$$= \frac{4.19 \times 10^6}{270 \times 0.979 \times 90} = 176\text{mm}^2 < \rho_{\min}bh = 240\text{mm}^2$$

选用 $\qquad\qquad\qquad \Phi 6@150(A_s = 189\text{mm}^2)$

三、雨篷梁设计

1. 荷载计算

$h_w = 1.9\text{m} > \dfrac{l_n}{3} = \dfrac{2.1}{3} = 0.7\text{m}$，按高度为 0.7m 的墙体自重考虑。

墙体自重	$5.25 \times 0.7 = 3.68 \text{kN/m}$
梁自重	$0.24 \times 0.24 \times 25 = 1.44 \text{kN/m}$
雨篷板传来的恒荷载	$2.91 \times 1.2 = 3.49 \text{kN/m}$

恒荷载设计值　　　　$g_b = 1.2 \times (3.68 + 1.44 + 3.49) = 10.33 \text{kN/m}$

雨篷板传来均布活荷载设计值　　　　$q_b = 0.7 \times 1.2 = 0.84 \text{kN/m}$

施工集中荷载设计值　　　　$P_b = 1.4 \times 1 = 1.4 \text{kN/m}$

2. 计算简图

根据雨篷梁承受的荷载情况，其计算简图分别如图 7 - 9（a）、（b）所示。

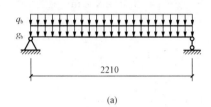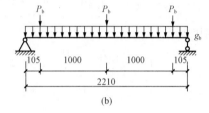

图 7 - 9　雨篷梁的计算简图

（a）均布恒荷载和活荷载作用；（b）均布恒荷载和集中荷载作用

雨篷梁的计算跨度　　　　$l_0 = 1.05 l_n = 1.05 \times 2.1 = 2.21 \text{m}$

3. 内力计算

（1）弯矩设计值。对图 7 - 9（a）情况

$$M = \frac{1}{8}(g_b + q_b) l_0^2$$

$$= \frac{1}{8} \times (10.33 + 0.84) \times 2.21^2 = 6.82 \text{kN} \cdot \text{m}$$

对图 7 - 9（b）情况

$$M = \frac{1}{8} g_b l_0^2 + \frac{3}{4} P_b l_0 - P_b \times 1.0 = \frac{1}{8} \times 10.33 \times 2.21^2$$

$$+ \frac{3}{4} \times 1.4 \times 2.21 - 1.4 \times 1.0 = 7.23 \text{kN} \cdot \text{m}$$

两者取较大值　　　　$M_{\max} = 7.23 \text{kN} \cdot \text{m}$

（2）剪力设计值。对图 7 - 9（a）情况

$$V = \frac{1}{2}(g_b + q_b) l_n$$

$$= \frac{1}{2} \times (10.33 + 0.84) \times 2.1 = 11.73 \text{kN}$$

对图 7 - 9（b）情况

$$V = \frac{1}{2} g_b l_n + \frac{3}{2} P_b$$

$$= \frac{1}{2} \times 10.33 \times 2.1 + \frac{3}{2} \times 1.4 = 12.95 \text{kN}$$

两者取较大值　　　　$V_{\max} = 12.95 \text{kN} \cdot \text{m}$

（3）扭矩设计值。当雨篷板为均布恒荷载和活荷载作用时，板传来单位长度内的扭矩为

$$m_t = (3.49 + 0.70) \times 1.2 \times \left(\frac{1.2}{2} + \frac{0.24}{2} \right)$$

$$= 3.62 \text{kN} \cdot \text{m}$$

则雨篷梁端扭矩

$$T = \frac{m_t l_n}{2} = \frac{1}{2} \times 3.62 \times 2.1 = 3.80 \text{kN} \cdot \text{m}$$

当雨篷板为均布恒荷载和板端布置有施工集中荷载作用时，雨篷板的均布恒荷载传来单位长度内的扭矩为

$$m_{tg} = 3.49 \times 1.2 \times \left(\frac{1.2}{2} + \frac{0.24}{2} \right) = 3.01 \text{kN} \cdot \text{m}$$

则雨篷梁端扭矩

$$T = \frac{m_{tg} l_n}{2} + \frac{3 P_b}{2} \times (1.2 + 0.12) = \frac{1}{2} \times 3.01 \times 2.1$$

$$+ \frac{3 \times 1.4}{2} \times (1.2 + 0.12) = 5.93 \text{kN} \cdot \text{m}$$

两者取较大值 $\qquad T_{max} = 5.93 \text{kN} \cdot \text{m}$

4. 验算构件截面尺寸

以恒载和施工集中荷载作用的情况进行验算

$$h_0 = h - 50 = 240 - 50 = 190 \text{mm}$$

$$W_t = \frac{b^2}{6}(3h - b) = \frac{0.24^2}{6} \times (3 \times 0.24 - 0.24)$$

$$= 4.6 \times 10^6 \text{mm}^3$$

$$\frac{V}{b h_0} + \frac{T}{0.8 W_t} = \frac{12.95 \times 10^3}{240 \times 190} + \frac{5.93 \times 10^6}{0.8 \times 4\,600\,000} = 1.9 \text{N/mm}^2 < 0.25 \beta_c f_c$$

$$= 0.25 \times 1 \times 11.9 = 2.98 \text{N/mm}^2$$

截面尺寸符合要求。

5. 确定是否需按计算配置钢筋

$$\frac{V}{b h_0} + \frac{T}{W_t} = \frac{12.95 \times 10^3}{240 \times 190} + \frac{5.93 \times 10^6}{4\,600\,000} = 1.57 \text{N/mm}^2 > 0.7 f_t$$

$$= 0.7 \times 1.27 = 0.89 \text{N/mm}^2$$

故需按计算配置箍筋和受扭纵筋。

6. 受弯纵筋计算

$$\alpha_s = \frac{M}{\alpha_1 f_c b h_0^2} = \frac{7.23 \times 10^6}{1.0 \times 11.9 \times 240 \times 190^2} = 0.07 < \alpha_{s.max}$$

查表得 $\gamma_s = 0.965$

$$A_s = \frac{M}{f_y \gamma_s h_0} = \frac{7.23 \times 10^6}{270 \times 0.965 \times 190} = 146 \text{mm}^2$$

7. 受剪箍筋计算

$$V = 12.95 \text{kN} < 0.35 f_t b h_0$$

$$= 0.35 \times 1.27 \times 240 \times 190 \times 10^{-3} = 20.27 \text{kN}$$

故可分别按受弯构件的正截面受弯承载力和纯扭构件的受扭承载力计算。

8. 受扭钢筋计算

$$b_{\text{cor}} = 240 - 2 \times 40 = 160\text{mm}, \; h_{\text{cor}} = 240 - 2 \times 40 = 160\text{mm}$$

$$u_{\text{cor}} = 2 \times (b_{\text{cor}} + h_{\text{cor}}) = 640\text{mm}$$

$$A_{\text{cor}} = b_{\text{cor}}h_{\text{cor}} = (240 - 2 \times 40)^2 = 25\,600\text{mm}^2$$

计算单侧受扭箍筋用量，取 $\zeta = 1.2$，则

$$\frac{A_{\text{st1}}}{s} = \frac{T - 0.35 f_{\text{t}} W_{\text{t}}}{1.2 \sqrt{\zeta} f_{\text{yv}} A_{\text{cor}}}$$

$$= \frac{5.93 \times 10^6 - 0.35 \times 1.27 \times 4.6 \times 10^6}{1.2 \sqrt{1.2} \times 270 \times 25\,600} = 0.43\text{mm}$$

选用双肢箍 $\Phi 8$，$A_{\text{st1}} = 50.3\text{mm}^2$，则 $S = 117\text{mm}$，取 $S = 110\text{mm}$。

$$\rho_{\text{st}} = \frac{2A_{\text{st1}}}{bs} = \frac{2 \times 50.3}{240 \times 110} = 0.004 > \rho_{\text{st}\cdot\min} = 0.28 \frac{f_{\text{t}}}{270} = 0.0013$$

计算受扭纵筋用量

$$A_{\text{st}l} = \frac{\zeta f_{\text{yv}} A_{\text{st1}} u_{\text{cor}}}{f_{\text{y}} s} = \frac{1.2 \times 270 \times 50.3 \times 640}{270 \times 110} = 351\text{mm}^2$$

$$\frac{T}{Vb} = \frac{5.93 \times 10^6}{12.93 \times 10^3 \times 240} = 1.9 < 2.0$$

$$\rho_{\text{t}l} = \frac{A_{\text{st}l}}{bh} = \frac{351}{240 \times 240} = 0.006 > \rho_{\text{t}l\cdot\min} = 0.6 \sqrt{\frac{T}{Vb}} \frac{f_{\text{t}}}{f_{\text{y}}}$$

$$= 0.6 \times \sqrt{1.9} \times \frac{1.27}{270} = 0.0039$$

9. 钢筋配置

受拉区配置纵筋面积

$$A_{\text{s}} + \frac{1}{3} A_{\text{st}l} = 146 + \frac{351}{3} = 263\text{mm}^2$$

选用 $2 \Phi 14$（$A_{\text{s}} = 308\text{mm}^2$）

受压区和腹部纵筋面积分别为

$$\frac{1}{3} A_{\text{st}l} = \frac{351}{3} = 117\text{mm}^2$$

分别选用 $2 \Phi 10$（$A_{\text{s}} = 157\text{mm}^2$）

配筋如图 7 - 10 所示。

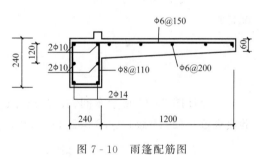

图 7 - 10　雨篷配筋图

四、雨篷抗倾覆验算（略）

本　章　小　结

1. 由于混凝土是弹塑性材料，故纯扭构件的开裂扭矩可按塑性理论的计算结果乘以小于 1 的系数得到。

2. 根据受扭箍筋和受扭纵筋的配筋量不同，受扭构件的破坏形式分为适筋破坏、少筋破坏、超筋破坏及部分超筋破坏。为防止少筋和超筋破坏，应分别满足受扭钢筋的最小配筋率和截面限制条件。对部分超筋破坏，《规范》通过控制受扭纵筋和箍筋的配筋强度比来控制；对适筋破坏则通过设计计算来避免。

3. 由于弯剪扭构件的截面受弯、受剪及受扭承载力的相关性较复杂，故目前《规范》只给出剪扭构件考虑剪扭共同作用时的受扭承载力降低系数。

4. 对弯剪扭构件，其纵向钢筋根据弯扭构件的计算配置，而箍筋则按剪扭构件的计算配置。

5. 受扭箍筋必须做成封闭式，其末端 135°弯钩后的直线段长度不应小于 $10d$，且应符合箍筋最小直径和最大间距等构造要求。受扭纵筋应沿截面周边均匀布置，同时应符合梁中纵向受力钢筋的有关构造要求。

6. 雨篷的设计计算包括雨篷板受弯承载力计算、雨篷梁在弯剪扭作用下的承载力计算及雨篷整体抗倾覆验算。

思 　考 　题

7-1 矩形截面钢筋混凝土纯扭构件的破坏形态与什么因素有关？有哪几种破坏形态？各有什么特点？

7-2 如何防止钢筋混凝土受扭构件的少筋破坏、适筋破坏、超筋破坏和部分超筋破坏？

7-3 简述 ζ 和 β_t 的意义和取值限制。

7-4 矩形截面剪扭构件的截面限制条件是什么？其物理意义是什么？

7-5 简述受扭钢筋的构造要求。

7-6 矩形截面弯剪扭构件的受弯、受剪、受扭承载力如何计算？其纵筋和箍筋如何配置？

习 　题 　与 　实 　训 　题

* 设计图 7-11 所示车间大门的雨篷；并绑扎雨篷钢筋，按《混凝土结构工程施工质量验收规范》（2011 版）（GB 50204—2002）标准进行验收。

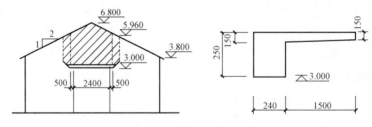

图 7-11 车间大门的雨篷

第八章

受压构件承载力计算

本章提要 本章介绍轴心受压构件和偏心受压构件的构造要求、受力性能和承载力计算公式及其适用条件,重点叙述偏心受压构件的正截面承载力设计计算方法,同时附有相应的算例。

第一节 受压构件的计算分类及配筋构造

以承受轴向压力为主的构件称为受压构件。钢筋混凝土受压构件在工业与民用建筑中的应用非常广泛。例如,框架结构房屋和工业厂房中的柱、桁架的受压腹杆和受压弦杆以及高层建筑的剪力墙等均为受压构件。

一、受压构件的计算分类

钢筋混凝土受压构件按轴向压力作用线是否作用于截面形心线,可分为轴心受压构件和偏心受压构件。

轴向力作用线与构件截面形心线相重合的构件称为轴心受压构件,如图 8-1 (a) 所示。在实际工程中,由于施工时钢筋位置和截面几何尺寸的误差、混凝土本身的不均匀性、荷载实际位置的偏差等原因,理想的轴心受压构件是不存在的。严格地讲,只有当截面上应力的合力与纵向外力作用在同一直线上时才是轴心受力。但在结构设计中,为简化计算,对承受节点荷载的屋架受压腹杆及受压弦杆、以恒载作用为主的等跨多层房屋的内柱等构件,可近似按轴心受压构件计算。

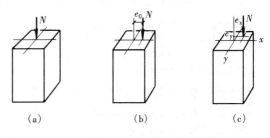

图 8-1 轴心受压与偏心受压构件
(a) 轴心受压构件;(b) 单向偏心受压构件;
(c) 双向偏心受压构件

当轴向力作用线与构件截面形心线不重合或在构件截面上既有轴心压力,又有弯矩、剪力作用时的构件称为偏心受压构件。如果轴向力在截面一个主轴方向具有偏心,这种构件称为单向偏心受压构件,如图 8-1 (b) 所示;如果轴向力在截面两个主轴方向具有偏心,则称为双向偏心受压构件,如图 8-1 (c) 所示。例如单层厂房柱,多层框架边柱、角柱和某些中间柱,拱、刚架及某些屋架的上弦杆等都是偏心受压构件。

二、受压构件的构造要求

1. 截面形式与尺寸

轴心受压柱的截面一般采用正方形或矩形,根据需要也可采用圆形或多边形截面;偏心受压构件一般采用正方形、矩形、T 形或 I 字形截面。

截面的最小边长不宜小于 250mm。为了施工支模方便,边长在 800mm 以下时,取

50mm 的倍数；边长在 800mm 以上时，取 100mm 的倍数。

2. 纵向钢筋

1）纵向受力钢筋的直径不宜小于 12mm，且宜采用大直径的钢筋。考虑到配筋过多的柱在混凝土长期受压发生徐变后突然卸载时，钢筋弹性回复会造成混凝土受拉甚至开裂，故要求全部纵向钢筋的配筋率不宜大于 5%。

2）柱中纵向钢筋的净间距不应小于 50mm，且不宜大于 300mm。水平浇筑的预制柱，其纵向钢筋的最小净间距可按关于梁的有关规定取用。

3）偏心受压柱的截面高度不小于 600mm 时，在柱的侧面上应设置直径不小于 10mm 的纵向构造钢筋，并相应设置复合箍筋或拉筋。

4）圆柱中纵向钢筋不宜少于 8 根，不应少于 6 根，且宜沿周边均匀布置。

5）在偏心受压柱中，垂直于弯矩作用平面的侧面上的纵向受力钢筋以及轴心受压柱各边的纵向受力钢筋，其中距不宜大于 300mm。

6）全部纵向受力钢筋的最小配筋率：当钢筋的强度等级为 500MPa 时不应小于 0.50%，强度等级为 400MPa 时不应小于 0.55%，强度等级为 300MPa、335MPa 时不应小于 0.60%。一侧纵向受力钢筋的配筋率不应小于 0.20%。全部或一侧纵向受力钢筋的配筋率均按构件的全截面面积计算。

3. 箍筋

1）箍筋直径不应小于 $d/4$，且不应小于 6mm，d 为纵向受力钢筋的最大直径。

2）箍筋间距不应大于 400mm 及构件截面的短边尺寸，且不应大于 15d，d 为纵向受力钢筋的最小直径。

3）柱及其他受压构件中的周边箍筋应做成封闭式；对圆柱中的箍筋，搭接长度不应小于第一章第三节规定的锚固长度，且末端应做成 135°弯钩，弯钩末端平直段长度不应小于 5d，d 为箍筋直径。

4）当柱截面短边尺寸大于 400mm 且各边纵向钢筋多于 3 根时，或当柱截面短边尺寸不大于 400mm 但各边纵向受力钢筋多于 4 根时，应设置复合箍筋，复合箍筋的直径和间距与普通箍筋要求相同，如图 8-2 所示。

5）柱中全部纵向受力钢筋的配筋率大于 3% 时，箍筋直径不应小于 8mm，间距不应大于 10d，且不应大于 200mm。箍筋末端应做成 135°弯钩，且弯钩末端平直段长度不应小于 10d，d 为纵向受力钢筋的最小直径。

6）在配有螺旋式或焊接环式箍筋的柱中，如在正截面受压承载力计算中考虑间接钢筋的作用时，箍筋间距不应大于 80mm 及 $d_{cor}/5$，且不宜小于 40mm，d_{cor} 为按箍筋内

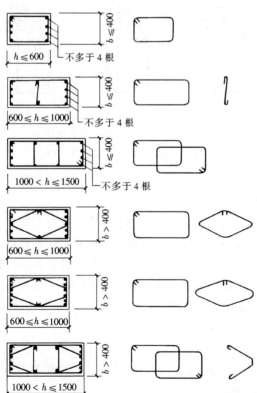

图 8-2　箍筋的配置

表面确定的核心截面直径。

4. 工字形截面柱

工字形截面柱除满足上述要求外，还需满足以下要求：

工字形截面柱的翼缘厚度不宜小于 120mm，腹板厚度不宜小于 100mm。当腹板开孔时，宜在孔洞周边每边设置 2～3 根直径不小于 8mm 的补强钢筋，每个方向补强钢筋的截面面积不宜小于该方向被截断钢筋的截面面积。

腹板开孔的工字形截面柱，当孔的横向尺寸小于柱截面高度的一半，孔的竖向尺寸小于相邻两孔之间的净间距时，柱的刚度可按实腹工字形截面柱计算。但在计算承载力时应扣除孔洞的削弱部分。当开孔尺寸超过上述规定时，柱的刚度和承载力应按双肢柱计算。

工字形截面柱的箍筋设置如图 8-3 所示。

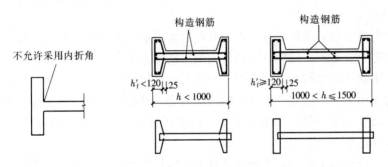

图 8-3 工字形截面柱的箍筋设置

第二节 轴心受压构件承载力的计算

钢筋混凝土轴心受压柱由纵向受力钢筋和箍筋经绑扎或焊接形成骨架。根据箍筋的功能和配置方式的不同，轴心受压柱的两种基本形式为配有纵向受力钢筋和普通箍筋的柱（普通箍筋柱）和配有纵向受力钢筋和螺旋箍筋或焊接环式箍筋的柱（螺旋箍筋柱），如图 8-4 所示。实际工程中最常采用的是普通箍筋柱，但当柱所受压力很大且柱截面尺寸又受到限制时，可考虑采用螺旋箍筋柱。

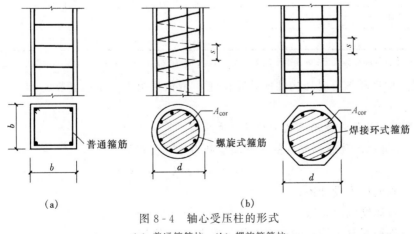

图 8-4 轴心受压柱的形式

(a) 普通箍筋柱；(b) 螺旋箍筋柱

一、普通箍筋柱

（一）普通箍筋柱的试验研究

根据构件的长细比（构件的计算长度 l_0 与构件截面的回转半径 i 之比）不同，轴心受压柱可分为短柱和长柱。

1. 短柱（对矩形截面 $l_0/b \leqslant 8$，b 为截面短边尺寸）的试验研究

由试验可知，在轴心压力 N 较小时，混凝土处于弹性阶段，轴向力在截面内产生的压应力由混凝土和钢筋共同承担。随着 N 的增加，混凝土塑性变形发展，混凝土应力增加缓慢，而钢筋应力增加较快。短柱破坏时，一般是纵向受力钢筋先达到屈服强度 f_y'，然后保持不变，构件仍可继续承受荷载；当混凝土达到极限压应变时，构件表面出现纵向裂缝，保护层剥落，箍筋之间的纵向钢筋向外鼓出，混凝土应力达到轴心抗压强度 f_c 而被压碎。

2. 长柱（$l_0/b > 8$）的试验研究

对于钢筋混凝土轴心受压长柱，由于各种因素可能产生初始偏心距，加载后将产生附加弯矩和相应的弯曲变形，而附加弯矩产生的侧向挠度又加大了原来的初始偏心距，随着荷载的不断增大，附加弯矩和侧向挠度也在不断增大，这样相互影响的结果，使长柱最终在轴力和弯矩的共同作用下，凹边先产生较长的纵向裂缝，箍筋之间的纵向钢筋压弯外凸，接着混凝土被压碎，挠度迅速发展，柱失去平衡，凸边混凝土受拉而在构件高度中部产生横向裂缝，柱达到破坏。

试验表明：长柱的承载力低于相同条件下的短柱的承载力。用稳定系数 φ 表示长柱承载力与短柱承载力的比值，即用稳定系数 φ 来反映轴心受压构件承载力随长细比增大而减小的现象。《规范》给出的 φ 值见表 8-1。

表 8-1　　　　　　　钢筋混凝土轴心受压构件的稳定系数 φ

l_0/b	$\leqslant 8$	10	12	14	16	18	20	22	24	26	28
l_0/d	$\leqslant 7$	8.5	10.5	12	14	15.5	17	19	21	22.5	24
l_0/i	$\leqslant 28$	35	42	48	55	62	69	76	83	90	97
φ	1.00	0.98	0.95	0.92	0.87	0.81	0.75	0.70	0.65	0.60	0.56
l_0/b	30	32	34	36	38	40	42	44	46	48	50
l_0/d	26	28	29.5	31	33	34.5	36.5	38	40	41.5	43
l_0/i	104	111	118	125	132	139	146	153	160	167	174
φ	0.52	0.48	0.44	0.40	0.36	0.32	0.29	0.26	0.23	0.21	0.19

注　表中 l_0 为构件的计算长度；b 为矩形截面的短边尺寸；d 为圆形截面的直径；i 为截面的最小回转半径。

轴心受压构件和偏心受压构件的计算长度 l_0 取值见第十一章第五节表 11-5 和第十二章第七节所述。

（二）普通箍筋柱正截面承载力计算公式

由图 8-5 可得出普通箍筋柱的正截面承载力计算公式为

$$N \leqslant N_u = 0.9\varphi(f_c A + f_y' A_s') \tag{8-1}$$

式中　N——轴向压力设计值；

　　0.9——可靠度调整系数；

　　φ——钢筋混凝土构件的稳定系数，按表 8-1 取用；

A——构件截面面积，当纵向钢筋配筋率大于 3% 时，式 (8-1)
中的 A 用 A_c 代替，$A_c = A - A'_s$；

f'_y——纵向钢筋的抗压强度设计值；

A'_s——全部纵向钢筋的截面面积。

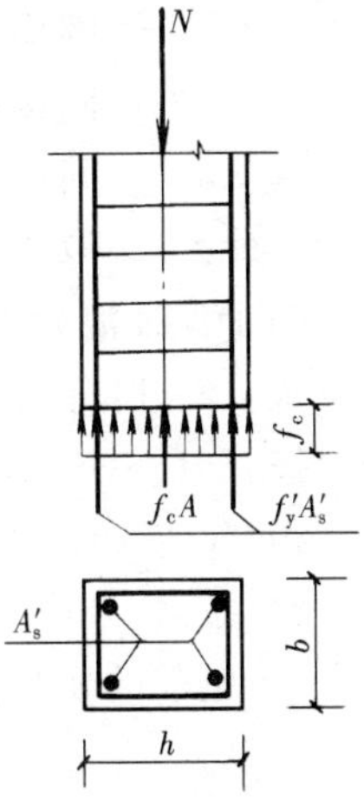

【例 8-1】 钢筋混凝土框架结构的首层中柱，按轴心受压构件计算。柱的截面尺寸为 400mm×400mm。轴向力设计值 $N = 1640$kN（包括自重），柱的计算长度 $l_0 = 5.6$m，采用混凝土强度等级 C20（$f_c = 9.6$N/mm^2），钢筋 HRB400 级（$f'_y = 360$N/mm^2）。求柱的纵向钢筋配筋量。

解 柱的长细比 $l_0/b = 5600/400 = 14$，由表 8-1 查得稳定系数 $\varphi = 0.92$。

由式 (8-1) 可得受压钢筋面积

$$A'_s = \frac{\dfrac{N}{0.9\varphi} - f_c A}{f'_y} = \frac{\dfrac{1640 \times 10^3}{0.9 \times 0.92} - 9.6 \times 400 \times 400}{360} = 1235 \text{mm}^2$$

图 8-5 普通箍筋柱的计算图形

选用 4 Φ 20（$A'_s = 1256$mm^2）纵向钢筋的配筋率为

$$\rho' = \frac{A'_s}{400 \times 400} = \frac{1256}{160\ 000} = 0.785\% > \rho'_{\min} = 0.55\%$$

二、螺旋箍筋柱

当轴心受压构件承受很大的轴向压力，而截面尺寸又受到建筑上或使用上的限制，若用普通箍筋柱，即使提高了混凝土强度等级，增加了纵向受力钢筋用量也不足以承受该轴向压力时，可考虑采用螺旋箍筋柱来提高轴心受压构件的承载力。

1. 螺旋箍筋柱的试验结果

混凝土的受压破坏可认为是由于横向变形而使混凝土被拉坏，采用间距较密的螺旋箍筋柱，可以起到约束混凝土的横向变形，使核心部分的混凝土处于三向受压状态，从而间接地提高柱的承载能力。试验研究表明，混凝土应力小于 $0.8f_c$ 时，螺旋箍筋柱变形曲线与普通箍筋柱变形曲线基本相同，这时柱的纵向压应变在 0.002 以下。当柱应变达到 0.003～0.0035 时，纵筋已经达到屈服，混凝土保护层开始剥落（此时普通箍筋柱已达到极限荷载）。由于核心部分混凝土受到螺旋箍筋的约束，仍能继续受压，直到螺旋箍筋达到屈服，不能再对核心混凝土起约束作用时，混凝土被压碎，构件才告破坏。此时柱的纵向压应变可达到 0.01 以上。

2. 螺旋箍筋柱正截面承载力计算公式

当采用螺旋箍筋柱时，钢筋混凝土轴心受压构件正截面受压承载力按如下公式计算：

$$N \leqslant N_u = 0.9(f_c A_{cor} + f'_y A'_s + 2\alpha f_{yv} A_{ss0}) \tag{8-2}$$

式中 A_{cor}——构件的核心截面面积，$A_{cor} = \pi d_{cor}^2 / 4$；

d_{cor}——构件的核心截面直径，间接钢筋内表面之间的距离；

f_{yv}——间接钢筋的抗拉强度设计值，按第二章表 2-8 取值；

f'_y——纵向钢筋的抗压强度设计值；

A'_s——纵向钢筋的截面面积；

A_{ss0}——螺旋式或焊接环式间接钢筋的换算截面面积，$A_{ss0} = \pi d_{cor} A_{ss1} / s$；

A_{ss1}——螺旋式或焊接环式单根间接钢筋的截面面积；

s——间接钢筋沿构件轴线方向的间距；

α——间接钢筋对混凝土约束的折减系数：当混凝土强度等级不超过 C50 时，取 1.0，当混凝土强度等级为 C80 时，取 0.85，其间按线性内插法确定。

为了保证混凝土保护层在使用荷载作用下不剥落，要求按式（8-2）算出的 N_u 不应大于按式（8-1）算出的 N_u 的 1.5 倍。当遇到下列任意一种情况时，不考虑间接钢筋的影响，而应按式（8-1）计算：

1）$l_0/d > 12$ 时。

2）按式（8-2）算出的 N_u 小于式（8-1）算出的 N_u 时。

3）钢筋的换算截面面积 A_{ss0} 小于纵向钢筋的全部截面面积的 25% 时。

第三节　偏心受压构件正截面承载力计算

一、偏心受压构件的试验研究及破坏特征

由试验研究可知，偏心受压构件的破坏特征与轴向力的偏心距和配筋量有关，其破坏形态介于受弯构件与轴心受压构件之间。大量试验表明偏心受压构件的最终破坏都是由于混凝土的压碎而造成的。但是，由于轴向力的偏心距大小及纵向钢筋配筋率的变化，偏心受压构件的破坏特征也不同。归纳起来，有以下两种破坏特征：

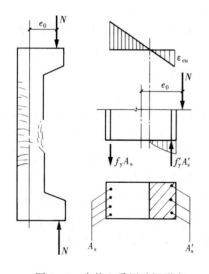

图 8-6　大偏心受压破坏形态

1. 大偏心受压破坏

当偏心距 e_0 较大且距偏心力 N 较远一侧的钢筋配筋量不太多时，发生大偏心受压破坏。其破坏特征与适筋双筋梁类似，在偏心力 N 作用下，离偏心力较远一侧截面受拉，离偏心力较近一侧的截面受压。破坏时受拉区钢筋首先达到屈服强度 f_y，然后，受压钢筋达到屈服强度 f_y'，受压边缘混凝土达到极限压应变 ε_{cu}。破坏有明显预兆，为延性破坏，如图 8-6 所示。

2. 小偏心受压破坏

小偏心受压破坏有三种破坏情形：

1）偏心距 e_0 较小时，构件截面大部分受压，小部分受拉，随着荷载的增加，受拉区虽有裂缝产生但开展缓慢，受拉钢筋达不到屈服，构件破坏时受压钢筋达到屈服，受压区混凝土被压碎，如图 8-7（a）所示。

2）偏心距 e_0 很小时，构件截面全部受压。荷载逐渐增加时，压应力也逐渐增大，当靠近偏心力一侧的混凝土达到极限压应变 ε_{cu} 时，混凝土被压碎，同时，该侧的受压钢筋也达到屈服；但破坏时，另一侧的混凝土和钢筋的应力都很小，钢筋达不到屈服，如图 8-7（b）所示。

3）当偏心距 e_0 较大且距偏心力 N 较远一侧的受拉钢筋配筋量过多时，受拉区的裂缝开展比较缓慢，受拉钢筋的应力增长也非常缓慢，受拉钢筋达不到屈服。构件的破坏也是由于受压区混凝土的压碎而引起的，破坏时，受压钢筋能达到屈服，如图 8-7（c）所示。

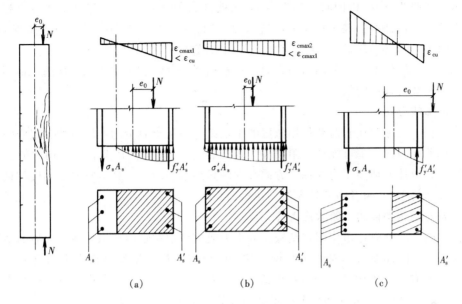

图 8-7 小偏心受压破坏形态

(a) 截面大部分受压；(b) 截面全部受压；(c) A_s 配置过多

综上所述，小偏心受压构件的破坏都是由受压区混凝土压碎而引起的，离偏心力较近一侧的钢筋能达到屈服，而另一侧的钢筋无论是受压还是受拉，均达不到屈服。与大偏心受压破坏相比，其破坏没有明显预兆，为脆性破坏。

二、大偏心受压与小偏心受压的界限

由于大偏心受压的破坏特征类似于适筋双筋梁，因此，在大小偏心受压的界限状态下，截面的界限相对受压区高度 ξ_b 和受弯构件的 ξ_b 完全相同。所以可用 ξ_b 来判别两种不同的偏心受压状态，即

当 $\xi \leqslant \xi_b$ 时，为大偏心受压构件；

当 $\xi > \xi_b$ 时，为小偏心受压构件。

三、弯矩 M 和轴力 N 对偏心受压构件正截面承载力的影响（N_u—M_u 相关曲线）

对给定材料、截面尺寸和配筋的偏心受压构件，在达到极限承载力时，截面承受的弯矩 M_u 和轴力 N_u 具有相关性，可用 N_u—M_u 相关曲线来表示，如图 8-8 所示。

在图 8-8 中，A 点表示轴向力 N 为 0 时的受弯构件承载力；B 点代表大、小偏心受压的界限状态，此时构件承受的弯矩最大；C 点表示 M 为 0 时的轴心受压构件承载力。AB 段表示大偏心受压时的相关曲线，可见，在 AB 段，随着轴向压力的增大，截面承受的弯矩也相应提高。BC 段则表示小偏心受压时的相关曲线，可见，BC 段随着轴向压力的增大，截面承受的弯矩反而降低。

由于 N_u—M_u 相关曲线上的各点反映了构件处于承载能力极限状态时的 N_u 和 M_u，如 D 点的坐标就代表着承载能力极限状态的 N_u 和 M_u 的一种组合。所以，当 N 和 M

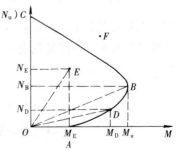

图 8-8 N_u—M_u 相关曲线

的实际组合在曲线 ABC 以内时（如 E 点），表明截面在给出的 N 和 M 组合下没有超过承载能力极限状态，构件不会破坏；反之，当 N 和 M 的实际组合在曲线以外时（如 F 点），表明截面在给出的 N 和 M 组合下超过了承载能力极限状态，构件将要破坏。

当偏心受压构件承受多种内力组合时，可根据 $N_u - M_u$ 相关曲线的规律选定最不利内力组合，作为承载力计算的依据。

四、附加偏心距 e_a

由于工程中实际存在着荷载作用位置的不定性、混凝土质量的不均匀性、配筋的不对称及施工的偏差等因素，都可能产生附加偏心距。《规范》规定：在偏心受压构件的正截面承载力计算中，应计入轴向压力在偏心方向存在的附加偏心距 e_a，其值应取 20mm 和偏心方向截面最大尺寸的 1/30 两者中的较大值。初始偏心距 $e_i = e_0 + e_a$。

五、偏心受压构件的二阶效应考虑

结构中的二阶效应是指作用在结构上的重力或构件中的轴向压力，在变形后的结构中引起的附加内力和附加变形。对建筑结构，其二阶效应包括由结构侧移产生的重力二阶效应（$P \sim \Delta$ 效应）和由受压构件的挠曲产生的效应（$P \sim \delta$ 效应）。$P \sim \Delta$ 效应一般在结构内力计算中考虑，$P \sim \delta$ 效应一般在构件截面承载力计算时考虑。

1. 偏心受压构件的 $P \sim \delta$ 效应

图 8-9（a）所示的偏心受压构件，在杆端同号弯矩 M_1 和 M_2（$M_1 < M_2$）及轴向压力 P 的作用下产生单曲率弯曲。不考虑二阶效应的杆件弯矩图，即一阶弯矩如图 8-9（b）所示。考虑二阶效应后，轴向压力 P 对杆件的任一截面产生的附加弯矩为 $P\delta$，如图 8-9（c）所示，与一阶弯矩叠加后，得 $M = M_0 + P\delta$，如图 8-9（d）所示。如果附加弯矩 $P\delta$ 较大，且 M_1 和 M_2 较接近，则可能 $M > M_2$；此时，构件的控制截面就转移到其中部，因此需要考虑 $P \sim \delta$ 效应。

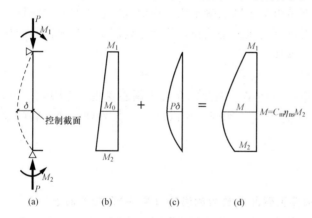

图 8-9　偏心受压构件杆端同号弯矩的二阶效应

(a) 单曲率弯曲；(b) 一阶弯矩图；(c) 附加弯矩图；(d) 叠加弯矩图

《规范》规定：弯矩作用平面内截面对称的偏心受压构件，当同一主轴方向的杆端弯矩比 $\dfrac{M_1}{M_2}$ 不大于 0.9 且轴压比 $\dfrac{N}{f_c A}$ 不大于 0.9 时，若构件的长细比满足式（8-3）的要求时，可不考虑轴向压力在该方向挠曲杆件中产生的附加弯矩影响；否则按截面两个主轴方向分别考虑轴向力在挠曲杆件中产生的附加弯矩影响。

$$\frac{l_0}{i} \leqslant 34 - 12\frac{M_1}{M_2} \qquad (8-3)$$

式中　M_1、M_2——分别为已考虑侧移影响的偏心受压构件两端截面按结构弹性分析确定的对同一主轴的组合弯矩设计值，绝对值较大端为 M_2，绝对值较小端为 M_1，当构件按单曲率弯曲（见图 8-9）时，M_1/M_2 取正值，否则取负值；

　　　　l_0——构件的计算长度，可近似取偏心受压构件相应主轴方向上下支撑点之间的距离；

　　　　i——偏心方向的截面回转半径，对矩形截面，$i=0.289h$。

　　由此可见，只要满足下述条件之一：①$M_1/M_2>0.9$；②$N/f_cA>0.9$；③不满足式 (8-3) 要求，就需考虑 $P\sim\delta$ 效应。

　　《规范》规定：除排架结构柱外，其他偏心受压构件考虑 $P\sim\delta$ 效应后控制截面的弯矩设计值 M，应按下列公式计算：

$$M = C_m\eta_{ns}M_2 \tag{8-4}$$

$$C_m = 0.7 + 0.3\frac{M_1}{M_2} \tag{8-5}$$

$$\eta_{ns} = 1 + \frac{1}{1300\left(\dfrac{M_2}{N}+e_a\right)/h_0}\left(\frac{l_0}{h}\right)^2\zeta_c \tag{8-6}$$

$$\zeta_c = 0.5\frac{f_cA}{N} \tag{8-7}$$

　　当 $C_m\eta_{ns}$ 小于 1.0 时取 1.0，对剪力墙及核心筒墙，可取 $C_m\eta_{ns}$ 等于 1.0。

式中　C_m——构件端截面偏心距调节系数，当小于 0.7 时取 0.7；

　　　η_{ns}——弯矩增大系数；

　　　N——与弯矩设计值 M_2 相应的轴向压力设计值；

　　　ζ_c——截面曲率修正系数，当 $\zeta_c>1.0$ 时，取 $\zeta_c=1.0$；

　　　e_a——附加偏心距；

h、h_0——分别为所考虑弯曲方向柱的高度和截面有效高度；

　　　A——构件的截面面积。

　　当杆件的杆端承受异号弯矩和轴向压力 P 时（如框架柱），其杆件的挠曲变形为双曲率弯曲，反弯点在杆件长度的中部。虽然轴向压力 P 对杆件的截面产生附加弯矩，但叠加后的弯矩值一般不会超过杆端弯矩值，故控制截面不会发生转移，可不考虑 $P\sim\delta$ 效应。

　　2. 排架结构柱的 $P\sim\Delta$ 效应

　　排架结构柱在水平力作用下将产生侧移变形，由于柱顶作用有轴向压力 P，则由侧移对柱的各截面产生附加弯矩，故需考虑 $P\sim\Delta$ 效应。《规范》规定：排架结构柱考虑二阶效应的弯矩设计值 M 可按下列公式计算：

$$M = \eta_{ns}M_0 \tag{8-8}$$

$$\eta_{ns} = 1 + \frac{1}{1500e_i/h_0}\left(\frac{l_0}{h}\right)^2\zeta_c \tag{8-9}$$

$$e_i = e_0 + e_a \tag{8-10}$$

式中　M_0——一阶弹性分析柱端弯矩设计值；

　　　e_i——初始偏心距；

　　　e_0——轴向压力对截面重心的偏心距，$e_0=M_0/N$；

　　　l_0——排架柱的计算长度，按表 11-5 取值；

　　　A——柱的截面面积，对于工字形截面取：$A=bh+2(b_f-b)h_f'$。

其余符号同前。

　　框架结构考虑 $P\sim\Delta$ 效应的计算方法见第十三章第七节所述。

六、矩形截面偏心受压构件正截面承载力计算公式及适用条件

1. 偏心受压构件的基本假定

与受弯构件类似，偏心受压构件正截面承载力计算采用下列基本假定：①截面应变符合平截面假定；②不考虑受拉区混凝土参加工作；③混凝土的极限压应变 $\varepsilon_{cu}=0.0033$；④受压区混凝土采用等效矩形应力图。

2. 大偏心受压构件（$\xi \leqslant \xi_b$）

图 8-10（a）为矩形截面大偏心受压构件破坏时的应力图形，其等效矩形应力图形如图 8-10（b）所示，根据轴力平衡和对受拉钢筋合力中心取矩的平衡条件可列出矩形截面大偏心受压构件的基本计算公式为

$$\Sigma Y = 0, N \leqslant \alpha_1 f_c bx + f'_y A'_s - f_y A_s \tag{8-11}$$

$$\Sigma M = 0, Ne \leqslant \alpha_1 f_c bx(h_0 - x/2) + f'_y A'_s (h_0 - a'_s) \tag{8-12}$$

$$e_0 = M/N$$

$$e = e_i + h/2 - a_s$$

上两式中　e_0——轴向压力对截面重心的偏心距，考虑二阶效应时，M 按式（8-4）计算；

　　　　e_i——初始偏心距，$e_i = e_0 + e_a$；

　　　　e_a——附加偏心距；

　　　　e——轴向力作用点至受拉钢筋的合力点的距离。

式（8-11）和式（8-12）的适用条件为 $\xi \leqslant \xi_b$ 和 $x \geqslant 2a'_s$。

当 $x < 2a'_s$ 时，受压钢筋不能屈服，偏于安全地取 $x = 2a'_s$，并对受压钢筋合力点取矩（图 8-10）得

$$Ne' = f_y A_s(h_0 - a'_s) \tag{8-13}$$

式中　e'——轴向力作用点至受压钢筋的合力点的距离，$e' = e_i - h/2 + a'_s$。

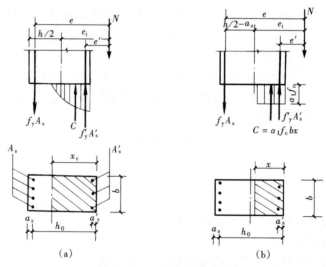

图 8-10　大偏心受压情况

（a）应力图形；（b）等效矩形应力图形

3. 小偏心受压构件（$\xi > \xi_b$）

根据试验研究可知，小偏心受压构件离偏心力较远一侧的钢筋（用 A_s 表示）无论是受

压还是受拉，都没有达到屈服强度，其应力值 σ_s 将随相对受压区高度 ξ 的变化而变化。《规范》规定，σ_s 按下式计算：

$$\sigma_s = f_y(\xi - \beta_1)/(\xi_b - \beta_1) \tag{8-14}$$

同时 σ_s 还应符合如下条件

$$-f_y' \leqslant \sigma_s \leqslant f_y$$

当 $\xi = \xi_b$ 时，$\sigma_s = f_y$；当 $\xi = \beta_1 = 0.8$（β_1 取值见第三章）时，$\sigma_s = 0$。

图 8-11 为小偏心受压构件破坏时的应力图形，根据轴力平衡和对 A_s 合力中心取矩的平衡条件可列出其基本公式为

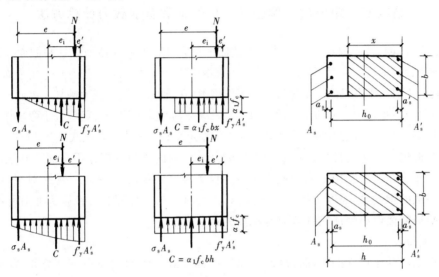

图 8-11 小偏心受压情况

$$N = \alpha_1 f_c b x + f_y' A_s' - \sigma_s A_s \tag{8-15}$$

$$Ne = \alpha_1 f_c b x (h_0 - x/2) + f_y' A_s' (h_0 - a_s') \tag{8-16}$$

其中
$$e = e_i + h/2 - a_s$$

七、偏心受压构件的界限受压承载力设计值及界限偏心距

$\xi = \xi_b$ 为大小偏心受压的界限，由式（8-11）可得界限受压承载力 N_b 为

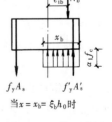

$$N_b = \alpha_1 f_c \xi_b b h_0 + f_y' A_s' - f_y A_s \tag{8-17}$$

当 $\xi = \xi_b$ 时，对截面形心取矩（图 8-12），可得界限弯矩 M_b 为

$$M_b = \frac{1}{2}[\alpha_1 f_c \xi_b b h_0 (h - \xi_b h_0)$$
$$+ (f_y' A_s' + f_y A_s)(h_0 - a_s')] \tag{8-18}$$

当 $x = x_b = \xi_b h_0$ 时

图 8-12 偏心受压
构件界限受压情况

设界限偏心距为 e_{ib}，则 $M_b = N_b e_{ib}$。由此可得出界限偏心距 e_{ib} 为

$$e_{ib} = \frac{M_b}{N_b} = \frac{\frac{1}{2}[\alpha_1 f_c \xi_b b h_0 (h - \xi_b h_0) + (f_y A_s + f_y' A_s')(h_0 - a_s')]}{\alpha_1 f_c \xi_b b h_0 + f_y' A_s' - f_y A_s} \tag{8-19}$$

根据式（8-17）、式（8-18）及式（8-19）可知，当截面尺寸、材料强度给定时，界限破坏荷载 N_b、界限弯矩 M_b、界限偏心距 e_{ib} 并不是常数，它们随着截面配筋的变化而变化。当截

面尺寸、材料强度及截面配筋情况已知时，N_b、M_b、e_{ib} 均为定值，并能通过公式求出。

构件承受的轴向力设计值 $N > N_b$ 时，截面处于小偏心受压状态；当 $N < N_b$ 且偏心距较大时，截面处于大偏心受压状态；同样，当计算的初始偏心距 $e_i < e_{ib}$ 时，截面处于小偏心受压状态；当 $e_i > e_{ib}$ 时，截面处于大偏心受压状态。

当式（8-19）中的截面尺寸给定，对常用的混凝土强度等级和钢筋级别，当 $A_s = \rho_{min} A$ 和 $A'_s = \rho'_{min} A$（其中 ρ_{min} 和 ρ'_{min} 分别为受拉钢筋和受压钢筋的最小配筋率，$\rho_{min} = \rho'_{min} = 0.2\%$；$A$ 为构件截面面积）时，近似可取最小的界限偏心距 $e_{ib,min} = 0.3h_0$。

第四节　矩形截面偏心受压构件正截面承载力计算方法

钢筋混凝土矩形截面偏心受压构件的正截面承载力计算可分为截面设计和截面复核两种情况。当轴向力设计值较大且弯矩作用平面内的偏心距较小时，如果垂直于弯矩作用平面的边长较小或长细比较大时，则有可能产生垂直于弯矩作用平面的轴心受压承载力破坏。因此，小偏心受压构件除应计算弯矩作用平面的受压承载力外，尚应按轴心受压构件验算垂直于弯矩作用平面的受压承载力，此时可不考虑弯矩的作用，但应考虑稳定系数 φ 的影响，按式（8-1）进行计算。

矩形截面偏心受压构件应该以长边方向的截面主轴面作为弯矩作用平面。其纵向受力钢筋一般集中布置在弯矩作用方向的截面两对边位置。当距偏心力较远一侧的钢筋 A_s 和距偏心力较近一侧的钢筋 A'_s 强度等级相同，且 $A_s = A'_s$ 时，为对称配筋；否则为非对称配筋。

一、矩形截面偏心受压构件非对称配筋的计算方法

（一）截面设计

在进行偏心受压构件的截面设计时，通常已知荷载产生的轴向力 N、弯矩 M 或偏心距 e_0、材料强度 f_c、f_y、f'_y、截面尺寸 $b \times h$ 以及弯矩作用平面内构件的计算长度 l_0，要求计算构件所需配置的纵向钢筋用量 A_s 和 A'_s。

1. 大、小偏心受压的判别

根据已知条件，在钢筋用量未知的情况下，无法按照 ξ 值进行大、小偏心受压的判别。为了简化计算，可用下面的方法判别两类偏心受压情况。

当 $e_i \leqslant 0.3h_0$ 时，可先按小偏心受压情况计算；

当 $e_i > 0.3h_0$ 时，可先按大偏心受压情况计算。

这种判别的方法，只适用于矩形截面偏心受压构件。

2. 大偏心受压构件的配筋计算

（1）钢筋面积 A'_s 和 A_s 均未知。由基本公式（8-11）和式（8-12）可知，有三个未知数 A_s、A'_s 和 x，不能求得唯一解，必须补充设计条件，即增加一个使 $A_s + A'_s$ 的用量最小的条件。与双筋梁类似，为充分利用混凝土的抗压能力，并保证 A_s 屈服，同时使 $A_s + A'_s$ 用量减到最少，取 $\xi = \xi_b$。

由式（8-12）可得受压钢筋的截面面积

$$A'_s = \frac{Ne - \alpha_1 f_c b h_0^2 (1 - 0.5\xi_b)\xi_b}{f_y'(h_0 - a'_s)} \geqslant 0.002bh \qquad (8-20)$$

若计算得到的 $A'_s < 0.002bh$ 时，取 $A'_s = 0.002bh$，按 A'_s 为已知的情况计算 A_s。

将求得的 A'_s 代入式（8-11）中，可得受拉钢筋的截面面积

$$A_s = (\alpha_1 f_c \xi_b b h_0 + f_y' A_s' - N)/f_y \geqslant 0.002bh \qquad (8-21)$$

若计算得到的 $A_s < 0.002bh$ 时，取 $A_s = 0.002bh$。

验算全部纵向受力钢筋的配筋率，并满足《规范》规定。

（2）已知 A_s'，求 A_s。当 A_s' 已知时，基本公式（8-11）和式（8-12）的未知数只有 x 和 A_s 两个，通过式（8-11）和式（8-12）即可直接求出 A_s。当 $x < 2a_s'$ 时，按式（8-13）求 A_s。

【例 8-2】　处于一类环境中的钢筋混凝土柱，其截面尺寸 $b \times h = 400mm \times 500mm$，计算长度为 $l_0 = 6m$，承受轴向压力设计值 $N = 610kN$，柱两端弯矩设计值分别为：$M_1 = 281kN \cdot m$，$M_2 = 305kN \cdot m$，且为单曲率弯曲。混凝土选用 C25（$f_c = 11.9N/mm^2$），钢筋选用 HRB400（$f_y = f_y' = 360N/mm^2$）。若采用非对称配筋，试计算截面所需配置的纵向钢筋用量 A_s 和 A_s'。

解

（1）验算是否需考虑附加弯矩。

$$\frac{M_1}{M_2} = \frac{281}{305} = 0.92 > 0.9$$

因此，需考虑附加弯矩的影响。

（2）计算考虑二阶效应的弯矩设计值。

$$\zeta_c = \frac{0.5 f_c A}{N} = \frac{0.5 \times 11.9 \times 400 \times 500}{610 \times 10^3} = 1.95 > 1.0 \qquad 取 \zeta_c = 1.0$$

$$C_m = 0.7 + 0.3 \frac{M_1}{M_2} = 0.7 + 0.3 \times 0.92 = 0.98$$

$$a_s = a_s' = 25 + 10 + 10 = 45mm$$

$$h_0 = h - a_s = 500 - 45 = 455mm$$

e_a 取 $h/30 = 500/30 = 16.7mm$ 或 $20mm$ 中的较大值，即取 $e_a = 20mm$

$$\eta_{ns} = 1 + \frac{1}{1300 \times \left(\frac{305 \times 10^6}{610 \times 10^3} + 20\right)/455} \times \left(\frac{6000}{500}\right)^2 \times 1.0 = 1.097$$

$$C_m \eta_{ns} = 0.98 \times 1.097 = 1.075 > 1.0$$

$$M = 0.98 \times 1.097 \times 305 \times 10^6 = 327.9kN \cdot m$$

（3）判别大小偏心。

$$e_0 = \frac{M}{N} = \frac{327.9 \times 10^6}{610 \times 10^3} = 537.5mm$$

$$e_i = e_0 + e_a = 537.5 + 20 = 557.5mm > 0.3h_0 = 136.5mm$$

所以，可先按大偏心受压情况计算。

（4）计算钢筋用量 A_s'。

取 $x = \xi_b h_0$　其中　$\xi_b = 0.518$

$$e = e_i + h/2 - a_s = 557.5 + 500/2 - 45 = 762.5mm$$

由式（8-20）可得

$$A_s' = \frac{610 \times 10^3 \times 762.5 - 1.0 \times 11.9 \times 400 \times 455^2 \times (1 - 0.5 \times 0.518) \times 0.518}{360 \times (455 - 45)}$$

$$= 588.6mm^2 > 0.002bh = 0.002 \times 400 \times 500 = 400mm^2$$

受压钢筋选用 3 Φ 16（$A_s'=603\text{mm}^2$）

（5）计算钢筋用量 A_s。

由式（8-21）可得

$$A_s=(\alpha_1 f_c bh_0\xi_b+f_y'A_s'-N)/f_y$$
$$=(1.0\times11.9\times0.518\times400\times455+360\times588.6-610\times10^3)/360$$
$$=2010\text{mm}^2>0.002bh=0.002\times400\times500=400\text{mm}^2$$

受拉钢筋选用 5 Φ 25（$A_s=2454\text{mm}^2$）。

全部纵向钢筋的配筋率：

$$\rho=\frac{A_s+A_s'}{A}=\frac{603+2454}{400\times500}=1.53\%>0.55\%，满$$

足要求。

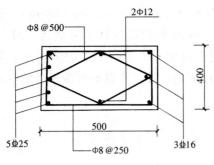

图 8-13　[例 8-2] 配筋图

（6）画配筋图。如图 8-13 所示，箍筋按构造要求选用 Φ 8@250。

【例 8-3】 处于一类环境中的现浇钢筋混凝土柱的截面尺寸 $b\times h=400\text{mm}\times500\text{mm}$，计算长度 $l_0=6\text{m}$，承受轴向压力设计值 $N=500\text{kN}$，柱两端弯矩设计值 $M_1=M_2=250\text{kN}\cdot\text{m}$，且为单曲率弯曲。混凝土选用 C25（$f_c=11.9\text{N/mm}^2$），钢筋选用 HRB400（$f_y=f_y'=360\text{N/mm}^2$）。已选定受压钢筋为 4 Φ 18（$A_s'=1017\text{mm}^2$），试计算截面所需配置的纵向受拉钢筋用量 A_s。

解

（1）～（3）的计算过程与 [例 8-2] 相同，计算得 $a_s=a_s'=45\text{mm}$，$h_0=455\text{mm}$，$M=274.25\text{kN}\cdot\text{m}$，$e_i=568.5\text{mm}>0.3h_0=136.5\text{mm}$，可按大偏心受压计算。

（4）计算受压区高度 x。

$$e=e_i+h/2-a_s'=568.5+500/2-45=773.5\text{mm}$$

由式（8-11）和式（8-12）可得

$$x=h_0-h_0\sqrt{1-\frac{Ne-f_y'A_s'(h_0-a_s')}{0.5\alpha_1 f_c bh_0^2}}$$

$$=455-455\sqrt{1-\frac{500\times10^3\times773.5-360\times1017\times(455-45)}{0.5\times1.0\times11.9\times400\times455^2}}$$

$$=127\text{mm}<\xi_b h_0=0.518\times455=235.7\text{mm}$$

$$x>2a_s'=2\times45=90\text{mm}$$

（5）计算受拉钢筋用量 A_s。

由式（8-11）可得

$$A_s=(\alpha_1 f_c bx+f_y'A_s'-N)/f_y$$
$$=(1.0\times11.9\times400\times127+360\times1017-500\,000)/360$$
$$=1307\text{mm}^2>0.002bh=0.002\times400\times500=400\text{mm}^2$$

受拉钢筋选用 3 Φ 25（$A_s=1473\text{mm}^2$）。经计算，全部纵向受力钢筋的配筋率满足要求。

（6）画配筋图。如图 8-14 所示，箍筋按构造要求选用 Φ 8@250。

3. 小偏心受压构件的配筋计算

将式（8-14）代入式（8-15）中，并取 $x = \xi h_0$，对常用混凝土，则有

$$N = \alpha_1 f_c b \xi h_0 + f_y' A_s' - \frac{f_y A_s (\xi - 0.8)}{\xi_b - 0.8} \tag{8-22}$$

$$Ne = \alpha_1 f_c b h_0^2 \xi (1 - 0.5\xi) + f_y' A_s' (h_0 - a_s') \tag{8-23}$$

（1）钢筋面积 A_s' 和 A_s 均未知。由式（8-22）和式（8-23）可知，两个计算公式有三个未知数 A_s、A_s' 和 ξ，不能求得唯一解，采用与大偏心受压构件类似的方法，以总用钢量 $A_s + A_s'$ 最小作为补充条件。

对于小偏心受压构件，由于离偏心力较远一侧的钢筋 A_s 无论是受压还是受拉均达不到屈服，所以 A_s 可按最小配筋率计算钢筋面积，即取 $A_s = 0.002bh$，这样得到的总用钢量最少。

当小偏心受压构件的轴向力 $N > f_c bh$ 时，离偏心力较远一侧的纵向钢筋有可能达到受压屈服强度，如图 8-15 所示，此时受压破坏可能发生在 A_s 一侧。为了防止 A_s 达到屈服而使构件产生受压破坏，《规范》规定，对矩形截面非对称配筋的小偏心受压构件，尚应按下列公式进行验算：

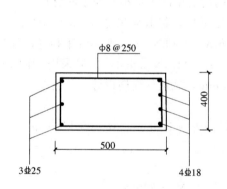

图 8-14 ［例 8-3］配筋图

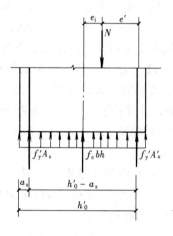

图 8-15 小偏心受压破坏发生在 A_s 一侧的情况

$$Ne' \leqslant f_c bh (h_0' - h/2) + f_y' A_s (h_0' - a_s) \tag{8-24}$$

$$e' = h/2 - a_s' - (e_0 - e_a)$$

$$h_0' = h - a_s'$$

式中 e'——轴向压力作用点至 A_s' 的合力作用点之间的距离，此时，轴向力作用点靠近截面重心，考虑对 A_s 最不利的情况，初始偏心距取 $e_i = e_0 - e_a$；

h_0'——纵向受压钢筋合力点至截面远边的距离。

从上述分析可以看出，在小偏心受压情况下，可通过公式 $A_s = 0.002bh$ 和式（8-24）计算出 A_s 的用量，并取两者之中的较大值。计算表明，只有当轴向力 $N > f_c bh$ 时，A_s 的配筋率才有可能大于《规范》规定的最小配筋率；当 $N \leqslant f_c bh$ 时，按式（8-24）计算出的 A_s 将小于 $0.002bh$，此时可取 $A_s = 0.002bh$。

将 A_s 的计算结果代入式（8-22）和式（8-23）中，解方程可求得 A_s'。但解方程比较繁琐，可以采用下列方法解得 ξ，如图 8-16 所示，对受压钢筋合力点取矩，可得

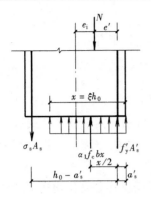

$$Ne' = \alpha_1 f_c bh_0^2 \xi(0.5\xi - a'_s/h_0)$$
$$- f_y A_s(h_0 - a'_s)(\xi - 0.8)/(\xi_b - 0.8)$$

其中　　　　　　　　　　$e' = h/2 - a'_s - e_i$

整理并解方程得：

$$\xi = \left(\frac{a'_s}{h_0} - \frac{B}{D}\right) + \sqrt{\left(\frac{a'_s}{h_0} - \frac{B}{D}\right)^2 + \frac{(0.8 - \xi_b)}{0.5D}Ne' + 1.6\frac{B}{D}}$$

$$(8 - 25)$$

其中　　　　　　　　　　$B = f_y A_s(h_0 - a'_s)$

$$D = \alpha_1 f_c bh_0^2(0.8 - \xi_b)$$

图 8-16　小偏心受压构件
A_s 和 A'_s 均未知时
的简化计算图

将 ξ 代入式（8-22）或式（8-23）即可求得 A'_s，且 $A'_s \geqslant 0.002bh$。

应当注意，当按式（8-25）计算出的 $\xi > \xi_b$ 但 $\xi < h/h_0$（即 $x < h$）时，表明此小偏心受压构件属于部分受压、部分受拉的情况；当 $\xi \geqslant h/h_0$（即 $x \geqslant h$）时，表明此小偏心受压构件属于全截面受压的情况，应取 $\xi = h/h_0$。

（2）已知 A'_s，求 A_s 或已知 A_s，求 A'_s。无论是已知 A'_s 求 A_s 还是已知 A_s 求 A'_s，对于公式来说，只有两个未知数，可直接通过解方程式（8-22）和式（8-23）求得 ξ 和 A_s 或 A'_s，且 $A_s \geqslant 0.002bh$、$A'_s \geqslant 0.002bh$，同时当 $\xi > h/h_0$ 时，应取 $\xi = h/h_0$。

对小偏心受压构件，同样要求全部纵向受力钢筋的配筋率满足最小配筋率的要求。

【例 8-4】　处于一类环境中的钢筋混凝土偏心受压柱，其截面尺寸 $b \times h = 400\text{mm} \times 600\text{mm}$，承受轴向压力设计值 $N = 2500\text{kN}$，弯矩设计值 $M = 250\text{kN} \cdot \text{m}$，两端弯矩相等，且为单曲率弯曲，计算长度 $l_0 = 6\text{m}$，混凝土强度等级 C25（$f_c = 11.9\text{N/mm}^2$），钢筋采用 HRB400 级（$f_y = f'_y = 360\text{N/mm}^2$，$\xi_b = 0.518$），取 $a_s = a'_s = 45\text{mm}$，试进行配筋设计。

解

（1）～（3）的计算过程与［例 8-2］相同，计算得 $h_0 = 555\text{mm}$，$M = 300\text{kN} \cdot \text{m}$，$e_i = 140\text{mm} < 0.3h_0 = 166.5\text{mm}$，可按小偏心受压计算。

（4）计算钢筋用量 A_s。

$$f_c bh = 11.9 \times 400 \times 600 = 2856\text{kN} > N = 2500\text{kN}$$

所以　　　　　　$A_s = 0.002bh = 0.002 \times 400 \times 600 = 480\text{mm}^2$

可选用 2 $\underline{\Phi}$ 18（$A_s = 509\text{mm}^2$）

（5）计算 ξ。

$$B = f_y A_s(h_0 - a'_s) = 360 \times 509 \times (555 - 45) = 93.5\text{kN} \cdot \text{m}$$

$$D = \alpha_1 f_c bh_0^2(0.8 - \xi_b)$$

$$= 1.0 \times 11.9 \times 400 \times 555^2 \times (0.8 - 0.518) = 413.5\text{kN} \cdot \text{m}$$

$$\frac{B}{D} = 93.5/413.5 = 0.226 \qquad \frac{a'_s}{h_0} = \frac{45}{555} = 0.08$$

$$\frac{a'_s}{h_0} - \frac{B}{D} = 0.08 - 0.226 = -0.146$$

$$e' = h/2 - a'_s - e_i = 600/2 - 45 - 140 = 115\text{mm}$$

由式（8-25）可得

$$\xi = -0.146 + \sqrt{(-0.146)^2 + \frac{(0.8 - 0.518)}{0.5 \times 413.5 \times 10^6} \times 2500 \times 10^3 \times 115 + 1.6 \times 0.226}$$

$$=0.73 < h/h_0 = 600/555 = 1.08$$

（6）计算 A_s'。

$$e = e_i + h/2 - a_s = 140 + 600/2 - 45 = 395\text{mm}$$

$$A_s' = \frac{2500 \times 10^3 \times 395 - 1.0 \times 11.9 \times 400 \times 555^2 \times 0.73(1 - 0.5 \times 0.73)}{360 \times (555 - 45)}$$

$$=1677\text{mm}^2 > 0.002bh = 0.002 \times 400 \times 600 = 480\text{mm}^2$$

选 4 Φ 25（$A_s' = 1964\text{mm}^2$）。全部纵向受力钢筋的配筋率满足要求。箍筋按构造要求选用 Φ 8@250，截面配筋如图 8 - 17 所示。

（7）验算垂直于弯矩作用平面的承载力。

$$\frac{l_0}{b} = \frac{6000}{400} = 15$$，通过表 8 - 1 可查得稳定系数

$\varphi = 0.895$。

由式（8 - 1）计算

$$0.9\varphi(f_c A + f_y' A_s')$$

$$=0.9 \times 0.895[11.9 \times 400 \times 600 + 360 \times (509 + 1964)]$$

$$=3018\text{kN} > N = 2500\text{kN}$$ 满足要求。

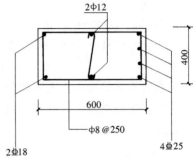

图 8 - 17 ［例 8 - 4］配筋图

［例 8 - 5］ 处于一类环境中的钢筋混凝土偏心受压构件，其截面尺寸 $b \times h = 400\text{mm} \times 600\text{mm}$，弯矩作用平面内计算长度 6m，弯矩作用平面外计算长度 4.8m，混凝土强度等级 C25（$f_c = 11.9\text{N/mm}^2$）钢筋采用 HRB400 级（$f_y = f_y' = 360\text{N/mm}^2$，$\xi_b = 0.518$），承受轴向力设计值 $N = 3650\text{kN}$，弯矩设计值 $M_2 = 119\text{kN} \cdot \text{m}$，$M_1 = 115\text{kN} \cdot \text{m}$，取 $a_s = a_s' = 45\text{mm}$，试按构件为单曲率弯曲进行配筋设计。

解

（1）～（3）的计算过程与［例 8 - 2］相同，计算得 $h_0 = 555\text{mm}$，$M = 155.5\text{kN} \cdot \text{m}$，$e_i = 62.6\text{mm} < 0.3h_0 = 166.5\text{mm}$，可按小偏心受压计算。

（4）计算钢筋用量 A_s。

$$f_c bh = 11.9 \times 400 \times 600 = 2856\text{kN} < N = 3650\text{kN}$$

A_s 应按式（8 - 24）计算且 $A_s \geq 0.002bh$。

所以

$$e' = h/2 - a_s' - (e_0 - e_a) = 600/2 - 45 - (42.6 - 20) = 232.4\text{mm}$$

$$h_0' = h - a_s' = 600 - 45 = 555\text{mm}$$

由式（8 - 24）可得

$$A_s = \frac{3650 \times 10^3 \times 232.4 - 11.9 \times 400 \times 600 \times \left(555 - \frac{600}{2}\right)}{360 \times (555 - 45)}$$

$$=653.5\text{mm}^2 > 0.002bh = 0.002 \times 400 \times 600 = 480\text{mm}^2$$

A_s 选 2 Φ 25（$A_s = 760\text{mm}^2$）。

（5）计算 ξ。

采用与［例 8 - 4］相同的方法计算。由式（8 - 25）可得

$$\xi = 0.994 < h/h_0 = 600/555 = 1.08$$

（6）计算 A_s'。

$$e = e_i + h/2 - a_s = 62.6 + 600/2 - 45 = 317.6\text{mm}$$

由式（8-23）可得

$$A_s' = \frac{3650 \times 10^3 \times 317.6 - 1.0 \times 11.9 \times 400 \times 555^2 \times 0.994 \times (1-0.5 \times 0.994)}{360 \times (560-40)}$$

$$= 2277 \text{mm}^2 > 0.002bh = 0.002 \times 400 \times 600 = 480 \text{mm}^2$$

选 5 Φ 25 （$A_s' = 2454 \text{mm}^2$），箍筋按构造要求选用Φ 8@300。

（7）验算垂直于弯矩作用平面的承载力。

$\dfrac{l_0}{b} = \dfrac{4800}{400} = 12$，通过表 8-1 可查得稳定系数 $\varphi = 0.95$

由式（8-1）计算得

$$0.9\varphi(f_c A + f_y' A_s') = 0.9 \times 0.95[11.9 \times 400 \times 600 + 360 \times (760 + 2454)]$$

$$= 3431 \text{kN} < N = 3650 \text{kN}$$

承载力不满足要求，表明此钢筋混凝土偏心受压构件的配筋由轴心受压控制。

（8）按轴心受压计算构件配筋。

由式（8-1）可得

$$A_s' = \frac{\dfrac{N}{0.9\varphi} - f_c A}{f_y'} = \frac{\dfrac{3650 \times 10^3}{0.9 \times 0.95} - 11.9 \times 400 \times 600}{360} = 3925 \text{mm}^2$$

选用 8 Φ 25 （$A_s' = 3927 \text{mm}^2$）。

其配筋率为

$$\rho' = \frac{A_s'}{400 \times 600} = \frac{3927}{240\,000} = 1.64\% > \rho'_{\min} = 0.55\%$$

（二）截面复核

截面承载力复核时，一般已知构件的截面尺寸、材料强度、配筋量及计算长度等，具体分为如下两种情况：①已知轴向力设计值，求弯矩作用平面内的弯矩设计值或偏心距；②已知弯矩作用平面内的弯矩设计值或偏心距，求轴向力设计值。

1. 已知轴向力设计值，求弯矩作用平面内的弯矩设计值或偏心距

（1）判别大、小偏心受压情况。

根据式（8-17）计算 N_b，当 $N \leqslant N_b$ 时，可按大偏心受压进行截面复核；当 $N > N_b$ 时，可按小偏心受压进行截面复核。

（2）大偏心受压截面复核。

1）根据式（8-11）计算 x。

2）当 $\xi_b h_0 \geqslant x \geqslant 2a_s'$ 时，将 x 代入式（8-12）中计算 e，根据 $e = e_i + h/2 - a_s$ 可计算得 e_i，进而由 $e_i = e_0 + e_a$ 即可求得 e_0，此时的 e_a 根据规范规定取值。

当 $x < 2a_s'$ 时，根据（8-13）计算出 e'，再由 $e' = e_i - h/2 + a_s'$ 计算 e_i，同样根据 $e_i = e_0 + e_a$ 计算得 e_0。

3）根据 $M = Ne_0$ 即可计算得 M。

（3）小偏心受压截面复核。

1）根据式（8-15）和式（8-14）计算 x，当 $x \geqslant h$ 时取 $x = h$。

2）将计算出的 x 代入式（8-16）中计算 e，再由 $e = e_i + h/2 - a_s$ 计算 e_i，同样根据 $e_i = e_0 + e_a$ 计算得 e_0。

3）根据 $M = Ne_0$ 即可计算出 M。

2. 已知弯矩作用平面内的弯矩设计值或偏心距，求轴向力设计值

（1）判别大、小偏心受压情况。

可先假设为大偏心受压。由图 8-10 中截面上各纵向力对外力作用点 N 的力矩平衡条件，并取 $x=\xi h_0$，可得

$$\alpha_1 f_c b\xi h_0[e-(h_0-0.5\xi h_0)]=f_y A_s e-f'_y A'_s e' \tag{8-26}$$

式（8-26）为关于 ξ 的一元二次方程，解此方程可得 ξ，即可根据 $\xi\leqslant\xi_b$ 或 $\xi>\xi_b$ 判别大、小偏心受压。

（2）大偏心受压截面复核。

当 $\dfrac{2a'_s}{h_0}\leqslant\xi\leqslant\xi_b$ 时，将 $x=\xi h_0$ 代入式（8-11）中即可求得承载力 N。

当 $\xi<\dfrac{2a'_s}{h_0}$ 时，可先通过式（8-13）计算承载力 N_1；另外，按不考虑受压钢筋作用，即取 $A'_s=0$，重新通过式（8-11）和式（8-12）计算截面受压区高度 x 和相应的承载力 N_2，最终承载力 N 应取 N_1 和 N_2 中的较大值。其意义为如果考虑部分受压钢筋 A'_s 作用所确定的截面承载力 N_1，比完全不考虑受压钢筋 A'_s 作用时所确定的截面承载力 N_2 还小，应按不计受压钢筋 A'_s 作用时的截面承载力来复核截面。

（3）小偏心受压截面复核。

通过式（8-26）解得的 $\xi>\xi_b$ 时，此柱即为小偏心受压柱。但通过式（8-26）解得的 ξ 与小偏心受压构件计算式（8-22）和式（8-23）中的 ξ 不符，因为在小偏心受压情况下，离偏心力较远一侧的钢筋往往达不到屈服。所以，对小偏心受压构件的截面复核须通过式（8-22）和式（8-23）联立解方程，最终可得到真实的 ξ 和相应的承载力 N_u。

【例 8-6】　处于一类环境中的钢筋混凝土偏心受压柱的截面尺寸 $b\times h=400\text{mm}\times 600\text{mm}$，计算长度为 $l_0=6.5\text{m}$，受压钢筋选用 3 Φ 18 （$A'_s=763\text{mm}^2$），受拉钢筋选用 5 Φ 20 （$A_s=1570\text{mm}^2$），箍筋选用 Φ 8@250。混凝土强度等级 C25 （$f_c=11.9\text{N/mm}^2$），钢筋采用 HRB400 级 （$f_y=f'_y=360\text{N/mm}^2$，$\xi_b=0.518$），截面承担的轴向力设计值 $N=920\text{kN}$，取 $a_s=a'_s=45\text{mm}$，试求弯矩作用平面内所能承担的弯矩设计值（假设柱两端所承担的弯矩相等）。

解

（1）判别大小偏心。

$h_0=h-a_s=600-45=555\text{mm}$，由式（8-17）计算得 $N_b=1.0\times 11.9\times 0.518\times 400\times 555+360\times 763-360\times 1570=1078\text{kN}>N=920\text{kN}$ 按大偏心受压计算。

（2）计算受压区高度 x。

将各已知值代入式（8-11）中，可计算出（计算过程略）：$x=254.2\text{mm}>2a'_s=90\text{mm}$，且 $\leqslant\xi_b h_0=287.5\text{mm}$。

（3）计算 e_0。

将已知值 $x=254.2\text{mm}$ 代入式（8-12）中，可计算出（计算过程略）$e=715\text{mm}$。由 $e=e_i+h/2-a_s$ 即可计算出 $e_i=460\text{mm}$，取 $e_a=20\text{mm}$，则根据 $e_i=e_0+e_a$ 算得 $e_0=440\text{mm}$。

（4）计算 M。

根据 $M=Ne_0$，即可计算出 $M=404.8\text{kN}\cdot\text{m}$。

【例 8-7】 处于一类环境中的钢筋混凝土框架柱的截面尺寸为 $b \times h = 400\text{mm} \times 500\text{mm}$，计算长度 $l_0 = 6.8\text{m}$，采用 C25 混凝土（$f_c = 11.9\text{N/mm}^2$），HRB400 级钢筋（$f_y = f'_y = 360\text{N/mm}^2$，$\xi_b = 0.518$），受压钢筋选用 3 Φ 18（$A'_s = 763\text{mm}^2$），受拉钢筋选用 2 Φ 18（$A_s = 509\text{mm}^2$），箍筋选用 Φ 8@250，当 $e_0 = 90\text{mm}$ 时，试计算轴向力设计值。

解

（1）判别大小偏心。

取 $a_s = a'_s = 45\text{mm}$，$h_0 = h - a_s = 500 - 45 = 455\text{mm}$；$e_a$ 取 $h/30 = 500/30 = 16.7\text{mm}$ 或 20mm 中的较大值，即取 $e_a = 20\text{mm}$，则 $e_i = e_0 + e_a = 110\text{mm}$。于是有 $e' = e_i - h/2 + a'_s = -95\text{mm}$，$e = e_i + h/2 - a_s = 315\text{mm}$。

将各已知值代入式（8-26）中解一元二次方程（计算过程略），可得 $\xi = 0.82 > \xi_b = 0.518$，由此判断出此柱为小偏心受压构件。

（2）计算小偏心受压构件实际的 x 和 N。

将各已知值代入式（8-22）和式（8-23）中联立解方程，可得（计算过程略）$x = 374\text{mm}$，$N = 1803\text{kN}$。

（3）验算垂直于弯矩作用平面的承载力。

$\dfrac{l_0}{b} = \dfrac{6800}{400} = 17$，通过表 8-1 可查得稳定系数 $\varphi = 0.84$

由式（8-1）计算得

$$0.9\varphi(f_c A + f_y A'_s) = 0.9 \times 0.84 \times [11.9 \times 400 \times 500 + 300 \times (509 + 763)]$$
$$= 2088\text{kN} > 1803\text{kN} \text{ 该柱可承担轴向力设计值 1803kN。}$$

二、矩形截面偏心受压构件对称配筋的计算方法

在实际工程中，单层厂房柱、多层框架柱等偏心受压构件，由于其控制截面在不同的荷载组合作用下，可能产生相反方向的弯矩（即截面在一种荷载组合情况下为受拉的部位，在另一种荷载组合下却为受压），当其数值相差不大时，或即使相反方向弯矩相差较大，但按对称配筋设计求得的纵筋总量，与按非对称配筋设计求得的纵筋总量相比增加不多时，为便于设计和施工，常采用对称配筋。

对称配筋是 $A_s = A'_s$，$f_y = f'_y$，$a_s = a'_s$。由于受力情况与前述的非对称配筋情况相同，所以仍可依据前述基本式（8-11）～式（8-16）进行计算。

（一）截面设计

1. 大小偏心受压的判断

截面设计时，可先假设为大偏心受压。由于对称配筋取 $f_y A_s = f'_y A'_s$，则由式（8-17）可得

$$N_b = \alpha_1 f_c b h_0 \xi_b \tag{8-27}$$

故当轴向力设计值 $N > N_b$ 时，按小偏心受压构件设计；$N \leqslant N_b$ 时，按大偏心受压构件设计。

同理，由式（8-11）也可得

$$\xi = \frac{N}{\alpha_1 f_c b h_0} \tag{8-28}$$

故也可用 ξ 判断大小偏心受压类型。

2. 大偏心受压构件的计算

当 $\dfrac{2a_s'}{h_0} \leqslant \xi \leqslant \xi_b$ 时，取 $x = \xi h_0$，由式（8-12）可求得

$$A_s' = A_s = \frac{Ne - \alpha_1 f_c bx\left(h_0 - \dfrac{x}{2}\right)}{f_y'(h_0 - a_s')} \geqslant 0.002bh \tag{8-29}$$

其中　$e = e_i + h/2 - a_s'$

当 $x < 2a_s'$ 时，取 $x = 2a_s'$，由式（8-13）可求得

$$A_s = A_s' = \frac{Ne'}{f_y(h_0 - a_s')} \geqslant 0.002bh \tag{8-30}$$

其中　$e' = e_i - h/2 + a_s'$。

【例 8-8】 条件同［例 8-2］，但采用对称配筋。

解　通过［例 8-2］已知：$b \times h = 400\text{mm} \times 500\text{mm}$，$N = 610\text{kN}$，$e = 762.5\text{mm}$，$f_y = f_y' = 360\text{N/mm}^2$，$f_c = 11.9\text{N/mm}^2$，$a_s = a_s' = 45\text{mm}$，$h_0 = 455\text{mm}$。

（1）大小偏心的判别。

由式（8-28）可得

$$\xi = \frac{N}{\alpha_1 f_c bh_0} = \frac{610 \times 10^3}{1.0 \times 11.9 \times 400 \times 455} = 0.282 < \xi_b = 0.518 \text{ 为大偏心受压构件}$$

$$\xi > \frac{2a_s'}{h_0} = \frac{2 \times 45}{455} = 0.198$$

（2）计算钢筋面积。

$$x = \xi h_0 = 0.282 \times 455 = 128\text{mm}$$

由式（8-29）可得

$$A_s' = A_s = \frac{Ne - \alpha_1 f_c bx\left(h_0 - \dfrac{x}{2}\right)}{f_y'(h_0 - a_s')}$$

$$= \frac{610 \times 10^3 \times 762.5 - 1.0 \times 11.9 \times 400 \times 128 \times \left(455 - \dfrac{128}{2}\right)}{360 \times (455 - 45)}$$

$$= 1539\text{mm}^2 > 0.002bh = 0.002 \times 400 \times 500 = 400\text{mm}^2$$

选用 5 Φ 20（$A_s' = A_s = 1570\text{mm}^2$），全部纵向受力钢筋的配筋满足要求。箍筋按构造要求选用 Φ 8@250。

3. 小偏心受压构件的计算

当按式（8-28）求得 $\xi > \xi_b$ 时，按小偏心受压来计算。由于小偏心受压构件 A_s 达不到屈服，所以须重新计算 ξ，进而计算 A_s'、A_s。

将 $f_y A_s = f_y' A_s'$ 代入式（8-22）和式（8-23）中，可得

$$N = \alpha_1 f_c b\xi h_0 + f_y' A_s' - \frac{f_y' A_s'(\xi - \beta_1)}{\xi_b - \beta_1} \tag{8-31}$$

$$Ne = \alpha_1 f_c bh_0^2 \xi(1 - 0.5\xi) + f_y' A_s'(h_0 - a_s') \tag{8-32}$$

由式（8-31）得

$$f_y'A_s' = \frac{N - \alpha_1 f_c b h_0 \xi}{\dfrac{\xi_b - \xi}{\xi_b - \beta_1}}$$

将上式代入式（8-32）并经整理后得

$$Ne\left(\frac{\xi_b - \xi}{\xi_b - \beta_1}\right) = \alpha_1 f_c b h_0^2 \xi(1 - 0.5\xi)\left(\frac{\xi_b - \xi}{\xi_b - \beta_1}\right) + (N - \alpha_1 f_c b h_0 \xi)(h_0 - a_s')$$

上式为一个关于 ξ 的一元三次方程，直接求解 ξ 非常不便，为此，我们介绍一种简化方法。在小偏心受压构件中，对于常用材料强度，可近似取

$$\xi = \frac{N - \xi_b \alpha_1 f_c b h_0}{\dfrac{Ne - 0.43\alpha_1 f_c b h_0^2}{(0.8 - \xi_b)(h_0 - a_s')} + \alpha_1 f_c b h_0} + \xi_b \tag{8-33}$$

将式（8-33）代入式（8-32）中，可得

$$A_s' = A_s = \frac{Ne - \xi(1 - 0.5\xi)\alpha_1 f_c b h_0^2}{f_y'(h_0 - a_s')} \geqslant 0.002bh \tag{8-34}$$

当求得 $A_s + A_s' > 0.05bh$ 时，宜加大截面尺寸。

【例 8-9】 处于一类环境中的钢筋混凝土柱截面尺寸 $b \times h = 400\text{mm} \times 500\text{mm}$，计算长度 $l_0 = 6.5\text{m}$，采用 C25 混凝土（$f_c = 11.9\text{N/mm}^2$），HRB400 级钢筋（$f_y = f_y' = 360\text{N/mm}^2$，$\xi_b = 0.518$），承受轴向力设计值 $N = 1400\text{kN}$，柱两端承担的弯矩相等即 $M_1 = M_2 = 80\text{kN} \cdot \text{m}$，且为单曲率弯曲，截面采用对称配筋，取 $a_s = a_s' = 45\text{mm}$，试计算配筋量 A_s 和 A_s'。

解

（1）判断大小偏心受压。

$h_0 = h - 45 = 455\text{mm}$ 由式（8-28）可得

$$\xi = \frac{N}{\alpha_1 f_c b h_0} = \frac{1\,400\,000}{1.0 \times 11.9 \times 400 \times 455} = 0.646 > 0.518 \quad 属于小偏心受压构件$$

（2）计算 e_i。

采用与前述例题同样的方法可得 $e_i = 114.3\text{mm}$。

（3）计算小偏心受压构件实际的 ξ。

$$e = e_i + h/2 - a_s' = 114.3 + 500/2 - 45 = 319.3\text{mm}$$

由式（8-33）可得

$$\xi = \frac{1\,400\,000 - 0.518 \times 1.0 \times 11.9 \times 400 \times 455}{\dfrac{1\,400\,000 \times 319.3 - 0.43 \times 1.0 \times 11.9 \times 400 \times 455^2}{(0.8 - 0.518) \times (455 - 45)} + 1.0 \times 11.9 \times 400 \times 455} + 0.518$$

$$= 0.635 > \xi_b = 0.518$$

（4）计算配筋量 A_s'、A_s。由式（8-34）可得

$$A_s' = A_s = \frac{1\,400\,000 \times 319.3 - 0.635 \times (1 - 0.5 \times 0.635) \times 1.0 \times 11.9 \times 400 \times 455^2}{360 \times (455 - 45)}$$

$$= 135\text{mm}^2 < 0.002bh = 0.002 \times 400 \times 500 = 400\text{mm}^2$$

每边选用纵向受力钢筋 2 Φ 20（$A_s = A_s' = 628\text{mm}^2$），全部纵向钢筋的配筋率满足要求。箍筋按构造要求选用 Φ 8@250。

（5）验算垂直于弯矩作用平面的承载力。

$$\frac{l_0}{b} = \frac{6500}{400} = 16.25，由表 8-1 可查得稳定系数 \varphi = 0.860$$

由式（8-1）计算

$$0.9\varphi(f_cA + f'_yA'_s) = 0.9 \times 0.860 \times (11.9 \times 400 \times 500 + 360 \times 2 \times 628)$$
$$= 2192\text{kN} > N = 1400\text{kN} \qquad 满足要求。$$

（二）截面复核

对称配筋偏心受压构件的截面复核，与非对称配筋偏心受压构件的计算方法相同，只要在相关计算中取 $f_y = f'_y$、$A_s = A'_s$ 即可。

【例 8-10】　处于一类环境中的钢筋混凝土偏心受压矩形截面柱，截面尺寸 $b \times h = 300\text{mm} \times 500\text{mm}$，计算长度 $l_0 = 6.0\text{m}$，采用 C25 混凝土（$f_c = 11.9\text{N/mm}^2$），HRB400 级钢筋（$f_y = f'_y = 360\text{N/mm}^2$，$\xi_b = 0.518$），每侧配有钢筋 3 Φ 18（$A_s = A'_s = 763\text{mm}^2$），箍筋采用Φ 8@250，取 $a_s = a'_s = 45\text{mm}$，当 $e_0 = 85\text{mm}$ 时，试求截面所能承担的轴向力设计值。

解

（1）判别大小偏心。

$h_0 = h - a_s = 500 - 45 = 455\text{mm}$，$e_a$ 取 $h/30 = 500/30 = 16.7\text{mm}$ 或 20mm 中的较大值，即 $e_a = 20\text{mm}$。$e_i = e_0 + e_a = 105\text{mm}$，$e' = e_i - h/2 + a'_s = -100\text{mm}$，$e = e_i + h/2 - a_s = 310\text{mm}$。

将各已知值代入公式（8-26）中解一元二次方程（计算过程略），可得 $\xi = 0.63 > \xi_b = 0.518$，由此判断出此柱为小偏心受压构件。

（2）计算小偏心受压构件实际的 x 和 N。

将各已知值代入式（8-22）和式（8-23）中联立解方程，可得（计算过程略）$\xi = 0.525 > \xi_b = 0.518$，$N = 860\text{kN}$。

（3）垂直于弯矩作用平面的复核。

$\dfrac{l_0}{b} = \dfrac{6000}{300} = 20$，通过表 8-1 可查得稳定系数 $\varphi = 0.75$

由式（8-1）计算得

$$0.9\varphi(f_cA + f'_yA'_s) = 0.9 \times 0.75 \times (11.9 \times 300 \times 500 + 360 \times 2 \times 763)$$
$$= 1575\text{kN} > 860\text{kN} 柱可承担的轴向力设计值为 860\text{kN}。$$

第五节　T 形和工字形截面偏心受压构件正截面承载力计算方法

在单层工业厂房中，为了节省混凝土和减轻构件自重，对于截面尺寸较大的偏心受压构件，一般采用工字形、T 形等截面。试验研究和计算分析表明，工字形、T 形等截面偏心受压构件的受力性能、破坏特征以及计算方法和计算原则都与矩形截面偏心受压构件相同。设计时同样可分为大偏心受压和小偏心受压两类，仅需考虑由于截面形状不同而使其截面的几何特征不同。

工字形截面除去其受拉翼缘板，即成为具有受压翼缘板的 T 形截面，可以说工字形截面偏心受压构件具有 T 形截面偏心受压构件的共性，所以下面介绍工字形截面偏心受压构件的计算原理和计算方法。需要指出的是，T 形截面采用非对称配筋形式，工字形截面可采用对称配筋形式，也可采用非对称配筋形式，不过，工字形截面偏心受压构件应用较多的是对称配筋的预制柱。

一、工字形截面偏心受压构件非对称配筋的计算公式

（一）大偏心受压（$\xi \leqslant \xi_b$）

与受弯构件 T 形截面类似，按受压区高度 x 的不同（或中和轴位置的不同），大偏心受压构件可分为混凝土受压区在翼缘内（$x \leqslant h'_f$）和混凝土受压区进入腹板（$x > h'_f$）两种情况，如图 8-18 所示。

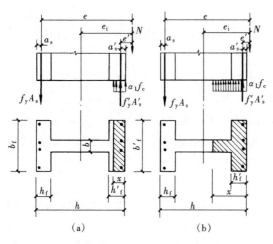

图 8-18 工字形截面大偏心受压正截面承载力计算

(a) $x \leqslant h'_f$；(b) $x > h'_f$

1）当 $x \leqslant h'_f$ 时，应按宽度为 b'_f（受压翼缘计算宽度）的矩形截面计算。在矩形截面大偏压式（8-11）和式（8-12）中，只要将 b 代换为 b'_f 即可，公式如下

$$N \leqslant \alpha_1 f_c b'_f x + f'_y A'_s - f_y A_s \qquad (8-35)$$

$$Ne \leqslant \alpha_1 f_c b'_f x(h_0 - x/2) + f'_y A'_s(h_0 - a'_s) \qquad (8-36)$$

当 $x < 2a'_s$ 时，应按式（8-13）进行计算。

2）当 $h'_f < x \leqslant \xi_b h_0$ 时，应按下列公式计算

$$N = \alpha_1 f_c [bx + (b'_f - b)h'_f] + f'_y A'_s - f_y A_s \qquad (8-37)$$

$$Ne = \alpha_1 f_c \left[bx \left(h_0 - \frac{x}{2} \right) + (b'_f - b)h'_f \left(h_0 - \frac{h'_f}{2} \right) \right] + f'_y A'_s (h_0 - a'_s) \qquad (8-38)$$

（二）小偏心受压（$\xi > \xi_b$）

当 $\xi_b h_0 < x \leqslant (h - h_f)$ 时，中和轴位于腹板内，如图 8-19（a）所示；当 $(h - h_f) < x \leqslant h$ 时，中和轴位于受压较小（或受拉）一侧翼缘内，如图 8-19（b）所示。

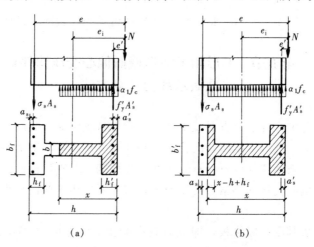

图 8-19 工字形截面小偏心受压正截面承载力计算

(a) $\xi_b h_0 < x \leqslant (h - h_f)$；(b) $(h - h_f) < x \leqslant h$

1）当 $\xi_b h_0 < x \leqslant (h - h_f)$ 时，由图 8-19（a）可得以下计算公式

$$N = \alpha_1 f_c [bx + (b'_f - b)h'_f] + f_y'A'_s - \sigma_s A_s \tag{8-39}$$

$$Ne = \alpha_1 f_c [bx(h_0 - x/2) + (b'_f - b)h'_f(h_0 - h'_f/2)]$$
$$+ f_y'A'_s(h_0 - a'_s) \tag{8-40}$$

2）当 $(h - h_f) < x \leqslant h$ 时，由图 8-19 （b）可得以下计算公式

$$N = \alpha_1 f_c [bx + (b'_f - b)h'_f + (b_f - b)(x - h + h_f)]$$
$$+ f_y'A'_s - \sigma_s A_s \tag{8-41}$$

$$Ne = \alpha_1 f_c \Big[bx(h_0 - x/2) + (b'_f - b)h'_f(h_0 - h'_f/2)$$
$$+ (b_f - b)(x - h + h_f)\Big(h_f - a_s - \frac{x - h + h_f}{2}\Big)\Big] + f_y'A'_s(h_0 - a'_s) \tag{8-42}$$

3）当 $x > h$ 时，取 $x = h$，按全截面受压计算，在式（8-41）和式（8-42）中取 $x = h$ 即可。

在式（8-39）和式（8-41）中 σ_s 按下式计算

$$\sigma_s = f_y(\xi - 0.8)/(\xi_b - 0.8)$$

对工字形截面非对称配筋的小偏心受压构件，当轴向力 $N > f_c A$ 时，离偏心力较远一侧的纵向钢筋 A_s 有可能达到受压屈服强度（与矩形截面相同），《规范》规定，对工字形截面非对称配筋的小偏心受压构件，尚应按下列公式进行验算

$$Ne' \leqslant f_c [bh(h'_0 - h/2) + (b_f - b)h_f(h'_0 - h_f/2)$$
$$+ (b'_f - b)h'_f(h'_f/2 - a'_s)]$$
$$+ f_y'A_s(h'_0 - a_s) \tag{8-43}$$

其中

$$e' = y' - a'_s - (e_0 - e_a)$$

式中 y'——截面重心至轴向压力较近一侧受压边的距离，当截面对称时，取 $y' = h/2$。

注：对仅在离轴向压力较近一侧有翼缘的 T 形截面，可取 $b_f = b$；对仅在离轴向压力较远一侧有翼缘的倒 T 形截面，可取 $b'_f = b$。

二、工字形截面偏心受压构件对称配筋的计算公式

对于工字形截面对称配筋的偏心受压构件，由于受力情况与前述的非对称配筋情况相同，所以仍可依据前述基本公式（8-35）～式（8-43）进行计算（公式中 $f_y = f_y'$、$A_s = A'_s$）。

不论是非对称配筋还是对称配筋，A_s 和 A'_s 均应满足不小于 $0.002A$ 的要求，其中 A 为构件的全截面面积，$A = bh + (b'_f - b)h'_f + (b_f - b)h_f$。

三、工字形截面偏心受压构件对称配筋的计算方法

1. 大、小偏压的判别

若 $N \leqslant \alpha_1 f_c [\xi_b bh_0 + (b'_f - b)h'_f]$ 时，为大偏心受压情况；

$N > \alpha_1 f_c [\xi_b bh_0 + (b'_f - b)h'_f]$ 时，为小偏心受压情况。

2. 大偏心受压

1）由式（8-35）求 x，若 $2a'_s \leqslant x \leqslant h'_f$，将求得的 x 代入式（8-36）可求出 $A_s = A'_s$。若 $x < 2a'_s$，则按式（8-13）求出 $A_s = A'_s$。

2）若按式（8-36）求出的 x 符合 $h'_f < x \leqslant \xi_b h_0$ 时，由式（8-37）重求 x，若按式（8-37）计算出的 $x \leqslant \xi_b h_0$，代入式（8-38）可求出 $A_s = A'_s$。

3. 小偏心受压

小偏心受压的 ξ 可按下式近似计算

$$\xi = \frac{N - \alpha_1 f_c [\xi_b b h_0 + (b'_f - b) h'_f]}{\dfrac{Ne - \alpha_1 f_c [0.43 b h_0^2 + (b'_f - b) h'_f (h_0 - 0.5 h'_f)]}{(0.8 - \xi_b)(h_0 - a'_s)} + \alpha_1 f_c b h_0} + \xi_b \qquad (8\text{-}44)$$

求出 ξ 后，根据 $x = \xi h_0$ 的情况 $[\xi_b h_0 < x \leqslant (h - h_f)$ 或 $(h - h_f) < x \leqslant h$ 或 $x > h]$ 代入式（8-40）或式（8-42）可求出 $A_s = A'_s$。

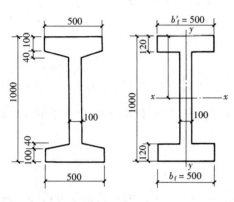

图 8-20　［例 8-11］截面尺寸图

对称配筋的工字形截面除进行弯矩作用平面内的计算外，在垂直于弯矩作用平面也应按轴心受压构件进行验算，此时，应按 l_0/i 查出 φ 值。

【例 8-11】　处于一类环境中的单层厂房工字形截面柱，截面尺寸如图 8-20 所示，柱的计算长度 $l_0 = 6.0\text{m}$，采用 C25 混凝土（$f_c = 11.9\text{N/mm}^2$），HRB400 级钢筋（$f_y = f'_y = 360\text{N/mm}^2$，$\xi_b = 0.518$），柱承受轴向力设计值 $N = 1845\text{kN}$，弯矩设计值 $M = 280\text{kN} \cdot \text{m}$，根据工程实际要求采用对称配筋，试计算钢筋面积 $A_s = A'_s$。

解

（1）判别大小偏心。

取 $a_s = a'_s = 45\text{mm}$

$h_0 = h - 45 = 1000 - 45 = 955\text{mm}$

$\alpha_1 f_c [\xi_b b h_0 + (b'_f - b) h'_f] = 1.0 \times 11.9 \times [0.518 \times 100 \times 955 + (500 - 100) \times 120]$
$= 1160\text{kN} < N = 1845\text{kN}$　　为小偏心受压

（2）计算 ξ。

经计算，柱截面面积 $A = 196\,000\text{mm}^2$，柱截面惯性矩 $I = 2.563 \times 10^9 \text{mm}^4$。此柱为排架柱，考虑二阶效应的弯矩设计值 M 按公式（8-8）计算。一阶弯矩 $M_0 = M = 280\text{kN} \cdot \text{m}$，其产生的偏心距 $e_{01} = M_0 / N = 151.7\text{mm}$。$e_a$ 取 $h/30 = 1000/30 = 33.3\text{mm}$ 或 20mm 中的较大值，即取 $e_a = 33.3\text{mm}$。$e_{i1} = e_{01} + e_a = 185\text{mm}$。

$$\zeta_c = \frac{0.5 \times 11.9 \times 196\,000}{1845 \times 10^3} = 0.632$$

$$\eta_{ns} = 1 + \frac{1}{1500 e_{i1}/h_0} \left(\frac{l_0}{h}\right)^2 \zeta_c = 1 + \frac{1}{1500 \times 185/955} \times \left(\frac{6000}{1000}\right)^2 \times 0.632 = 1.079$$

$$M = \eta_{ns} M_0 = 302.12\text{kN} \cdot \text{m}$$

由 M 产生的偏心距 $e_{02} = M/N = 163.8\text{mm}$。$e_{i2} = e_{02} + e_a = 163.8 + 33.3 = 197\text{mm}$，$e = e_i + h/2 - a_s = 652.2\text{mm}$。

将各已知值代入式（8-44）中得（计算过程从略）

$$\xi = 0.858 > \xi_b$$

（3）计算 $A_s = A'_s$。

$$x = \xi h_0 = 0.858 \times 955 = 819\text{mm} < (h - h_f)$$
$$= 1000 - 120 = 880\text{mm}$$

由式（8-40）可得

$A_s = A'_s$

$$= \frac{1845 \times 10^3 \times 652.2 - 1.0 \times 11.9 \times [100 \times 819 \times (955 - 819/2) + (500 - 100) \times 120 \times (955 - 120/2)]}{360 \times (955 - 45)}$$

$=490\text{mm}^2 > 0.002A = 0.002 \times [100 \times 1000 + 2 \times (500 - 100) \times 120] = 392\text{mm}^2$

选用 4 Φ 16（$A_s = A'_s = 804\text{mm}^2$）（厂房柱纵筋直径一般不宜小于 16mm），配筋图如图 8 - 21 所示。

（4）验算垂直于弯矩作用平面的轴心受压承载力。

经计算得

柱截面面积 $A = 196\,000\text{mm}^2$，柱截面惯性矩 $I = 2.563 \times 10^9\text{mm}^4$

回转半径 $i = \sqrt{\dfrac{I}{A}} = \sqrt{\dfrac{2.563 \times 10^9}{196\,000}} = 114\text{mm}$，

$l_0/i = 6000/114 = 52.6$，查表得 $\varphi = 0.89$

由式（8 - 1）计算得

$0.9\varphi(f_c A + f'_y A'_s) = 0.9 \times 0.89(11.9 \times 196\,000 + 360 \times 2 \times 804) = 2332\text{kN} > N = 1845\text{kN}$　满足要求。

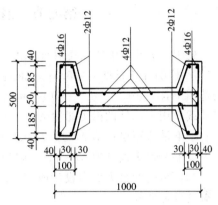

图 8 - 21　［例 8 - 11］配筋图

第六节　受压构件斜截面受剪承载力计算

在偏心受压构件中，除作用有轴向力和弯矩外，一般还作用有剪力，因此，偏心受压构件还需要进行斜截面承载力计算。试验表明，在压力和剪力共同作用下，当压应力不超过一定范围时，轴向压力对构件受剪承载力有提高的作用。这是由于轴向压力的存在，能阻止或减缓斜裂缝的出现和开展，增加混凝土剪压区高度，从而提高混凝土的抗剪能力。

《规范》规定：

1）矩形、T 形和工字形截面的钢筋混凝土偏心受压构件，其最小截面尺寸条件见第四章第三节。

2）矩形、T 形和工字形截面的钢筋混凝土偏心受压构件，其斜截面受剪承载力应符合下列规定

$$V \leqslant \frac{1.75}{\lambda + 1} f_t b h_0 + f_{yv} \frac{A_{sv}}{s} h_0 + 0.07N \qquad (8 - 45)$$

式中　N——与剪力设计值相应的轴向压力设计值，当 $N > 0.3 f_c A$ 时，取 $N = 0.3 f_c A$，此处，A 为构件的截面面积。

　　　　λ——偏心受压构件计算截面剪跨比，取 $\lambda = M/(V h_0)$；对框架结构中的框架柱，当其反弯点在层高范围时，可取 $\lambda = H_n/(2h_0)$；当 $\lambda < 1$ 时，取 $\lambda = 1$；当 $\lambda > 3$ 时，取 $\lambda = 3$；此处，M 为计算截面上与剪力设计值 V 相应的弯矩设计值，H_n 为柱净高。对其他偏心受压构件，当承受均布荷载时，取 $\lambda = 1.5$；当承受集中荷载（包括作用有多种荷载，其中集中荷载对支座截面或节点边缘所产生的剪力值占总剪力值的 75% 以上的情况）时，取 $\lambda = a/h_0$，当 $\lambda < 1.5$ 时，取 $\lambda =$

1.5；当 $\lambda > 3$ 时，取 $\lambda = 3$；此处，a 为集中荷载至支座或节点边缘的距离。

3）矩形、T 形和工字形截面的钢筋混凝土偏心受压构件，当符合下列公式的要求

$$V \leqslant \frac{1.75}{\lambda + 1} f_t b h_0 + 0.07N \qquad (8-46)$$

可不进行斜截面受剪承载力的计算，仅需按第一节所述的构造要求配置箍筋即可。

第七节　钢筋混凝土柱设计计算实例

处于一类环境中的现浇钢筋混凝土柱，其截面尺寸 $b \times h = 400\text{mm} \times 550\text{mm}$，柱净高 $H_n = 4.7\text{m}$，柱的计算长度 $l_0 = 5.5\text{m}$。混凝土选用 C25（$f_c = 11.9\text{N/mm}^2$，$f_t = 1.27\text{N/mm}^2$），钢筋选用 HRB400（$f_y = f_y' = 360\text{N/mm}^2$，$\xi_b = 0.518$），箍筋选用 HPB300（$f_y = 270\text{N/mm}^2$）。在荷载作用下，柱的内力组合为：

①下端弯矩设计值 $M = 359.3\text{kN} \cdot \text{m}$，相应的轴向压力设计值 $N = 1214.2\text{kN}$。

②上端弯矩设计值 $M = 143.8\text{kN} \cdot \text{m}$，相应的轴向压力设计值 $N = 821.0\text{kN}$。

③柱承受的最大剪力设计值 $V = 139.1\text{kN}$，相应的轴向压力设计值 $N = 690\text{kN}$。

试设计此柱。

解　1. 柱正截面承载力计算

柱采用对称配筋。

（1）判别大小偏心受压。

取 $a_s = a_s' = 45\text{mm}$，则 $h_0 = h - 45 = 550 - 45 = 505\text{mm}$

由式（8-28）可得

$$\xi = \frac{N_{max}}{\alpha_1 f_c b h_0} = \frac{1214.2 \times 10^3}{1.0 \times 11.9 \times 400 \times 505} = 0.505 < \xi_b = 0.518$$

为大偏心受压构件

（2）计算 e。

由于 $M_1 = 143.8\text{kN} \cdot \text{m}$，$M_2 = 359.3\text{kN} \cdot \text{m}$，则

$$\frac{M_1}{M_2} = \frac{143.8}{359.3} = 0.4$$

$$I = \frac{400 \times 550^3}{12} = 5.55 \times 10^9$$

$$i = \sqrt{\frac{I}{A}} = \sqrt{\frac{5.55 \times 10^9}{400 \times 550}} = 159$$

$$\frac{l_0}{i} = 5500/159 = 34.6 > 34 - 12 \times \frac{143.8}{359.2} = 29.2$$

因此，需考虑附加弯矩的影响。

$$\zeta_c = \frac{0.5 \times 11.9 \times 400 \times 550}{1214.2 \times 10^3} = 1.08 > 1.0 \quad 取 \zeta_c = 1.0$$

$$C_m = 0.7 + 0.3 \times 0.4 = 0.82$$

e_a 取 $h/30 = 550/30 = 18.3\text{mm}$ 或 20mm 中的较大值，即取 $e_a = 20\text{mm}$。

$$\eta_{ns} = 1 + \frac{1}{1300 \times \left(\frac{359.3 \times 10^6}{1214.2 \times 10^3} + 20\right)/505} \times \left(\frac{5500}{550}\right)^3 \times 1.0 = 1.123$$

因 $C_m \eta_{ns} = 0.82 \times 1.123 = 0.92 < 1.0$，故取 $C_m \eta_{ns} = 1.0$，则 $M = M_2 = 359.3 \text{kN} \cdot \text{m}$。

$$e_0 = \frac{M}{N} = \frac{359.3}{1214.2} = 295.9 \text{mm}$$

$$e_i = e_0 + e_a = 295.9 + 20 = 315.9 \text{mm}$$

$$e = e_i + h/2 - a_s = 545.9 \text{mm}$$

（3）计算钢筋面积并选配钢筋。

按柱下端截面计算，$x = \xi h_0 = 0.505 \times 505 = 255 \text{mm}$，由式（8-29）可得

$$A_s = A_s' = \frac{Ne - \alpha_1 f_c bx(h_0 - x/2)}{f_y'(h_0 - a_s')}$$

$$= \frac{1214.2 \times 10^3 \times 545.9 - 1.0 \times 11.9 \times 400 \times 255 \times (505 - 255/2)}{360 \times (505 - 45)}$$

$$= 1235.6 \text{mm}^2 > 0.002bh = 0.002 \times 400 \times 550 = 440 \text{mm}^2$$

由以上计算可知，柱每边选用纵向受力钢筋 4 Φ 20（$A_s = A_s' = 1256 \text{mm}^2$）。

2. 柱斜截面受剪承载力计算

（1）验算截面限制条件。

$$0.25\beta_c f_c bh_0 = 0.25 \times 1.0 \times 11.9 \times 400 \times 505$$

$$= 601 \text{kN} > V = 139.1 \text{kN}$$

截面尺寸满足条件

（2）验算是否可按构造配箍。

$$\lambda = \frac{H_n}{2h_0} = \frac{4.7 \times 10^3}{2 \times 505} = 4.65 > 3 \quad \text{取} \lambda = 3$$

$$0.3 f_c A = 0.3 \times 11.9 \times 400 \times 550 = 785.4 \text{kN} > N$$

$$= 690 \text{kN}$$

由式（8-46）可得

$$\frac{1.75}{\lambda + 1} f_t bh_0 + 0.07N = \frac{1.75}{3 + 1} \times 1.27 \times 400 \times 505 + 0.07 \times 690 \times 10^3$$

$$= 160.5 \text{kN} > V = 139.1 \text{kN}$$

此柱按构造配置箍筋 Φ 8@200。

本 章 小 结

1. 钢筋混凝土受压构件分为轴心受压构件和偏心受压构件。偏心受压构件根据破坏特征不同又分为大、小偏心受压构件。

2. 轴心受压构件根据箍筋的配置方式和功能不同，分为普通箍筋轴心受压构件和螺旋箍筋（或焊接环式箍筋）轴心受压构件。由于加密设置的螺旋箍筋对核心混凝土具有较大的约束作用，故其承载力较普通箍筋轴心受压构件有较大的提高。

3. 大偏心受压构件的破坏特征是远离纵向力一侧的钢筋受拉先达到屈服强度，然后受压钢筋达到屈服强度，最终受压区混凝土被压碎而破坏；小偏心受压构件的破坏特征是受压钢筋先达到屈服强度，随后受压混凝土被压碎，但远离纵向力一侧的钢筋无论受压还是受拉一般达不到屈服强度。因此，大、小偏心受压破坏的界限与受弯构件适筋梁与超筋梁的界限

完全相同。

4. 对偏心受压构件需考虑轴向压力在挠曲杆件中产生的二阶效应（或附加弯矩）影响，所以在计算偏心受压构件的承载力时，需将控制截面的弯矩设计值乘以增大系数。

5. 偏心受压构件除应计算弯矩作用平面的受压承载力外，尚应按轴心受压构件验算垂直于弯矩作用平面的受压承载力。

6. 偏心受压构件的配筋可采用对称配筋和非对称配筋，但实际工程中大多数采用对称配筋。

7. 偏心受压构件一般还承受剪力作用，因此需进行斜截面受剪承载力计算。由于轴向压力的存在，构件的受剪承载力有所提高。

思 考 题

8-1 为什么对受压构件要求全部纵向钢筋的配筋率不宜大于5%？

8-2 轴心受压短柱有哪些受力特征？

8-3 轴心受压构件的稳定系数 φ 具有什么意义？影响 φ 的主要因素有哪些？

8-4 配置螺旋箍筋为什么能提高柱的承载力？

8-5 大小偏心破坏有什么本质的区别？判别大小偏心破坏的条件有哪些？

8-6 偏心受压构件在什么情况下需考虑 $P \sim \delta$ 效应？

8-7 在进行大偏心受压非对称配筋计算时，有两种情况：①A_s 与 A'_s 均未知时，为何可以假定 $\xi = \xi_b$？②当 A'_s 已知而 A_s 未知时，是否也可假定 $\xi = \xi_b$？

8-8 在进行小偏心受压非对称配筋计算时，①A_s 与 A'_s 均未知时，采用什么样的假定来进行配筋计算？②在何种情况下，受压破坏发生在 A_s 一侧？

8-9 在何种情形下偏心受压构件需采用对称配筋？为什么说对称配筋偏心受压构件是结构工程中最常采用的配筋形式？

8-10 按中和轴位置的不同，工字形截面偏心受压柱分为哪几种情况计算？

8-11 复合箍筋在什么情况下采用？为什么要采用这种箍筋？

习 题 与 实 训 题

8-1 轴心受压柱的截面尺寸 $b \times h = 400\text{mm} \times 400\text{mm}$，计算长度 $l_0 = 6.5\text{m}$，承受轴向力设计值 $N = 1450\text{kN}$，混凝土强度等级为 C25，钢筋采用 HRB400，试计算纵筋的面积。

8-2 钢筋混凝土偏心受压柱，截面尺寸为 $300\text{mm} \times 400\text{mm}$，计算长度 $l_0 = 4\text{m}$，承受轴向力设计值 $N = 250\text{kN}$，弯矩设计值 $M_1 = 158\text{kN} \cdot \text{m}$，$M_2 = 142\text{kN} \cdot \text{m}$，且为单曲率弯曲，采用 C30 混凝土，HRB400 纵筋。试计算钢筋面积 A_s 和 A'_s。

8-3 已知条件同习题 8-2，但截面受压区已配置 3 ⏀ 25 纵筋（$A'_s = 1473\text{mm}^2$），试计算 A_s。

8-4 钢筋混凝土偏心受压构件的截面尺寸 $b \times h = 400\text{mm} \times 600\text{mm}$，$a_s = a'_s = 45\text{mm}$，计算长度 $l_0 = 5\text{m}$，作用在构件上的轴向力设计值 $N = 1650\text{kN}$，弯矩设计值 $M_1 = M_2 = 150\text{kN} \cdot \text{m}$，混凝土采用 C25，钢筋采用 HRB400，按单曲率弯曲求所需钢筋截面面积。

8-5 条件同习题 8-4，但作用在构件上的轴向力设计值为 2145kN，弯矩为 195kN·m，离偏心力较近一侧已配有 5 Φ 22 的钢筋（$A_s' = 1900mm^2$），试计算另一侧的钢筋面积 A_s。

8-6 已知矩形截面偏心受压柱的截面尺寸 $b \times h = 400mm \times 500mm$，计算长度 $l_0 = 5100mm$，$a_s = a_s' = 40mm$，混凝土采用 C30，纵筋采用 HRB400 级，承受轴向力设计值 $N = 2850kN$，弯矩设计值 $M_1 = M_2 = 80kN·m$，试按单曲率弯曲求非对称配筋时纵筋的用量。

8-7 钢筋混凝土偏心受压构件的截面尺寸 $b \times h = 400mm \times 500mm$，计算长度 $l_0 = 6.5m$，采用 C25 混凝土，HRB400 级钢筋，已知受压钢筋为 3 Φ 20（$A_s' = 941mm^2$），受拉钢筋为 5 Φ 22（$A_s = 1900mm^2$）。若 $e_0 = 600mm$，试计算截面所能承担的轴向压力设计值。

8-8 某钢筋混凝土柱截面尺寸 $b \times h = 400mm \times 500mm$，计算长度 $l_0 = 7.5m$，混凝土强度等级 C25，纵筋采用 HRB400 级，构件配筋已知，其中受压区配有 4 Φ 22（$A_s' = 1520mm^2$），受拉区配有 2 Φ 16（$A_s = 402mm^2$），若作用在构件上的轴向力设计值 $N = 2500kN$，试求弯矩作用平面内所能承担的弯矩设计值（假设柱两端所承担的弯矩相等）。

8-9 条件与习题 8-2 相同，但采用对称配筋，试计算钢筋面积 $A_s = A_s'$。

8-10 条件与习题 8-4 相同，但采用对称配筋，试计算钢筋面积 $A_s = A_s'$。

8-11 采用对称配筋的矩形截面偏心受压构件，截面尺寸为 600mm×800mm，计算长度 $l_0 = 5.6m$，采用 C30 混凝土、HRB400 级钢筋，每侧配筋 4 Φ 25（$A_s' = A_s = 1964mm^2$），若作用在构件上的轴向力设计值 $N = 1800kN$，试求弯矩作用平面内所能承担的弯矩设计值（假设柱两端所承担的弯矩相等）。

8-12 排架结构的工字形截面柱截面尺寸如图 8-22 所示（截面几何特征：截面面积 $A = 152\ 000mm^2$，垂直于弯矩作用平面的惯性矩 $I = 1.84 \times 10^9$），$a_s = a_s' = 45mm$，混凝土采用 C25，钢筋采用 HRB400 级，弯矩作用平面的计算长度 $l_0 = 8.5m$，垂直于弯矩作用平面的计算长度 $l_0 = 6.8m$，此柱承受轴向力设计值 850kN，弯矩设计值 340kN·m，试进行对称配筋设计。

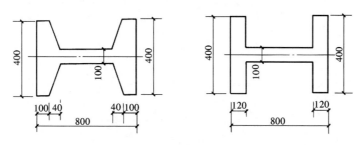

图 8-22 习题 8-12 截面尺寸图

*8-13 某现浇钢筋混凝土柱，其截面尺寸为 $b \times h = 300mm \times 450mm$，柱的净高 $H_n = 3.2m$，计算长度 $l_0 = 4m$。混凝土选用 C25（$f_c = 11.9N/mm^2$，$f_t = 1.27N/mm^2$），钢筋选用 HRB400（$f_y = f_y' = 360N/mm^2$，$\xi_b = 0.518$），箍筋选用 HPB300（$f_y = 270N/mm^2$）。在荷载作用下，其柱：

①下端弯矩设计值为 $M=52.41\text{kN}\cdot\text{m}$，相应的轴向压力设计值 $N=565.02\text{kN}$。

②上端弯矩设计值为 $M=70.92\text{kN}\cdot\text{m}$，相应的轴向压力设计值 $N=548.41\text{kN}$。

③柱承受的最大剪力设计值 $V=49.55\text{kN}$，相应的轴向压力设计值 $N=464.5\text{kN}$。试设计此柱。

④根据上述计算结果，对柱进行钢筋绑扎，安装柱模板，并按 GB 50204—2002《混凝土结构工程施工质量验收规范》（2011 年版）进行验收。

第九章
受拉构件承载力计算

本章提要 本章介绍轴心受拉构件的正截面承载力计算以及矩形截面偏心受拉构件的正截面和斜截面承载力计算方法。

第一节 概 述

钢筋混凝土受拉构件可分为轴心受拉构件和偏心受拉构件。当轴向拉力作用点与截面形心重合时,此构件称为轴心受拉构件;当轴向拉力作用点与截面形心不重合或构件同时承受轴向拉力、弯矩和剪力作用时,此构件即为偏心受拉构件。在实际工程中,理想的轴心受拉构件是不存在的,但在设计中为简便起见,可将有些构件近似地当作轴心受拉构件。例如,承受节点荷载的桁架或托架的受拉弦杆和其他受拉腹杆、拱的拉杆、圆形贮水池的池壁等构件;而承受节间荷载的桁架或托架的受拉弦杆、矩形储水池的池壁、工业厂房中的双肢柱、受地震作用的框架边柱等,均属于偏心受拉构件。

第二节 轴心受拉构件正截面承载力计算

一、轴心受拉构件的受力特点及承载力计算公式

由于混凝土的抗拉强度很低,轴心受拉构件在荷载很小时就出现裂缝,裂缝处混凝土退出工作,拉力全部由钢筋承受。当轴向拉力使裂缝截面处的钢筋应力达到屈服强度时,构件达到破坏状态,如图9-1所示。

轴心受拉构件的正截面受拉承载力计算公式为

$$N \leqslant f_y A_s \qquad (9-1)$$

式中 N——轴向拉力设计值;

A_s——受拉钢筋的全部截面面积。

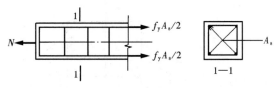

图9-1 轴心受拉构件的受力状态

二、构造要求

1. 纵向受力钢筋

1) 轴心受拉构件和小偏心受拉构件的受力钢筋不得采用绑扎搭接接头,搭接而不加焊的受拉钢筋接头仅允许用在圆形池壁或管中,其接头位置应相互错开,搭接长度应不小于 $1.2l_a$ 和 300mm。

2) 轴心受拉构件和偏心受拉构件一侧的受拉钢筋的最小配筋率不应小于 0.2% 与 $(45f_t/f_y)$% 中的较大值;而偏心受拉构件中的受压钢筋,其最小配筋率不应小于 0.2%。

注意:轴心受拉构件和小偏心受拉构件一侧受拉钢筋的配筋率应按构件的全截面面积计

算；大偏心受拉构件一侧受拉钢筋的配筋率应按全截面面积扣除受压翼缘面积 $(b_f'-b)$ h_f' 后的截面面积计算。

3）轴心受拉构件的受力钢筋沿截面周边均匀对称布置，并宜优先选用直径较小的钢筋。

2. 箍筋

在轴心受拉构件中，为与纵筋形成骨架，固定纵筋在截面中的位置，应考虑设置箍筋等横向钢筋。箍筋的直径应不小于 6mm，间距一般为 150～200mm，对屋架的腹杆不宜超过 150mm。

第三节　偏心受拉构件承载力计算

一、偏心受拉构件的破坏形态

试验表明，按照轴向拉力的作用位置不同，偏心受拉构件可分为以下两种破坏形态。

1. 轴向拉力 N 作用在 A_s 和 A_s' 之间的小偏心受拉破坏

设离偏心拉力较近的一侧钢筋为 A_s，离偏心拉力较远的一侧钢筋为 A_s'，如图 9 - 2（a）所示。当偏心距 e_0 较小时，轴向拉力将使全截面受拉，其破坏特征接近于轴心受拉构件。当偏心距 e_0 较大时，混凝土开裂前，截面一部分受拉，另一部分受压；混凝土受拉区开裂后，混凝土退出工作，拉力由钢筋 A_s 承担；随着荷载的增加，裂缝贯穿全截面，这时 A_s' 也受拉（即全截面受拉），最终也是由于钢筋达到屈服强度而使构件破坏。

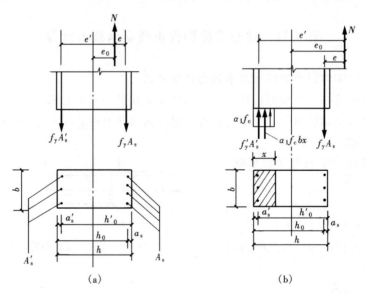

图 9 - 2　小偏心和大偏心受拉情况
(a) 小偏心受拉情况；(b) 大偏心受拉情况

因此，只要轴向拉力作用在 A_s 和 A_s' 之间，构件破坏时均为全截面受拉，构件的承载力取决于钢筋的屈服强度。此时偏心距 $e_0 \leqslant h/2 - a_s$。

2. 轴向拉力 N 作用在 A_s 和 A_s' 范围之外的大偏心受拉破坏

由于这种情况的偏心距较大，当 A_s 适量时，其破坏形态与大偏心受压构件基本相似，如图 9-2（b）所示。在荷载作用下，截面一部分受拉，另一部分受压，随着受拉区混凝土的开裂，受拉钢筋 A_s 承担全部受拉区拉力，而受压区由混凝土和钢筋 A'_s 承担全部压力。即将破坏时，受拉区钢筋 A_s 首先达到屈服强度，然后受压区混凝土被压碎，同时受压区钢筋 A'_s 也达到屈服强度。此时偏心距 $e_0 > h/2 - a_s$。

需要说明的是，当 A_s 过多时，其破坏形态类似于小偏心受压破坏；另外，当 $x < 2a'_s$ 时，A'_s 也不会达到屈服。

二、矩形截面非对称配筋偏心受拉构件正截面承载力计算

1. 小偏心受拉构件

如图 9-2（a）所示，分别对 A_s 和 A'_s 形心取矩，可得承载力计算公式

$$Ne \leqslant f_y A'_s (h_0 - a'_s) \tag{9-2}$$

$$Ne' \leqslant f_y A_s (h'_0 - a_s) \tag{9-3}$$

$$e = h/2 - a_s - e_0$$

$$e' = h/2 - a'_s + e_0$$

$$e_0 = M/N$$

式中　e——轴向拉力作用点至 A_s 合力点的距离；

　　　e'——轴向拉力作用点至 A'_s 合力点的距离；

　　　e_0——轴向拉力对截面重心的偏心距。

根据式（9-2）和式（9-3）可求得 A'_s 和 A_s。

截面复核时，将各已知值代入式（9-2）和式（9-3）中，取两式计算结果的较小值作为截面受拉承载力 N_u。

2. 大偏心受拉构件

如图 9-2（b）所示，当 A_s 适量时，由平衡条件可得承载力计算公式

$$N \leqslant f_y A_s - f'_y A'_s - \alpha_1 f_c b x \tag{9-4}$$

$$Ne \leqslant \alpha_1 f_c b x \left(h_0 - \frac{x}{2} \right) + f'_y A'_s (h_0 - a'_s) \tag{9-5}$$

其中　　　　　　　　　　$e - e_0 - h/2 + a_s$

式（9-4）和式（9-5）应满足条件：$x \leqslant \xi_b h_0$ 和 $x \geqslant 2a'_s$。

当不满足 $x \geqslant 2a'_s$ 的条件时，取 $x = 2a'_s$，按式（9-3）计算配筋；其他情况的计算与大偏心受压构件计算类似，所不同的是 N 为拉力，因此，在这里就不再重复介绍。

【例 9-1】　处于一类环境中的偏心受拉构件的截面尺寸 $b \times h = 300mm \times 450mm$，混凝土采用 C30，钢筋采用 HRB335 级，承受轴向力设计值 $N = 800kN$，弯矩设计值 $M = 86.4kN \cdot m$，取 $a_s = a'_s = 40mm$，试计算钢筋面积 A_s 和 A'_s。

解　$e_0 = \dfrac{M}{N} = \dfrac{86\ 400}{800} = 108mm < \dfrac{h}{2} - a_s = 185mm$ 为小偏心受拉情况

$$e = h/2 - a_s - e_0 = 450/2 - 40 - 108 = 77mm$$

$$e' = h/2 - a'_s + e_0 = 450/2 - 40 + 108 = 293mm$$

由式（9-2）和式（9-3）可得

$$A_s \geqslant \frac{Ne'}{f_y (h'_0 - a'_s)} = \frac{800 \times 10^3 \times 293}{300 (410 - 40)} = 2112mm^2 \quad \text{选用 3 ⏀ 22 + 2 ⏀ 25 }(A_s = 2122mm^2)$$

$$A_s' \geqslant \frac{Ne}{f_y(h_0 - a_s)} = \frac{800 \times 10^3 \times 77}{300(410 - 40)} = 555 \text{mm}^2 \quad \text{选用 2 } \Phi 22 \ (A_s' = 760 \text{mm}^2)$$

一侧钢筋的最小配筋面积

$$0.002bh = 0.002 \times 300 \times 450 = 270 \text{mm}^2$$

$$\text{和 } bh(45f_t/f_y)/100 = 300 \times 450(45 \times 1.43/300)/100 = 290 \text{mm}^2$$

A_s 和 A_s' 的配筋面积远大于最小配筋面积，所以满足要求。

【例 9 - 2】 钢筋混凝土矩形截面水池壁厚 $h = 250 \text{mm}$，根据内力计算可知：沿池壁 1m 高度的垂直截面上（取 $b = 1\text{m}$）作用的轴向拉力设计值 $N = 210 \text{kN}$（轴心拉力），弯矩设计值 $M = 84 \text{kN·m}$（池外侧受拉），若混凝土采用 C30，钢筋采用 HRB335 级，试确定该 1m 高的垂直截面中池壁内外所需的水平受力钢筋。

解 池壁水平钢筋一般位于竖向钢筋内侧，故取 $a_s = a_s' = 40 \text{mm}$，则

$$e_0 = \frac{M}{N} = \frac{84 \times 10^6}{210 \times 10^3} = 400 \text{mm} > \frac{h}{2} - a_s = 85 \text{mm} \text{ 属于大偏心受拉情况}$$

$$e = e_0 - h/2 + a_s = 400 - 250/2 + 40 = 315 \text{mm}$$

因为 A_s 和 A_s' 均未知，考虑充分发挥混凝土的抗压作用，使 $(A_s + A_s')$ 总用量最少，所以取 $x = \xi_b h_0 = 0.550 \times (250 - 40) = 115.5 \text{mm}$。

将 x 代入式 (9 - 5) 中可得

$$\begin{aligned}
A_s' &= \frac{Ne - \alpha_1 f_c bx(h_0 - 0.5x)}{f_y'(h_0 - a_s')} \\
&= \frac{210 \times 10^3 \times 315 - 1.0 \times 14.3 \times 1000 \times 115.5 \times (210 - 0.5 \times 115.5)}{300 \times (210 - 40)} < 0
\end{aligned}$$

按构造要求配筋，即 $A_s' = 0.002bh = 0.002 \times 1000 \times 250 = 500 \text{mm}^2$，所以，水池内侧所需的水平受力钢筋选配 $\Phi 12@200$ ($A_s' = 565 \text{mm}^2$)。

由于 A_s' 按构造要求确定，计算 A_s 可以采用下面的任一种方法：①按已知 A_s' 求 A_s 的方法。②取 $A_s' = 0$，由式 (9 - 5) 重新计算 x，然后将 x 代入式 (9 - 4)，可求得 A_s。下面采用第①种方法计算 A_s，将 $A_s' = 565 \text{mm}^2$ 代入式 (9 - 5) 中可得

$$\begin{aligned}
x &= h_0 - h_0 \sqrt{1 - \frac{Ne - f_y' A_s'(h_0 - a_s')}{0.5\alpha_1 f_c b h_0^2}} \\
&= 210 - 210 \sqrt{1 - \frac{210 \times 10^3 \times 315 - 300 \times 565 \times (210 - 40)}{0.5 \times 1.0 \times 14.3 \times 1000 \times 210^2}} \\
&= 12.8 \text{mm} < 2a_s' = 80 \text{mm}
\end{aligned}$$

所以 A_s 应按式 (9 - 3) 计算，其中

$$e' = e_0 + \frac{h}{2} - a_s' = 400 + 250/2 - 40 = 485 \text{mm}$$

$$A_s = \frac{Ne'}{f_y(h_0' - a_s)} = \frac{210 \times 10^3 \times 485}{300 \times (210 - 40)} = 1997 \text{mm}^2$$

配筋面积远大于最小配筋量，所以，水池外侧所需的水平受力钢筋选配 $\Phi 16@100$ ($A_s = 2011 \text{mm}^2$)。

三、矩形截面对称配筋偏心受拉构件正截面承载力计算

《规范》规定，对称配筋的矩形截面偏心受拉构件，不论大、小偏心受拉情况，均可按

式 (9-3) 计算，即

$$A_s = A_s' \geqslant \frac{Ne'}{f_y(h_0' - a_s)} \tag{9-6}$$

四、矩形截面偏心受拉构件斜截面承载力计算

在偏心受拉构件中，除作用有轴向拉力和弯矩外，一般还作用有剪力，因此，偏心受拉构件还需要进行斜截面承载力计算。由于轴向拉力的存在，斜裂缝可能会贯穿全截面，使构件的受剪承载力明显降低。

《规范》规定：

1）矩形截面的钢筋混凝土偏心受拉构件，其最小截面尺寸条件见第四章第三节。

2）矩形截面的钢筋混凝土偏心受拉构件，其斜截面受剪承载力计算公式为

$$V \leqslant \frac{1.75}{\lambda + 1.0} f_t b h_0 + f_{yv} \frac{A_{sv}}{s} h_0 - 0.2N \tag{9-7}$$

式中　N——与剪力设计值相应的轴向拉力设计值；

　　　λ——计算截面的剪跨比，λ 的取值按第八章第六节的规定来确定。

当式（9-7）右边的计算值小于 $f_{yv} \frac{A_{sv}}{s} h_0$ 时，应取等于 $f_{yv} \frac{A_{sv}}{s} h_0$，且 $f_{yv} \frac{A_{sv}}{s} h_0$ 值不得小于 $0.36 f_t b h_0$。

本　章　小　结

1. 按轴向拉力的作用位置，受拉构件分为轴心受拉构件和偏心受拉构件；偏心受拉构件又可分为小偏心受拉和大偏心受拉构件。当轴向拉力作用在 A_s 和 A_s' 合力点之间时为小偏心受拉构件，当轴向拉力作用在钢筋 A_s 和 A_s' 合力点之外时为大偏心受拉构件。

2. 轴心受拉构件由于破坏时截面已形成贯通的裂缝，混凝土退出工作，拉力全部由钢筋承担，故承载力计算较为简单。

3. 小偏心受拉构件破坏时裂缝贯穿全截面，构件的承载力主要与钢筋的配置有关；大偏心受拉构件的破坏形态与大偏心受压构件类似，但当钢筋 A_s 配置过多时，其破坏形态类似于小偏心受压构件；当 $x < 2a_s'$ 时，钢筋 A_s' 的应力也达不到屈服强度。

4. 偏心受拉构件截面设计时，可采用对称配筋和非对称配筋两种方法。

5. 偏心受拉构件由于轴向拉力的存在，构件的受剪承载力降低。

思　考　题

9-1　在结构工程中，哪些构件可按轴心受拉构件计算？试举例说明钢筋混凝土轴心受拉构件有哪些受力特征。

9-2　如何判别大、小偏心受拉构件？大、小偏心受拉构件的受力特点和破坏特征有何不同？

9-3　对于大偏心受拉构件，当计算出的 $A_s' < 0$ 时，应如何处理？这种情况下，A_s 的计算采用哪两种方法？计算时步骤如何？

9-4　对比第八章和第九章，轴向压力和轴向拉力对构件的受剪承载力有何影响？

习　　题

9-1　某承受节点荷载的钢筋混凝土屋架的受拉腹杆，矩形截面尺寸 $b \times h = 160\text{mm} \times 160\text{mm}$，承受轴心拉力 $N = 270\text{kN}$，采用混凝土强度 C25，受力钢筋采用 HRB335 级。试进行该构件的配筋计算。

9-2　某桁架受拉弦杆采用矩形截面，其截面尺寸 $b \times h = 300\text{mm} \times 250\text{mm}$，截面承受的轴向拉力设计值 $N = 540\text{kN}$，弯矩设计值 $M = 41\text{kN} \cdot \text{m}$，若混凝土强度等级采用 C30，钢筋采用 HRB335 级，按一类环境计算所需钢筋面积。

9-3　已知处于一类环境中的矩形截面偏心受拉构件，截面尺寸 $b \times h = 250\text{mm} \times 350\text{mm}$，承受轴向拉力设计值 $N = 225\text{kN}$，弯矩设计值 $M = 152\text{kN} \cdot \text{m}$，选用 C30 混凝土，HRB400 级钢筋。取 $a_s = a_s' = 40\text{mm}$，试计算其受拉和受压钢筋面积。

第十章
预应力混凝土构件计算

本章提要　本章简要介绍了预应力混凝土结构的基本概念、施加预应力的方法、预应力混凝土的材料及锚夹具，叙述了张拉控制应力的确定以及各种预应力损失值的计算和组合，重点阐述了预应力混凝土轴心受拉构件施工和使用阶段的截面应力状态和设计计算方法以及有关构造措施，并附有预应力混凝土屋架下弦设计算例。

第一节　预应力混凝土的基本概念

一、预应力混凝土的基本概念和基本原理

钢筋混凝土受弯构件、受拉构件以及大偏心受压构件，在受到荷载作用时，部分或全部混凝土产生拉应力，由于混凝土的抗拉强度很低，其极限拉应变很小，所以在荷载作用下，构件通常是带裂缝工作的。若使构件在使用时不出现裂缝，受拉钢筋的应力仅为 $20\sim30$N/mm^2；即使允许出现裂缝，当最大裂缝宽度限值为 $0.2\sim0.3$mm 时，钢筋的应力也只能达到 $150\sim250$N/mm^2。可见，有裂缝控制要求的构件，高强度钢筋将无法在普通钢筋混凝土构件中充分发挥作用。因此，要解决这些问题，只有采用预应力混凝土结构。

所谓预应力混凝土是指在构件承受荷载以前，用某种方法预先在构件的受拉区施加压应力，造成一种人为的应力状态。当构件承受外荷载而产生拉应力时，首先要抵消混凝土的预压应力，随后荷载的增加才会使受拉区混凝土产生拉应力，继而随着荷载的进一步增加构件才出现裂缝。因此，可以推迟裂缝的出现或减小裂缝宽度。

下面以图 10-1 的简支梁为例，进一步说明预应力混凝土的基本原理。

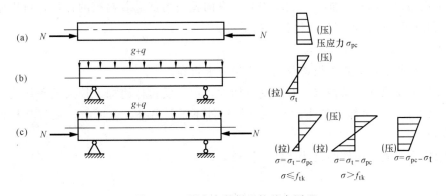

图 10-1　预应力混凝土的基本原理

在构件承受外荷载前，预先在梁的受拉区施加大小相等、方向相反的一对集中力（即预压力）N，梁各截面的弯曲应力见图 10-1（a），这时，梁截面下边缘混凝土产生的预压应

力为 σ_{pc}；当外荷载 q 及自重 g 共同作用时，梁各截面的弯曲应力见图 10 - 1 （b），这时，梁截面下边缘混凝土将产生拉应力 σ_t；在 N、q 及 g 共同作用时，梁各截面的弯曲应力分布应为以上两种情况的叠加，见图 10 - 1 （c），这时，梁截面下边缘混凝土的应力可能是数值很小的拉应力，也可能是压应力甚至应力为零。由此可见，由于预压应力 σ_{pc} 的作用，可部分或全部抵消外荷载引起的拉应力 σ_t，因而推迟了裂缝的出现，甚至可避免出现裂缝。这就是预应力混凝土的基本原理。其实，预应力的原理在日常生活中早已有所应用，例如在建筑工地用砖钳移动砖块，被钳住的一叠水平砖块不会掉下来；搬动一摞书时，用两手将书挤紧，书就不会散落；用铁箍箍紧木桶，桶盛水后就不会漏等，这些都是应用预应力基本原理的事例。

由上述简支梁的应力变化情况可以看出，预压力要根据使用要求和外荷载作用下产生的应力情况来施加。

二、预应力混凝土的分类

根据制作、设计和施工等特点，预应力混凝土可按下述方法分类。

1）根据张拉钢筋与浇捣混凝土的先后次序可分为先张法和后张法预应力混凝土。

2）根据预应力大小的程度可分为如下三种类型：①全预应力混凝土，相当于裂缝控制等级为一级的构件；②有限预应力混凝土，相当于裂缝控制等级为二级的构件；③部分预应力混凝土，相当于裂缝控制等级为三级的构件。

3）根据钢筋与混凝土之间是否有粘结力，可分为有粘结预应力混凝土和无粘结预应力混凝土。

三、预应力混凝土的特点

1. 预应力混凝土构件的优点

1）有效提高构件的抗裂度和刚度。预应力混凝土构件的抗裂度远高于普通钢筋混凝土构件，增加了混凝土结构的使用范围（可以用于储水池、油罐、压力容器等）。

2）可应用高强度的材料，减小构件自重。为了提高预应力效果，需要采用高强度的材料，材料强度高时，截面尺寸减小，其材料耗用量减小，使构件自重降低。

3）可提高构件的抗剪能力。试验表明，纵向预应力筋起着锚栓的作用，可以阻止斜裂缝的出现和发展，因而可以提高构件的抗剪能力。

2. 预应力混凝土构件的缺点

1）工艺较复杂，对施工设备及施工质量要求较高。

2）预应力反拱度不易控制。对于受弯构件，由于受拉区施加了较大的预压力，使构件形成的反拱度较大，可能导致支承在梁上的构件不平，另外，也可能导致与其相连接的地面、隔墙开裂。

3）预应力混凝土构件的设计计算较复杂。

第二节　预加应力的方法

工程中一般是通过对预应力筋进行张拉并使其产生回弹而对构件施加预应力的。根据张拉预应力筋与浇捣混凝土的先后次序，预加应力的方法主要有以下两种。

一、先张法

先张法是指先张拉预应力筋后浇筑混凝土的方法。其主要施工工艺过程如下：①将预应力筋一端通过夹具临时锚固在台座的钢梁上（见图 10 - 2），将另一端通过张拉夹具与张拉机械相连；②用张拉机械张拉预应力筋，当张拉到规定的应力（张拉控制应力）后，用夹具将预应力筋锚固在钢梁上，卸去张拉机械；③绑扎普通钢筋、支模、浇捣混凝土并进行养护；④当混凝土达到一定的强度或达到强度设计值时，可切断预应力筋（放张），由于预应力筋与混凝土之间已经具有了粘结力，通过预应力筋的弹性回缩，挤压混凝土而使构件建立预压应力。

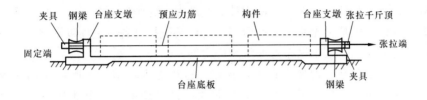

图 10 - 2　先张法示意图

二、后张法

后张法是指先浇筑混凝土构件，然后在构件上张拉预应力筋的一种施工方法。其主要施工工艺如下：①浇筑混凝土构件，并在构件中预留穿入预应力筋的孔道（或设套管）和灌浆孔（图 10 - 3）；②当混凝土达到一定的强度或达到强度设计值时，将预应力筋穿入孔道，并在锚固端用锚具将预应力筋锚固在构件的端部，然后在构件的另一端用张拉机械张拉预应力筋，在张拉的同时挤压混凝土，当预应力筋张拉到控制应力后，用锚具将预应力筋锚固在构件上，卸去张拉机械；③为了使预应力筋与混凝土牢固结合并共同工作，应通过灌浆孔用高压泵将水泥浆灌入构件孔道内，为了保证灌浆密实，在远离灌浆孔的适当部位应预留出气孔。

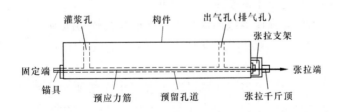

图 10 - 3　后张法示意图

从后张法施工工艺可看出，后张法预应力混凝土构件需要预留孔道、穿钢筋、灌浆等施工工序（这种做法的预应力混凝土称为有粘结预应力混凝土），而预留孔道（特别是曲线形孔道）和灌浆都比较麻烦，灌浆不密实还易造成事故隐患。采用后张法无粘结预应力技术可以克服上述缺点。后张法无粘结预应力混凝土的施工工艺：①在单根或多根高强度钢丝、钢绞线外表沿全长涂以专用防腐油脂或其他防腐材料（其作用是减少摩擦力，并能防锈），外套套管或缠绕防水塑料纸袋，使之与周围混凝土不建立粘结力（这种钢筋称为无粘结预应力筋）；②将无粘结预应力筋像普通钢筋一样按设计位置敷设在钢筋骨架内，并与普通钢筋一起绑扎形成骨架，然后浇筑混凝土；③当混凝土强度达到预期强度后，利用构件本身作为台座对无粘结预应力筋进行张拉和锚固，张拉时无粘结预应力筋可沿纵向相对滑动，使混凝土建立预压应力。

三、先张法和后张法的特点

比较上述两种预加应力的方法，可以看出，施工工艺不同，建立预应力的方法也不同。先张法是靠预应力筋与混凝土之间的粘结力来传递并保持预应力的，而后张法则是靠锚具挤压混凝土来传递和保持预应力的。先张法和后张法各有以下特点。

先张法：生产工序少，工艺简单，施工质量容易保证；在构件上不需设置永久性锚具，生产成本较低；台座越长，一次生产的构件数量越多。先张法适合于工厂成批生产中、小型预应力混凝土构件。但是，先张法生产所用的台座及张拉设备一次性投资费用较大，而且台座不可移动，另外，先张法难以布置曲线预应力筋。

后张法：不需要台座，构件可在工厂预制，也可在现场施工，所以应用比较灵活；另外，后张法可布置曲线预应力筋。但是，后张法构件只能单一逐个地施加预应力，工序较多、施工也较麻烦；此外，后张法的锚具属于永久性锚具，锚具用钢量较多、又不能重复使用，因此成本较高。所以，后张法适用于运输不方便的大型预应力混凝土构件。

采用后张法无粘结预应力混凝土，可以省去传统后张法预应力混凝土预留孔道、穿筋、灌浆等施工工序，节省了施工设备、简化了施工工艺、缩短了工期，所以综合经济性较好。无粘结预应力筋摩擦力小，且易弯成多跨曲线状，特别适用于建造需要连续配筋的大跨度楼盖和屋盖结构。

第三节　预应力混凝土材料及锚夹具

一、预应力混凝土材料

（一）混凝土

预应力混凝土结构对混凝土的基本要求如下：

（1）高强度。采用较高强度等级的混凝土，才能承受较高的预应力，并可有效地减小构件截面尺寸。因此，《规范》规定，预应力混凝土结构的混凝土强度等级不宜低于 C40，且不应低于 C30。

（2）收缩、徐变小。预应力混凝土构件除了混凝土在结硬的过程中会产生收缩变形外，由于混凝土长期承受着预压应力，还要产生徐变变形。混凝土的收缩与徐变，使预应力混凝土构件缩短，因此将引起预应力筋的预拉应力下降，此现象称为预应力损失。显然，预应力筋的预应力损失也相应地使混凝土中的预压应力减小，因此，在预应力混凝土结构的设计、施工中，应尽量减小混凝土的收缩和徐变。

（3）快硬、早强。为了提高台座、模板、夹具等设备的周转率，以便能及早施加预应力，加快施工速度，降低费用，预应力混凝土需要掺加外加剂以使混凝土快硬、早强。

（二）预应力筋

预应力筋宜采用预应力钢丝、钢绞线、也可采用预应力螺纹钢筋。

预应力混凝土构件对预应力筋的基本要求如下：

（1）高强度。在预应力构件中，从构件制作到构件承受荷载达到破坏，预应力筋始终处于高应力状态；另外，为了减少预应力损失，使构件内部建立较高的预压应力，也必须采用强度较高的预应力筋。

（2）较好的塑性。为避免构件产生脆性破坏，同时为保证构件在低温或冲击荷载作用下可靠地工作，预应力筋应具有足够的塑性性能。《规范》规定，预应力筋在最大力下的总伸长率不应小于 3.5％。

（3）良好的加工性能。为保证预应力筋的加工质量，应具有良好的可焊性和墩头等加工性能。

（4）应力松弛损失要低。

（5）较好的粘结性能。先张法是靠预应力筋与混凝土之间的粘结力来建立预应力的，为了提高混凝土所建立的预压应力，用作先张法的预应力筋，要求具有良好的粘结性能。

二、锚具和夹具

在制作预应力混凝土构件的过程中，锚固预应力筋的工具通常分为夹具和锚具两种类型。构件制作完工后能够取下重复使用的工具，称为夹具，也称工具锚，如在先张法中使用的即为夹具。另一种长期锚固在构件上，不能取下重复使用的工具，称为锚具，也称工作锚，如后张法中使用的即为锚具。

无论是夹具还是锚具，都是保证预应力混凝土施工安全、结构可靠的关键性设备。因此，对于锚具和夹具的一般要求为：受力性能可靠；具有足够的强度和刚度；预应力损失小；构造简单，制作方便，节约钢材；张拉锚固方便迅速等。

锚具的种类很多，《规范》根据锚固原理的不同，将锚具分为支承式和夹片式。支承式锚具有钢丝束镦头锚具、精轧螺纹钢筋锚具等；夹片式锚具有 JM 型锚具、XM 型锚具、QM 型锚具及 OVM 锚具等。现将几种国内常用锚具简要介绍如下。

（一）钢丝束镦头锚具

钢丝束镦头锚具用于锚固任意根数 $\phi 5$ 钢丝束，分 DM5A 型和 DM5B 型。DM5A 型用于张拉端，由锚环和螺帽（锚圈）组成；DM5B 型用于固定端，仅有一块锚板（见图 10 - 4）。张拉时，张拉螺丝杆一端与锚环内丝扣连接，另一端与张拉设备连接，当张拉到控制应力时，锚环被拉出，拧紧锚环外丝扣上的螺帽加以锚固。

（二）精轧螺纹钢筋锚具

精轧螺纹钢筋锚具用于锚固高强粗钢筋束。锚具由螺帽与钢垫板组成（见图 10 - 5）。通常作为后张法构件的锚具，借助粗钢筋两端的螺纹，在钢筋张拉后直接拧上螺帽进行锚固，钢筋的回缩力由螺帽经钢垫板承压传递给构件而获得预应力。

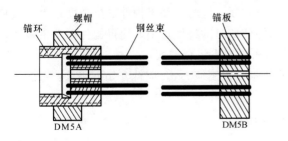

图 10 - 4　镦头锚具

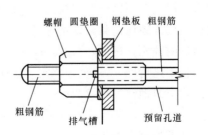

图 10 - 5　精轧螺纹钢筋锚具

（三）夹片式锚具

夹片式锚具主要用于锚固钢绞线束。夹片式锚具由带锥孔的锚板、夹片和锚垫板组成（见图 10-6）。张拉时，每个锥孔置一根钢绞线，张拉后各自用夹片将钢绞线抱夹锚固。JM 型锚具是我国 20 世纪 60 年代研制的夹片锚具。随着钢绞线的大量使用和钢绞线强度的大幅度提高，JM 型锚具已难满足要求，随之研制出了 XM 型锚具、QM 型锚具系列，在 QM 型锚具的基础上又研制出了 OVM 锚具系列。JM 型、XM 型锚具等既可用作工作锚，又可用作工具锚。

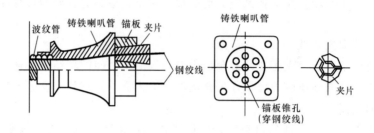

图 10-6 夹片式锚具

表 10-1   **锚 具 选 用 表**

无粘结预应力筋品种	张拉端	固定端
$d=15$（$7\phi5$）或 $d=12$（$7\phi4$）$7\phi5$ 钢丝束	夹片锚具、镦头锚具、夹片锚具	挤压锚具、压花锚具、焊板夹片锚具、镦头锚具

无粘结预应力筋锚具的选用，应根据无粘结预应力筋的品种、张拉吨位以及工程使用情况选定。对常用的直径为 15、12 单根钢绞线和 $7\phi5$ 钢丝束无粘结预应力筋的锚具可按表 10-1 选用。

第四节　张拉控制应力和预应力损失

一、张拉控制应力 σ_{con}

张拉控制应力是指张拉预应力筋时，张拉设备（如千斤顶上油压表）所控制的总张拉力除以预应力筋截面面积求得的应力值，用 σ_{con} 表示，也即张拉预应力筋时所达到的规定应力。张拉控制应力的数值应根据设计和施工经验确定。

从提高预应力筋的利用率来说，张拉控制应力应在可能的情况下取得高一些，这样预应力的效果会好一些。《规范》规定，消除应力钢丝、钢绞线、中强度预应力钢丝的张拉控制应力值不应小于 $0.4f_{ptk}$，预应力螺纹钢筋的张拉控制应力不宜小于 $0.5f_{pyk}$。但 σ_{con} 又不能取得太高，以免个别钢筋在张拉或施工的过程中被拉断；同时，如果构件的抗裂度过大，会使开裂荷载接近破坏荷载，即构件延性变差，构件破坏时的挠度过小，使得构件在发生破坏前没有明显的预兆；再者，σ_{con} 太高，钢筋的应力松弛损失将会增大。

综合上述情况，《规范》规定，预应力筋的张拉控制应力 σ_{con} 应符合如下要求：

消除应力钢丝、钢绞线：

$$\sigma_{con} \leqslant 0.75f_{ptk} \tag{10-1}$$

中强度预应力钢丝：

$$\sigma_{con} \leqslant 0.70f_{ptk} \tag{10-2}$$

预应力螺纹钢筋：

$$\sigma_{con} \leqslant 0.85 f_{pyk} \tag{10-3}$$

式中 f_{ptk}——预应力筋极限强度标准值；

f_{pyk}——预应力螺纹钢筋屈服强度标准值。

当符合下列情况之一时，上述张拉控制应力限值可相应提高 $0.05f_{ptk}$ 或 $0.05f_{pyk}$：

1）要求提高构件在施工阶段的抗裂性能而在使用阶段受压区内设置的预应力筋。

2）要求部分抵消由于应力松弛、摩擦、预应力筋分批张拉以及预应力筋与台座之间的温差等因素产生的预应力损失。

二、预应力损失及其组合

由于各种因素的影响，从张拉预应力筋开始直至构件使用的整个过程中，预应力筋的张拉控制应力在逐渐降低，同时混凝土所建立的预压应力也将逐渐降低，这种预应力降低的现象称为预应力损失。引起预应力损失的因素很多，下面介绍各项预应力损失和减少预应力损失的措施以及预应力损失组合。

（一）预应力损失

1. 张拉端锚具变形和预应力筋内缩引起的预应力损失 σ_{l1}

先张法在台座上张拉预应力筋或后张法直接在构件上张拉预应力筋，一般总是先将预应力筋的一端锚固，然后在另一端张拉，待预应力筋应力达到设计规定的张拉控制应力后，再将预应力筋锚固。由于预应力筋处于高应力状态，所以在张拉过程中，锚固端的锚具产生变形（包括锚具本身的弹性变形，锚具、垫板与构件之间的缝隙被压紧）及预应力筋在锚具中的滑动引起的预应力损失，张拉设备能够及时补偿。而张拉端的锚具变形及预应力筋内缩引起的损失，是在预应力筋张拉结束并且传力后产生的，不能再由张拉设备补偿，所以在计算预应力损失时必须考虑这项损失。

《规范》规定，直线预应力筋由于锚具变形和预应力筋内缩引起的预应力损失值 σ_{l1} 的计算公式为

$$\sigma_{l1} = \frac{a}{l} E_s \tag{10-4}$$

式中 a——张拉端锚具变形和预应力筋内缩值，mm，可按表 10-2 采用；

l——张拉端至锚固端之间的距离，mm；

E_s——预应力筋的弹性模量。

表 10-2 　　　　　　　　　　　　　　**锚具变形和预应力筋内缩值** 　　　　　　　　mm

锚 具 类 别		a	锚 具 类 别		a
支承式锚具 （钢丝束镦头锚具等）	螺帽缝隙	1	夹片式锚具	有顶压时	5
	每块后加垫板的缝隙	1		无顶压时	6～8

注 1. 表中的锚具变形和预应力筋内缩值也可根据实测数据确定。
　　2. 其他类型的锚具变形和预应力筋内缩值应根据实测数据确定。

块体拼成的结构，其预应力损失尚应考虑块体间填缝的预压变形。当采用混凝土或砂浆为填缝材料时，每条填缝的预压变形值可取为 1mm。

后张法构件曲线预应力筋或折线预应力筋由于锚具变形和预应力筋内缩引起的预应力损失值 σ_{l1}（见图 10-7），应根据曲线预应力筋或折线预应力筋与孔道壁之间反向摩擦影响长

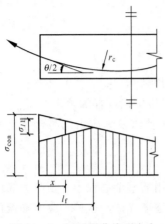

度 l_f 范围内的预应力筋变形值等于锚具变形和预应力筋内缩值的条件确定。对常用束形的后张法曲线预应力筋，当其对应的圆心角 $\theta \leqslant 45°$ 时，预应力损失 σ_{l1} 可按下列公式计算：

$$\sigma_{l1} = 2\sigma_{con}l_f\left(\frac{\mu}{r_c} + \kappa\right)\left(1 - \frac{x}{l_f}\right) \qquad (10-5)$$

$$l_f = \sqrt{\frac{aE_s}{1000\sigma_{con}(\mu/r_c + \kappa)}} \qquad (10-6)$$

上两式中　　r_c——圆弧形曲线预应力筋的曲率半径，m；

　　　　　　μ——预应力筋与孔道壁之间的摩擦系数，按表 10-3 取用；

　　　　　　κ——考虑孔道每米长度局部偏差的摩擦系数，按表 10-3 取用；

图 10-7　圆弧形曲线预应力筋的预应力损失 σ_{l1}

　　　　　　l_f——反向摩擦影响长度，m；

　　　　　　x——张拉端至计算截面的距离，应不大于 l_f，m。

其余符号意义同前。

为了减小这项损失，可采取以下措施：①选择变形和预应力筋内缩值小的锚具，尽量减少垫板的块数；②增加张拉端至锚固端之间的长度。

表 10-3　　　　　　　　　　　　　摩　擦　系　数

孔道成型方式	κ	μ	
		钢绞线、钢丝束	预应力螺纹钢筋
预埋金属波纹管	0.0015	0.25	0.50
预埋塑料波纹管	0.0015	0.15	—
预埋钢管	0.0010	0.30	—
抽芯成型	0.0014	0.55	0.60
无粘结预应力筋	0.0040	0.09	—

注　表中系数也可以根据实测数据确定。

2. 预应力筋与孔道壁之间的摩擦引起的预应力损失 σ_{l2}

当采用后张法张拉预应力筋时，预应力筋将沿孔道壁滑移而产生摩擦力，使预应力筋的应力形成在张拉端高，向跨中方向逐渐减小的现象，即为摩擦损失 σ_{l2}。摩擦损失主要由孔道的弯曲和孔道局部偏差两部分影响产生。其值宜按下式计算，即

$$\sigma_{l2} = \sigma_{con}\left(1 - \frac{1}{e^{kx+\mu\theta}}\right) \qquad (10-7)$$

当 $(kx+\mu\theta) \leqslant 0.3$ 时，可按下列近似公式计算，即

$$\sigma_{l2} = (kx + \mu\theta)\sigma_{con} \qquad (10-8)$$

式中　　x——从张拉端至计算截面的孔道长度（m），可近似取该段孔道在纵轴上的投影长度（见图 10-8）；

θ——从张拉端至计算截面曲线孔道各部分切线的夹角之和（rad）。

其余符号同前。

为了减少这项损失，可采取以下措施：①采用两端张拉，以减小 x 值；②采用一端张拉，另一端补拉，即先在张拉端张拉预应力筋到 σ_{con} 后锚固，将张拉设备移到另一端并张拉到 σ_{con}；③在设计时尽可能地避免使用曲线配筋以减小 θ 值；④采用"超张拉"工艺：从应力为零开始张拉至 $1.03\sigma_{\text{con}}$，或从应力为零开始张拉至 $1.05\sigma_{\text{con}}$，持荷 2min 后，卸载至 σ_{con}。

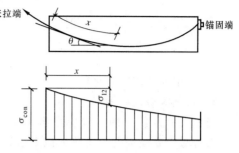

图 10 - 8　预应力筋的摩擦损失 σ_{l2}

由于超张拉 5% 左右，使构件其他截面应力也相应提高，当张拉力回降至 σ_{con} 时，钢筋因要回缩而受到反向摩擦力的作用，且随着距张拉端距离的增加，反向摩擦力的积累逐渐增大。这样，跨中截面的预应力就因超张拉而获得了稳定的提高。

3. 混凝土加热养护时受拉的预应力筋与承受拉力的设备之间的温差引起的预应力损失 σ_{l3}

对先张法预应力混凝土构件，当采用蒸汽或其他加热方法养护混凝土时，新浇的混凝土尚未结硬，升温时，由于预应力筋的温度高于台座的温度，预应力筋将产生相对伸长，导致预应力筋的应力下降（产生预应力损失）；降温时，混凝土已结硬，预应力筋与混凝土之间已具有了粘结力，两者一起回缩，所以降低了的预应力也不会恢复，于是形成了由于温差而产生的预应力损失 σ_{l3}。如果台座与构件共同受热、共同变形时，则不需考虑此项损失。

设混凝土加热养护时，预应力筋与张拉台座之间的温差为 $\Delta t\,℃$，预应力筋的线膨胀系数 $\alpha=1\times10^{-5}/℃$，若取预应力筋的弹性模量 $E_s=2.0\times10^5\,\text{N/mm}^2$，则温差引起的预应力筋应变为 $\varepsilon_s=\alpha\Delta t$，于是此项预应力损失为

$$\sigma_{l3}=E_s\varepsilon_s=2.0\times10^5\times1\times10^{-5}\Delta t=2\Delta t \qquad (10-9)$$

为了减少这项损失，可采取以下措施：①采用二阶段升温的养护方法。即第一阶段升温 20℃，然后恒温养护，待混凝土强度达到 $7\sim10\,\text{N/mm}^2$，预应力筋与混凝土之间具有了粘结力后，再将温度升至规定的养护温度，此时，预应力筋与混凝土一起变形，不会因第二次升温而引起预应力损失。②在钢模上张拉预应力筋，并将钢模与构件一起加热养护，可不考虑此项损失。

4. 预应力筋应力松弛引起的预应力损失 σ_{l4}

预应力筋的应力松弛是指预应力筋在高应力状态下，长度不变，应力随时间的增长而降低的现象。它具有以下特点：①预应力筋张拉控制应力越高，其应力松弛越大，同时松弛速度也越快；②预应力筋的应力松弛损失一般在张拉初期发展较快，24h 可完成总松弛量的 50%～80%，1000h 后趋于稳定；③预应力筋松弛量的大小主要与预应力筋种类有关；④预应力筋松弛随温度升高而增加。

《规范》规定，预应力筋的应力松弛损失应按下列规定计算：

1）对消除应力钢丝、钢绞线，则

普通松弛：
$$\sigma_{l4}=0.4\left(\frac{\sigma_{\text{con}}}{f_{\text{ptk}}}-0.5\right)\sigma_{\text{con}} \qquad (10-10)$$

低松弛：

当 $\sigma_{\text{con}}\leqslant0.7f_{\text{ptk}}$ 时

$$\sigma_{l4} = 0.125\left(\frac{\sigma_{con}}{f_{ptk}} - 0.5\right)\sigma_{con} \qquad (10-11)$$

当 $0.7f_{ptk} < \sigma_{con} \leqslant 0.8f_{ptk}$ 时

$$\sigma_{l4} = 0.2\left(\frac{\sigma_{con}}{f_{ptk}} - 0.575\right)\sigma_{con} \qquad (10-12)$$

2）对中强度预应力钢丝： $\qquad \sigma_{l4} = 0.08\sigma_{con}$

3）对预应力螺纹钢筋： $\qquad \sigma_{l4} = 0.03\sigma_{con}$

当 $\sigma_{con}/f_{ptk} \leqslant 0.5$ 时，预应力筋的应力松弛损失可取为零。

为了减少此项损失，可采取以下措施：①采用超张拉工艺；②采用低松弛的高强钢材。

5. 混凝土的收缩和徐变引起的预应力损失 σ_{l5}

混凝土收缩、徐变引起受拉区和受压区纵向预应力筋的预应力损失 σ_{l5}，σ'_{l5} 可按下列方法确定。一般情况，先张法构件的预应力损失为

$$\sigma_{l5} = \frac{60 + 340\dfrac{\sigma_{pc}}{f'_{cu}}}{1 + 15\rho} \qquad (10-13)$$

$$\sigma'_{l5} = \frac{60 + 340\dfrac{\sigma'_{pc}}{f'_{cu}}}{1 + 15\rho'} \qquad (10-14)$$

后张法构件的预应力损失为

$$\sigma_{l5} = \frac{55 + 300\dfrac{\sigma_{pc}}{f'_{cu}}}{1 + 15\rho} \qquad (10-15)$$

$$\sigma'_{l5} = \frac{55 + 300\dfrac{\sigma'_{pc}}{f'_{cu}}}{1 + 15\rho'} \qquad (10-16)$$

上两式中 $\quad\sigma_{pc}$、σ'_{pc}——在受拉区、受压区预应力筋合力点处的混凝土法向压应力；

$\qquad\qquad f'_{cu}$——施加预应力时的混凝土立方体抗压强度；

$\qquad\qquad \rho$、ρ'——受拉区、受压区预应力筋和普通钢筋的配筋率。

配筋率计算公式如下：

先张法构件为

$$\rho = \frac{A_p + A_s}{A_0}; \quad \rho' = \frac{A'_p + A'_s}{A_0}$$

后张法构件为

$$\rho = \frac{A_p + A_s}{A_n}; \quad \rho' = \frac{A'_p + A'_s}{A_n}$$

上两式中 $\quad A_p$、A'_p——受拉区、受压区纵向预应力筋的截面面积。

$\qquad\qquad A_s$、A'_s——受拉区、受压区纵向普通钢筋的截面面积。

$\qquad\qquad A_0$——换算截面面积，包括净截面面积以及全部纵向预应力筋截面面积换算成混凝土的截面面积。

$\qquad\qquad A_n$——净截面面积，即扣除孔道、凹槽等削弱部分以外的混凝土全部截面面积及纵向普通钢筋截面面积换算成混凝土的截面面积之和；对由

不同混凝土强度等级组成的截面，应根据混凝土弹性模量比值换算成同一混凝土强度等级的截面面积。

对于对称配置预应力筋和普通钢筋的构件，配筋率 ρ、ρ' 应按钢筋总截面面积的一半计算。

计算受拉区、受压区预应力筋合力点处的混凝土法向压应力 σ_{pc}、σ'_{pc} 时，预应力损失值仅考虑混凝土预压前的损失（第一批预应力损失）。

为了减少此项损失，可采取所有能减少混凝土收缩和徐变的措施。

6. 用螺旋式预应力筋作配筋的环形构件由于混凝土的局部挤压引起的预应力损失 σ_{l6}

采用螺旋式配筋的预应力混凝土构件，如水池、油罐、压力管道等，采用后张法直接在构件上张拉，由于预应力筋对混凝土的局部挤压，使构件直径减小而造成预应力筋的应力损失。《规范》规定，当直径 $d \leqslant 3m$ 时，$\sigma_{l6} = 30N/mm^2$，当直径 $d > 3m$ 时，$\sigma_{l6} = 0$。

需要说明的是，除了上述六项预应力损失以外，在后张法构件中，当预应力筋根数较多，且受张拉设备等的限制时，一般是采用分批张拉锚固的，这样，当张拉后批预应力筋时所产生的混凝土弹性压缩变形，将使先批已张拉并锚固的预应力筋产生预应力损失（称为分批张拉应力损失）。因此，对后张法采用分批张拉的构件，应考虑分批张拉应力损失，即将先批张拉预应力筋的张拉控制应力 σ_{con} 增加（或减小）$\alpha_E \sigma_{pci}$。此处，σ_{pci} 为后批张拉预应力筋在先批张拉预应力筋重心处产生的混凝土法向应力，α_E 为钢筋弹性模量与混凝土弹性模量的比值。在先张法构件中，放张时混凝土受压产生弹性变形，预应力筋回缩，预应力筋中的预应力值下降，相当于预应力筋产生了预应力损失 $\alpha_E \sigma_{pc}$。

（二）预应力损失的组合

通过上述介绍可知，六项损失之中，有些只发生在先张法构件中，有些发生在后张法构件中，而有些却两种构件兼而有之。并且，在同一种构件中，它们出现的时间也不同。对于预应力混凝土构件，需要进行施工阶段和使用阶段的应力和变形计算，不同的阶段应考虑相应的预应力损失组合。为方便起见，《规范》将预应力损失分为两批：发生在混凝土预压以前的称为第一批预应力损失，用 σ_{lI} 表示；发生在混凝土预压以后的称为第二批预应力损失，用 σ_{lII} 表示。各阶段预应力损失值的组合，见表 10 - 4。

表 10 - 4　各阶段预应力损失值的组合

预应力损失值的组合	先张法	后张法
混凝土预压前（第一批）的损失 σ_{lI}	$\sigma_{l1} + \sigma_{l2} + \sigma_{l3} + \sigma_{l4}$	$\sigma_{l1} + \sigma_{l2}$
混凝土预压后（第二批）的损失 σ_{lII}	σ_{l5}	$\sigma_{l4} + \sigma_{l5} + \sigma_{l6}$

注　先张法由于预应力筋应力松弛引起的损失值在第一批和第二批中所占的比例，如需区分，可根据实际情况确定。

当计算求得的预应力总损失值小于下列数值时，应按下列数值取用：

先张法构件 $100N/mm^2$；

后张法构件 $80N/mm^2$。

第五节　预应力混凝土轴心受拉构件计算

一、预应力混凝土轴心受拉构件各阶段应力分析

预应力混凝土构件从张拉预应力筋至构件受荷破坏的过程中，不同阶段预应力筋和混凝土的应力不同，了解预应力混凝土轴心受拉构件各个阶段预应力筋和混凝土的应力状态，是

推出公式并进行计算的关键。下面按施工和使用两个阶段分别加以介绍。

（一）先张法构件

1. 施工阶段

（1）切断预应力筋前（即混凝土预压前）。完成第一批预应力损失 $\sigma_{l\mathrm{I}}$，此时：

预应力筋应力 $\qquad\qquad\qquad\qquad \sigma_{pe}=\sigma_{con}-\sigma_{l\mathrm{I}}$

混凝土应力 $\qquad\qquad\qquad\qquad \sigma_{pc}=0$

普通钢筋应力 $\qquad\qquad\qquad\qquad \sigma_s=0$

（2）切断预应力筋（放张）时。由于钢筋与混凝土之间具有了粘结力，所以两者变形必须协调（$\varepsilon_c=\varepsilon_s$）。设混凝土获得的预压应力为 $\sigma_{pc\mathrm{I}}$，则预应力筋的预应力相应减少 $\alpha_E\sigma_{pc\mathrm{I}}$，此时：

混凝土应力 $\qquad\qquad\qquad\qquad \sigma_{pc}=\sigma_{pc\mathrm{I}}$

预应力筋应力 $\qquad\qquad\qquad \sigma_{pe}=\sigma_{pe\mathrm{I}}=\sigma_{con}-\sigma_{l\mathrm{I}}-\alpha_E\sigma_{pc\mathrm{I}}$

普通钢筋应力 $\quad \sigma_s=\varepsilon_s E_s=\varepsilon_c E_s=(\sigma_{pc\mathrm{I}}/E_c)\times E_s=\alpha_E\sigma_{pc\mathrm{I}}=\sigma_{s\mathrm{I}}$

由内力平衡条件（见图 10-9）可得

$$\sigma_{pe\mathrm{I}}A_p=\sigma_{pc\mathrm{I}}A_c+\sigma_{s\mathrm{I}}A_s$$

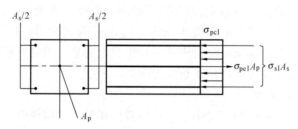

图 10-9　先张法构件切断预应力筋时的受力情况

将各应力值代入上式中得

$$(\sigma_{con}-\sigma_{l\mathrm{I}}-\alpha_E\sigma_{pc\mathrm{I}})A_p=\sigma_{pc\mathrm{I}}A_c+\alpha_E\sigma_{pc\mathrm{I}}A_s$$

整理得 $\qquad\qquad \sigma_{pc\mathrm{I}}=\dfrac{(\sigma_{con}-\sigma_{l\mathrm{I}})\,A_p}{A_c+\alpha_E A_s+\alpha_E A_p}=\dfrac{(\sigma_{con}-\sigma_{l\mathrm{I}})\,A_p}{A_0}$ $\qquad$ (10-17)

式中 $\quad A_p$——预应力筋的截面面积；

$\qquad\quad A_s$——普通钢筋的截面面积；

$\qquad\quad A_c$——扣除孔道凹槽及钢筋截面面积后的混凝土截面面积；

$\qquad\quad A_0$——构件的换算截面面积，$A_0=A_c+\alpha_E A_s+\alpha_E A_p=A_n+\alpha_E A_p$。

从上面的应力分析过程可得出这样的结论：在钢筋与混凝土之间具有了粘结力以后，普通钢筋的应力是混凝土应力的 α_E 倍，预应力筋的应力变化值是混凝土应力值的 α_E 倍。

（3）完成第二批预应力损失后。由于第二批预应力损失 $\sigma_{l\mathrm{II}}$ 的产生，完成了预应力的总损失 $\sigma_l=\sigma_{l\mathrm{I}}+\sigma_{l\mathrm{II}}$，使预应力筋的拉应力和混凝土的预压应力进一步降低，设混凝土的预压应力由 $\sigma_{pc\mathrm{I}}$ 降低到 $\sigma_{pc\mathrm{II}}$，则预应力筋的预应力由 $\sigma_{pe\mathrm{I}}$ 降低到 $\sigma_{pe\mathrm{II}}$。此时：

混凝土应力 $\qquad\qquad\qquad\qquad \sigma_{pc}=\sigma_{pc\mathrm{II}}$

预应力筋应力 $\qquad\qquad \sigma_{pe}=\sigma_{pe\mathrm{II}}=\sigma_{con}-\sigma_l-\alpha_E\sigma_{pc\mathrm{II}}$

普通钢筋应力　　　　　$\sigma_s = \sigma_{sII} = \alpha_E \sigma_{pcII} + \sigma_{l5}$

在普通钢筋应力 σ_s 式中，σ_{l5} 项指普通钢筋在混凝土收缩与徐变过程中由于阻碍混凝土收缩、徐变的发展所增加的压应力值。

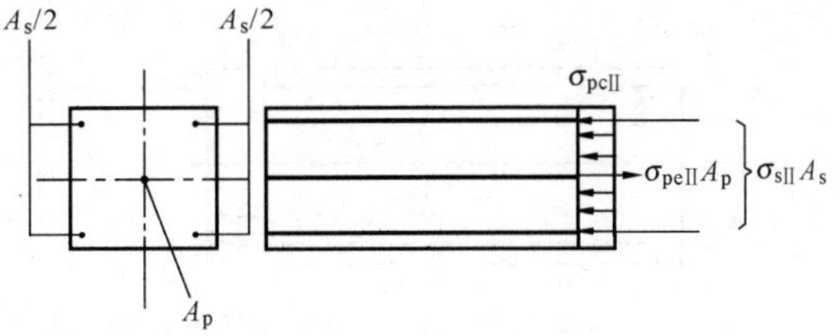

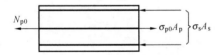

图 10 - 10　先张法构件完成全部
预应力损失后的受力情况

由内力平衡条件（见图 10 - 10）可得

$$\sigma_{peII} A_p = \sigma_{pcII} A_c + \sigma_{sII} A_s$$

将各应力值代入上式得

$$(\sigma_{con} - \sigma_l - \alpha_E \sigma_{pcII}) A_p = \sigma_{pcII} A_c + (\sigma_{l5} + \alpha_E \sigma_{pcII}) A_s$$

整理得　　　　　　　　　$$\sigma_{pcII} = \frac{(\sigma_{con} - \sigma_l) A_p - \sigma_{l5} A_s}{A_0} \qquad (10 - 18)$$

式中　σ_{pcII}——预应力损失全部完成后，在混凝土中所建立的有效预压应力。

由式（10 - 18）可见，当预应力混凝土构件配置普通钢筋时，由于混凝土收缩、徐变的影响会在这些普通钢筋中产生内力 $\sigma_{l5} A_s$，这些内力减少了混凝土的法向预压应力。

2. 使用阶段

（1）截面上混凝土的应力为零时（荷载为 N_{p0}）。加载使混凝土的预压应力 σ_{pcII} 全部抵消，相当于混凝土的预压应力降低了 σ_{pcII}；而预应力筋受拉，其拉应力在 σ_{peII} 基础上增加了 $\alpha_E \sigma_{pcII}$；另外，普通钢筋的预压应力也降低了 $\alpha_E \sigma_{pcII}$。此时：

混凝土应力　　　　　　　　　　$\sigma_{pc} = 0$

预应力筋应力　　　　　$\sigma_{pe} = \sigma_{p0} = \sigma_{peII} + \alpha_E \sigma_{pcII} = \sigma_{con} - \sigma_l$

普通钢筋应力　　　　　$\sigma_s = \sigma_{sII} - \alpha_E \sigma_{pcII} = \sigma_{l5}$（为压应力）

由图 10 - 11 可列出此时的平衡式

$$N_{p0} = \sigma_{p0} A_p - \sigma_s A_s$$

将各应力值代入上式并由式（10 - 18）得

$$N_{p0} = (\sigma_{con} - \sigma_l) A_p - \sigma_{l5} A_s = \sigma_{pcII} A_0 \qquad (10 - 19)$$

上两式中　σ_{p0}——预应力筋合力点处混凝土法向应力等于零时的预应力筋应力；

N_{p0}——混凝土法向预应力等于零时预应力筋与普通钢筋的合力。

图 10 - 11　先张法构件混凝土
应力为零时的受力情况

由上可知，N_{p0} 也为抵消混凝土有效预压应力所需施加在先张法构件上的轴向力。

（2）加载至构件即将开裂时（荷载为 N_{cr}）。轴向力继续增加使混凝土即将开裂时，混凝土拉应力达到 f_{tk}。相当于混凝土的应力增加了 f_{tk}，则预应力筋的应力在 σ_{p0} 基础上又增加了 $\alpha_E f_{tk}$。此时：

混凝土应力　　　　　　　　　　$\sigma_{pc} = f_{tk}$

预应力筋应力　　　　　　$\sigma_{pe} = \sigma_{con} - \sigma_l + \alpha_E f_{tk}$

普通钢筋应力　　　　　　　$\sigma_s = -\sigma_{l5} + \alpha_E f_{tk}$

由图10 - 12可列出此时的平衡式为

$$N_{cr} = f_{tk} A_c + \sigma_{pe} A_p + \sigma_s A_s$$

将各应力值代入上式并由式(10 - 18)得

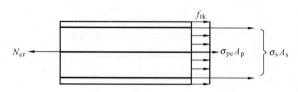

图 10 - 12　先张法构件即将出现裂缝时的受力情况

$$N_{cr} = (\sigma_{pcⅡ} + f_{tk}) A_0 \qquad (10 - 20)$$

式中　N_{cr}——预应力混凝土轴心受拉构件即将开裂时所能承受的轴向力。

合理地选择和正确地计算 $\sigma_{pcⅡ}$ 的情况下，$\sigma_{pcⅡ} \gg f_{tk}$。由式（10 - 20）看出，由于预应力的作用，预应力混凝土轴心受拉构件比普通混凝土轴心受拉构件的抗裂能力大了很多。

（3）加载至构件破坏（荷载为 N_u）。轴向力继续增加使预应力筋和普通钢筋达到屈服强度时，构件破坏。此时：

混凝土应力　　　　　　　　　　　　　$\sigma_{pc} = 0$

预应力筋应力　　　　　　　　　　　　$\sigma_{pe} = f_{py}$

普通钢筋应力　　　　　　　　　　　　$\sigma_s = f_y$

可列出此时的平衡式为

$$N_u = f_{py} A_p + f_y A_s \qquad (10 - 21)$$

式中　N_u——预应力混凝土轴心受拉构件破坏时的极限承载力。

由式（10 - 21）可以看出，对构件施加预应力并不能提高构件的承载力，但由于预应力混凝土构件可以采用高强度的预应力筋，所以对同样截面尺寸的构件，当采用高强度的预应力筋时，预应力混凝土构件的承载力还是可以有一定的提高。

（二）后张法构件

1. 施工阶段

（1）第一批预应力损失产生后。后张法构件在孔道内穿入预应力筋并经张拉产生摩擦损失，预应力筋张拉达到张拉控制应力 σ_{con} 后锚固，即产生了锚具损失。在张拉预应力筋的同时，也产生了混凝土的压缩变形，即混凝土具有了预压应力。设混凝土的预压应力为 $\sigma_{pcⅠ}$，此时：

混凝土应力　　　　　　　　　　　　　$\sigma_{pc} = \sigma_{pcⅠ}$

预应力筋应力　　　　　　　　　　$\sigma_{pe} = \sigma_{peⅠ} = \sigma_{con} - \sigma_{lⅠ}$

普通钢筋应力　　　　　　　　　　　$\sigma_s = \sigma_{sⅠ} = \alpha_E \sigma_{pcⅠ}$

可参考图 10 - 9 列出平衡式为

$$\sigma_{pcⅠ} A_c + \sigma_{sⅠ} A_s = \sigma_{peⅠ} A_p$$

将各应力值代入上式并经整理后得

$$\sigma_{pcⅠ} = \frac{(\sigma_{con} - \sigma_{lⅠ}) A_p}{A_c + \alpha_E A_s} = \frac{(\sigma_{con} - \sigma_{lⅠ}) A_p}{A_n} \qquad (10 - 22)$$

（2）完成第二批预应力损失后。假设构件在使用以前已完成第二批预应力损失，意味着收缩、徐变及应力松弛损失已全部完成，则后张法构件的预应力损失全部完成。设混凝土的有效预压应力降低为 $\sigma_{pcⅡ}$，此时：

混凝土应力　　　　　　　　　　　　　$\sigma_{pc} = \sigma_{pcⅡ}$

预应力筋应力　　　　　　　　　　$\sigma_{pe} = \sigma_{peⅡ} = \sigma_{con} - \sigma_l$

普通钢筋应力　　　　　　　　　$\sigma_s = \sigma_{sⅡ} = \alpha_E \sigma_{pcⅡ} + \sigma_{l5}$

可参考图 10 - 10 列出平衡式为

$$\sigma_{\text{pc}\text{II}} A_{\text{c}} + \sigma_{\text{s}\text{II}} A_{\text{s}} = \sigma_{\text{pe}\text{II}} A_{\text{p}}$$

将各应力值代入上式并经整理后得

$$\sigma_{\text{pc}\text{II}} = \frac{(\sigma_{\text{con}} - \sigma_{l})A_{\text{p}} - \sigma_{l5}A_{\text{s}}}{A_{\text{n}}} \qquad (10 - 23)$$

将式（10 - 17）、式（10 - 18）与式（10 - 22）、式（10 - 23）作一比较，可以发现，先张法与后张法相应公式相似，只是前者分母为 $A_0 = A_{\text{n}} + \alpha_{\text{E}}A_{\text{p}}$，后者为 A_{n}。

2. 使用阶段

（1）截面上混凝土的应力为零时（荷载为 N_{p0}）。加载使混凝土的预压应力 $\sigma_{\text{pc}\text{II}}$ 全部抵消，钢筋与混凝土的应力变化情况与先张法相同，此时：

混凝土应力　　　　　　　　　　　$\sigma_{\text{pc}} = 0$

预应力筋应力　　　　$\sigma_{\text{pe}} = \sigma_{\text{p0}} = \sigma_{\text{pe}\text{II}} + \alpha_{\text{E}}\sigma_{\text{pc}\text{II}} = \sigma_{\text{con}} - \sigma_{l} + \alpha_{\text{E}}\sigma_{\text{pc}\text{II}}$

普通钢筋应力　　　　$\sigma_{\text{s}} = \sigma_{\text{s}\text{II}} - \alpha_{\text{E}}\sigma_{\text{pc}\text{II}} = \sigma_{l5}$（为压应力）

可参考图 10 - 11 列出平衡式为

$$N_{\text{p0}} = \sigma_{\text{p0}} A_{\text{p}} - \sigma_{\text{s}} A_{\text{s}}$$

将各应力值代入上式并由式（10 - 23）得

$$N_{\text{p0}} = (\sigma_{\text{con}} - \sigma_{l} + \alpha_{\text{E}}\sigma_{\text{pc}\text{II}})A_{\text{p}} - \sigma_{l5}A_{\text{s}} = \sigma_{\text{pc}\text{II}} A_0 \qquad (10 - 24)$$

（2）加载至构件即将出现裂缝时（荷载为 N_{cr}）。与先张法类似，此时：

混凝土应力　　　　　　　　　　　$\sigma_{\text{pc}} = f_{\text{tk}}$

预应力筋应力　　　　$\sigma_{\text{pe}} = \sigma_{\text{con}} - \sigma_{l} + \alpha_{\text{E}}(f_{\text{tk}} + \sigma_{\text{pc}\text{II}})$

普通钢筋应力　　　　$\sigma_{\text{s}} = -\sigma_{l5} + \alpha_{\text{E}}f_{\text{tk}}$

可参考图 10 - 12 列出平衡式为

$$N_{\text{cr}} = f_{\text{tk}}A_{\text{c}} + \sigma_{\text{pe}}A_{\text{p}} + \sigma_{\text{s}}A_{\text{s}}$$

将各应力值代入上式并由式（10 - 23）得

$$N_{\text{cr}} = (\sigma_{\text{pc}\text{II}} + f_{\text{tk}})A_0 \qquad (10 - 25)$$

（3）加载至构件破坏（荷载为 N_{u}）。与先张法相同，其承载力 N_{u} 按式（10 - 21）计算。

二、预应力混凝土轴心受拉构件的计算与验算

（一）使用阶段

1. 承载力计算

根据预应力混凝土轴心受拉构件的应力分析可得构件承载力计算式为

$$N \leqslant f_{\text{py}}A_{\text{p}} + f_{\text{y}}A_{\text{s}} \qquad (10 - 26)$$

式中　N——荷载作用产生的轴向力设计值。

其余符号同前。

2. 抗裂验算

预应力混凝土构件的裂缝控制等级划分为三级，具体内容如下。

（1）裂缝控制等级为一级。此时，在荷载标准组合下，受拉边缘应力应符合下列规定，即

$$\sigma_{\text{ck}} - \sigma_{\text{pc}} \leqslant 0 \qquad (10 - 27)$$

$$\sigma_{ck} = \frac{N_k}{A_0} \qquad\qquad (10 - 28)$$

式中　σ_{ck}——荷载标准组合下抗裂验算边缘的混凝土法向应力；

　　　　σ_{pc}——扣除全部预应力损失后，在抗裂验算边缘的混凝土预压应力，$\sigma_{pc} = \sigma_{pc\text{Ⅱ}}$，按式（10 - 18）或式（10 - 23）计算。

（2）裂缝控制等级为二级。此时，在荷载标准组合下，受拉边缘应力应符合下列规定，即

$$\sigma_{ck} - \sigma_{pc} \leqslant f_{tk} \qquad\qquad (10 - 29)$$

（3）裂缝控制等级为三级。按荷载标准组合并考虑长期作用影响计算的最大裂缝宽度 w_{max} 应满足式（10 - 30）要求：

$$w_{max} \leqslant w_{lim} \qquad\qquad (10 - 30)$$

式中　w_{lim}——最大裂缝宽度限值，按第五章表 5 - 1 采用。

对环境类别为二 a 类的预应力混凝土构件，在荷载准永久组合下，受拉边缘应力尚应符合下列规定：

$$\sigma_{cq} - \sigma_{pc} \leqslant f_{tk} \qquad\qquad (10 - 31)$$

$$\sigma_{cq} = \frac{N_q}{A_0} \qquad\qquad (10 - 32)$$

式中　σ_{cq}——荷载准永久组合下抗裂验算边缘的混凝土法向应力；

　　　　N_q——按荷载准永久组合计算的轴向拉力。

预应力混凝土轴心受拉构件的最大裂缝宽度可按下式计算：

$$w_{max} = \alpha_{cr} \psi \frac{\sigma_{sk}}{E_s} \left(1.9 c_s + 0.08 \frac{d_{eq}}{\rho_{te}} \right) \qquad\qquad (10 - 33)$$

$$\sigma_{sk} = \frac{N_k - N_{p0}}{A_p + A_s} \qquad\qquad (10 - 34)$$

$$\rho_{te} = \frac{A_s + A_p}{A_{te}} \qquad\qquad (10 - 35)$$

上三式中　α_{cr}——构件受力特征系数，预应力混凝土轴心受拉构件 $\alpha_{cr} = 2.2$。

　　　　　σ_{sk}——按荷载标准组合计算的预应力混凝土构件纵向受拉钢筋的等效应力。

　　　　　ρ_{te}——按有效受拉混凝土截面面积计算的纵向受拉钢筋的配筋率，在最大裂缝宽度计算中，当 $\rho_{te} < 0.01$ 时，取 $\rho_{te} = 0.01$。

　　　　　A_{te}——有效受拉混凝土截面面积，对轴心受拉构件，取构件截面面积。

其余符号同第五章。

（二）施工阶段

1. 混凝土轴心受压承载力验算

预应力混凝土轴心受拉构件，在先张法切断预应力筋或后张法张拉预应力筋终止时，混凝土受到的压应力达到最大值，因此应对施工阶段的承载力进行验算，即应满足下式要求：

$$\sigma_{cc} \leqslant 0.8 f'_{ck} \qquad\qquad (10 - 36)$$

式中　σ_{cc}——相应施工阶段计算截面边缘纤维的混凝土压应力；

　　　　f'_{ck}——与各施工阶段混凝土立方体抗压强度 f'_{cu} 相应的抗压强度标准值。

对先张法取 $\sigma_{cc} = (\sigma_{con} - \sigma_{lⅠ}) A_p / A_0$；对后张法取 $\sigma_{cc} = \sigma_{con} A_p / A_n$。

2. 后张法构件端部锚固区锚具垫板下局部受压承载力计算

由于后张法构件预压力是通过锚具、垫板传递给混凝土的，这样，锚具、垫板下一定范围内就存在很大的局部压应力；这种压应力需要经过一定的扩散长度（大约等于构件截面的边长）后才能均匀地分布到构件的全截面，如图 10 - 13 所示。为了保证后张法构件施工阶段的安全，对后张法预应力混凝土构件，不管是轴心受拉构件、受弯构件还是其他构件，都需验算锚固区局部受压承载力。

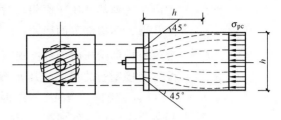

图 10 - 13　后张法构件端部局部受压

为了保证构件锚具下的局部受压承载力及控制裂缝宽度，在预应力筋锚具下和张拉设备的支承处，需配置方格网式或螺旋式间接钢筋（见图 10 - 14）。

当配置间接钢筋且其核心面积 $A_{cor} \geq A_l$ 时，局部受压承载力计算公式为

$$F_l \leq 0.9(\beta_c \beta_l f_c + 2\alpha \rho_v \beta_{cor} f_{yv})A_{ln} \tag{10 - 37}$$

当配置方格网式钢筋时［见图 10 - 14（a）］，其体积配筋率 ρ_v 的计算公式为

$$\rho_v = \frac{n_1 A_{s1} l_1 + n_2 A_{s2} l_2}{A_{cor} s} \tag{10 - 38}$$

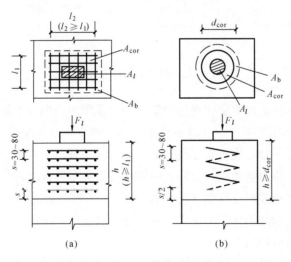

(a) 　　　　　　　(b)

图 10 - 14　局部受压区的间接钢筋

（a）方格网配筋；（b）螺旋式配筋

此时，钢筋网两个方向上单位长度内钢筋截面面积的比值不宜大于 1.5。

当配置螺旋式钢筋时［见图 10 - 14（b）］，体积配筋率 ρ_v 的计算式应为

$$\rho_v = \frac{4A_{ss1}}{d_{cor} s} \tag{10 - 39}$$

上三式中　F_l——局部受压面上作用的局部荷载或局部压力设计值，对后张法预应力混凝土构件应取 $F_l = 1.2\sigma_{con} A_p$；

α——间接钢筋对混凝土约束的折减系数，见第八章第二节；

β_c——混凝土强度影响系数，见第四章第三节；

A_l——混凝土的局部受压面积，当有垫板时，应考虑预应力沿锚具边缘在垫板中按 45°角扩散后传至混凝土的受压面积（见图 10 - 13）；

A_{ln}——混凝土的局部受压净面积，对后张法构件，应在混凝土局部受压面积中扣除孔道、凹槽部分的面积；

β_l——混凝土局部受压时的强度提高系数，$\beta_l = \sqrt{A_b/A_l}$；

β_{cor}——配置间接钢筋的局部受压承载力提高系数，按计算 β_l 的公式计算，但将 A_b 以 A_{cor} 代替，当 $A_{cor} > A_b$ 时，应取 $A_{cor} = A_b$；

A_b——局部受压的计算底面积，可由局部受压面积与计算底面积按同心、对称的原则确定；对常用情况可按图 10 - 15 取用；

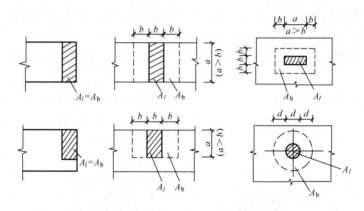

图 10 - 15　局部受压计算底面积

A_{cor}——方格网式或螺旋式间接钢筋内表面范围内的混凝土核心面积，其重心应与 A_l 的重心重合，计算中仍按同心、对称的原则取值；

f_c——混凝土轴心抗压强度设计值，在后张法预应力混凝土构件的张拉阶段验算中，应根据相应阶段的实际轴心抗压强度值取用；

f_{yv}——间接钢筋的抗拉强度设计值；

ρ_v——间接钢筋的体积配筋率（核心面积 A_{cor} 范围内单位混凝土体积所含间接钢筋的体积）；

n_1、A_{s1}——方格网沿 l_1 方向的钢筋根数、单根钢筋的截面面积；

n_2、A_{s2}——方格网沿 l_2 方向的钢筋根数、单根钢筋的截面面积；

A_{ss1}——单根螺旋式间接钢筋的截面面积；

d_{cor}——螺旋式间接钢筋内表面范围内的混凝土截面直径；

s——方格网式或螺旋式间接钢筋的间距，宜取 30~80mm。

间接钢筋应配置在图 10 - 13 所示规定的高度 h 范围内：对方格网式钢筋，不应少于 4 片；对螺旋式钢筋，不应少于 4 圈。

应当注意，为了防止构件端部局部受压面积太小而在使用阶段出现裂缝，其局部受压区的截面尺寸应符合下式要求，即

$$F_l \leqslant 1.35\beta_c\beta_l f_c A_{ln} \tag{10 - 40}$$

第六节　预应力混凝土轴心受拉构件设计示例

24m 预应力混凝土折线形屋架下弦杆件，截面尺寸为 250mm×260mm，混凝土强度等级为 C40。采用后张法施工工艺，一端超张拉 5%，当混凝土强度达到 C40 时进行张拉。孔道采用 2φ50，为充压橡皮管抽芯成型。采用 JM12 锚具，屋架端部构造见图 10-16。预应力筋选用 Φ^H5 消除应力钢丝（$f_{ptk}=1570\text{N/mm}^2$），普通松弛级。普通钢筋选用 HRB335 级，配有 $4\,\Phi14$（$A_s=615\text{mm}^2$）。外荷载在下弦产生的轴向拉力设计值 $N=825\text{kN}$，荷载标准组合作用下的轴向拉力 $N_k=630\text{kN}$，试设计此弦杆。

解　各有关数据：

Φ^H5 消除应力钢丝：$f_{ptk}=1570\text{N/mm}^2$，$f_{py}=1110\text{N/mm}^2$，$E_p=2.05\times10^5\,\text{N/mm}^2$，$\alpha_{E1}=2.05\times10^5/3.25\times10^4=6.31$。

HRB335 级普通钢筋：$f_y=300\text{N/mm}^2$，$E_s=2.0\times10^5\text{N/mm}^2$，$\alpha_{E2}=2.0\times10^5/3.25\times10^4=6.15$。

混凝土 C40：$f_c=19.1\text{N/mm}^2$，$f_{tk}=2.39\text{N/mm}^2$，$E_c=3.25\times10^4\text{N/mm}^2$，$f'_{ck}=26.8\text{N/mm}^2$。

（一）使用阶段计算

1. 承载力计算

屋架的安全等级属于一级，所以其结构重要性系数 $\gamma_0=1.1$

由式（10-26）可得

$$A_p=\frac{\gamma_0 N-f_y A_s}{f_{py}}=\frac{1.1\times825\,000-300\times615}{1110}=651\text{mm}^2$$

预应力筋选用 2 束，每束为 18 Φ^H5，$A_p=707\text{mm}^2$，选用锚圈直径为 100mm、垫板厚度为 20mm 的锚具。

2. 抗裂验算

屋架的裂缝控制等级为二级。

（1）截面几何特征。截面积计算为

$$A_c=250\times260-2\times\frac{\pi\times50^2}{4}-615=60\,460\text{mm}^2$$

$$A_n=A_c+\alpha_{E2}A_s=60\,460+6.15\times615=64\,242\text{mm}^2$$

$$A_0=A_n+\alpha_{E1}A_p=64\,242+6.31\times707=68\,703\text{mm}^2$$

（2）张拉控制应力。其应力计算为

$$\sigma_{con}=0.75f_{ptk}=0.75\times1570=1177.5\text{N/mm}^2$$

（3）计算预应力损失。

1）锚具变形损失 σ_{l1}。预应力筋为直线配置，由表 10-2 查得 $a=5\text{mm}$，则

$$\sigma_{l1}=\frac{a}{l}E_P=\frac{5}{24\,000}\times2.05\times10^5=42.7\text{N/mm}^2$$

2）孔道摩擦损失 σ_{l2}。预应力筋为直线配置，$\theta=0$。由表 10-3 查得 $\kappa=0.0014$，

$$\kappa x=0.0014\times24=0.033<0.3。故按式（10-8）计算得$$

$$\sigma_{l2} = \kappa x \sigma_{con} = 0.033 \times 1177.5 = 38.9 \text{N/mm}^2$$

第一批损失　　　　$\sigma_{l1} = \sigma_{l1} + \sigma_{l2} = 42.7 + 38.9 = 81.6 \text{N/mm}^2$

3）钢筋应力松弛损失 σ_{l4}。普通松弛

$$\sigma_{l4} = 0.4 \left(\frac{\sigma_{con}}{f_{ptk}} - 0.5 \right) \sigma_{con}$$

$$= 0.4 \times (0.75 - 0.5) \times 1177.5 = 117.75 \text{N/mm}^2$$

4）混凝土收缩徐变损失 σ_{l5}。第一批预应力损失完成后，混凝土的预压应力按式（10-22）计算：

$$\sigma_{pc} = \frac{(\sigma_{con} - \sigma_{l1}) A_P}{A_n} = \frac{(1177.5 - 81.6) \times 707}{64\ 242} = 12.1 \text{N/mm}^2$$

$$\rho = \frac{A_P + A_s}{2A_n} = \frac{707 + 615}{2 \times 64\ 242} = 0.01$$

$$\sigma_{l5} = \frac{55 + 300 \dfrac{\sigma_{pc}}{f'_{cu}}}{1 + 15p} = \frac{55 + 300 \dfrac{12.1}{40}}{1 + 15 \times 0.01} = 127 \text{N/mm}^2$$

第二批损失　　　　$\sigma_{l\text{II}} = \sigma_{l4} + \sigma_{l5} = 117.75 + 127 = 244.75 \text{N/mm}^2$

总损失　　　　$\sigma_l = \sigma_{l\text{I}} + \sigma_{l\text{II}} = 81.6 + 244.75 = 326 \text{N/mm}^2 > 80 \text{N/mm}^2$

（4）进行抗裂验算。计算混凝土最终建立的预压应力 $\sigma_{pc\text{II}}$

$$\sigma_{pc} = \sigma_{pc\text{II}} = \frac{(\sigma_{con} - \sigma_l) A_p - \sigma_{l5} A_s}{A_n}$$

$$= \frac{(1177.5 - 326) \times 707 - 127 \times 615}{64\ 242} = 8.2 \text{N/mm}^2$$

由式（10-28）计算得

$$\sigma_{ck} = \frac{N_k}{A_0} = \frac{630\ 000}{68\ 703} = 9.2 \text{N/mm}^2$$

按式（10-29）进行验算，得

$$\sigma_{ck} - \sigma_{pc} = 9.2 - 8.2 = 1.0 \text{N/mm}^2 < f_{tk} = 2.39 \text{N/mm}^2$$

满足要求。

（二）施工阶段验算

1. 混凝土轴心受压承载力验算

超张拉时张拉端混凝土所受的最大压应力为

$$\sigma_{cc} = \frac{N_p}{A_n} = \frac{1.05 \times 1177.5 \times 707}{64\ 242} = 13.6 \text{N/mm}^2 < 0.8 f'_{ck}$$

$$= 0.8 \times 26.8 = 21.44 \text{N/mm}^2$$

2. 屋架端部混凝土局部受压承载力验算

屋架端部构造见图 10-16。

实际上，由于垫板沿 45°刚性角扩散后的截面为圆形，不论是 A_l 还是 A_b 均应该是圆形面积，但在计算中为简便起见近似按矩形面积计算。

局部受压面积　　$A_l = 250 \times (100 + 2 \times 20) = 35\ 000 \text{mm}^2$

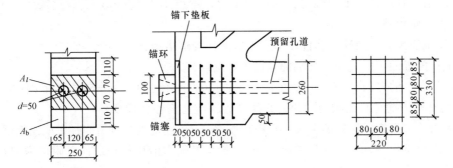

图 10 - 16　屋架端部构造

局部受压净面积　$A_{ln}=35\ 000-2\times\dfrac{\pi\times(50)^2}{4}=31\ 073\text{mm}^2$

局部受压计算底面积　$A_b=250\times(140+2\times110)=90\ 000\text{mm}^2$

局部压力设计值　$F_l=1.2\sigma_{con}A_p=1.2\times1177.5\times707=999\text{kN}$

验算局部受压区截面尺寸是否满足要求 [按式（10 - 40）计算]，则

$$1.35\beta_c\beta_l f_c A_{ln}=1.35\times1.0\times\sqrt{\dfrac{90\ 000}{35\ 000}}\times19.1\times31\ 073$$

$$=1284.8\text{kN}>F_l=999\text{kN}$$

满足要求。

设间接钢筋采用 HRB335 级（$f_{yv}=300\text{N/mm}^2$）Φ8 钢筋网片（$A_{s1}=A_{s2}=50.3\text{mm}^2$）5 片，其间距 $s=50\text{mm}$，网片配置情况如图 10 - 16 所示。

混凝土核心面积　$A_{cor}=220\times330=72\ 600\text{mm}^2<A_b=90\ 000\text{mm}^2$

则配置间接钢筋的局部受压承载力提高系数　$\beta_{cor}=\sqrt{\dfrac{A_{cor}}{A_l}}=\sqrt{\dfrac{72\ 600}{35\ 000}}=1.44$

间接钢筋的体积配筋率

$$\rho_v=\dfrac{n_1 A_{s1} l_1+n_2 A_{s2} l_2}{A_{cor}s}$$

$$=\dfrac{5\times50.3\times220+4\times50.3\times330}{72\ 600\times50}=0.0335$$

配置间接钢筋后局部受压承载力验算为

$$0.9(\beta_c\beta_l f_c+2\alpha\rho_v\beta_{cor}f_{yv})A_{ln}$$

$$=0.9(1.0\times1.6\times19.1+2\times1.0\times0.0335\times1.44\times300)\times31\ 073$$

$$=1664\text{kN}>F_l=999\text{kN}$$

满足要求。

第七节　预应力混凝土构件的构造规定

预应力混凝土构件除了需满足钢筋混凝土的构造要求外，根据预应力混凝土的特点，还需满足下列构造要求。

一、先张法构件

1) 先张法预应力筋之间的净间距不宜小于其公称直径的 2.5 倍和混凝土粗骨料最大粒

径的 1.25 倍，且应符合下列规定：预应力钢丝，不应小于 15mm，三股钢绞线，不应小于 20mm，七股钢绞线，不应小于 25mm。

2）先张法预应力混凝土构件端部宜采取下列构造措施：

①单根配置的预应力筋，其端部宜设置螺旋筋；

②分散布置的多根预应力筋，在构件端部 10d 且不小于 100mm 长度范围内，宜设置 3～5 片与预应力筋垂直的钢筋网片，此处 d 为预应力筋的公称直径。

③采用预应力钢丝配筋的薄板，在板端 100mm 长度范围内宜适当加密横向钢筋；

④槽形板类构件，应在构件端部 100mm 长度范围内沿构件板面设置附加横向钢筋，其数量不少于 2 根。

3）预制肋形板宜设置加强其整体性和横向刚度的横肋，端横肋的受力钢筋应弯入纵肋内。当采用先张长线法生产有端横肋的预应力混凝土肋形板时，应在设计和制作上采取防止放张预应力时端横肋产生裂缝的有效措施。

4）在预应力混凝土屋面梁、吊车梁等构件靠近支座的斜向主拉应力较大部位，宜将一部分预应力筋弯起配置。

5）预应力筋在构件端部与下部支承结构焊接时，应考虑混凝土收缩、徐变及温度变化所产生的不利影响，宜在构件端部可能产生裂缝的部位设置纵向构造钢筋。

二、后张法构件

1）后张法预应力筋所用锚具、夹具和连接器等的形式和质量应符合国家现行有关标准的规定。

2）后张法预应力筋及预留孔道布置应符合下列构造规定：

①预制构件中预留孔道之间的水平净间距不宜小于 50mm，且不宜小于粗骨料粒径的 1.25 倍；孔道至构件边缘的净间距不宜小于 30mm，且不宜小于孔道直径的 50%。

②现浇混凝土梁中预留孔道在竖直方向的净间距不应小于孔道外径，水平方向的净间距不宜小于 1.5 倍孔道外径，且不应小于粗骨料粒径的 1.25 倍；从孔道外壁至构件边缘的净间距，梁底不宜小于 50mm，梁侧不宜小于 40mm，裂缝控制等级为三级的梁，梁底、梁侧分别不宜小于 60mm 和 50mm。

③预留孔道的内径宜比预应力束外径及需穿过孔道的连接器外径大 6～15mm，且孔道的截面积宜为穿入预应力束截面积的 3.0～4.0 倍。

④当有可靠经验并能保证混凝土浇筑质量时，预留孔道可水平并列贴紧布置，但并排的数量不应超过 2 束。

⑤在现浇楼板中采用扁形锚固体系时，穿过每个预留孔道的预应力筋数量宜为 3～5 根；在常用荷载情况下，孔道在水平方向的净间距不应超过 8 倍板厚及 1.5mm 中的较大值。

⑥板中单根无粘结预应力筋的间距不宜大于板厚的 6 倍，且不宜大于 1m；带状束的无粘结预应力筋根数不宜多于 5 根，带状束间距不宜大于板厚的 12 倍，且不宜大于 2.4m。

⑦梁中集束布置的无粘结预应力筋、集束的水平净间距不宜小于 50mm，束至构件边缘的净间距不宜小于 40mm。

3）后张法预应力混凝土构件的端部锚固区，应按下列规定配置间接钢筋：

①采用普通垫板时，应按规范要求进行局部受压承载力计算，并配置间接钢筋，其体积配筋率不应小于 0.5%，垫板的刚性扩散角应取 45°。

②局部受压承载力计算时，局部压力设计值对有粘结预应力混凝土构件取 1.2 倍张拉控制力，对无粘结预应力混凝土取 1.2 倍张拉控制力和（$f_{ptk}A_p$）中的较大值。

③在局部受压间接钢筋配置区以外，应按《规范》要求均匀配置附加防劈裂箍筋或网片。

④当构件端部预应力筋需集中布置在截面上部或下部时，应在构件端部按《规范》要求设置附加竖向防端面裂缝构造钢筋。

4）构件端部尺寸应考虑锚具的布置、张拉设备的尺寸和局部受压的要求，必要时应适当加大。

5）后张预应力混凝土外露金属锚具，应按《规范》采取可靠的防腐及防火措施。

本 章 小 结

1. 预应力混凝土结构是指配置受力的预应力筋，通过张拉预应力筋或其他方法建立预加应力的混凝土结构。其特点是可以充分利用高强材料，自重小、抗裂度好、刚度大、耐久性好。

2. 根据施工工艺不同，施加预应力的方法主要有先张法和后张法两种。先张法通过预应力筋和混凝土之间的粘结力传递并保持预应力，适用于工厂生产中小型预应力混凝土构件；后张法通过锚具挤压混凝土传递并保持预应力，适用于施工现场生产大型预应力混凝土构件。

3. 预应力混凝土除了要求混凝土和预应力筋具有较高的强度外，还要求混凝土的收缩和徐变要小，预应力筋的塑性和与混凝土的粘结要好。

4. 张拉控制应力是指张拉预应力筋时张拉设备所控制的总张拉力除以预应力筋的截面面积求得的应力值。张拉控制应力根据预应力筋的种类按《规范》要求确定。

5. 从张拉预应力筋开始直至构件使用的整个过程中，预应力筋的张拉力在逐渐降低，混凝土所建立的预压应力也随着减小，这种现象称为预应力损失。《规范》给出六种引起预应力损失的原因及其计算方法。由于预应力损失对构件的抗裂度和刚度会产生不利影响，故应采取有效措施减小预应力损失。

6. 预应力混凝土轴心受拉构件在施工阶段和使用阶段的截面应力状态，是设计预应力混凝土轴心受拉构件的重要依据。

7. 对预应力混凝土构件除了进行必要的设计计算外，还必须符合有关构造规定。

思 考 题

10 - 1　与钢筋混凝土构件相比预应力混凝土构件有哪些优缺点？

10 - 2　在钢筋混凝土构件中一般不采用高强度钢筋，而在预应力混凝土结构中则必须采用高强度钢筋，为什么？

10 - 3　何谓预应力混凝土？

10 - 4　什么叫先张法和后张法？各有何优缺点？

10 - 5　什么是张拉控制应力？为什么张拉控制应力不能取得太高？

10 - 6　什么叫应力松弛？应力松弛损失是由预应力筋的松弛引起的吗？

10 - 7　什么叫预应力损失？试介绍各种预应力损失及减少预应力损失的措施。

10 - 8　为什么预应力混凝土构件要进行施工阶段和使用阶段的计算？预应力混凝土轴心受拉构件需进行哪些计算？

10 - 9　预应力混凝土轴心受拉构件在加荷前预应力筋已有较高的拉应力，这是否会降低构件的承载力，为什么？

10 - 10　试对预应力混凝土构件和钢筋混凝土构件在选用材料、受力特点、应用范围、经济效果等方面进行比较。

10 - 11　试述无粘结预应力混凝土施加预应力的施工工序。

10 - 12　何谓无粘结预应力筋？无粘结预应力筋对涂料层和外包层有何要求？

习　　题

18m 跨预应力混凝土屋架下弦拉杆，截面尺寸 240mm×200mm，采用后张法张拉工艺，一端张拉，超张拉 5%。孔道直径 50mm，橡皮管抽芯成型。混凝土采用 C40，预应力筋采用低松弛级七股钢绞线（7Φ5），直径 $\Phi^s = 15.2\text{mm}$（$f_{ptk} = 1860\text{N/mm}^2$），普通钢筋采用 HRB400 级钢筋4$\Phi$16。锚具采用夹片式锚，屋架端部构造见图 10 - 17。当混凝土强度达到 C40 时方可进行张拉。外荷载在下弦产生的轴向拉力设计值 $N = 600\text{kN}$，荷载标准组合作用下的轴向拉力 $N_k = 450\text{kN}$，试设计此拉杆。

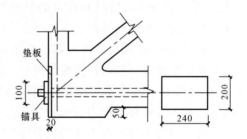

图 10 - 17　习题图

第十一章 单层厂房排架结构

本章提要 本章介绍了单层厂房排架结构的结构组成、布置及其构件选型；叙述了排架结构的内力计算方法、内力组合、排架柱与柱下单独基础的设计计算方法以及相关工程构造措施；同时附有单层厂房排架结构的设计计算实例。

第一节 概 述

单层厂房具有可形成高大的使用空间、容易满足生产工艺流程要求、内部交通运输组织方便、有利于较重生产设备和产品放置、可实现厂房建设构配件生产工业化以及现场施工机械化等特点，所以，在冶金、机械制造、电机制造、化工以及纺织等工业建筑中得到广泛的应用。

单层厂房常用的结构形式是排架结构。按照厂房的生产工艺和使用要求不同，排架结构可设计为单跨或多跨、等高或不等高等多种形式，如图 11 - 1 (a)、(b)、(c) 所示。

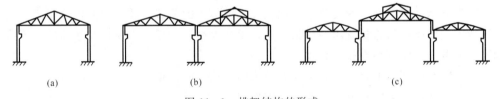

图 11 - 1 排架结构的形式
(a) 单跨排架；(b) 双跨等高排架；(c) 三跨不等高排架

当厂房的跨度较大以及对相邻厂房有较大干扰时，应采用单跨厂房；当厂房的跨度较小且生产工艺和使用要求相同或相近时，可组合成多跨厂房。多跨厂房有利于提高厂房结构的横向刚度，减少柱的截面尺寸，节省材料，提高土地利用率，减少公共设施及工程管道等，但需设置天窗等解决通风和采光问题。

单层多跨厂房一般应设计成等高厂房，以使结构受力明确，设计计算简单，构件种类规格少，施工方便。但当生产工艺要求的相邻跨高差较大时，则应设计成不等高厂房。

本章主要叙述单层单跨等高装配式钢筋混凝土排架结构厂房的基本知识和设计。

第二节 排架结构的组成

单层装配式钢筋混凝土排架结构厂房通常是由图 11 - 2 所示的各种不同结构构件连接而成的，可分为屋盖结构、横向平面排架、纵向平面排架和围护结构四大部分。

1. 屋盖结构

屋盖结构由大型屋面板、屋架或屋面梁、屋盖支承组成。为满足厂房内通风和采光需

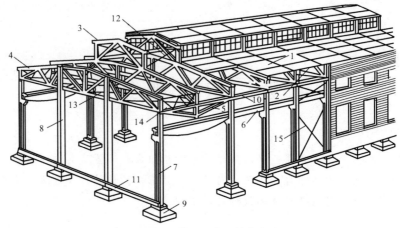

图 11 - 2　单层厂房的结构组成

1—屋面板；2—天沟板；3—天窗架；4—屋架；5—托架；6—吊车梁；7—排架柱；8—抗风柱；
9—基础；10—连系梁；11—基础梁；12—天窗架垂直支承；13—屋架下弦横向水
平支承；14—屋架端部垂直支承；15—柱间支承

要，屋盖结构中有时还需设置天窗架（其上也有屋面板）及天窗架支承。当生产工艺或使用要求抽柱时，则需在抽柱的屋架下设置托架。

屋面板支承在屋架（屋面梁）或天窗架上，直接承受施加在其上的屋面构造层重、积灰荷载、雪荷载及风荷载等，并把它们传给其下的支承构件。

天窗架支承在屋架上，承受其上屋面板及天窗传来的荷载，并把它们传给屋架。

屋架或屋面梁一般直接支承在排架柱上，承受大型屋面板、天窗架及悬挂吊车等传来的全部屋盖荷载，并将其传至排架柱顶。

托架支承在相邻柱上，承受其上屋架传来的荷载，并传给支承柱。

屋盖结构除起承力作用外，还起着围护作用。

2．横向平面排架

横向平面排架由横向平面内一系列排架柱（简称横向柱列）、屋架或屋面梁和基础组成（见图 11 - 3）。厂房结构受到的竖向荷载（结构自重、屋盖荷载、吊车竖向荷载等）和横向水平荷载（横向风荷载、吊车横向水平荷载等）主要由横向平面排架承受，并通过它传给基础及地基。横向平面排架是厂房的基本承力结构，必须进行设计计算，确定其可靠性。

3．纵向平面排架

纵向平面排架由纵向柱列、连系梁、吊车梁、柱间支承及基础等组成（见图 11 - 4）。其作用是保证厂房结构的纵向刚度和稳定性，承受厂房结构受到的纵向水平荷载（山墙传来的纵向风荷载、吊车纵向水平荷载等），并把它传给基础。

连系梁一般为预制钢筋混凝土构件，两端支承在柱外侧牛腿上，用预埋件或螺栓与牛腿连接。连系梁的作用是承受其上墙体及窗重，并传给排架柱；同时起连系纵向柱列增强厂房纵向刚度的作用。

吊车梁支承在柱牛腿上，承受吊车传来的竖向荷载和横向或纵向水平荷载，并把它们传给牛腿和横向或纵向平面排架。吊车梁同时还有连系纵向柱列，增强厂房纵向刚度的作用。

通常，纵向平面排架承担的荷载较小，纵向柱子又较多，再加上柱间支承的加强，因而纵向平面排架的刚度较大，而内力较小，一般可不进行计算，仅采用构造措施即可。但当纵

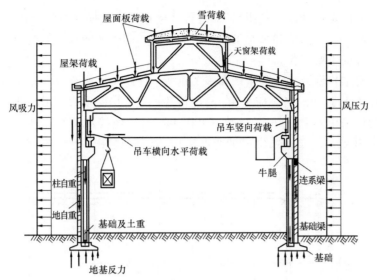

图 11 - 3 横向平面排架及其荷载

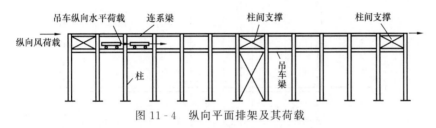

图 11 - 4 纵向平面排架及其荷载

向柱子小于 7 根或需要考虑地震作用时，就要对纵向平面排架进行计算。

4. 围护结构

围护结构由纵墙、横墙（山墙）、圈梁、基础梁、抗风柱等组成。这些构件主要承受自重或墙重以及作用在墙面上的风荷载。

5. 结构设计的主要工作

单层厂房排架结构的柱和基础一般需要通过计算确定。屋面板、屋架或屋面梁、吊车梁等构件都有相应的标准图或通用图供设计和施工时选用。因此，结构设计的主要工作如下：

1）进行结构布置。

2）选用标准构件。

3）分析排架内力。

4）计算柱和基础配筋。

5）绘制结构构件布置图。

6）绘制柱和基础施工图。

第三节　排架结构的布置和构件选型

一、结构布置

1. 柱网布置

在进行厂房结构平面布置时，需根据生产工艺和使用要求，确定厂房承重柱的纵向定位轴线（跨度）和横向定位轴线（柱距），即进行柱网布置。柱网布置既是确定柱的位置，也是确定屋面板、屋架或屋面梁和吊车梁等构件的跨度，同时还涉及其他结构构件的布置，因此是厂房结构设计的重要工作。

为了便于厂房结构设计、构件生产和施工建造，柱网尺寸应符合厂房建筑统一化基本规则。当厂房跨度不大于18m时，应采用3m的倍数；当厂房跨度大于18m时，应采用6m的倍数。厂房柱距应采用6m或6m的倍数（见图11-5）。经技术及经济比较，确有明显的优越性时，也可采用21m、27m或33m的跨度和9m或其他柱距。

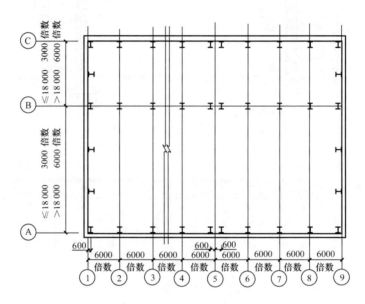

图 11-5　柱网布置

2. 结构缝的设置

结构缝包括伸缩缝、沉降缝和防震缝等。

为了减少温度变化对厂房的不利影响，需要沿厂房的横向或纵向设置伸缩缝。《规范》规定，装配式钢筋混凝土排架结构的伸缩缝最大间距，在室内或土中时为100m，在露天时为70m。厂房的伸缩缝应从基础顶面开始，将相邻两个温度区段的上部结构构件全部分开。

单层厂房一般可不设置沉降缝。如果需要设置沉降缝，沉降缝应将厂房从屋顶至基础完全分开。沉降缝可兼起伸缩缝的作用。

地震区的单层厂房为减轻震害，应考虑设置防震缝。地震区厂房中设置的伸缩缝或沉降缝均应符合防震缝的要求。

3. 厂房高度

厂房的屋面梁底面或屋架下弦底面的标高及吊车轨顶标高是厂房结构设计中重要的参数，应根据生产工艺和使用要求确定，同时要符合建筑模数的规定。通常，屋面梁底标高应为300mm的倍数；柱的牛腿顶面标高应为300mm的倍数；吊车轨顶标高应为600mm的倍数。为满足以上要求，允许吊车轨顶实际设计标高与工艺要求的标志高度相差±200mm。

二、构件选型及布置

（一）屋盖构件

1. 屋面板

单层厂房常用屋面板的形式较多，图11-6所示为其中之一。设计时，可根据所需屋面板的形式、尺寸、承载力等，在相应标准图中选定其编号，并在屋面板布置图中标出。施工时，则按屋面板编号相应的标准图要求进行制作。

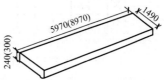

图 11-6 预应力混凝土屋面板

2. 屋面梁和屋架

常用的钢筋混凝土、预应力混凝土屋面梁或屋架的形式如图11-7所示。设计和施工时，可按标准图的要求选用和制作。

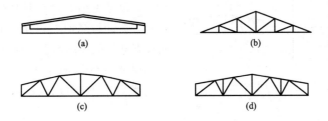

图 11-7 屋架

（a）双坡屋面梁；（b）三角形屋架；（c）折线形屋架；（d）梯形屋架

3. 屋盖支撑

屋盖支撑包括屋架上弦横向水平支撑、屋架下弦横向及纵向水平支撑、屋架垂直支撑及水平系杆。屋盖支撑的主要作用是承受、传递屋架平面外的水平荷载（如山墙风荷载、吊车的纵向水平荷载等），保证屋架杆件在平面外的稳定，增加屋盖结构的整体刚度。

以下叙述屋盖各种支撑的布置原则和作用，其具体布置方法及与其他构件的连接构造，可查阅有关标准图集。

（1）屋架上弦横向水平支撑。屋架上弦横向水平支撑是由交叉的角钢和屋架上弦构成的水平桁架。通常，屋架上弦横向水平支撑设置在厂房端部和温度区段两端第一或第二柱间的屋架上弦平面内（见图11-8）。

屋架上弦横向水平支撑的作用是保证屋架上弦杆或屋面梁上翼缘的侧向稳定和屋盖纵向水平刚度，传递屋架上弦的纵向水平力至两侧纵向柱列。

当采用大型屋面板，且不设天窗时，如能保证屋面板与屋架或屋面梁有三点可靠焊接，屋面板纵肋间缝隙用C15或C20细石混凝土灌实，则认为屋面板可起到上弦横向水平支撑的作用，故可不设置上弦横向水平支撑。

（2）屋架下弦横向水平支撑。当抗风柱与屋架下弦连接、或厂房内设有较大振动设备、或屋架下弦设有悬挂吊车时，均应在与上弦横向水平支撑同一柱间的屋架下弦平面内设置下弦横向水平支撑（见图11-9）。

屋架下弦横向水平支撑的作用是保证屋架下弦杆或屋面梁下翼缘的侧向稳定，传递屋架下弦的纵向水平力至两侧纵向柱列。

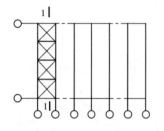

图 11-8　屋架上弦横向水平支撑布置

图 11-9　屋架下弦横向水平支撑布置

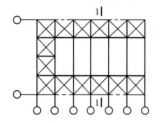

图 11-10　屋架下弦纵向水平支撑

（3）屋架下弦纵向水平支撑。当厂房内设有起重量不小于 50t 的软钩吊车，或设有硬钩吊车、起重量不小于 5t 的悬挂吊车，或设有托架、有较大振动设备时，应在屋架下弦端部第一节间设置通长的纵向水平支撑（见图 11-10）。

屋架下弦纵向水平支撑的作用是加强屋盖的横向水平刚度，保证柱顶横向水平力的纵向传递。

（4）屋架垂直支撑和水平系杆。当屋架跨度不超过 18m，且无天窗时，可不设置垂直支撑和水平系杆；当屋架跨度为 18～30m 时，在与横向支撑相应柱间的屋架中部设置一道垂直支撑，并在下弦中点设置通长的水平系杆（见图 11-11）；当屋架跨度超过 30m 时，应在屋架跨度 1/3 左右布置二道垂直支撑及相应通长的水平系杆；如屋架端部高度超过 1.2m，还应增设端部垂直支撑与水平系杆。对屋面梁，一般可不设置垂直支撑与水平系杆。

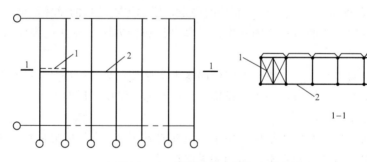

图 11-11　屋架垂直支撑与水平系杆
1—垂直支撑；2—水平系杆

屋架垂直支撑和水平系杆的作用是保证屋架在安装和使用阶段的侧向稳定，并传递纵向水平力至纵向柱列。

（二）吊车梁、柱及柱间支撑

1. 吊车梁

常用 T 形或工字形截面钢筋混凝土和预应力混凝土吊车梁。设计时可根据吊车的工作级别或工作制、跨度、起重量和台数从相应的标准图中选用，并在结构布置图中标明其编号。

2. 柱

柱是单层厂房重要的承重构件。按照受力不同分为排架柱和抗风柱。

（1）排架柱。排架柱的常用形式有矩形截面柱、工字形截面柱和双肢柱等（见图 11-12）。一般，当排架柱的截面高度 $h \leqslant 500$mm 时，采用矩形截面柱；当 $h = 600 \sim 800$mm 时，采用矩形或工字形截面柱；当 $h = 900 \sim 1200$mm 时，采用工字形截面柱；当 $h = 1300 \sim 1500$mm 时，采用工字形截面柱或双肢柱；当 $h \geqslant 1600$mm 时，采用双肢柱。

排架柱的截面尺寸不仅要满足截面承载力要求，还要具有足够的刚度，以保证厂房在正常使用过程中不出现过大的变形。根据已建成厂房的实际经验和实测资料，表 11-1 给出可不进行刚度验算的柱最小截面尺寸，表 11-2 列出柱常用的截面尺寸，在确定排架柱的截面尺寸时，可作为参考。

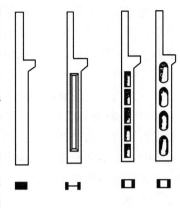

(a)　　　(b)　　　(c)

图 11-12　常用排架柱形式

(a) 矩形截面柱；(b) 工字形截面柱；(c) 双肢柱

表 11-1　　　6m 柱距矩形和工字形截面柱最小截面尺寸

序号	柱 的 类 型	截 面 尺 寸			
		b	h		
			$Q \leqslant 10$t	10t$< Q < 30$t	30t$\leqslant Q \leqslant 50$t
1	有吊车厂房下柱	$\geqslant H_l/25$	$\geqslant H_l/14$	$\geqslant H_l/12$	$\geqslant H_l/10$
2	单跨无吊车厂房	$\geqslant H/30$	$\geqslant 1.5H/25$		
3	多跨无吊车厂房	$\geqslant H/30$	$\geqslant 1.25H/25$		

注　1. H_l 为基础顶至吊车梁底的高度；

　　2. H 为基础顶至柱顶总高度；

　　3. Q 为吊车起重量。

表 11-2　　　6m 柱距中级工作制吊车厂房柱常用截面尺寸　　　　　mm

吊车起重量（t）	轨顶标高（m）	边　柱		中　柱	
		上柱	下柱	上柱	下柱
$\leqslant 5$	$6 \sim 8$	矩 400×400	I $400 \times 600 \times 100$	矩 400×400	I $400 \times 600 \times 100$
10	8	矩 400×400	I $400 \times 700 \times 100$	矩 400×600	I $400 \times 800 \times 150$
	10	矩 400×400	I $400 \times 800 \times 150$	矩 400×600	I $400 \times 800 \times 150$
$15 \sim 20$	8	矩 400×400	I $400 \times 800 \times 150$	矩 400×600	I $400 \times 800 \times 150$
	10	矩 400×400	I $400 \times 900 \times 150$	矩 400×600	I $400 \times 1000 \times 150$
	12	矩 500×400	I $500 \times 1000 \times 200$	矩 500×600	I $500 \times 1200 \times 200$
30	8	矩 400×400	I $400 \times 1000 \times 150$	矩 400×600	I $400 \times 1000 \times 150$
	10	矩 400×500	I $400 \times 1000 \times 150$	矩 500×600	I $500 \times 1200 \times 200$
	12	矩 500×500	I $500 \times 1000 \times 200$	矩 500×600	I $500 \times 1200 \times 200$
	14	矩 600×500	I $600 \times 1200 \times 200$	矩 600×600	I $600 \times 1200 \times 200$
50	10	矩 500×500	I $500 \times 1200 \times 200$	矩 500×700	双 $500 \times 1600 \times 300$
	12	矩 500×600	I $500 \times 1400 \times 200$	矩 500×700	双 $500 \times 1600 \times 300$
	14	矩 600×600	I $600 \times 1400 \times 200$	矩 600×700	双 $600 \times 1800 \times 300$

注　1. 矩表示矩形截面 $b \times h$；

　　2. I 表示工字形截面 $b \times h \times h_f$（h_f 为翼缘厚度）；

　　3. 双表示双肢柱 $b \times h \times h_z$（h_z 为肢杆厚度）。

（2）抗风柱。当单层厂房的端横墙（山墙）受风面积较大时，就需设置抗风柱将山墙分为若干个区格。这样墙面受到的风荷载，一部分直接传给纵向柱列，另一部分则通过抗风柱与屋架上弦或下弦的连接传给纵向柱列和抗风柱下基础。

当厂房的跨度为 9～12m，抗风柱高度在 8m 以下时，可采用与山墙同时砌筑的砖壁柱作为抗风柱。当厂房的跨度和高度较大时，应在山墙内侧设置钢筋混凝土抗风柱［见图 11-13（a）］，并用钢筋与山墙拉接。抗风柱与屋架既要可靠的连接，以保证把风荷载有效地传给屋架直至纵向柱列；又要允许两者之间具有一定竖向位移的可能性，以防厂房与抗风柱沉降不均匀时产生不利的影响。在实际工程中，抗风柱与屋架常采用水平向有较大刚度，而竖向又可位移的钢制弹簧板连接［见图 11-13（b）］。抗风柱在风荷载作用下的计算简图如图 11-13（c）所示。

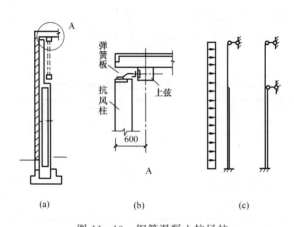

图 11-13　钢筋混凝土抗风柱
（a）抗风柱、屋架与山墙；（b）抗风柱与屋架的连接；（c）计算简图

钢筋混凝土抗风柱的上柱宜采用不小于 350mm×350mm 的矩形截面；下柱可采用矩形截面或工字形截面，其截面宽度 $b \geqslant 350$mm，截面高度 $h \geqslant 600$mm，且 $h \geqslant H_e/25$（H_e 为抗风柱基础顶至与屋架连接处的高度）。

3. 柱间支撑

柱间支撑是由型钢制成的交叉形杆件。按其所处位置不同，分为上柱柱间支撑和下柱柱间支撑。上柱柱间支撑位于吊车梁的上部，下柱柱间支撑位于吊车梁的下部。上柱柱间支撑设置在厂房的两端与屋盖横向水平支撑相对应的柱间，以及厂房中部的柱间；为了使厂房在温度变化时沿纵向可自由的伸缩，下柱柱间支撑设置在厂房的中部，且与上柱柱间支撑相对应的柱间（见图 11-4）。

柱间支撑的作用是承受山墙传来的纵向风荷载和吊车纵向水平荷载，并把它们传至基础；同时提高厂房的纵向刚度和稳定性。

设计时，可由标准（通用）图中选用符合要求的柱间支撑，并在结构布置图中标出相应编号。

（三）圈梁及基础梁

单层厂房采用砌体围护墙时，一般需设置圈梁和基础梁。

1. 圈梁

圈梁为非承重的现浇钢筋混凝土构件，在墙体的同一水平面上连续设置，构成封闭状，并和柱中伸出的预埋拉筋连接。

圈梁的作用是将厂房的墙体和柱等箍束在一起，增强厂房结构的整体刚度，防止因地基不均匀沉降或较大振动作用等对厂房产生的不利影响。

圈梁的设置与墙体高度、设备有无振动及地基情况等有关。一般情况下，单层厂房可按下列原则设置圈梁：

1) 无吊车的砖砌围护墙厂房，当檐口标高为 5～8m 时，应在檐口标高处设置圈梁一道；当檐口标高大于 8m 时，应增加设置数量。

2) 无吊车的砌块围护墙厂房，当檐口标高为 4～5m 时，应在檐口标高处设置圈梁一道；当檐口标高大于 5m 时，应增加设置数量。

3) 设有吊车或较大振动设备的单层厂房，除在檐口或窗顶标高处设置圈梁外，尚应增加设置数量。

圈梁的截面宽度宜与墙厚相同，当墙厚大于 240mm 时，其宽度不宜小于 2/3 墙厚。圈梁的截面高度不应小于 120mm。圈梁中的纵向钢筋不应少于 $4\phi10$，绑扎接头的搭接长度按受拉钢筋考虑，箍筋间距不应大于 300mm。圈梁兼作过梁时，过梁部分的钢筋按计算另行增配。

2. 基础梁

在单层厂房中，一般用基础梁来支承围护墙，并将围护墙的重力传给基础。基础梁通常为预制钢筋混凝土简支梁，两端直接支承在基础顶部 [见图 11 - 14 （a）]；如果基础埋深较大，可将基础梁支承在基础顶部的混凝土垫块上 [见图 11 - 14 （b）]。施工时，基础梁支承处应坐浆。基础梁的顶面一般位于室内地坪以下 50mm 处；基础梁的底面以下应预留 100mm 的空隙，以保证基础梁可随基础一起沉降。

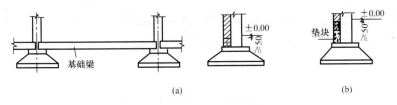

(a) (b)

图 11 - 14 基础梁

（a）支承在基础顶部；（b）支承在基础顶部的混凝土垫块上

当基础梁上围护墙较高（如 15m 以上），墙体不能满足承载力要求或基础梁不能承担其上墙重时，可设置连系梁。

基础梁可从标准（通用）图集中选用。

（四）基础

单层厂房的柱下基础一般采用单独基础。这种基础按外形不同，分为阶形基础和锥形基础，如图 11 - 15 所示。为了便于预制柱的插入，并保证柱与基础的整体性，这种基础与预制柱的连接部分常做成杯口状，故统称杯形基础。

杯形基础构造简单、施工方便，适用于地基土质较均匀、基础持力层距地面较浅、地基承载力较大和柱传来的荷载不大的一般厂房。

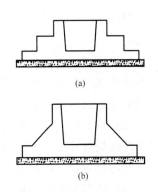

(a)

(b)

图 11 - 15 单独基础形式

（a）阶形基础；（b）锥形基础

第四节　排架结构的内力分析与组合

对单层厂房排架结构进行内力分析和组合，是为了获得排架柱在各种荷载作用下，控制截面的最不利内力，作为设计柱的依据；同时，柱底截面的最不利内力，也是设计基础的依据。其主要内容包括：确定计算简图、荷载计算、内力分析和内力组合。

一、计算简图

1. 计算单元

单层厂房的横向排架沿厂房纵向一般为等间距排列［见图 11 - 16（a）］；作用于厂房横向的荷载除吊车荷载外，其他如结构自重、雪荷载、风荷载等沿纵向又是均匀分布的。因此，厂房中部各横向排架所承担的荷载和受力情况均相同，在计算时，可通过两相邻柱距的中线取出有代表性的一段，如图 11 - 16（a）中的阴影部分，作为计算单元。作用于计算单元范围内的荷载，则完全由该单元的横向排架承担。由于吊车荷载是通过吊车梁传给排架柱的，因此，不能按计算单元考虑。

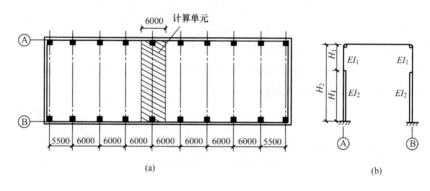

图 11 - 16　单跨横向排架计算单元和计算简图
（a）计算单元；（b）计算简图

2. 基本假定

根据单层厂房结构的实际工程构造，为了简化计算，确定计算简图时，作如下基本假定：

（1）排架柱下端固接于基础顶面。由于预制的排架柱插入基础杯口有足够的深度，并用高等级的细石混凝土和基础浇捣连成整体，而地基的变形又受到控制，基础可能发生的转动一般很小，故可假定排架柱的下端固接于基础顶面。

（2）排架柱上端与横梁（屋架或屋面梁的统称）铰接。横梁通常为预制构件，在柱顶通过预埋钢板焊接连接或用螺栓连接在一起。这种连接方式，可传递水平力和竖向力，而不能可靠地传递弯矩，因此假定排架柱上端与横梁为铰接较符合实际情况。

（3）横梁为轴向变形可忽略不计的刚性连杆。钢筋混凝土或预应力混凝土屋架在荷载作用下，其轴变形很小，可忽略不计，视为刚性连杆。根据这一假定，排架受力后，横梁两端柱的水平位移相等。

3. 计算简图

根据上述基本假定，可得横向排架的计算简图，如图 11-16 （b）所示。

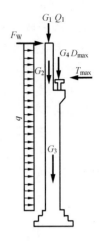

图 11-17 排架柱承受的荷载

在计算简图中，排架柱的轴线分别取上、下柱的截面中心线；上柱高 H_1 （或 H_u）为牛腿顶面至柱顶的高度；下柱高 H_l 为基础顶面至牛腿顶面的高度；柱总高 H_2 （或 H）为 H_1 与 H_l 之和；上、下柱的截面抗弯刚度 EI_1 （或 EI_u）、EI_2 （或 EI_l）可按所选用的混凝土强度等级和预先设定的截面形状与尺寸确定。

二、荷载计算

作用于厂房横向排架上的荷载有恒荷载和活荷载两类。恒荷载一般包括屋盖自重 G_1、上柱自重 G_2、下柱自重 G_3、吊车梁与轨道连接件等自重 G_4 以及由支承在柱牛腿上的连系梁传来的围护结构等自重。活荷载一般包括屋面活荷载 Q_1、吊车竖向荷载 D_{max}、吊车横向水平荷载 T_{max}、横向的均布风荷载 q 及作用于排架柱顶的集中风荷载 F_w 等（图 11-17）。

（一）恒荷载

1. 屋盖自重 G_1

屋盖自重为计算单元范围内的屋面构造层、屋面板、天窗架、屋架或屋面梁、屋盖支承等自重，可根据屋面工程做法及屋盖构件标准图等进行计算。屋盖自重以集中力 G_1 的形式作用于柱顶。当采用屋架时，G_1 的作用线通过屋架上、下弦中心线的交点，一般距厂房纵向定位轴线 150mm ［见图 11-18 （a）］。当采用屋面梁时，G_1 的作用线通过梁端支承垫板的中心线。G_1 对上柱截面中心线一般有偏心距 e_1，对下柱截面中心线的偏心距为 e_1+e_2 （e_2 为上下柱截面中心线的间距）。故 G_1 对柱顶截面有力矩 $M_1=G_1e_1$，对下柱变截面处有力矩 $M'_1=G_1e_2$，如图 11-18 （b）所示。

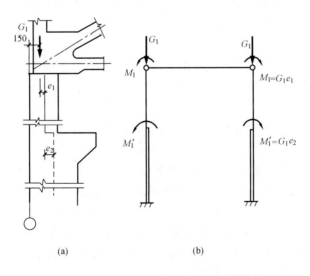

图 11-18 屋盖自重的作用位置及计算简图

（a）G_1 作用位置；（b）G_1 作用计算简图

2. 柱自重 G_2 和 G_3

上、下柱的自重 G_2、G_3（下柱包括牛腿）分别按各自的截面尺寸和高度计算。G_2 作用于上柱底部截面中心线处，在牛腿顶面处，对下柱截面中心线有力矩 $M'_2 = G_2 e_2$。G_3 作用于下柱底部，且与下柱截面中心线重合，如图 11 - 19（a）、（b）所示。

3. 吊车梁与轨道连接等自重 G_4

吊车梁与轨道联结等自重 G_4 可根据所选用的构配件，由相应的标准图集中查得，轨道连接也可按 $1\sim2kN/m$ 计算。G_4 沿吊车梁的中线作用于牛腿顶面，对下柱截面中心线有偏心距 e_4，在牛腿顶面处有力矩 $M'_3 = G_4 e_4$，如图 11 - 19（a）、（c）所示。

当考虑 G_1、G_2、G_3、G_4 共同作用时，需要按排架计算内力的简图，如图 11 - 20 所示，图中 $M_2 = M'_1 + M'_2 - M'_3$。

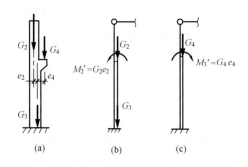

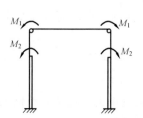

图 11 - 19　柱自重 G_2、G_3 和吊车梁等
自重 G_4 作用位置及计算简图
（a）G_2、G_3、G_4 作用位置；（b）G_2、G_3 作用
计算简图；（c）G_4 作用计算简图

图 11 - 20　G_1、G_2、G_3、G_4
共同作用时的计算简图

（二）屋面活荷载

屋面活荷载包括屋面积灰荷载、雪荷载及屋面均布活荷载。屋面活荷载 Q_1 的计算范围、作用形式及位置同屋盖自重 G_1。

1. 屋面积灰荷载

当设计的厂房在生产过程中有大量的排灰或与其相邻时，应考虑屋面积灰荷载。积灰荷载按《荷载规范》的规定取值。

2. 雪荷载

屋面水平投影面上的雪荷载标准值 S_k 按下式计算

$$S_k = \mu_r S_0 \tag{11 - 1}$$

式中　μ_r——屋面积雪分布系数，由《荷载规范》查得；

S_0——基本雪压（kN/m^2），按《荷载规范》给出的 50 年一遇的雪压采用。

3. 屋面均布活荷载

屋面水平投影面上的屋面均布活荷载按《荷载规范》的规定采用。当为不上人的屋面时，屋面均布活荷载标准值取 $0.5kN/m^2$；如施工或维修荷载较大时，应按实际情况采用。

屋面均布活荷载不应与雪荷载同时组合，仅取两者中的较大值。积灰荷载应与雪荷载或不上人的屋面均布活荷载两者中的较大值同时考虑。

（三）吊车荷载

吊车按其主要承重结构的形式分为单梁式和桥式两种，单层工业厂房中常采用桥式吊车。吊车按吊钩的种类分为软钩和硬钩两种，一般厂房采用具有吊索的软钩吊车。按吊车的动力来源又分为手动和电动两种，目前多采用电动吊车。吊车的起重量标有如 15/3t 或 20/5t 等时，表明吊车的主钩额定起重量为 15t 或 20t，副钩额定起重量为 3t 或 5t，主、副钩的起重量不会同时出现。厂房设计时，按主钩额定起重量考虑。

吊车按在生产中运行的频繁程度，分为轻级、中级和重级等工作制。轻级工作制是指运行时间不超过全部生产时间 15% 的吊车，如用于检修设备的吊车。重级工作制为运行时间超过全部生产时间 40% 的吊车，如轧钢厂房中的吊车。介于轻级和重级工作制之间的为中级工作制。吊车根据利用等级和载荷状态分为 8 个工作级别：A1～A8。一般单层厂房中使用最多的吊车为中级工作制吊车，相应工作级别为 A4、A5。

桥式吊车由大车和小车组成，大车在吊车梁的轨道上沿着厂房纵向运行，小车在大车的轨道上沿着厂房横向行驶。小车上设有滑轮和吊索，用来起吊物件（图 11-21）。

桥式吊车作用在横向排架上的吊车荷载有吊车竖向荷载 $D_{\max}$ 与 $D_{\min}$、吊车横向水平荷载 $T_{\max}$。

1. 吊车竖向荷载 $D_{\max}$ 与 $D_{\min}$

吊车竖向荷载是指吊车满载运行时，经吊车梁传给排架柱的竖向移动荷载。

当小车吊有额定最大起重量 Q 的物件，行驶至大车一端的极限位置时，则该端大车的每个轮压达到最大轮压标准值 $P_{\max}$，而另一端大车的各个轮压即为最小轮压标准值 $P_{\min}$（见图 11-22）。$P_{\max}$ 和 $P_{\min}$ 可根据所选用的吊车型号、规格由产品样本中查得（例如表 11-3 和表 11-4 所列）。对常用的四轮吊车，$P_{\min}$ 也可按下式计算，即

$$P_{\min} = \frac{G + g + Q}{2} - P_{\max} \tag{11-2}$$

式中　G——吊车的大车重；

　　　　g——吊车的小车重；

　　　　Q——吊车的额定最大起重量。

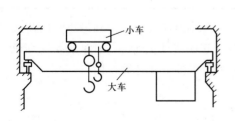

图 11-21　桥式吊车的组成

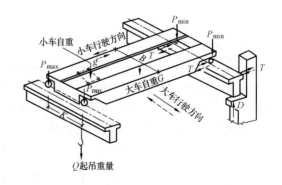

图 11-22　吊车荷载

表 11-3　　　　　　　　　　　　　　　　电动双钩桥式吊车数据表

起重量 Q (t)	跨度 L_h (m)	起升高度 (m)	中级工作制				主要尺寸 (mm)						大车轨道重 (kN/m)
			P_{max} (kN)	P_{min} (kN)	小车重 g (kN)	吊车总重 (kN)	吊车最大宽度 B (mm)	大车轮距 K (mm)	大车底面至轨道顶面的距离 F (mm)	轨道顶面至吊车顶面的距离 H (mm)	轨道中心至吊车外缘的距离 B_1 (mm)	操纵室底面至主梁底面的距离 h_3 (mm)	
$\dfrac{15}{3}$	10.5	$\dfrac{12}{14}$	135	41.5	73.2	203	5660	4000	80	2047	230	2290	0.43
	13.5		145	40		220			80			2290	
	16.5		155	42		244			180			2170	
	22.5		176	55		312			390	2137		2180	
$\dfrac{20}{5}$	10.5	$\dfrac{14}{12}$	158	46.5	77.2	209	5600	4400	80	2046	230	2280	0.43
	13.5		169	45		228			84			2280	
	16.5		180	46.5		253			184			2170	
	22.5		202	60		324			392	2136	260	2180	

表 11-4　　　　　　　　　　　　　　　　电动单钩桥式吊车数据表

起重量 Q (t)	跨度 L_h (m)	起升高度 (m)	中级工作制				主要尺寸 (mm)						大车轨道重 (kN/m)
			P_{max} (kN)	P_{min} (kN)	小车重 g (kN)	吊车总重 (kN)	吊车最大宽度 B (mm)	大车轮距 K (mm)	大车底面至轨道顶面的距离 F (mm)	轨道顶面至吊车顶面的距离 H (mm)	轨道中心至吊车外缘的距离 B_1 (mm)	操纵室底面至主梁底面的距离 h_3 (mm)	
5	10.5	12	64	19	19.9	116	4500	3400	−24	1753.5	230.0	2350	0.38
	13.5		70	22		134			126			2195	
	16.5		76	27.5		157			226			2170	
	22.5		90	41		212	4660	3550	526			2180	
10	10.5	12	103	18.5	39.0	143	5150	4050	−24	1677.0	230.0	2350	0.43
	13.5		109	22		162			126			2195	
	16.5		117	26		186			226			2170	
	22.5		133	37		240	5290	4050	526			2180	

由 P_{max} 与 P_{min} 同时在两侧排架柱上产生的吊车最大竖向荷载标准值 D_{max} 和最小竖向荷载标准值 D_{min}，可根据吊车的最不利布置和吊车梁的支座反力影响线计算确定，如图 11-23 所示。

如果单跨厂房中设有相同的两台吊车，则 D_{max} 和 D_{min} 可按下式计算，即

$$D_{max} = P_{max}\Sigma y_i$$

$$D_{min} = P_{min}\Sigma y_i = \frac{P_{min}}{P_{max}}D_{max} \tag{11-3}$$

式中　Σy_i——吊车最不利布置时，各轮子下影响线竖向坐标值之和，可根据吊车的宽度 B 和轮距 K 确定。

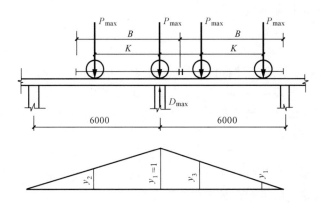

图 11 - 23 吊车的最不利布置和吊车梁的支座反力影响线

当厂房内设有多台吊车时,《荷载规范》规定:多台吊车的竖向荷载,对一层吊车的单跨厂房的每个排架,参与组合的吊车台数不宜多于 2 台;对一层吊车的多跨厂房的每个排架,不宜多于 4 台(每跨不多于 2 台)。

吊车竖向荷载 $D_{\max}$、$D_{\min}$ 沿吊车梁的中心线作用在牛腿顶面,对下柱截面中心线的偏心距为 e_4 [见图 11 - 24 (a)],相应的力矩 $M_{D\max}$、$M_{D\min}$ 为

$$M_{D\max} = D_{\max} e_4$$
$$M_{D\min} = D_{\min} e_4 \qquad (11 - 4)$$

排架结构在吊车竖向荷载作用下的计算简图如图 11 - 24 (b) 所示。

2. 吊车横向水平荷载 $T_{\max}$

桥式吊车在使用过程中,位于大车轨道上的小车吊有额定最大起重量 Q 的物件在启动或制动时,将产生横向水平惯性力。此惯性力通过大车轮及其下轨道传给两侧的吊车梁,再经吊车梁与柱间的连接钢板传至排架柱(见图 11 - 25)。在排架计算中,由此惯性力引起的荷载称为吊车横向水平荷载。显然,吊车横向水平荷载对排架柱的作用位置在吊车梁的顶面,且同时作用于吊车两侧的排架柱上,方向相同。

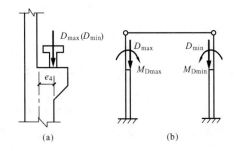

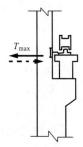

图 11 - 24 吊车竖向荷载作用位置及计算简图
(a) 吊车竖向荷载作用位置;
(b) 吊车竖向荷载作用下的计算简图

图 11 - 25 吊车横向水平
荷载作用位置

吊车的横向水平荷载标准值按《荷载规范》规定,可取横行小车重量 g 与额定最大起重量 Q 之和的百分数,并允许近似地平均分配给大车的各轮。对常用的四轮吊车,每个大

车轮引起的横向水平荷载标准值为

$$T = \frac{\alpha(g + Q)}{4} \qquad (11 - 5)$$

式中　α——横向制动力系数。对软钩吊车：当 $Q \leqslant 10t$ 时，$\alpha = 12\%$；当 $Q = 16 \sim 50t$ 时，$\alpha = 10\%$；当 $Q \geqslant 75t$ 时，$\alpha = 8\%$。对硬钩吊车，$\alpha = 20\%$。

吊车对排架柱产生的最大横向水平荷载标准值 T_{max}，可利用计算吊车竖向荷载 D_{max} 的方法求得（图 11 - 26），即

$$T_{max} = T\sum y_i \qquad (11 - 6)$$

当计算吊车横向水平荷载引起的排架结构内力时，《荷载规范》规定：对单跨或多跨厂房的每个排架，参与组合的吊车台数不应多于 2 台。

考虑小车往返运行，在两个方向都有可能启动或制动，故排架结构受到的吊车横向水平荷载方向也随着改变，其计算简图如图 11 - 27 所示。

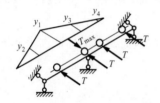　　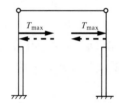

图 11 - 26　吊车最大横向水平荷载的计算　　　图 11 - 27　吊车横向水平荷载作用下的计算简图

在排架计算中，考虑到多台吊车同时满载，且小车又同时处于最不利位置的概率很小。故对多台吊车的竖向荷载标准值和水平荷载标准值，应乘以折减系数 ζ。当参与组合的吊车台数为 2 台时，对轻级和中级工作制（A1～A5）吊车 $\zeta = 0.9$；对重级工作制（A6～A8）吊车 $\zeta = 0.95$。当参与组合的吊车台数为 4 台时，对轻级和中级工作制（A1～A5）吊车 $\zeta = 0.8$；对重级工作制（A6～A8）吊车 $\zeta = 0.85$。

（四）风荷载

建筑物受到的风荷载与建筑物的形式、高度、结构自振周期、地理环境等有关。《荷载规范》规定，垂直于建筑物表面上的风荷载标准值 $W_k(kN/m^2)$ 应按下式计算，即

$$W_k = \beta_z \mu_s \mu_z W_0 \qquad (11 - 7)$$

式中　β_z——高度 z 处的风振系数，对于基本自振周期大于 0.25s 的各种高耸结构以及高度大于 30m、且高宽比大于 1.5 的房屋结构应考虑风振的影响，单层厂房一般不予考虑，取 $\beta_z = 1.0$。

　　　μ_s——风荷载体型系数，主要与建筑物的体型有关；它是作用在建筑物表面的实际风压与理论风压的比值，可由《荷载规范》查得，其中"＋"号表示压力、"－"表示吸力。

　　　μ_z——风压高度变化系数，表示高度 z 处的风压与 10m 处基本风压的比值，主要与离地面或海平面的高度及地面粗糙度有关，离地面或海平面愈高则风压愈大；地面粗糙度分为 A、B、C、D 四类，A 类指近海海面或海岛、海岸、湖岸及沙漠地区；B 类指田野、乡村、丛林、丘陵以及房屋比较稀疏的乡镇；C 类指有密集建筑群的城市市区；D 类指有密集建筑群且房屋较高的城市市区；μ_z 值可从

《荷载规范》中查得。

W_0——基本风压（kN/m^2），以当地空旷平坦的地面上离地 $10m$ 高，经统计分析所得重现期为 50 年的 $10min$ 平均最大风速为标准确定；可根据建筑物所在地区查《荷载规范》给出的 50 年一遇风压值，但不得小于 $0.3kN/m^2$。

单层厂房横向排架承担的风荷载按计算单元考虑。为了简化计算，将沿厂房高度变化的风荷载分为如下两部分作用于横向排架结构。

1）柱顶以下的风荷载标准值沿高度取为均匀分布，其值分别为 q_1 和 q_2（见图 11-28）；此时的风压高度变化系数 μ_z 按柱顶标高确定。

2）柱顶以上的风荷载标准值取其水平分力之和，并以水平集中风荷载 F_w 的形式作用于排架柱顶（见图 11-28）。此时的风压高度变化系数 μ_z，对有天窗的可按天窗檐口标高确定，对无天窗的可按屋盖的平均标高或檐口标高确定。

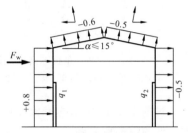

图 11-28 排架风荷载体型
系数和风荷载

由于风是变向的，因此作排架内力分析时，既要考虑风从横向排架一侧吹来的受力情况，也要考虑风从横向排架另一侧吹来的受力情况。

三、内力分析

单层厂房横向排架是一个承受多种荷载作用、具有变截面柱的平面结构。为了确定排架柱在可能同时出现的荷载作用下的截面最不利内力，一般需先对各种荷载单独作用下的排架进行内力分析。对单跨排架，通常需考虑如下八种单独作用的荷载情况。

（1）恒荷载（G_1、G_2、G_3 及 G_4 等）。

（2）屋面活荷载（Q_1）。

（3）吊车竖向荷载 D_{max} 作用于 A 柱，D_{min} 作用于 B 柱。

（4）吊车竖向荷载 D_{min} 作用于 A 柱，D_{max} 作用于 B 柱。

（5）吊车水平荷载 T_{max} 作用于 A、B 柱，方向由左向右。

（6）吊车水平荷载 T_{max} 作用于 A、B 柱，方向由右向左。

（7）风荷载（F_w、q_1、q_2）由左向右作用。

（8）风荷载（F_w、q_1、q_2）由右向左作用。

排架在各种单独作用的荷载情况下的内力均可用结构力学的方法进行计算。在计算时，单跨等高排架的计算简图有柱顶为不动铰支排架［见图 11-29（a）］和柱顶为有侧移的铰接排架［见图 11-29（b）］两种。

下面分别叙述这两种计算简图的排架内力计算实用方法。

（一）柱顶为不动铰支排架

单跨等高排架在恒荷载（如 G_1、G_2、G_3、G_4 等）以及屋面活荷载（如 Q_1）作用下，一般属于结构对称、荷载对称的情况，因此，可按柱顶为无侧移的不动铰支排架［见图 11-29（a）］计算内力。由于在排架的计算简图中假定横梁为刚性连杆，故可按图 11-30 所示的单根柱计算简图分析柱的内力。

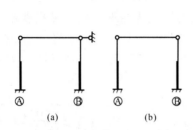

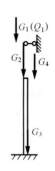

图 11-29　单跨等高排架计算简图

（a）柱顶不动铰支排架；（b）柱顶有侧移铰接排架

图 11-30　恒荷载及屋面活荷载
作用下的单根柱计算简图

对图 11-30 所示的单根柱计算简图，可根据各个荷载（如 G_1 或 Q_1、G_2、G_4 等）对柱上、下轴线的偏心距（e_1、e_2、e_4 等），将其转换为分别作用在柱顶和牛腿顶面的力矩 M_1 和 M_2 以及沿上、下柱轴线作用的集中力。由于沿柱轴线作用的集中力仅使柱产生轴向力，而不引起弯矩和剪力，因此，可按图 11-31 所示的计算简图计算柱的截面弯矩和剪力。

图 11-31 所示的计算简图为一次超静定结构，用结构力学的方法可求得在 M_1 和 M_2 分别作用下的柱顶反力 R_1 ［见图 11-32（a）］和 R_2 ［见图 11-32（b）］为

$$R_1 = C_1 \frac{M_1}{H_2}$$

$$R_2 = C_2 \frac{M_2}{H_2} \tag{11-8}$$

式中　C_1——柱顶力矩 M_1 作用下的柱顶反力系数，由本章附图 11-1 查得；

C_2——牛腿顶面力矩 M_2 作用下的柱顶反力系数，由本章附图 11-2 查得。

柱顶反力 R_1 和 R_2 的方向按实际受力情况确定。当求得 M_1 和 M_2 共同作用下的柱顶反力（$R=R_1+R_2$）后，即可按悬臂柱计算柱的截面弯矩和剪力。

（二）柱顶为有侧移的铰接排架

排架在吊车荷载及风荷载作用下，一般可按柱顶为有侧移的铰接排架［见图 11-29（b）］进行内力计算。

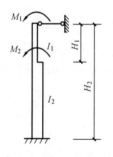

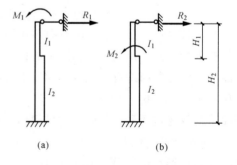

图 11-31　M_1、M_2 作用下的
计算简图

图 11-32　M_1、M_2 作用下的内力计算

（a）M_1 作用下的柱顶反力 R_1；

（b）M_2 作用下的柱顶反力 R_2

1. 吊车竖向荷载作用的排架内力计算

吊车竖向荷载 $D_{\max}$ 和 $D_{\min}$ 同时分别作用在两侧柱的有侧移铰接排架柱的内力 [见图 11-24（b）]，根据力的叠加原理，可由图 11-33（a）和图 11-33（b）的内力计算结果叠加而得。

对于吊车竖向荷载 $D_{\max}$ 作用在 A 柱的图 11-33（a）所示情况，作用于 A 柱下柱轴线上的 $D_{\max}$ 仅对其下柱产生轴向力，故可按图 11-34（a）计算排架柱的截面弯矩和剪力。计算时，可按如下步骤进行：

1）在排架柱顶附加一个不动铰支座 [见图 11-34（b）]，按前述的柱顶为不动铰支排架计算牛腿顶面处 $M_{D\max}$ 作用下的柱顶反力 $R_{D\max}$ 和柱的内力。此时的 $R_{D\max}$ 为

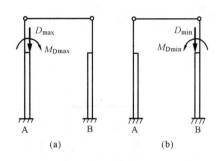

图 11-33　$D_{\max}$ 和 $D_{\min}$ 分别
作用下的计算简图

（a）$D_{\max}$ 作用在 A 柱；（b）$D_{\min}$ 作用在 B 柱

$$R_{D\max} = C_2 \frac{M_{D\max}}{H_2} \tag{11-9}$$

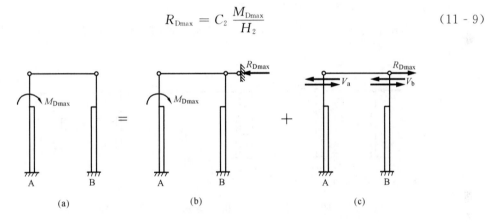

图 11-34　$M_{D\max}$ 作用在 A 柱的内力计算

式（11-9）中的柱顶反力系数 C_2 仍由本章附图 11-2 查得。

2）为消除附加不动铰支座的影响，将柱顶反力 $R_{D\max}$ 反向作用于有侧移的铰接排架柱顶 [图 11-34（c）]，按剪力分配法求得此时的柱顶剪力 V_i，即可按悬臂柱计算柱的内力。对于单跨对称排架结构，柱顶剪力 $V_a = V_b = 0.5 R_{D\max}$。

3）将上述两步所得柱的内力叠加，即为图 11-34（a）所示排架柱的内力。

同理，可求得吊车竖向荷载 $D_{\min}$ 作用在 B 柱时图 11-33（b）所示排架柱的内力。

以上为吊车竖向荷载 $D_{\max}$ 在 A 柱、$D_{\min}$ 在 B 柱时单跨等高排架的内力计算方法。当吊车竖向荷载 $D_{\min}$ 作用于 A 柱、$D_{\max}$ 作用于 B 柱时，同样可用上述方法计算排架柱的内力。但此时排架柱的内力图恰好与 $D_{\max}$ 在 A 柱时相反，因此，$D_{\min}$ 作用于 A 柱的情况可不再另行计算。

2. 吊车水平荷载作用的排架内力计算

对单跨对称排架，在 $T_{\max}$ 作用下的各柱内力，可按悬臂柱直接计算，如图 11-35 所示。

3. 风荷载作用的排架内力计算

在风荷载 F_w、q_1、q_2 作用下，排架柱的内力仍可用柱顶附加不动铰支座和剪力分配法

进行计算。例如，图 11 - 28 所示的单跨排架柱的内力，可由图 11 - 36（a）和图 11 - 36（b）两种内力状态叠加求得。

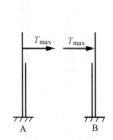

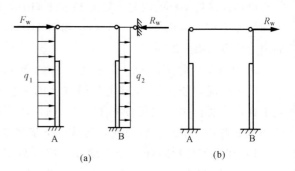

图 11 - 35　单跨对称排架 T_{max} 作用下的内力计算　　　　图 11 - 36　单跨排架风荷载作用下的内力计算

在 F_w、q_1 和 q_2 共同作用下的图 11 - 36（a）所示受力情况，可由它们分别作用的图 11 - 37（a）、（b）、（c）三种受力情况叠加得到。

（1）F_w 作用下的计算。由图 11 - 37（a）可见，此时的柱顶反力 $R_{FW}=F_w$，且柱中不产生内力。

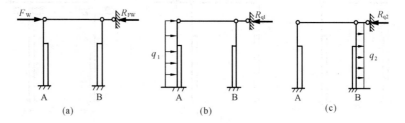

图 11 - 37　F_w、q_1 和 q_2 分别作用的受力情况

（2）q_1 作用下的计算。在图 11 - 37（b）所示的情况下，因 B 柱上无荷载作用，其柱中内力为零，且不引起柱顶反力，故仅需对 A 柱按上端为不动铰支、下端为固定的单根柱计算柱顶反力 R_{q1} 和柱中内力。此时的柱顶反力 R_{q1} 为

$$R_{q1} = C_3 H_2 q_1 \tag{11 - 10}$$

式中　C_3——均布风荷载作用下的柱顶反力系数，由本章附图 11 - 3 查得。

（3）q_2 作用下的计算。对图 11 - 37（c）所示的情况，可采用与 q_1 作用时相同的方法分析计算。此时的柱顶反力 R_{q2} 为

$$R_{q2} = C_3 H_2 q_2 \tag{11 - 11}$$

将 F_w、q_1 和 q_2 单独作用下的排架柱内力和柱顶反力分别进行叠加，即得图 11 - 36（a）所示排架柱的内力和柱顶总的反力 R_w。

对 R_w 反向作用下的图 11 - 36（b）所示情况，因属于单跨对称排架，故柱顶剪力分别为 $0.5R_w$。据此可求得其排架柱的内力。

最后，将图 11 - 36（a）和图 11 - 36（b）中对应排架柱的内力叠加，即为原单跨排架在风荷载作用下的柱中内力。

当风荷载由右向左作用时，A 柱的内力与向右作用时 B 柱的内力符号相反、数值相等，

因此，这种情况不需另行计算。

四、内力组合

经过对排架进行内力分析，求得排架柱在恒荷载和各种活荷载单独作用下的内力后，就需要根据厂房排架实际可能同时承受的荷载情况进行内力组合，以获得排架柱控制截面的最不利内力，作为对柱进行配筋计算和设计基础的依据。

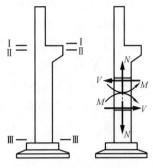

图 11-38　单阶柱的控制
截面及正号内力规定

1. 控制截面

排架柱的控制截面是指其内力最大的截面。对图 11-38 所示的单阶柱，上柱的最大轴力和弯矩通常发生在其底部截面 I—I 处，故此截面为上柱的控制截面，上柱的纵向钢筋按此截面的钢筋用量配置。下柱牛腿顶面截面 II—II，在吊车竖向荷载作用下的弯矩最大；而其柱底截面（基础顶面）III—III，在风荷载和吊车横向水平荷载作用下弯矩最大，且截面 III—III 的最不利内力也是设计基础的依据，故截面 II—II 和 III—III 均为下柱的控制截面，下柱的纵向钢筋按这两个截面中钢筋用量较大者配置。

2. 荷载效应组合

对于一般的单层厂房排架结构，其承载能力极限状态的荷载效应组合设计值 S，可按简化式（2-19）和式（2-20）进行组合。

在恒荷载、屋面活荷载、风荷载和吊车荷载作用下的排架结构，其排架柱的每一个控制截面有如下几种可能的组合：

$$
\left.\begin{array}{l}
① 1.2 \times S_{GK} + 0.9 \times 1.4 \times (S_{QLK} + S_{QWK} + S_{QHK}) \\
② 1.2 \times S_{GK} + 0.9 \times 1.4 \times (S_{QWK} + S_{QHK}) \\
③ 1.2 \times S_{GK} + 0.9 \times 1.4 \times (S_{QLK} + S_{QWK}) \\
④ 1.2 \times S_{GK} + 1.4 \times (S_{QLK} + S_{QHK}) \\
⑤ 1.2 \times S_{GK} + 1.4 \times S_{QWK} \\
⑥ 1.2 \times S_{GK} + 1.4 \times S_{QHK}
\end{array}\right\} \quad (11-12)
$$

式（11-12）中的 S_{GK}、S_{QLK}、S_{QWK}、S_{QHK} 分别为按恒荷载、屋面活荷载、风荷载、吊车荷载的标准值计算的荷载效应值。

以上六种组合中的最不利值，即为控制截面的内力。

3. 内力组合的项目

单层厂房的排架柱为偏心受压构件。一般采用对称配筋。对于矩形、工字形截面柱的每一个控制截面，可考虑以下四项不利内力组合：

① $+M_{max}$ 与相应的 N、V；

② $-M_{max}$ 与相应的 N、V；

③ N_{max} 与相应的可能最大 $\pm M$；

④ N_{min} 与相应的可能最大 $\pm M$。

在上述四项不利内力组合中，其前两项和第四项可能为大偏心受压情况，而第三项可能发生小偏心受压情况。按此四项进行组合，一般可满足结构可靠度要求。

4. 组合时注意的问题

对排架柱的控制截面进行最不利内力组合时，应注意如下几点：

1）恒荷载参与每一种组合。

2）吊车竖向荷载 D_{max} 作用于 A 柱和 D_{min} 作用于 A 柱，只能选其中一种参与组合。

3）吊车水平荷载 T_{max} 作用方向向右与向左只能选其中一种参与组合。

4）有吊车竖向荷载 D_{max}（D_{min}）应同时考虑吊车水平荷载 T_{max} 作用的可能。

5）风荷载作用方向向右与向左只能选其中一种参与组合。

6）组合 N_{max} 或 N_{min} 项时，对于轴向力为零，而弯矩不为零的荷载（如风荷载）也应考虑参与组合。

第五节　排架柱的设计

单层厂房钢筋混凝土排架柱设计的有关内容已在前述的章节中作过介绍，本节主要叙述排架柱的计算长度、吊装验算和牛腿设计。

一、排架柱的计算长度

排架柱的计算长度 l_0 与其支承条件和高度有关。计算排架柱的弯矩增大系数 η_{ns} 时，对单层厂房排架柱，根据弹性分析和工程经验，其计算长度 l_0 可按《规范》给出的表 11 - 5 取用。

表 11 - 5　　　　　　　　　**刚性屋盖单层房屋排架柱的计算长度 l_0**

柱 的 类 别		l_0		
		排架方向	垂 直 排 架 方 向	
			有柱间支承	无柱间支承
无吊车房屋柱	单　　跨	$1.5H$	$1.0H$	$1.2H$
	两跨及多跨	$1.25H$	$1.0H$	$1.2H$
有吊车房屋柱	上　柱	$2.0H_u$	$1.25H_u$	$1.5H_u$
	下　柱	$1.0H_l$	$0.8H_l$	$1.0H_l$

注　1. 表中 H 为从基础顶面算起的柱子全高；H_l 为基础顶面至装配式吊车梁底面或现浇式吊车梁顶面的柱子下部高度；H_u 为从装配式吊车梁底面或从现浇式吊车梁顶面算起的柱子上部高度。

　　2. 表中有吊车房屋排架柱的计算长度，当计算中不考虑吊车荷载时，可按无吊车房屋柱的计算长度采用，但上柱的计算长度仍可按有吊车房屋采用。

　　3. 表中有吊车房屋排架柱的上柱在排架方向的计算长度，仅适用于 $H_u/H_l \geqslant 0.3$ 的情况；当 $H_u/H_l < 0.3$ 时，计算长度宜采用 $2.5H_u$。

二、排架柱的吊装验算

单层厂房钢筋混凝土排架柱一般为预制柱。由于预制柱在运输和吊装时的受力状态与其在使用阶段不同，而且，此时混凝土的强度等级还可能达不到设计要求，故需进行吊装时的承载力和裂缝宽度验算。

预制柱的吊装有平吊［见图 11 - 39（a）］和翻身吊［见图 11 - 39（b）］两种方式。因平吊比翻身吊施工简单，故在满足吊装时承载力和裂缝宽度要求的条件下，宜优先采用平吊。如平吊不能满足吊装时的要求，则应采用翻身吊。

根据平吊和翻身吊时的吊点位置，其计算简图分别如图 11-39（c）和图 11-39（d）所示。吊装时柱承受的荷载为其自重乘以动力系数 1.5。

吊装验算时的截面形式与尺寸，按实际受力方向确定。对于平吊时的 H 形截面［见图 11-40（a）］，则可简化为宽度为 $2h_f$、高度为 b_f 的矩形截面［见图 11-40（b）］。

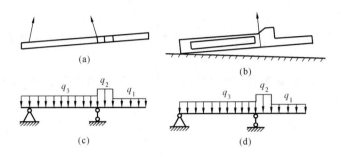

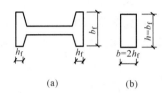

图 11-39 预制柱的吊装

（a）平吊；（b）翻身吊；（c）平吊的计算简图；（d）翻身吊的计算图

图 11-40 平吊时 H 形截面的简化

（a）H 形截面；（b）矩形截面

吊装时的承载力验算，按第三章所述的受弯构件进行，考虑此时为短暂设计状况，故可将安全等级降低一级。

吊装时的裂缝宽度验算，应按第五章给出的相应公式计算，也可采用有关简化方法计算。

三、牛腿设计

单层厂房中的排架柱一般都设有牛腿，以支承屋架（屋面梁）、吊车梁、连系梁等构件，并将这些构件承受的荷载传给柱子（见图 11-41）。

牛腿按照其承受的竖向力作用点至牛腿根部的水平距 a 与牛腿有效高度 h_0 之比，分为长牛腿和短牛腿。当 $a/h_0 > 1.0$ 时，称为长牛腿；而 $a/h_0 \leq 1.0$ 时，称为短牛腿。长牛腿的受力性能与悬臂梁相近，故可按悬臂梁进行设计。下面叙述短牛腿（简称牛腿）的设计。

1. 牛腿的应力状态

对牛腿进行加载试验表明，在混凝土开裂前，牛腿的应力状态处于弹性阶段；其主拉应力迹线集中分布在牛腿顶部一个较窄的区域内，而主压应力迹线则密集分布于竖向力作用点到牛腿根部之间的范围内；在牛腿和上柱相交处具有应力集中现象（见图 11-42）。牛腿的这种应力状态，对牛腿的设计有着重要的影响。

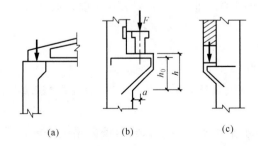

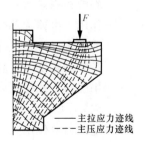

图 11-41 排架柱上牛腿上的支承情况

（a）支承屋面梁；（b）支承吊车梁；（c）支承连系梁

图 11-42 牛腿的应力状态

2. 牛腿的破坏形态

对牛腿进一步加载试验表明，在混凝土出现裂缝后，牛腿主要有如下几种破坏形态：

（1）剪切破坏。当 $a/h_0 \leqslant 0.1$，即牛腿的截面尺寸较小时或牛腿中箍筋配置过少时，可能发生图 11 - 43（a）所示的剪切破坏。

（2）斜压破坏。当 $a/h_0 = 0.1 \sim 0.75$，竖向力作用点与牛腿根部之间的主压应力超过混凝土的抗压强度时，将发生斜向受压破坏 ［见图 11 - 43（b）］。

（3）弯压破坏。当 $a/h_0 > 0.75$ 或牛腿顶部的纵向受力钢筋配置不满足要求时，可能发生弯压破坏 ［见图 11 - 43（c）］。

（4）局部受压破坏。当牛腿的宽度过小或支承垫板尺寸较小时，在竖向力作用下，可能发生局部受压破坏 ［见图 11 - 43（d）］。

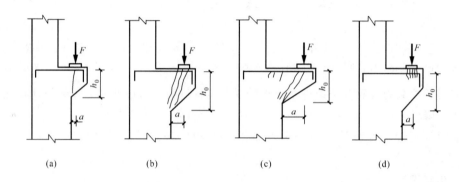

图 11 - 43　牛腿的破坏形态
（a）剪切破坏；（b）斜压破坏；（c）弯压破坏；（d）局部受压破坏

为防止牛腿发生各种可能的破坏，除要求牛腿具有足够的截面尺寸外，其中还必须配置足够数量的各种钢筋。

3. 牛腿的截面尺寸

牛腿的截面尺寸如图 11 - 44 所示，一般以不出现斜裂缝为控制条件，即应符合下式要求

$$F_{vk} \leqslant \beta \left(1 - 0.5 \frac{F_{hk}}{F_{vk}}\right) \frac{f_{tk} b h_0}{0.5 + \dfrac{a}{h_0}} \qquad (11 - 13)$$

式中　　F_{vk}——作用于牛腿顶部按荷载效应标准组合计算的竖向力值。

β——裂缝控制系数；对支承吊车梁的牛腿，取 0.65；对其他牛腿，取 0.8。

F_{hk}——作用于牛腿顶部按荷载效应标准组合计算的水平拉力值。

f_{tk}——混凝土抗拉强度标准值。

b——牛腿的宽度，一般取与柱宽相同。

h_0——牛腿与下柱交接处的垂直截面有效高度，$h_0 = h_1 - a_s + \text{ctan}\alpha$，当 $\alpha > 45°$ 时，取 $\alpha = 45°$。

a——竖向力的作用点至下柱边缘的水平距离，应考虑安装偏差增大 20mm；当考虑 20mm 的安装偏差后，竖向力的作用点仍位于下柱截面以内时，取 $a = 0$。

牛腿的外边缘高度 h_1 不应小于其高度 h 的 1/3，且不应小于 200mm。

牛腿挑出下柱边缘的长度 c 应使吊车梁外侧至牛腿外边缘的距离 c_1 不小于 70mm，以保证牛腿顶部的局部受压承载力。

牛腿的底面倾角 α 一般不超过 45°。当 $c \leqslant 100$mm 时，可取 $\alpha = 0$，即取牛腿底面为水平面。

为防止牛腿发生局部受压破坏，在牛腿顶部的局部受压面上，由竖向力 F_{vk} 引起的局部压应力不应超过 $0.75f_c$。

4. 牛腿的配筋及构造

根据牛腿的应力状态和破坏形态，牛腿的工作状况相当于图 11-45 中所示的三角形桁架，顶部纵向受力钢筋为其水平拉杆，竖向力作用点与牛腿根部之间的受压混凝土为其斜向压杆。

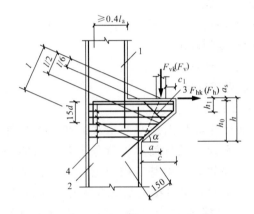

图 11-44 牛腿的截面尺寸和钢筋配置
1—上柱；2—下柱；3—弯起钢筋；4—水平箍筋

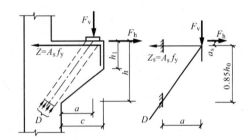

图 11-45 牛腿的配筋计算

牛腿的纵向受力钢筋总截面面积 A_s，由承受竖向力的受拉钢筋截面面积和承受水平拉力的锚筋截面面积组成，其计算式为

$$A_s \geqslant \frac{F_v a}{0.85 f_y h_0} + 1.2 \frac{F_h}{f_y} \qquad (11-14)$$

式中 F_v——作用于牛腿顶部的竖向力设计值；

F_h——作用于牛腿顶部的水平拉力设计值。

在式 (11-14) 中，当 $a < 0.3 h_0$ 时，取 $a = 0.3 h_0$。

牛腿顶部的纵向受力钢筋宜采用 HRB400 级或 HRB500 级钢筋。承受竖向力 F_v 的受拉钢筋配筋率，按牛腿的有效截面计算不应小于 0.2% 及 $0.45 f_t / f_y$，也不宜大于 0.6%；钢筋的数量不宜少于 4 根，直径不宜小于 12mm。

全部纵向受力钢筋宜沿牛腿外边缘向下伸入下柱内 150mm 后截断（见图 11-44）。伸入上柱的锚固长度，当采用直线锚固时不应小于受拉钢筋的锚固长度 l_a；当上柱尺寸不满足直线锚固要求时，可将钢筋向下弯折，从上柱内边算起的水平段长度不应小于 $0.4 l_a$，向下弯折的竖直段应取 $15d$（见图 11-44）。

牛腿应设置水平箍筋，直径宜为 6～12mm，间距宜为 100～150mm，且在牛腿上部 $2h_0/3$ 范围内的水平箍筋总截面面积不宜小于承受竖向力的受拉钢筋截面面积的 1/2。

当牛腿的 $a/h_0 \geqslant 0.3$ 时，宜增设弯起钢筋。弯起钢筋的种类一般与纵向受力钢筋相同，并宜使其与竖向力作用点到牛腿斜边下端点连线的交点位于牛腿上部 $l/6\sim l/2$ 之间的范围内，l 为该连线的长度（见图 11-44）。弯起钢筋的截面积不宜小于承受竖向力的受拉钢筋截面面积的 $1/2$，根数不宜少于 2 根，直径不宜小于 12mm。纵向受拉钢筋不得兼作弯起钢筋。

弯起钢筋沿牛腿外边缘向下伸入下柱内的长度和伸入上柱的锚固长度，要求与牛腿的纵向受力钢筋相同。

第六节　柱下单独基础设计

单层厂房柱下杯形基础按受力性能分为轴心受压基础和偏心受压基础，一般情况下为偏心受压基础。柱下杯形基础的设计包括如下几方面的内容：

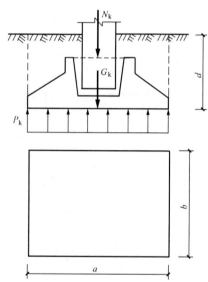

图 11-46　轴心受压基础底面尺寸的确定

1）基础底面尺寸的确定。

2）基础高度的确定。

3）基础配筋计算。

一、轴心受压基础

（一）基础底面尺寸的确定

基础底面尺寸应根据地基的承载力和变形条件确定。对场地和地基条件简单、荷载分布均匀的一般工业建筑，当符合《地基基础规范》可不作地基变形验算的规定时，可只按地基的承载力计算确定。本节介绍的是根据地基的承载力确定基础底面的尺寸。

轴心受压基础在荷载作用下，基础底面处的压力为均匀分布（见图 11-46），地基承载力计算时应满足下式要求，即

$$P_k = \frac{N_k + G_k}{A} \leqslant f_a \qquad (11-15)$$

式中　P_k——在荷载标准值作用下，基础底面处的平均压力值；

　　　N_k——上部结构传至基础顶面的竖向压力标准值；

　　　G_k——基础及其上土的标准自重，可按 $G_k = \gamma_m A d$ 计算，其中 γ_m 为基础及其上土的平均重度，一般取 $\gamma_m = 20\text{kN/m}^3$，$d$ 为基础埋置深度；

　　　A——基础底面面积，$A = a \times b$，a、b 分别为基础底面长度和宽度；

　　　f_a——经宽度和深度修正后的地基承载力特征值。

由式（11-15）可得

$$A \geqslant \frac{N_k}{f_a - \gamma_m d} \qquad (11-16)$$

当基础底面为正方形时，则 $a = b = \sqrt{A}$；当基础底面为长宽较接近的矩形时，则可设定一个边长求另一边长。

（二）基础高度的确定

柱下杯形基础的高度应满足有关尺寸构造要求和受冲切承载力要求。设计时，一般先根

据有关尺寸构造要求和工程经验初步确定基础的高度，然后验算其受冲切承载力。

1. 有关尺寸构造要求

杯形基础的边缘高度 a_2（见图 11-47），对锥形基础，其边缘高度 a_2 不宜小于 200mm，且两个方向的坡度不宜大于 1：3；对阶梯形基础，则其每阶高度宜为 300～500mm；基础底面一般为矩形，其长宽边长之比值为 1～2。

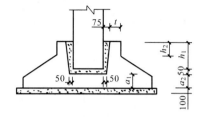

图 11-47 杯形基础的尺寸构造

为保证预制钢筋混凝土柱与杯形基础的连接为刚接，柱插入基础杯口中的深度 h_1 应符合表 11-6 的要求；同时还应满足柱中受力钢筋的锚固长度 l_a 的要求和柱吊装时的稳定性要求（此时，h_1 不应小于柱吊装时长度的 5%）。考虑基础杯口底部将铺设 50mm 厚的细石混凝土层，故杯口深度为 h_1+50mm（见图 11-47）。

表 11-6   柱 的 插 入 深 度 h_1 mm

矩 形 或 工 字 形 柱				双 肢 柱
$h<500$	$500{\leqslant}h<800$	$800{\leqslant}h{\leqslant}1000$	$h>1000$	
$h\sim1.2h$	h	$0.9h$ 且 ${\geqslant}800$	$0.8h$ 且 ${\geqslant}1000$	$(1/3\sim2/3)h_a$ $(1.5\sim1.8)h_b$

注 1. h 为柱截面长边尺寸；h_a 为双肢柱全截面长边尺寸；h_b 为双肢柱全截面短边尺寸。

    2. 柱轴心受压或小偏心受压时，h_1 可适当减少，偏心距大于 $2h$ 时，h_1 应适当增大。

为防止在柱的吊装过程中，柱冲击杯底底板造成底板破坏，基础的杯底厚度 a_1 应符合表 11-7 的要求。考虑到柱吊装时，杯壁将受到水平推力的作用；同时，为保证杯壁具有足够的承载力，要求杯口顶部壁厚 t 符合表 11-7 的规定。

表 11-7   基础的杯底厚度 a_1 和杯壁厚度 t mm

柱截面长边尺寸 h	杯底厚度 a_1	杯壁厚度 t	柱截面长边尺寸 h	杯底厚度 a_1	杯壁厚度 t
$h<500$	${\geqslant}150$	$150\sim200$	$1000{\leqslant}h<1500$	${\geqslant}250$	${\geqslant}350$
$500{\leqslant}h<800$	${\geqslant}200$	${\geqslant}200$	$1500{\leqslant}h<2000$	${\geqslant}300$	${\geqslant}400$
$800{\leqslant}h<1000$	${\geqslant}200$	${\geqslant}300$			

注 1. 双肢柱的杯底厚度值，可适当加大。

    2. 当有基础梁时，基础梁下杯壁厚度应满足其支承宽度的要求。

    3. 柱子插入杯口部分的表面应凿毛，柱子与杯口之间空隙应用比基础混凝土强度等级高一级的细石混凝土充填密实，当达到材料设计强度的 70% 以上时，方可进行上部结构吊装。

2. 受冲切承载力验算

由于基础及其上土的自重引起向上的地基反力与向下的基础及其上土的自重相互抵消，

因此，基础承载力计算时，不考虑此部分反力，采用地基净反力 P_n。对轴心受压基础［见图 11-48（a）］，由上部结构传至基础顶面的竖向压力设计值 N 在基础底面产生的地基净反力 P_n 为

$$P_n = \frac{N}{A} \tag{11-17}$$

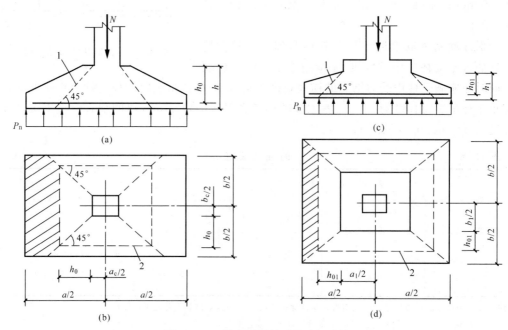

图 11-48 轴心受压基础受冲切验算
1—冲切破坏锥体最不利一侧的斜截面；2—冲切破坏锥体的底面线

当基础高度 h 较小时，在地基净反力 P_n 作用下，柱与基础交接处将产生与基础底面约为 45°的斜裂缝而破坏，称之为冲切破坏。此时，柱下将形成冲切破坏锥体［见图 11-48（a）］。同样，当基础变阶处高度 h_1 较小时，也将发生冲切破坏［见图 11-48（c）］。为防止发生这种破坏，应对柱与基础交接处以及基础变阶处进行受冲切承载力验算，符合下式要求，即

$$F_l \leqslant 0.7\beta_h f_t b_m h_0 \tag{11-18}$$

$$F_l = P_n A_l \tag{11-19}$$

$$b_m = \frac{b_t + b_b}{2} \tag{11-20}$$

上三式中 F_l——冲切荷载设计值。

       0.7——锥体斜面上的拉应力不均匀系数。

       β_h——截面高度影响系数，当 h 不大于 800mm 时，β_h 取 1.0；当 h 不小于 2000mm 时，β_h 取 0.9，其间按线性内插法取用。

       f_t——基础的混凝土轴心抗拉强度设计值。

       h_0——基础冲切破坏锥体的有效高度，当计算柱与基础交接处的受冲切承载力时，取基础的有效高度 h_0；当计算基础变阶处的受冲切承载力时，取下

阶的有效高度 h_{01} [见图 11 - 48（c）]。

b_m——冲切破坏锥体最不利一侧的计算长度。

b_t——冲切破坏锥体最不利一侧斜截面的上边长，当计算柱与基础交接处的受冲切承载力时，取柱宽；当计算基础变阶处的受冲切承载力时，取上阶宽。

b_b——冲切破坏锥体最不利一侧斜截面在基础底面积范围内的下边长，当冲切破坏锥体的底面落在基础底面以内 [见图 11 - 48（b）、（d）]，计算柱与基础交接处的受冲切承载力时，取柱宽加两倍的基础有效高度；当计算基础变阶处的受冲切承载力时，取上阶宽加两倍该处的基础有效高度。

A_l——冲切验算时取用的部分基底面积，即图 11 - 48（b）、（d）中的阴影面积。

当不满足式（11 - 18）的要求时，应考虑增大柱与基础交接处的基础高度以及基础变阶处下阶基础的高度。

（三）基础配筋计算

柱下单独基础在上部结构传来的力和地基净反力作用下，将在两个方向发生弯曲变形，可按固结于柱底的悬臂板进行受弯承载力计算。计算截面一般取柱与基础交接处和基础变阶处的截面，例如图 11 - 49 所示为柱与基础交接处的 Ⅰ—Ⅰ 和 Ⅱ—Ⅱ 截面。为了简化计算，可将矩形基础底面沿图 11 - 49 所示的虚线划分为四个梯形受荷面积，分别计算各个面积的地基净反力对计算截面的弯矩，并取每一方向的弯矩较大值，计算该方向的板底钢筋用量。对图 11 - 49 所示的 Ⅰ—Ⅰ 和 Ⅱ—Ⅱ 截面，其弯矩 M_I 和 M_{II} 的计算式分别为

$$M_I = \frac{P_n}{24}(a - a_c)^2(2b + b_c) \quad (11 - 21)$$

$$M_{II} = \frac{P_n}{24}(b - b_c)^2(2a + a_c) \quad (11 - 22)$$

Ⅰ—Ⅰ 和 Ⅱ—Ⅱ 截面所需钢筋用量 A_{sI} 和 A_{sII} 的计算式分别为

$$A_{sI} = \frac{M_I}{0.9 h_0 f_y} \quad (11 - 23)$$

$$A_{sII} = \frac{M_{II}}{0.9(h_0 - d) f_y} \quad (11 - 24)$$

基础短边方向的弯矩 M_{II} 较小，其受力钢筋 A_{sII} 置于 A_{sI} 上面，故在式（11 - 24）中用 h_0 减去钢筋 A_{sI} 直径 d。

对于基础变阶处的计算截面，可用上述同样方法求得其弯矩及相应的钢筋用量，但此时需将基础的上阶视为柱，且基础的配筋要按同方向柱与基础的交接处和基础变阶处的较大值配置。

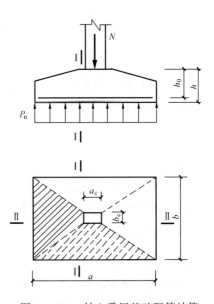

图 11 - 49 轴心受压基础配筋计算

二、偏心受压基础

偏心受压基础在上部结构传来的荷载作用下，基础底面处的压力为线性非均匀分布；因

而，在确定基础底面尺寸、基础高度和基础配筋时，需考虑这一特点，以基础底面压力较大一侧为控制。

（一）基础底面尺寸的确定

图 11 - 50 所示的偏心受压基础，在柱传至基础顶面的竖向压力标准值 N_k、弯矩标准值 M_k、剪力标准值 V_k 和基础及其上土的标准自重 G_k 作用下，基础底面处两边缘的最大和最小压力值可分别按下列公式计算［见图 11 - 50（a）］，即

$$P_{kmax}=\frac{N_k+G_k}{A}+\frac{M_{kb}}{W} \tag{11-25}$$

$$P_{kmin}=\frac{N_k+G_k}{A}-\frac{M_{kb}}{W} \tag{11-26}$$

式中　M_{kb}——作用于基础底面的力矩值，$M_{kb}=M_k\pm V_k h$；

　　　　W——基础底面的抵抗矩，对矩形底面，$W=a^2 b/6$；

　　　　A——基础底面面积，当为矩形底面时，$A=a\times b$。

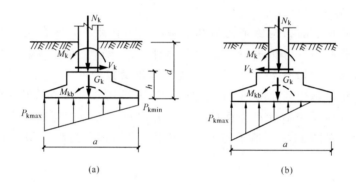

图 11 - 50　偏心受压基础底面尺寸的确定

(a) $e_{0k}\leqslant a/6$；(b) $e_{0k}>a/6$

当基础底面为矩形，且合力 N_k+G_k 的偏心矩 $e_{0k}=M_{kb}/(N_k+G_k)$ 时，式（11 - 25）、式（11 - 26）可写为

$$P_{kmax \atop kmin}=\frac{N_k+G_k}{ab}\left(1\pm\frac{6e_{0k}}{a}\right) \tag{11-27}$$

由式（11 - 27）可见，当 $e_{0k}\leqslant a/6$ 时，则 $P_{kmin}\geqslant 0$，基础底面全部与地基接触；当 $e_{0k}>a/6$ 时，则 $P_{kmin}<0$，基础底面部分与地基脱开［见图 11 - 50（b）］，此时式（11 - 27）已不适用。对此种情况，根据力的平衡条件；有

$$P_{kmax}=\frac{2(N_k+G_k)}{3\left(\dfrac{a}{2}-e_{0k}\right)b} \tag{11-28}$$

如果基础顶部设置基础梁，则计算基础底面处的压力值时，还应考虑基础梁传来的力。

根据地基承载力确定偏心受压基础底面的尺寸时，应同时满足下列要求，即

$$P_k=\frac{P_{kmax}+P_{kmin}}{2}\leqslant f_a \tag{11-29}$$

$$P_{kmax}\leqslant 1.2 f_a \tag{11-30}$$

偏心受压基础的底面常采用矩形，设计时可先按轴心受压公式（11-16）计算基础底面积，然后将其扩大 $1.2 \sim 1.4$ 倍作为偏心受压基础的估算底面积，并使基础长短边长之比 $a/b = 1.5 \sim 2.0$。在此基础上进行计算，直至满足式（11-29）、式（11-30）的要求。

（二）基础高度的确定

确定偏心受压基础高度的方法与前述的轴心受压基础相同。基础的受冲切承载力仍按式（11-18）进行验算，但计算冲切荷载设计值 F_l 时，考虑地基净反力分布不均匀的影响，F_l 计算式为

$$F_l = P_{n\max} A_l \tag{11-31}$$

式中　$P_{n\max}$——由柱传至基础顶面的竖向压力设计值 N、弯矩设计值 M 和剪力设计值 V（不包括及其上土的自重），在基础底面产生的最大地基净反力（见图 11-51）；

　　　A_l——冲切验算时取用的部分基础底面积，即图 11-51 中的阴影部分。

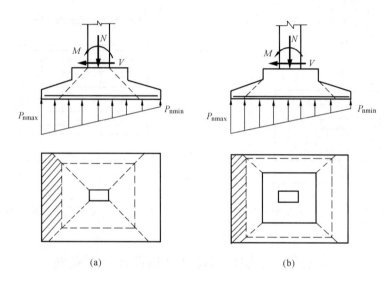

(a)　　　　　　　　　(b)

图 11-51　偏心受压基础受冲切验算
（a）沿柱边；（b）变阶处

（三）基础配筋计算

偏心受压基础的配筋计算方法与前述的轴心受压基础相同。仅考虑地基净反力的不均匀分布（见图 11-52），式（11-21）和式（11-22）中的地基净反力 P_n 采用平均值，即计算 Ⅰ—Ⅰ 截面的弯矩 $M_Ⅰ$ 时，式（11-21）中的 P_n 按下式确定为

$$P_n = \frac{P_{n\max} + P_{nⅠ}}{2} \tag{11-32}$$

式中　$P_{nⅠ}$——Ⅰ—Ⅰ 截面处的地基净反力。

计算 Ⅱ—Ⅱ 截面的弯矩 $M_Ⅱ$ 时，式（11-22）中的 P_n 按下式确定为

$$P_n = \frac{P_{n\max} + P_{n\min}}{2} \tag{11-33}$$

三、基础的构造要求

柱下单独基础除满足前述的有关尺寸构造要求外，还需符合下列要求。

1）基础的混凝土强度等级不应低于 C20；基础下垫层的混凝土强度等级不宜低于 C10，厚度不宜小于 70mm。

2）基础受力钢筋的最小直径不应小于 10mm，间距不应大于 200mm、也不应小于 100mm，其最小配筋率不应小于 0.15％。当有垫层时，钢筋的保护层厚度不小于 40mm；无垫层时，不小于 70mm。

3）当基础的边长大于或等于 2.5m 时（见图 11-53），沿该边长方向的受力钢筋长度可取边长的 0.9 倍，并应交错布置。

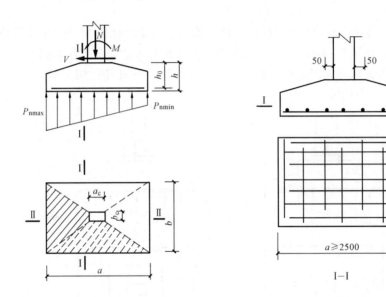

图 11-52　偏心受压基础配筋计算　　　　图 11-53　基础受力钢筋的布置

第七节　单层厂房排架结构设计计算实例

一、设计资料

1. 建筑设计

所设计单层厂房设计使用年限为 50 年，安全等级为二级。根据使用要求，厂房采用单跨排架结构，跨度为 24m，总长 54m，柱距 6m。设有两台 20/5t 中级工作制（A5 级）吊车，轨顶标高 8.6m。厂房建筑平面图和剖面图如图11-54所示。

屋面构造：

卷材防水层；

20mm 厚 1：3 水泥砂浆找平层；

100mm 厚水泥珍珠岩保温层；

预应力混凝土大型屋面板。

围护结构：

240mm 厚普通砖墙双面粉刷；

钢框玻璃窗，4800mm×3600mm、1800mm×3600mm。

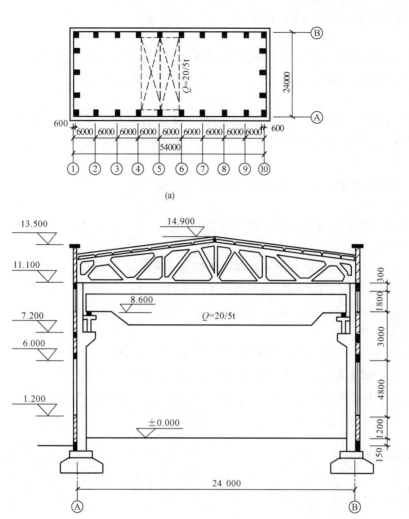

图 11-54　厂房建筑平面图和剖面图

（a）建筑平面图；（b）剖面图

2. 自然条件

厂房所处地区基本风压 $w_0 = 0.40\text{kN/m}^2$，地面粗糙度为 B 类；基本雪压 $s_0 = 0.35\text{kN/m}^2$。修正后的地基承载力特征值 $f_a = 180\text{kN/m}^2$，地下水位较低，对工程无影响。该地区为非震区，不考虑抗震设防。

3. 材料选用

混凝土：柱采用 C30，基础采用 C20。

钢筋：HRB400 级、HPB300 级。

二、设计计算

（一）构件选型

1. 屋面板

屋面板采用标准图集 G410-1~2 中的 1.5m×6m 预应力混凝土屋面板 Y-WB-2Ⅱ，

板自重及灌缝重标准值为 $1.5 \mathrm{kN/m^2}$。

2. 屋架

屋架采用标准图集 04G415－1 中的 24m 预应力混凝土折线形屋架 YWJ24－1Aa，其自重标准值为 112.8kN/榀。

3. 吊车梁

吊车梁采用标准图集 G323－1～2 中的钢筋混凝土吊车梁 DL－9，其高度为 1200mm，自重标准值为 39.5kN/根。轨道及连接件自重标准值取 1.0kN/m。

4. 基础梁

基础梁采用标准图集 04G320 中的钢筋混凝土基础梁 JL－3，其高度为 450mm，自重标准值为 16.1kN/根。

（二）计算简图及柱截面几何参数

1. 计算简图

从图 11-54（a）中选取有代表性的一段作为计算单元，计算单元宽度为 $B_l = 6\mathrm{m}$。

根据厂房的建筑剖面和构造，排架的计算简图如图 11-55 所示。上柱高 $H_1 = 3.9\mathrm{m}$，下柱高 $H_l = 7.7\mathrm{m}$，柱总高 $H_2 = 11.6\mathrm{m}$。上柱高与柱总高的比值 $\lambda = H_1/H_2 = 3.9/11.6 = 0.336$。

2. 柱截面几何参数

根据表 11-2 的参考数据，选定柱的截面形式和尺寸如下。

上柱：采用矩形截面，$b \times h = 400\mathrm{mm} \times 400\mathrm{mm}$［见图 11-56（a）］。

下柱：采用工字形截面，$b_f \times h \times b \times h_f = 400\mathrm{mm} \times 800\mathrm{mm} \times 100\mathrm{mm} \times 150\mathrm{mm}$［见图 11-56（b）］。

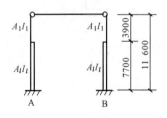

图 11-55　排架计算简图

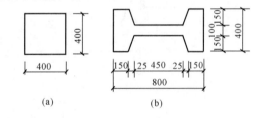

图 11-56　柱的截面尺寸
（a）上柱；（b）下柱

柱在排架平面内的截面面积和惯性矩分别为：

上柱　　　　$A_1 = 400 \times 400 = 1.6 \times 10^5 \mathrm{mm^2}$

$$I_1 = \frac{1}{12} \times 400 \times 400^3 = 2.13 \times 10^9 \mathrm{mm^4}$$

下柱　　　　$A_l = 400 \times 150 \times 2 + 450 \times 100 + (100 + 400) \times 25 = 1.8 \times 10^5 \mathrm{mm^2}$

$$I_l = \frac{1}{12}\left[400 \times 800^3 - \frac{6(500^4 - 450^4)}{4}\right] = 14.38 \times 10^9 \mathrm{mm^4}$$

上、下柱的截面惯性矩比值 $n = I_1/I_l = 0.148$。

（三）荷载标准值计算

1. 恒荷载

（1）屋盖结构自重：

卷材防水层　　　　　　　　　0.4kN/m²

20 厚 1：3 水泥砂浆找平层　　　0.4kN/m²

100 厚水泥珍珠岩保温层　　　　0.6kN/m²

预应力混凝土屋面板　　　　　　1.5kN/m²

屋盖支承系统　　　　　　　　　0.07kN/m²

屋面恒荷载　　　　　　　　　　2.97kN/m²

屋架自重　　　　　　　　　　　112.8kN/榀

则作用于一侧柱顶的屋盖结构自重 G_1 为

$$G_1 = \frac{1}{2} \times 2.97 \times 6 \times 24 + \frac{1}{2} \times 112.8 = 270.24 \text{kN}$$

$$e_1 = \frac{400}{2} - 150 = 50 \text{mm}$$

（2）柱自重：

上柱　　　　$G_2 = \gamma_{RC} A_1 H_1 = 25 \times 0.16 \times 3.9 = 15.6 \text{kN}$

$$e_2 = \frac{800}{2} - \frac{400}{2} = 200 \text{mm}$$

下柱　　　　$G_3 = 1.1 \gamma_{RC} A_l H_l = 1.1 \times 25 \times 0.18 \times 7.7 = 38.12 \text{kN}$

$$e_3 = 0$$

考虑下柱有一部分为矩形截面，故将下柱自重乘以增大系数 1.1。

（3）吊车梁及轨道自重：其自重为

$$G_4 = 39.5 + 1 \times 6 = 45.5 \text{kN}$$

$$e_4 = 750 - \frac{800}{2} = 350 \text{mm}$$

2. 屋面活荷载

根据《荷载规范》，不上人屋面均布活荷载标准值为 0.5kN/m²，而厂房所在地区的基本雪压 s_0 为 0.35kN/m²，故以屋面均布活荷载计算每侧柱顶的压力为

$$Q_1 = 0.5 \times 6 \times 12 = 36 \text{kN}$$

$$e_1 = 50 \text{mm}$$

3. 吊车荷载

由表 11-3 可查得厂房所选用的吊车主要参数如下：

$P_{max} = 202 \text{kN}$　　　$P_{min} = 60 \text{kN}$　　　$B = 5600 \text{mm}$

$K = 4400 \text{mm}$　　　$g = 77.2 \text{kN}$

根据吊车最大宽度 B、吊车的大车轮距 K 和支座反力影响线，可得各轮对应的反力影响线竖标，如图 11-57 所示。

作用于两侧排架柱上的吊车最大竖向荷载标准值 D_{max} 和最小竖向荷载标准值 D_{min} 分别为

$$D_{max} = \zeta P_{max} \sum y_i = 0.9 \times 202 \times (0.267 + 1.0 + 0.8 + 0.067) = 388 \text{kN}$$

$$D_{min} = \frac{P_{min}}{P_{max}} D_{max} = \frac{60}{202} \times 388 = 115.2 \text{kN}$$

$$e_4 = 350 \text{mm}$$

由于每个大车轮产生的横向水平荷载标准值为

$$T = \frac{\alpha(g+Q)}{4} = \frac{0.1}{4}(77.2+200) = 6.93\text{kN}$$

故作用于排架柱上的吊车最大横向水平荷载标准值为

$$T_{\max} = \zeta T \sum y_i = 0.9 \times 6.93 \times 2.134 = 13.3\text{kN}$$

$T_{\max}$ 的作用点到柱牛腿顶面的高度为 1.2m。

4. 风荷载

该地区的基本风压 $w_0 = 0.40\text{kN/m}^2$，地面粗糙度为 B 类，风压高度变化系数 μ_z 取值：

柱顶标高处 $\qquad\qquad\qquad\qquad \mu_z = 1.03$

屋盖平均标高处 $\qquad\qquad\qquad \mu_z = 1.11$

风荷载体型系数 μ_s 取值如图 11-58 所示。

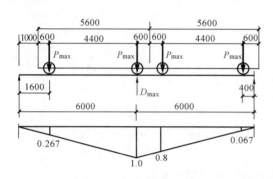

图 11-57 $D_{\max}$ 计算图

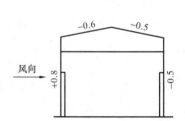

图 11-58 风荷载体型系数

作用于排架上的风荷载 F_w、q_1 和 q_2 分别为

$$\begin{aligned}
F_w &= [(\mu_{s1} + \mu_{s2})h_1 + (\mu_{s3} + \mu_{s4})h_2]\mu_z w_0 B_l \\
&= [(0.8+0.5) \times 2.4 + (-0.6+0.5) \times 1.4] \times 1.11 \times 0.40 \times 6.0 \\
&= 7.94\text{kN}
\end{aligned}$$

$$q_1 = \mu_{s1}\mu_z w_0 B_l = 0.8 \times 1.03 \times 0.40 \times 6.0 = 1.98\text{kN/m}$$

$$q_2 = \mu_{s2}\mu_z w_0 B_l = 0.5 \times 1.03 \times 0.40 \times 6.0 = 1.24\text{kN/m}$$

排架受力图如图 11-59 所示。

（四）内力计算

1. 恒荷载作用下的内力

根据结构与荷载的对称性，排架在恒荷载 G_1、G_2、G_3 和 G_4 作用下，可简化为图 11-60（a）所示的计算简图。

在图 11-60（a）中，M_1 和 M_2 分别为

$$M_1 = G_1 e_1 = 270.24 \times 0.05 = 13.51\text{kN} \cdot \text{m}$$

$$\begin{aligned}
M_2 &= G_1 e_2 + G_2 e_2 - G_4 e_4 \\
&= 270.24 \times 0.2 + 15.6 \times 0.2 - 45.5 \times 0.35 = 41.19\text{kN} \cdot \text{m}
\end{aligned}$$

由已知的 $\lambda = 0.336$，$n = 0.148$，用附图 11-1 中的公式计算 M_1 作用下的柱顶反力系数 C_1 和反力 R_1 为

$$C_1 = \frac{3}{2} \times \frac{1 - \lambda^2\left(1 - \dfrac{1}{n}\right)}{1 + \lambda^3\left(\dfrac{1}{n} - 1\right)} = \frac{3}{2} \times \frac{1 - 0.336^2 \times \left(1 - \dfrac{1}{0.148}\right)}{1 + 0.336^3 \times \left(\dfrac{1}{0.148} - 1\right)} = 2.03$$

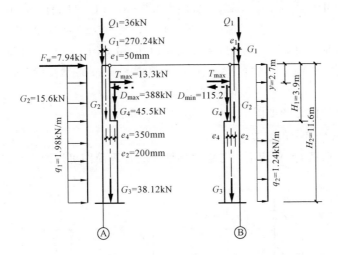

图 11 - 59　排架受力图

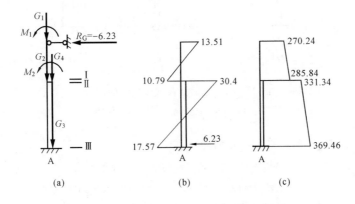

图 11 - 60　恒荷载作用下的内力

（a）计算简图；（b）M 图；（c）N 图

$$R_1 = C_1 \frac{M_1}{H_2} = 2.03 \times \frac{13.51}{11.6} = 2.36 \text{kN} (\rightarrow)$$

由附图 11 - 2 中的公式计算 M_2 作用下的柱顶反力系数 C_2 和反力 R_2 为

$$C_2 = \frac{3}{2} \times \frac{1-\lambda^2}{1+\lambda^3 \left(\dfrac{1}{n}-1 \right)} = \frac{3}{2} \times \frac{1-0.336^2}{1+0.336^3 \left(\dfrac{1}{0.148}-1 \right)} = 1.09$$

$$R_2 = C_2 \frac{M_2}{H_2} = 1.09 \times \frac{41.19}{11.6} = 3.87 \text{kN} (\rightarrow)$$

故在 M_1 和 M_2 共同作用下的柱顶反力 R_G 为

$$R_G = R_1 + R_2 = 2.36 + 3.87 = 6.23 \text{kN} \ (\rightarrow)$$

求得图 11 - 60（a）柱顶反力 R_G 后，即可按悬臂柱计算柱各截面的内力：

上柱底部截面 I - I　　　　　$M_I = 6.23 \times 3.9 - 13.51 = 10.79 \text{kN} \cdot \text{m}$

$$N_I = 270.24 + 15.6 = 285.84 \text{kN}$$

下柱顶部截面 Ⅱ — Ⅱ　　　　$M_Ⅱ = 6.23 \times 3.9 - 13.51 - 41.19 = -30.4\text{kN} \cdot \text{m}$

　　　　　　　　　　　　　　$N_Ⅱ = 270.24 + 15.6 + 45.5 = 331.34\text{kN}$

下柱底部截面 Ⅲ — Ⅲ　　　$M_Ⅲ = 6.23 \times 11.6 - 13.51 - 41.19 = 17.57\text{kN} \cdot \text{m}$

　　　　　　　　　　　　　　$N_Ⅲ = 270.24 + 15.6 + 45.5 + 38.12 = 369.46\text{kN}$

　　　　　　　　　　　　　　$V_Ⅲ = 6.23\text{kN}$

恒荷载作用下的内力图如图 11-60 （b）、（c）所示。

2. 屋面活荷载作用下的内力

排架在屋面活荷载 Q_1 作用下，考虑对称性，其计算简图可用图 11-61 （a）表示。

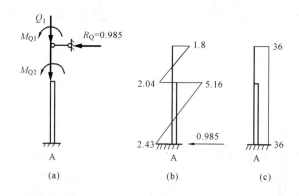

图 11-61　屋面活荷载作用下的内力

（a）计算简图；（b）M图；（c）N图

图 11-61 （a）中的 M_{Q1} 和 M_{Q2} 分别为

$$M_{Q1} = Q_1 e_1 = 36 \times 0.05 = 1.8\text{kN} \cdot \text{m}$$

$$M_{Q2} = Q_1 e_2 = 36 \times 0.2 = 7.2\text{kN} \cdot \text{m}$$

同恒荷载作用下的内力计算一样，M_{Q1} 作用下的柱顶反力系数 C_1 和反力 R_{Q1} 为

$$C_1 = 2.03$$

$$R_{Q1} = C_1 \frac{M_{Q1}}{H_2} = 2.03 \times \frac{1.8}{11.6} = 0.315\text{kN}(\rightarrow)$$

M_{Q2} 作用下的柱顶反力系数 C_2 和反力 R_{Q2} 为

$$C_2 = 1.09$$

$$R_{Q2} = C_2 \frac{M_{Q2}}{H_2} = 1.09 \times \frac{7.2}{11.6} = 0.67\text{kN}(\rightarrow)$$

M_{Q1} 和 M_{Q2} 共同作用下的柱顶反力 R_Q 为

$$R_Q = R_{Q1} + R_{Q2} = 0.315 + 0.67 = 0.985\text{kN} \ (\rightarrow)$$

同理，求得图 11-61 （a）柱顶反力 R_Q 后，可按悬臂柱计算柱各截面的内力。

屋面活荷载作用下的内力图如图 11-61 （b）、（c）所示。

3. 吊车竖向荷载作用下的内力

（1）D_{max} 与 D_{min} 同时分别作用在 A 柱和 B 柱。此时，排架柱的内力可由仅 D_{max} 作用于 A 柱和仅 D_{min} 作用于 B 柱的内力计算结果叠加得到。

1）仅 D_{max} 作用于 A 柱时的内力计算（见图 11-62）。

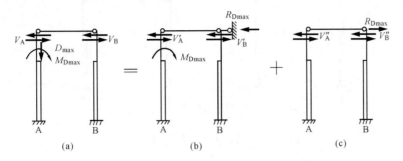

图 11-62 仅 D_{max} 作用于 A 柱的内力计算

按前面所述计算方法，可得

$$M_{Dmax} = D_{max}e_4 = 388 \times 0.35 = 135.8 \text{kN} \cdot \text{m}$$

$$R_{Dmax} = C_2 \frac{M_{Dmax}}{H_2} = 1.09 \times \frac{135.8}{11.6} = 12.76 \text{kN}(\leftarrow)$$

$$V'_A = -R_{Dmax} = -12.76 \text{kN}$$

$$V'_B = 0$$

$$V''_A = V''_B = \frac{R_{Dmax}}{2} = 6.38 \text{kN}$$

则

$$V_A = V'_A + V''_A = -12.76 + 6.38 = -6.38 \text{kN}$$

$$V_B = V'_B + V''_B = 0 + 6.38 = 6.38 \text{kN}$$

求得 A、B 柱顶剪力 V_A、V_B 后，可按悬臂柱计算得柱各截面内力，如图 11-63 所示。

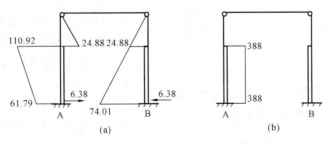

图 11-63 仅 D_{max} 作用于 A 柱的内力

（a）M 图；（b）N 图

2）仅 D_{min} 作用于 B 柱时的内力计算。此种受力情况的内力计算方法与仅 D_{max} 作用于 A 柱时相同。作用于 B 柱牛腿顶面的力矩 M_{Dmin} 为

$$M_{Dmin} = D_{min}e_4 = 115.2 \times 0.35 = 40.32 \text{kN} \cdot \text{m}$$

经计算，排架柱各截面的内力如图 11-64 所示。

3）D_{max} 与 D_{min} 同时分别作用在 A 柱和 B 柱的内力为图 11-63 和图 11-64 相应内力的叠加，如图 11-65 所示。

（2）D_{min} 与 D_{max} 同时分别作用在 A 柱和 B 柱。此时，只需将图 11-65 的 A 柱和 B 柱的内力对换，并注意内力符号的改变即可。

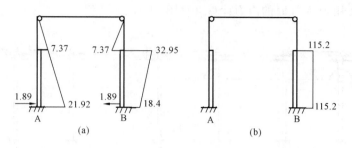

图 11-64 仅 D_{min} 作用于 B 柱的内力

(a) M 图；(b) N 图

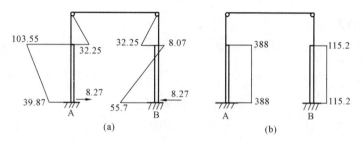

图 11-65 D_{max} 与 D_{min} 同时分别作用在 A 柱和 B 柱的内力

(a) M 图；(b) N 图

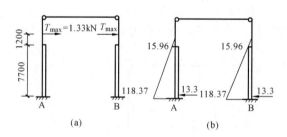

图 11-66 T_{max} 由左向右作用下的内力计算

(a) 计算简图；(b) M 图

4. 吊车水平荷载作用下的内力

(1) T_{max} 由左向右作用。在图 11-66 (a) 所示的 $T_{max}=13.3kN$ 作用下，因结构对称，而荷载为反对称，故可按悬臂柱计算内力。排架柱各截面的弯矩及柱底截面的剪力如图 11-66 (b) 所示。

(2) T_{max} 由右向左作用。在这种情况下，因 T_{max} 的作用方向与图 11-66 (a) 所示相反，故其内力图也与图 11-66 (b) 相反。

5. 风荷载作用下的内力

(1) 风荷载由左向右作用。图 11-67 (a) 为风荷载由左向右作用的计算简图。其内力由图 11-67 (b) 和图 11-67 (c) 的内力计算结果叠加得到。

1) 图 11-67 (b) 所示受力情况的内力可由 F_w、q_1 和 q_2 单独作用下的内力计算求得。

①在 F_w 作用下 (图 11-68)，柱顶反力 R_{Fw} 为

$$R_{Fw}=F_w=7.94kN \ (\leftarrow)$$

此种情况，柱中无内力。

②在 q_1 作用下 [见图 11-69 (a)]，由已知的 $\lambda=0.336$，$n=0.148$，用附图 11-3 的公式计算 q_1 作用下的柱顶反力系数 C_3 和反力 R_{q1} 为

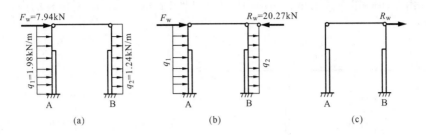

图 11-67　风荷载由左向右作用下的内力计算

$$C_3 = \frac{3\left[1 + \lambda^4\left(\dfrac{1}{n} - 1\right)\right]}{8\left[1 + \lambda^3\left(\dfrac{1}{n} - 1\right)\right]}$$

$$= \frac{3\left[1 + 0.336^4\left(\dfrac{1}{0.148} - 1\right)\right]}{8\left[1 + 0.336^3\left(\dfrac{1}{0.148} - 1\right)\right]} = 0.33$$

$$R_{q1} = C_3 H_2 q_1 = 0.33 \times 11.6 \times 1.98 = 7.58\text{kN}(\leftarrow)$$

R_{q1} 求得后，按悬臂柱计算柱的各截面内力，如图 11-69（b）所示。

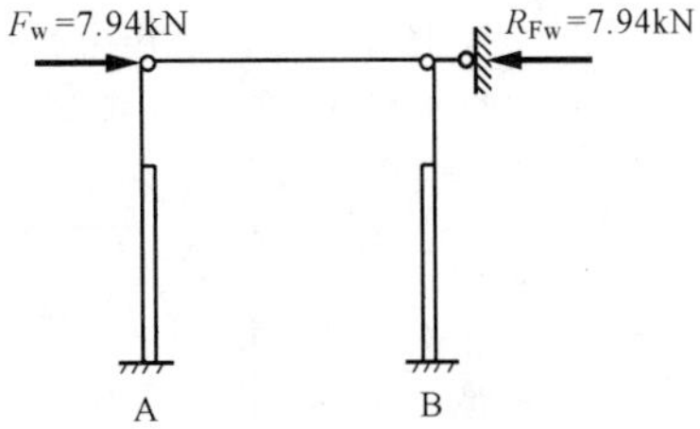

图 11-68　F_w 作用下的内力计算

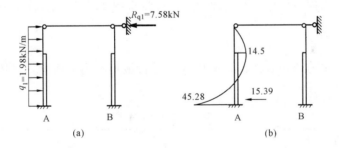

图 11-69　q_1 作用下的内力计算

（a）q_1 作用的计算简图；（b）M 图

③在 q_2 作用下［见图 11-70（a）］的柱顶反力 R_{q2} 为

$$R_{q2} = C_3 H_2 q_2 = 0.33 \times 11.6 \times 1.24 = 4.75\text{kN}\ (\leftarrow)$$

q_2 作用下的柱各截面内力如图 11-70（b）所示。

将上述①、②、③种情况的柱中内力和柱顶反力分别进行叠加，得图 11-67（b）所示情况的柱顶总反力 R_w 和柱中内力（见图 11-71）。柱顶总反力 R_w 为

$$R_w = R_{Fw} + R_{q1} + R_{q2} = 7.94 + 7.58 + 4.75 = 20.27\text{kN}\ (\leftarrow)$$

2）图 11-67（c）所示情况的内力，按剪力分配法进行计算。A 柱和 B 柱的柱顶剪力为

$$V_A = V_B = \eta_i R_w = 0.5 \times 20.27 = 10.14\text{kN}$$

相应的柱中的内力如图 11-72 所示。

风荷载由左向右作用时的排架柱内力，由图 11-71 和图 11-72 对应柱的内力叠加得到，如图 11-73 所示。

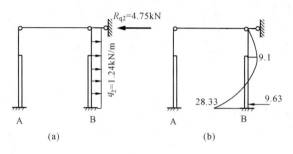

图 11-70　q_2 作用下的内力计算

(a) q_2 作用下的计算简图；(b) M 图

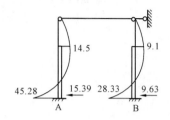

图 11-71　图 11-67 (b)
所示情况柱的弯矩图

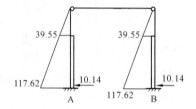

图 11-72　图 11-67 (c) 所示情况柱的弯矩图

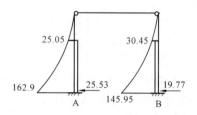

图 11-73　风荷载由左向右作用的内力

（2）风荷载由右向左作用。对这种情况，仅需将图 11-73 所示 A、B 柱的内力数值对换，且方向相反即可。

（五）内力组合

由于所设计厂房的结构对称，故仅对 A 柱进行最不利内力组合，具体方法及计算结果见表 11-8。

表 11-8　　　　　　　　　　　**排 架 柱 内 力 组 合 表**

截面	内力	恒荷载 $G_1 G_2$ $G_3 G_4$	屋面活荷载 Q_1	吊车荷载 D_{max} 在A柱	吊车荷载 D_{min} 在A柱	T_{min}	风荷载 左风	风荷载 右风	内力组合 N_{max}及M、V 项目	内力组合 N_{max}及M、V 值	内力组合 N_{min}及M、V 项目	内力组合 N_{min}及M、V 值	内力组合 $\lvert M \rvert_{max}$及N、V 项目	内力组合 $\lvert M \rvert_{max}$及N、V 值
项目		①	②	③	④	⑤	⑥	⑦	项目	值	项目	值	项目	值
I-I	M	10.79	2.04	−32.25	−32.5	±15.96	25.05	−30.45	1.2×①+1.4×(②+③+⑤)	−51.67	1.2×①+0.9×1.4×(③+⑤+⑦)	−86.16	1.2×①+0.9×1.4(③+⑤+⑦)	86.16
I-I	N	285.84	36	0	0	0	0	0		393.41		388.37		388.37
II-II	M	−30.4	−5.16	103.55	8.07	±15.96	25.05	−30.45	1.2×①+1.4×(②+③+⑤)	123.61	1.2×①+1.4×(⑦)	−79.11	1.2×①+0.9×1.4(③+⑤+⑥)	145.66
II-II	N	331.34	36	388	115.2	0	0	0		991.21		−397.61		886.49

续表

截面	内力	恒荷载 G_1G_2 G_3G_4	屋面活荷载 Q_1	吊车荷载			风荷载		内 力 组 合					
				$D_{\max}$ 在A柱	$D_{\min}$ 在A柱	$T_{\min}$	左风	右风	$N_{\max}$ 及 M,V		$N_{\min}$ 及 M,V		$\lvert M\rvert_{\max}$ 及 N,V	
									项目	值	项目	值	项目	值
项目		①	②	③	④	⑤	⑥	⑦						
Ⅲ－Ⅲ	M	17.57	2.43	39.87	-55.7	±118.37	162.9	-145.95	$1.2\times$ ①+1.4 $\times$(②+ ③+⑤)	246.02 (178.24)	$1.2\times$ ①+1.4 $\times$⑥	249.14 (180.47)	$1.2\times$① +0.9× 1.4(②+ ③+⑤ +⑥)	428.78 (308.78)
	N	369.46	36	388	115.2	0	0	0		1036.95 (793.46)		443.35 (369.46)		977.59 (751.06)
	V	$+6.23$	$+0.99$	-8.27	-8.27	$+13.3$	±25.53	-19.77		-21.33 (-14.35)		43.22 (31.76)		47.21 (34.62)

注 1. 表中内力单位: $M(\text{kN}\cdot\text{m})$, $N(\text{kN})$, $V(\text{kN})$。

2. 表中括号内的数值为标准值。

3. 对截面Ⅲ－Ⅲ, 组合项 $1.2\times$①$+0.9\times1.4$(④$+$⑤$+$⑦) 时, $M_{\min}=-382.14\text{kN}\cdot\text{m}$, $N=588.5\text{kN}$, $V=-44.61\text{kN}$; $M_{k\min}=-270.45\text{kN}\cdot\text{m}$, $N_k=473.14\text{kN}$, $V_k=-30.98\text{kN}$。

（六）柱设计

1. 柱截面配筋计算

（1）最不利内力组的选用。由于排架柱采用对称配筋，故可通过求控制截面大小偏心受压破坏界限时的轴力 N_b，来判断截面的大小偏心受压的情况，选择最不利的内力组。

对上柱Ⅰ－Ⅰ截面，有

$$N_b=\xi_b\alpha_1 f_c bh_0=0.518\times1.0\times14.3\times400\times360$$
$$=1066.7\text{kN}$$

由内力组合表 11-8 可见，Ⅰ－Ⅰ截面各组轴力 N 均小于 N_b，故属于大偏心受压情况，应取轴力小而弯矩大的内力组作为截面配筋计算的依据，即按

$$M_0=86.16\text{kN}\cdot\text{m}$$
$$N=388.37\text{kN}$$

这组内力计算上柱的配筋。

对下柱Ⅱ－Ⅱ、Ⅲ－Ⅲ截面，由于下柱的配筋按Ⅱ－Ⅱ和Ⅲ－Ⅲ截面的配筋量较大值配置，而Ⅲ－Ⅲ截面的轴力和弯矩值均比Ⅱ－Ⅱ截面的大，故仅考虑Ⅲ－Ⅲ截面。此时，翼缘计算厚度 $h'_f=150+25/2=162.5\text{mm}$，则

$$N_b=\xi_b\alpha_1 f_c bh_0+\alpha_1 f_c(b'_f-b)h'_f$$
$$=0.518\times1.0\times14.3\times100\times760+1.0\times14.3\times(400-100)\times162.5$$
$$=1260.1\text{kN}$$

由内力组合表 11-8 可见，Ⅲ－Ⅲ截面各组轴力 N 均小于 N_b，故都为大偏心受压情况；经比较，选用如下内力组进行配筋计算：

$$M_0 = 428.78 \text{kN} \cdot \text{m}$$
$$N = 977.59 \text{kN}$$

（2）柱正截面纵筋计算。排架柱正截面纵筋计算按上、下柱分别进行：

1）上柱。上柱在排架方向的计算长度 $l_0 = 2H_u = 2 \times 3900 = 7800 \text{mm}$，按上柱 $M_0 = 86.16 \text{kN} \cdot \text{m}$，$N = 388.37 \text{kN}$ 计算，$e_0 = 221.9 \text{mm}$，附加偏心距 $e_a = 20 \text{mm}$，则 $e_i = 241.9 \text{mm}$，$\zeta_c = 2.95$，取 $\zeta_c = 1.0$，$\eta_{ns} = 1.38$，$M = \eta_{ns} M_0 = 118.64 \text{kN} \cdot \text{m}$。根据 $M = 118.64 \text{kN} \cdot \text{m}$ 和 $N = 388.37 \text{kN}$，可重新算得 $e_0 = 305.5 \text{mm}$，$e_i = 325.5 \text{mm}$，$x = 67.9 \text{mm} < 2a'_s = 80 \text{mm}$，$e' = 165.5 \text{mm}$，$A_s = A'_s = 558 \text{mm}^2 > 0.2\% bh = 320 \text{mm}^2$，上柱每侧配置纵筋 3$\Phi$16，实配纵筋面积 $A_s = A'_s = 603 \text{mm}^2$，全部纵筋的配筋率 0.75%，大于 0.55%。

2）下柱。下柱按工字形截面计算，在排架方向的计算长度 $l_0 = H_l = 7700 \text{mm}$。按下柱 $M_0 = 428.78 \text{kN} \cdot \text{m}$，$N = 977.59 \text{kN}$ 计算，$e_0 = 438.6 \text{mm}$，附加偏心距 $e_a = 26.7 \text{mm}$，则 $e_i = 465.3 \text{mm}$，$\zeta_c = 1.32$，取 $\zeta_c = 1.0$，$\eta_{ns} = 1.1$，$M = \eta_{ns} M_0 = 471.66 \text{kN} \cdot \text{m}$。根据 $M = 471.66 \text{kN} \cdot \text{m}$ 和 $N = 977.59 \text{kN}$，可重新算得 $e_0 = 482.5 \text{mm}$，$e_i = 509.2 \text{mm}$，$e = 869.2 \text{mm}$。因 $N = 977.59 \text{kN} > \alpha_1 f_c b'_f h'_f = 929.5 \text{kN}$，中和轴在腹板内。此时，$x = 196 \text{mm} < \xi_b h_0 = 393.7 \text{mm}$，且 $x > 2a'_s = 80 \text{mm}$，$A_s = A'_s = 737 \text{mm}^2 > 0.2\% A = 360 \text{mm}^2$，下柱每侧配置纵筋 4$\Phi$16，实配纵筋面积 $A_s = A'_s = 804 \text{mm}^2$，全部纵筋的配筋率 0.89%，大于 0.55%。

（3）柱内箍筋配置。柱内箍筋应根据上、下柱的控制截面最不利剪力组合，由斜截面承载力计算确定。对非地震区的一般单层工业厂房，柱内箍筋可根据构造要求确定。本厂房排架柱选用Φ8@200 的箍筋。

2. 柱牛腿设计

（1）牛腿的几何尺寸。牛腿的宽度与柱宽相等，即 $b = 400 \text{mm}$。吊车梁轴线至柱外侧的距离为 750mm，吊车梁端部宽度为 300mm，吊车梁外侧到牛腿外边缘的距离 c_1 取 100mm，则牛腿的水平截面高为 $750 + 150 + 100 = 1000 \text{mm}$，牛腿外边缘到下柱内侧的距离 c 为 $1000 - 800 = 200 \text{mm}$。牛腿底面倾角 $\alpha = 45°$，牛腿外边缘高度 $h_1 = 500 \text{mm}$，则牛腿的高度 $h = 700 \text{mm}$（见图 11-74）。

（2）牛腿的裂缝控制验算。作用于牛腿顶部的荷载标准组合竖向力值为

$$F_{vk} = D_{max} + G_4 = 388 + 45.5 = 433.5 \text{kN}$$

牛腿的有效高度 $h_0 = h - a_s = 700 - 40 = 660 \text{mm}$

牛腿的裂缝控制系数 $\beta = 0.65$

竖向力的 F_{vk} 作用点位于下柱截面内，取 $a = 0$

牛腿顶部的荷载标准组合水平拉力 $F_{hk} = 0$

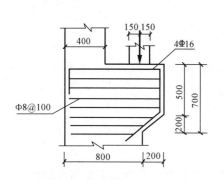

图 11-74　牛腿的几何尺寸及配筋

$$\beta \left(1 - 0.5 \frac{F_{hk}}{F_{vk}}\right) \times \frac{f_{tk} b h_0}{0.5 + \dfrac{a}{h_0}} = 0.65 \times \frac{2.01 \times 400 \times 660}{0.5} = 689.8 \quad \text{kN} > F_{vk} = 433.5 \text{kN},$$

符合要求。

（3）牛腿的配筋。由于竖向力作用于下柱截面内，故牛腿可按构造要求配筋。纵向钢筋取 4Φ16，箍筋取Φ8@100（见图 11-74）。

（4）牛腿的局部受压验算。牛腿顶部的局部受压面上，由竖向力 F_{vk} 引起的局部压应力为

$$\sigma_k = \frac{F_{vk}}{A} = \frac{433.5 \times 10^3}{400 \times 300}$$
$$= 3.6 \text{N/mm}^2 < 0.75 f_c$$
$$= 0.75 \times 14.3 = 10.7 \text{N/mm}^2$$

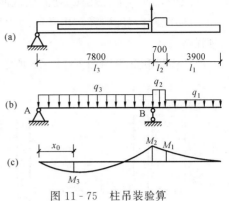

图 11 - 75 柱吊装验算
（a）起吊位置；（b）计算简图；（c）M 图

3. 柱吊装验算

（1）吊装方案。柱采用翻身起吊，吊点设在牛腿与下柱交接处［见图 11 - 75（a）］。起吊时，混凝土的强度已达到设计要求。

（2）荷载计算。荷载为柱自重，并考虑动力系数 1.5。各段荷载如下：

上柱 $\qquad g_1 = 1.5 \times 25 \times 0.4 \times 0.4 = 6 \text{kN/m}$

牛腿 $\qquad g_2 = 1.5 \times 25 \times \dfrac{0.4 \times \left(1.0 \times 0.7 - \dfrac{0.2^2}{2}\right)}{0.7} = 14.6 \text{kN/m}$

下柱 $\qquad g_3 = 1.5 \times 25 \times 0.18 = 6.8 \text{kN/m}$

计算简图如图 11 - 75（b）所示。

（3）内力计算。各截面弯矩为

$$M_1 = g_1 \frac{l_1^2}{2} = 6 \times \frac{3.9^2}{2} = 45.6 \text{kN} \cdot \text{m}$$

$$M_2 = g_1 \frac{(l_1 + l_2)^2}{2} + \frac{(g_2 - g_1) l_2^2}{2}$$
$$= 6 \times \frac{(3.9 + 0.7)^2}{2} + \frac{(14.6 - 6) \times 0.7^2}{2} = 65.6 \text{kN} \cdot \text{m}$$

由 $\Sigma M_B = 0$，即 $R_A l_3 + M_2 - \frac{g_3 l_3^2}{2} = 0$，可得

$$R_A = \frac{g_3 l_3}{2} - \frac{M_2}{l_3} = \frac{6.8 \times 7.8}{2} - \frac{65.6}{7.8} = 18.1 \text{kN}$$

设下柱在 x_0 处弯矩最大，由 $R_A - g_3 x_0 = 0$，求得

$$x_0 = \frac{R_A}{g_3} = \frac{18.1}{6.8} = 2.7 \text{m}$$

则 $\qquad M_3 = R_A x_0 - \frac{g_3 x_0^2}{2} = 18.1 \times 2.7 - \frac{6.8 \times 2.7^2}{2} = 24.1 \text{kN} \cdot \text{m}$

弯矩图如图 11 - 75（c）所示。

（4）承载力验算。对上柱底截面，$b \times h = 400\text{mm} \times 400\text{mm}$，$h_0 = 360\text{mm}$，$A_s = A_s' = 603\text{mm}^2$。其截面承载力为
$M_u = A_s f_y (h_0 - a_s') = 603 \times 360 \times (360 - 40) = 69.4 \text{kN} \cdot \text{m} > M_1 = 45.6 \text{kN} \cdot \text{m}$，可以。

对牛腿和下柱交接处的截面，$b \times h = 400\text{mm} \times 800\text{mm}$，$h_0 = 760\text{mm}$，$A_s = A_s' = 804\text{mm}^2$，其截面承载力为
$M_u = A_s f_y (h_0 - a_s') = 804 \times 360 \times (760 - 40) = 208.4 \text{kN} \cdot \text{m} > M_2 = 65.6 \text{kN} \cdot \text{m}$，可以。

同理，可得下柱在 x_0 处的柱截面承载力 $M_u = 208.4\text{kN} \cdot \text{m} > M_3 = 24.1\text{kN} \cdot \text{m}$，可以。

（5）裂缝宽度验算。由承载力验算可知，仅对上柱底截面进行裂缝宽度验算即可（验算过程略）。

柱模板和配筋图如图 11-76 所示。

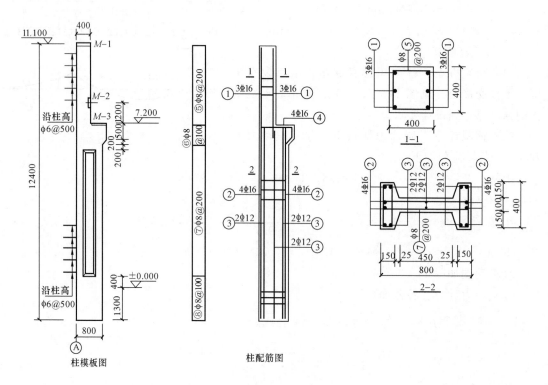

图 11-76　柱模板和配筋图

注：混凝土 C30；钢筋 Φ（HRB400 级），Φ（HPB300 级）；
保护层厚度 20mm；M-1、M-2、M-3 另详。

（七）基础设计

1. 荷载计算

（1）柱传至基顶的荷载。由表 11-8 可得荷载设计值为：

第一组
$$M_{max} = 428.78\text{kN} \cdot \text{m}$$
$$N = 977.59\text{kN}$$
$$V = 47.21\text{kN}$$

第二组
$$M_{min} = -382.14\text{kN} \cdot \text{m}$$
$$N = 588.5\text{kN}$$
$$V = -44.61\text{kN}$$

第三组
$$N_{max} = 1036.95\text{kN}$$
$$M = 246.02\text{kN} \cdot \text{m}$$
$$V = -21.33\text{kN}$$

相应的荷载标准值为：

第一组 $\qquad M_{kmax}=308.78kN \cdot m$

$$N_k=751.06kN$$

$$V_k=34.62kN$$

第二组 $\qquad M_{kmin}=-270.45kN \cdot m$

$$N_k=473.14kN$$

$$V_k=-30.98kN$$

第三组 $\qquad N_{kmax}=793.46kN$

$$M_k=178.24kN \cdot m$$

$$V_k=-14.35kN$$

（2）基础梁传至基顶的荷载。根据图 11-54 所示，可求得：

墙重 $\qquad 1.2\times[(13.5+0.5-0.45)\times6-3.6\times(4.8+1.8)]\times5.24=361.2kN$

窗重 $\qquad 1.2\times3.6\times(4.8+1.8)\times0.45=12.8kN$

基础梁重 $\qquad 1.2\times16.1=19.3kN$

故由基础梁传至基顶的荷载设计值为

$$G_5=361.2+12.8+19.3=393.3kN$$

相应的标准值为

$$G_{5k}=\frac{393.3}{1.2}=327.8kN$$

G_5 或 G_{5k} 对基础底面中心的偏心距 $e_5=0.24/2+0.8/2=0.52m$，相应的偏心弯矩设计值和标准值分别为

$$G_5e_5=-393.3\times0.52=-204.5kN \cdot m$$

$$G_{5k}e_5=-327.8\times0.52=-170.5kN \cdot m$$

2. 基础尺寸的拟定

（1）基础高度。根据构造要求，柱插入基础杯口中的深度 $h_1=0.9h_c=0.9\times800=720mm<800mm$，取 800mm。

杯底厚度 $a_1\geqslant200mm$，取 250mm。杯口底部铺设 50mm 厚细石混凝土层。故基础高度拟定为

$$h=h_1+a_1+50=800+250+50=1100mm$$

（2）基础底面尺寸。基础顶面标高为 -0.500，基础埋置深度 $d=h+500=1100+500=1600mm$。基础底面面积估算为

$$A=(1.2\sim1.4)\frac{N_{kmax}+G_{5k}}{f_a-\gamma_m d}=(1.2\sim1.4)\frac{793.46+327.8}{180-20\times1.6}=(9.1\sim10.6)m^2$$

基础底面拟定为 $\qquad A=a\times b=3.8\times2.5=9.5m^2$

基础底面的抵抗矩 $\qquad W=a^2b/6=3.8^2\times2.5/6=6.02m^3$

基础及其上土的标准自重 $\qquad G_k=\gamma_m abd=20\times3.8\times2.5\times1.6=304kN$

（3）基础的其他尺寸。基础边缘高度 $a_2\geqslant200mm$，取 250mm。基础顶部杯壁厚度 $t\geqslant300mm$，取 300mm。杯壁高度 $h_2=400mm$。

基础下垫层采用 C15 混凝土，厚度为 100mm。

基础尺寸如图 11‑77 所示。

3. 地基承载力验算

根据柱传至基础顶面的各组荷载标准值，考虑基础梁传来的荷载和基础及其上土的自重，作用于基础底面形心处的总弯矩标准值 M_{kb}、总竖向力标准值 N_{kb} 以及由此产生的基底压力值 P_{kmax}、P_{kmin} 分别计算如下：

（1）按第一组荷载标准值验算。此时，基础的受力情况如图 11‑78 所示。

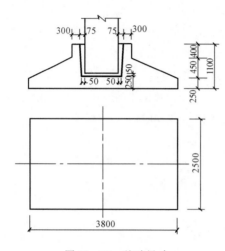

图 11‑77　基础尺寸

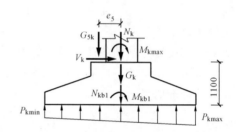

图 11‑78　第一组荷载标准值作用下的基础受力情况

$M_{kmax} = 308.78 \text{kN·m}$，$N_k = 751.06 \text{kN}$，$V_k = 34.62 \text{kN}$

$M_{kb1} = M_{kmax} + V_k h - G_{5k} e_5 = 308.78 + 34.62 \times 1.1 - 170.5 = 176.36 \text{kN·m}$

$N_{kb1} = N_k + G_k + G_{5k} = 751.06 + 304 + 327.8 = 1382.86 \text{kN}$

$P_{kmax} = \dfrac{N_{kb1}}{A} + \dfrac{M_{kb1}}{W} = \dfrac{1382.86}{9.5} + \dfrac{176.36}{6.02} = 145.56 + 29.29 = 174.85 \text{kN/m}^2$

$P_{kmin} = 145.56 - 29.29 = 116.27 \text{kN/m}^2$

$P_k = \dfrac{P_{kmax} + P_{kmin}}{2} = \dfrac{174.85 + 116.27}{2} = 145.56 \text{kN/m}^2 < f_a = 180 \text{kN/m}^2$

$P_{kmax} = 174.85 \text{kN/m}^2 < 1.2 f_a = 1.2 \times 180 = 216 \text{kN/m}^2$

（2）按第二组和第三组荷载标准值分别验算（略）。

计算表明：基础底面尺寸 $a \times b = 3.8\text{m} \times 2.5\text{m}$ 时，满足地基础承载力要求。

4. 基础受冲切承载力验算

由于基础的上阶底面落在柱边破坏锥面之内（见图 11‑79），故只需对基础的变阶处进行受冲切承载力验算。

（1）各组荷载设计值作用下的最大地基净反力计算。当第一组荷载设计值 $M_{max} = 428.78 \text{kN·m}$、$N = 977.59 \text{kN}$ 和 $V = 47.21 \text{kN}$ 作用时，基础底面形心处的总弯矩设计值 M_{b1}、总竖向力设计值 N_{b1} 以及由此产生的地基净反力 P_{n1max}、P_{n1min} 分别为

$$M_{b1} = M_{max} + Vh - G_5 e_5$$
$$= 428.78 + 47.21 \times 1.1 - 204.5$$
$$= 276.21 \text{kN} \cdot \text{m}$$
$$N_{b1} = N + G_5 = 977.59 + 393.3$$
$$= 1370.89 \text{kN}$$
$$P_{n1max} = \frac{N_{b1}}{A} + \frac{M_{b1}}{W} = \frac{1370.89}{9.5} + \frac{276.21}{6.02}$$
$$= 144.3 + 45.88 = 190.18 \text{kN/m}^2$$
$$P_{n1min} = 144.3 - 45.88 = 98.42 \text{kN/m}^2$$

当第二组荷载设计值 $M_{min} = -382.14 \text{kN} \cdot \text{m}$、$N = 588.5 \text{kN}$ 和 $V = -44.61 \text{kN}$ 作用时，相应的 M_{b2} 和 N_{b2} 分别为

$$M_{b2} = M_{min} + Vh + G_5 e_5$$
$$= 382.14 + 44.61 \times 1.1 + 204.5$$
$$= 635.71 \text{kN} \cdot \text{m}$$

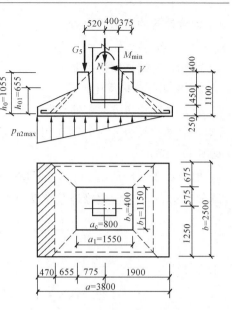

图 11 - 79 基础受冲切承载力验算

$$N_{b2} = N + G_5 = 588.5 + 393.3 = 981.8 \text{kN}$$

因 $e_0 = M_{b2}/N_{b2} = 635.71/981.8 = 0.65 \text{m} > a/6 = 3.8/6 = 0.63 \text{m}$，故

$$P_{n2max} = \frac{2N_{b2}}{3\left(\dfrac{a}{2} - e_0\right)b} = \frac{2 \times 981.8}{3\left(\dfrac{3.8}{2} - 0.65\right) \times 2.5} = 209.45 \text{kN/m}^2$$

当第三组荷载设计值 $N_{max} = 1036.95 \text{kN}$、$M = 246.02 \text{kN} \cdot \text{m}$ 和 $V = -21.33 \text{kN}$ 作用时，相应的 M_{b3}、N_{b3} 及 P_{n3max}、P_{n3min} 分别为

$$M_{b3} = M - Vh - G_5 e_5 = 246.02 - 21.33 \times 1.1 - 204.5$$
$$= 18.06 \text{kN}$$
$$N_{b3} = N_{max} + G_5 = 1036.95 + 393.3 = 1430.25 \text{kN}$$
$$P_{n3max} = \frac{N_{b3}}{A} + \frac{M_{b3}}{W} = \frac{1430.25}{9.5} + \frac{18.06}{6.02} = 150.55 + 3 = 153.55 \text{kN/m}^2$$
$$P_{n3min} = 150.55 - 3 = 147.55 \text{kN/m}^2$$

经比较，可按第二组荷载设计值作用下的最大地基反力 $P_{n2max} = 209.45 \text{kN/m}^2$ 进行受冲切承载力验算。

（2）冲切荷载设计值计算。由图 11 - 79 知，台阶尺寸 $a_1 = 1550 \text{mm}$，$b_1 = 1150 \text{mm}$，$h_{01} = 655 \text{mm}$。

由于基础宽度 $b = 2500 \text{mm}$ 大于 $b_1 + 2h_{01} = 1150 + 2 \times 655 = 2460 \text{mm}$，故

$$A_l = \left(\frac{a}{2} - \frac{a_1}{2} - h_{01}\right)b - \left(\frac{b}{2} - \frac{b_1}{2} - h_{01}\right)^2$$
$$= \left(\frac{3.8}{2} - \frac{1.55}{2} - 0.655\right) \times 2.5 - \left(\frac{2.5}{2} - \frac{1.15}{2} - 0.655\right)^2 = 1.175 \text{m}^2$$
$$F_l = P_{n2max} A_l = 209.45 \times 1.175 = 246.1 \text{kN}$$

（3）冲切承载力计算。基础采用 C20 混凝土，$f_t = 1.10 \text{N/mm}^2$；$b_t = b_1 = 1150 \text{mm}$，$b_b = b_1 + 2h_{01} = 1150 + 2 \times 655 = 2460 \text{mm}$，则 $b_m = (b_t + b_b)/2 = (1150 + 2460)/2 = 1805 \text{mm}$。

变阶处的冲切承载力为

$$0.7\beta_h f_t b_m h_{01} = 0.7 \times 1.0 \times 1.1 \times 1805 \times 655 = 910.35\text{kN} > F_l = 246.1\text{kN}$$

因此，基础高度满足要求。

5. 基础底板配筋计算

（1）基础长边方向配筋计算。对前述三组荷载设计值作用下的地基净反力计算结果分析可知，沿基础长边方向的钢筋用量，可按第二组荷载设计值作用下的地基净反力进行计算（见图 11-80）。

前面已算得 $P_{n2max} = 209.45\text{kN/m}^2$；由比例关系可得：柱边地基净反力 $P_{nI} = 125.67\text{kN/m}^2$，台阶边缘地基净反力 $P_{nIII} = 146.62\text{kN/m}^2$；则

$$\begin{aligned}
M_I &= \frac{P_{n2max} + P_{nI}}{2} \times \frac{1}{24}(a - a_c)^2(2b + b_c) \\
&= \frac{209.45 + 125.67}{2} \times \frac{1}{24} \times (3.8 - 0.8)^2 \times (2 \times 2.5 + 0.4) \\
&= 339.31\text{kN} \cdot \text{m}
\end{aligned}$$

$$A_{sI} = \frac{M_I}{0.9 h_0 f_y} = \frac{339.31 \times 10^6}{0.9 \times 1055 \times 270} = 1323.5\text{mm}^2$$

$$\begin{aligned}
M_{III} &= \frac{P_{n2max} + P_{nIII}}{2} \times \frac{1}{24}(a - a_1)^2(2b + b_1) \\
&= \frac{209.45 + 146.62}{2} \times \frac{1}{24} \times (3.8 - 1.55)^2 \times (2 \times 2.5 + 1.15) \\
&= 230.84\text{kN} \cdot \text{m}
\end{aligned}$$

$$A_{sIII} = \frac{M_{III}}{0.9 h_{01} f_y} = \frac{230.84 \times 10^6}{0.9 \times 655 \times 270} = 1450.3\text{mm}^2$$

（2）基础短边方向配筋计算。由于沿基础短边方向为轴心受压，故可按第三组荷载设计值作用下的地基净反力计算其钢筋用量（见图 11-81）。

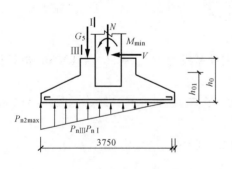

图 11-80　基础长边方向配筋计算

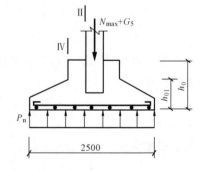

图 11-81　基础短边方向配筋计算

由前面计算已知，在第三组荷载设计值作用下，$P_{n3max} = 153.55\text{kN/m}^2$，$P_{n3min} = 147.55\text{kN/m}^2$，则

$$P_n = \frac{P_{n3max} + P_{n3min}}{2} = \frac{153.55 + 147.55}{2} = 150.55\text{kN/m}^2$$

$$M_{II} = \frac{P_n}{24}(b-b_c)^2(2a+a_c)$$

$$= \frac{1}{24} \times 150.55 \times (2.5-0.4)^2 \times (2 \times 3.8+0.8) = 232.37 \text{kN/m}^2$$

$$A_{sII} = \frac{M_{II}}{0.9h_0 f_y} = \frac{232.37 \times 10^6}{0.9 \times 1055 \times 270} = 906 \text{mm}^2$$

$$M_{IV} = \frac{P_n}{24}(b-b_1)^2(2a+a_1)$$

$$= \frac{1}{24} \times 150.55 \times (2.5-1.15)^2 \times (2 \times 3.8 \times 1.55) = 104.46 \text{kN} \cdot \text{m}$$

$$A_{sIV} = \frac{M_{IV}}{0.9h_{01} f_y} = \frac{104.46 \times 10^6}{0.9 \times 645 \times 270} = 666.5 \text{mm}^2$$

（3）基础底板钢筋配置。由以上计算可见：

长边方向按计算 $A_s = 1450.3 \text{mm}^2$ 配筋，选用 $\Phi 10@130$（$20\Phi 10$），实配 $A_s = 1570 \text{mm}^2$，可以。

短边方向按计算 $A_s = 906 \text{mm}^2$ 配筋，选用 $\Phi 8@200$（$20\Phi 8$），实配 $A_s = 1006 \text{mm}^2$，可以。

由于基础边长大于或等于 2.5m，因此将两方向钢筋长度缩短 10%，并交错布置。

基础配筋图如图 11-82 所示。

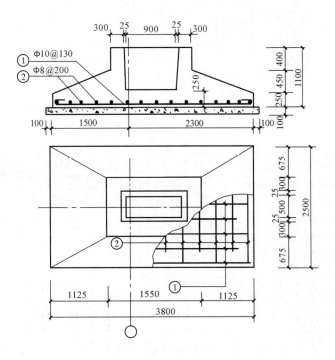

图 11-82 基础配筋图

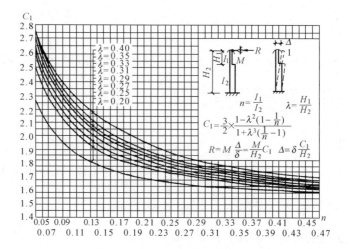

附图 11-1　柱顶力矩作用下反力系数 C_1 与位移系数

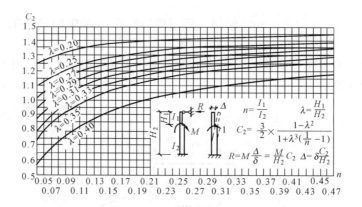

附图 11-2　力矩作用在牛腿面时反力系数 C_2 与位移系数

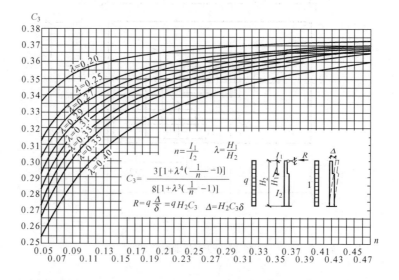

附图 11-3　均布荷载作用在整个上下柱时反力系数 C_3 与位移系数

本 章 小 结

1. 单层装配式钢筋混凝土排架结构厂房通常由屋盖结构、横向平面排架、纵向平面排架和围护结构四大部分组成，每部分由若干构件构成，且具有相应的功能作用及明确的传力途径。

2. 单层厂房排架结构的结构设计工作主要有结构布置、标准构件选型、排架内力计算、柱和基础配筋计算及施工图绘制等。

3. 单层厂房的结构布置应根据生产工艺和使用要求，同时考虑构件的生产和厂房的施工，并便于结构设计计算。

4. 单层装配式钢筋混凝土排架结构厂房的屋面梁、屋架（屋面梁）、吊车梁、柱等构配件，一般都有相应的标准图集供设计选用和施工制作。

5. 为获得排架柱在控制截面的最不利内力，需在确定排架结构计算简图的基础上，进行荷载分析、内力计算和内力组合。排架结构在荷载作用下的计算简图可简化为有侧移的铰接平面排架。排架结构承担的结构自重、屋面活荷载及风荷载的计算可按计算单元考虑，而吊车荷载则按移动荷载考虑。排架结构用结构力学的方法计算内力，一般采用查表计算。根据承载能力极限状态下持久设计状况的荷载效应基本组合要求，对控制截面进行内力组合。

6. 排架柱根据其截面形式按本章前讲述的受压构件进行截面设计，如为预制柱则应进行施工吊装验算。

7. 牛腿是排架柱上重要的构件，其截面尺寸不仅要满足结构布置和有关构造要求，还要满足不出现斜裂缝的控制条件。牛腿的受力特征可简化为三角形桁架，其纵向受力钢筋一般通过计算确定，箍筋和弯起钢筋则按有关构造规定配置。

8. 柱下单独基础的底面尺寸一般可根据地基承载力，按容许应力法确定；基础的高度需满足构造要求和受冲切承载力要求；基础配筋则按承受地基净反力的受弯构件计算。

思 考 题

11-1 为什么说横向平面排架是厂房的基本承力结构？

11-2 连系梁的工程构造措施及作用与圈梁有何不同？

11-3 柱网布置一般应遵循哪些基本原则？

11-4 结构缝主要包括哪几种？

11-5 厂房中设置屋盖支撑的主要作用是什么？

11-6 屋盖各种支撑的布置原则和作用是什么？

11-7 抗风柱的设置有哪些要求？

11-8 柱间支撑的布置有哪些要求？

11-9 排架计算的主要内容有哪些？

11-10 排架结构的计算简图是根据什么确定的？

11-11 吊车荷载是如何产生与计算的？

11-12 柱顶为不动铰支排架内力分析的基本方法是什么？

11-13 柱顶为有侧移铰接排架内力分析的基本方法是什么？

11-14 排架柱内力组合时应注意哪些问题？为什么？

11-15 为什么要对预制柱进行吊装验算？其验算内容有哪些？

11-16 牛腿可能发生哪几种破坏？如何防止？

11-17 柱下单独基础设计的主要工作是什么？

11-18 确定基础外形尺寸应考虑哪些因素？

11-19 比较轴心受压基础和偏心受压基础设计的异同处。

习 题 与 实 训 题

11-1 某单跨厂房，跨度 18m、柱距 6m，内设一台起重量 Q 为 20/5t 的软钩桥式吊车，求柱承受的吊车最大、最小竖向荷载标准值及最大横向水平荷载标准值。（吊车有关数据可由表 11-3 查得）

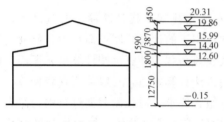

图 11-83 习题 11-2 图

11-2 某市郊单层工业厂房，外形尺寸如图 11-83 所示。柱距 6m，基本风压 $w_0 = 0.45 \text{kN/m}^2$，求作用在横向平面排架上的风荷载。（风荷载体型系数、风压高度变化系数可由《荷载规范》查得）

11-3 求图 11-84 所示排架柱在屋盖结构自重作用下的内力，并作内力图。已知：$I_1 = 2.1 \times 10^9 \text{mm}^4$，$I_2 = 1.4 \times 10^{10} \text{mm}^4$，$G_1 = 400 \text{kN}$，$e_1 = 0.05 \text{m}$，$e_2 = 0.2 \text{m}$。

11-4 求图 11-85 所示排架柱在吊车竖向荷载作用下的内力。已知：$I_1 = 4.2 \times 10^9 \text{mm}^4$，$I_2 = 1.5 \times 10^{10} \text{mm}^4$，$D_{\max} = 530.5 \text{kN}$，$D_{\min} = 121.5 \text{kN}$，$e = 0.5 \text{m}$。

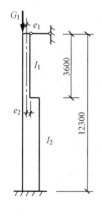

图 11-84 习题 11-3 图

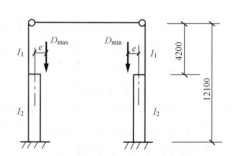

图 11-85 习题 11-4 图

11-5 求图 11-86 所示排架柱在风荷载作用下的内力。已知：$I_1 = 2.2 \times 10^9 \text{mm}^4$，$I_2 = 1.5 \times 10^{10} \text{mm}^4$，$q_1 = 1.8 \text{kN/m}$，$q_2 = 1.1 \text{kN/m}$，$F_w = 21.5 \text{kN}$。

11-6 某厂房柱（见图 11-87），上柱截面为 400mm×500mm，下柱截面为 400mm×

800mm，混凝土强度等级为 C30。吊车梁端部宽度为 420mm。吊车梁传至柱牛腿顶部的竖向力标准值和设计值分别为 $F_{vk}=580kN$，$F_v=800kN$。试确定牛腿的尺寸及配筋。

11-7　某单层厂房柱截面为 400mm×800mm，柱下采用单独的杯形基础。由柱传至基顶的荷载标准值和设计值分别为 $N_k=508.3kN$、$M_k=210.5kN\cdot m$、$V_k=16.4kN$ 和 $N=630.5kN$、$M=280.2kN\cdot m$、$V=22.3kN$。地基承载力特征值 $f_a=182kN/m^2$，基础埋置深度 1.60m。基础采用混凝土强度等级为 C25，钢筋 HPB300 级。试设计该基础。

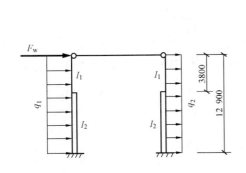

图 11-86　习题 11-5 图

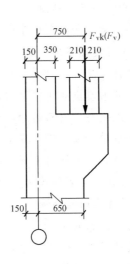

图 11-87　习题 11-6 图

*11-8　根据第七节所设计的基础和柱结构施工图，绑扎基础和柱牛腿部位的钢筋骨架，安装基础混凝土模板，并按《混凝土结构工程施工质量验收规范》（2011 年版）（GB 50204—2002）标准进行验收。

单层单跨装配式钢筋混凝土排架
结构厂房设计实训任务书

一、工程资料

1）厂房总长 48（54、60）m，柱距 6m，跨度 15（18、24、30）m，轨顶标高 7.8（8.4、9.0、9.6）m。

2）厂房内设有 1（2）台工作级别 A5 级（中级工作制）软钩桥式吊车，吊车起重 10（16、20、15/3、16/3.2、20/5）t。

3）场地地表下 1.3m 深度范围内为杂填土，其下为粉质黏土，地基承载力特征值为 135（145、155）kN/m²，地下水位距地表 3.8m，水无侵蚀性；冰冻深度为 1.0m。

4）基本雪压 0.30（0.40）kN/m²。

5）基本风压 0.35（0.45、0.50）kN/m²，B 类地区。

6）厂房设计使用年限为 50 年，安全等级为二级。

二、设计实训内容

1）建筑平、剖面设计。

2）选用屋面板、屋架、吊车梁、基础梁。

3）排架内力计算。

4）柱和牛腿以及柱下单独基础设计。

5）绘制施工图：

①基础配筋图；

②柱模板图及配筋图。

6）绑扎基础和柱或柱牛腿部位的钢筋，安装基础混凝土模板。

三、设计实训要求

1）设计计算符合国家现行规范、规程及有关方针政策。

2）计算书层次分明，书写规整，并装订成册。

3）图纸规整、图面整洁、标注齐全、达到施工图要求。

4）每位学生按所给工程资料完成一种组合设计。

5）按《混凝土结构工程施工质量验收规范》（2011 年版）（GB 50204—2002）标准，对绑扎的钢筋骨架和基础混凝土模板进行验收。

四、设计实训成果

1）设计计算书一份。

2）设计图纸一份。

3）实训检验质量验收记录。

五、主要参考资料

1）《混凝土结构与砌体结构》教材。

2）《混凝土结构设计规范》（GB 50010—2010）。

3）《建筑结构荷载规范》（GB 50009—2012）。

4）《混凝土结构构造手册》（第三版）。

5）1.5m×6.0m 预应力混凝土屋面板 G410—1～2。

6）预应力混凝土折线形屋架 04G415。

7）预应力混凝土工字形屋面梁 G414—1～5。

8）钢筋混凝土吊车梁 G323（1～2）。

9）钢筋混凝土基础梁 04G320。

10）吊车轨道连接及车挡 04G325。

11）《混凝土结构工程施工质量验收规范》（2011 年版）（GB 50204—2002）。

第十二章
多层框架结构房屋

本章提要 本章简要介绍了多高层建筑的概念、结构体系及其适用范围，叙述了框架结构房屋的结构布置原则、结构布置方案和结构计算简图确定，重点叙述了框架结构在竖向荷载和水平力作用下的内力及侧移近似计算方法，并对框架结构的内力组合、截面设计及节点构造作了简要介绍，同时附有框架结构房屋的结构设计实例。

第一节 多高层建筑结构体系简介

一、多高层建筑的概念

目前，世界各国对多层和高层建筑的划分标准尚不统一。我国《高层建筑混凝土结构技术规程》(JGJ 3—2010) 规定：10 层及 10 层以上或房屋高度超过 28m 的住宅建筑和房屋高度大于 24m 的其他民用建筑，称为高层建筑。否则，称为多层建筑。在此，房屋高度是自室外地面至房屋主要屋面的高度，不包括突出屋面的电梯机房、水箱及构架等高度。

随着社会生产力的发展和科学技术的进步以及人们生活水平的提高，建筑物的层数由多层向高层迅速发展。高层建筑具有节约用地、减少市政基础设施投资、美化城市环境等优点。但随着建筑物的层数增多、高度增加，结构在水平力作用下的内力与侧移增大，工程造价提高，对科学技术水平的要求也越来越高，这就制约了高层建筑的迅速发展。

我国上海于 2008 年建成的上海环球金融中心，建筑面积 38.16 万 m^2，地上 101 层，建筑高度 492m；在地上高度 474m 处设有目前世界最高的观景台。这幢具有时代感和特点的建筑，已成为上海浦东金融贸易区的重要标志性建筑之一。

二、多高层建筑的结构体系

目前，多高层建筑常用的结构体系有：砌体结构、框架结构、框架—剪力墙结构、剪力墙结构、筒体结构以及巨型结构等。一般，不配筋的砌体结构仅用于多层建筑。

1. 框架结构体系

框架结构体系是由梁和柱为主要构件组成的承受竖向荷载和水平作用的结构体系（见图 12-1）。按施工方法不同，可分为现浇框架、预制框架和装配整体式框架。其特点是平面布置灵活、易于设置较大的房间、使用方便；但结构抗侧刚度小，在水平力作用下的变形大。这种结构体系适用于办公楼、医院、学校等多层建筑及高度不大的高层建筑。

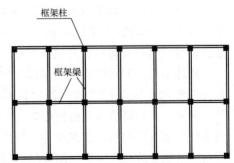

图 12-1 框架结构平面布置

2. 剪力墙结构体系

剪力墙结构是由剪力墙组成的承受竖向和水平作用的结构，是高层建筑中常用的一种结构形式（见图 12-2）。目前，剪力墙一般采用现浇钢筋混凝土墙体。剪力墙结构的刚度大、承载力高、整体性较好，在水平力作用下的侧向变形较小，抗震性能好。但剪力墙结构因受楼板等构件跨度的限制，剪力墙的间距一般为 3～8m，使平面布置不够灵活，较难满足公共建筑大空间的使用要求，结构自重也较大。为此，可将剪力墙结构中某些剪力墙的底部用框架替代，构成底层大空间剪力墙结构体系，但这对抗震极为不利。剪力墙结构主要适用于住宅、旅馆等开间较小的建筑。

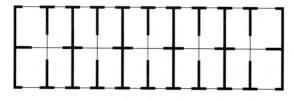

图 12-2　剪力墙结构平面布置

3. 框架—剪力墙结构体系

框架—剪力墙结构体系是在框架结构中布置一定数量的剪力墙所组成的结构体系（见图 12-3）。在框架—剪力墙结构体系中，竖向荷载分别由框架和剪力墙承担，而水平力则主要由剪力墙承担。由于这种结构体系具有框架结构和剪力墙结构两者的优点，因此，在公共建筑和办公楼等建筑中得到广泛应用。

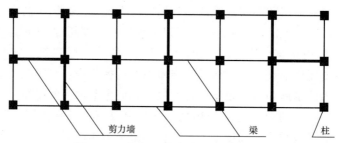

图 12-3　框架—剪力墙结构平面布置

4. 板柱—剪力墙结构体系

板柱—剪力墙结构体系是指由无梁楼盖和柱组成的板柱框架与剪力墙共同承受竖向和水平作用的结构。

5. 筒体结构体系

筒体结构体系是由竖向筒体为主组成的承受竖向和水平作用的高层建筑结构。筒体结构的筒体分剪力墙围成的薄壁筒和由密柱框架或壁式框架围成的框筒等（见图 12-4）。筒体结构是一种空间受力性能较好的结构体系，它比框架结构或剪力墙结构具有更大的承载力和刚度，犹如一个固定于基础上的封闭箱形悬臂构件，具有良好的抗弯抗扭性能。

筒体结构根据筒的构成、布置和数量可分为框架—核心筒结构、筒中筒结构等。框架—核心筒结构是由核心筒与外围的稀柱框架组成的高层建筑结构；筒中筒结构是由核心筒与外围框筒组成的高层建筑结构；成束筒结构是由多个框筒组合在一起形成的筒束高层建筑结构。

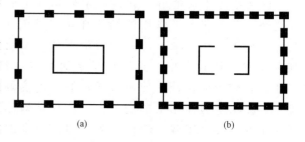

(a)　　　　　　(b)

图 12-4　筒体结构平面布置

(a) 框架—核心筒结构；(b) 筒中筒结构

6. 巨型结构体系

巨型结构体系是由若干个"巨大"的竖向支承结构（如组合柱、角筒体等）作为柱并与梁式或桁架式转换楼层结合形成的结构体系（见图 12-5）。

我国深圳亚洲大酒店（37 层，高 114m）为巨型框架结构体系，其采用了许多小筒（楼、电梯间）及每隔 6 层设置一梁式转换楼层（设备层），构成巨型框架结构体系，转换楼层之间再用小框架分成 6 个建筑层。

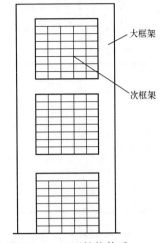

图 12-5 巨型结构体系

三、高层建筑结构的适用高度和高宽比

钢筋混凝土高层建筑结构的最大适用高度分为 A 级和 B 级。A 级高度是指符合表 12-1 最大适用高度的高层建筑。目前，在实际工程中应用最广泛、数量最多的是 A 级高度的高层建筑。当框架—剪力墙、剪力墙及筒体结构的高度超过 A 级的最大适用高度时，即为 B 级高度的高层建筑。对 B 级高度的高层建筑，其房屋的高度不应超过表 12-2 规定的最大适用高度，并应采取更加严格的计算和构造措施；对按抗震设计的 B 级高度高层建筑，还应进行超越高层建筑的抗震设防专项审查与复核。对平面和竖向均不规则的高层建筑，其最大适用高度宜适当降低。

表 12-1　　　　　　　　**A 级高度钢筋混凝土高层建筑的最大适用高度**　　　　　　　　m

结　构　体　系		非抗震设计	抗　震　设　防　烈　度				
			6 度	7 度	8 度		9 度
					0.20g	0.30g	
框　　架		70	60	50	40	35	—
框架—剪力墙		150	130	120	100	80	50
剪力墙	全部落地剪力墙	150	140	120	100	80	60
	部分框支剪力墙	130	120	100	80	50	不应采用
筒体	框架—核心筒	160	150	130	100	90	70
	筒中筒	200	180	150	120	100	80
板柱—剪力墙		110	80	70	55	40	不应采用

表 12-2　　　　　　　　**B 级高度钢筋混凝土高层建筑的最大适用高度**　　　　　　　　m

结　构　体　系		非抗震设计	抗　震　设　防　烈　度			
			6 度	7 度	8 度	
					0.20g	0.30g
框架—剪力墙		170	160	140	120	100
剪力墙	全部落地剪力墙	180	170	150	130	110
	部分框支剪力墙	150	140	120	100	80
筒　体	框架—核心筒	220	210	180	140	120
	筒中筒	300	280	230	170	150

为对钢筋混凝土高层建筑的结构刚度、整体稳定、承载能力及经济合理性进行宏观控制，其高宽比不宜超过表 12-3 的规定。

表 12-3 　　　　　　　　　钢筋混凝土高层建筑结构适用的最大高宽比

结构体系	非抗震设计	抗震设防烈度		
		6度、7度	8度	9度
框架	5	4	3	—
板柱—剪力墙	6	5	4	—
框架—剪力墙、剪力墙	7	6	5	4
框架—核心筒	8	7	6	4
筒中筒	8	8	7	5

本章主要介绍非抗震设防的现浇钢筋混凝土多层框架结构房屋的设计及节点构造。

第二节　框架结构房屋的结构布置

一、布置原则

框架结构房屋的结构布置应根据建筑用途、荷载情况、施工技术等要求综合考虑确定。具体布置时应遵循如下原则：

1）房屋的开间与进深尺寸应尽可能统一，以减少构件的类型和规格，方便设计和施工。

2）房屋的平面布置应尽可能规则、对称，使结构传力直接、受力明确。

3）房屋的竖向布置应力求体形简单，使结构刚度沿高度分布均匀，避免突变。竖向构件宜连续、对齐。

4）合理的设置伸缩缝、沉降缝、防震缝等结构缝。当房屋的平面尺寸过长时，为避免温度变形使房屋产生裂缝，应设置伸缩缝，现浇框架结构的伸缩缝最大间距为 55m。当房屋的层数或荷载相差较大或相邻基础的类型、埋深不一致时，应考虑设置沉降缝。地震区应考虑设置防震缝。由于设缝后会给结构或建筑处理带来一些问题，因此应采用有效措施，做到尽可能不设缝。

二、布置方案

按照楼板布置方式和传力途径不同，框架的结构布置有如下三种方案。

1. 横向框架承重方案

由主梁和柱组成的承重主框架沿房屋的横向布置，纵向由连系梁将横向框架连成空间结构体系，如图 12-6（a）所示。

这种方案房屋的横向刚度较大，有利于抵抗横向水平力。纵向连系梁的截面尺寸可较小，有利于房屋室内的采光和通风。

2. 纵向框架承重方案

由纵向主梁与柱构成的承重主框架沿房屋的纵向布置，横向连系梁将纵向框架连成空间结构体系，如图 12-6（b）所示。

这种方案房屋的纵向刚度大，有利于调整纵向地基不均匀沉降；横向连系梁的截面尺寸较小，房屋的横向刚度较差，但有利于设备管线的穿行并可获得较高的室内净空。主要适用于层数较少的工业房屋。

3. 纵横向框架承重方案

在房屋的两个方向均布置承重主框架形成的承重方案，如图 12-6（c）所示。这种房屋的双向刚度均较大，适用于柱网平面形状为方形或楼面荷载较大的情况，楼盖常采用现浇混凝土双向板或井式梁。

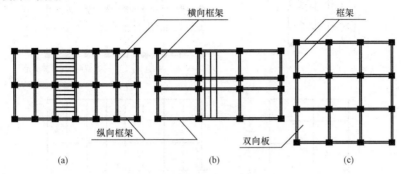

图 12-6 框架的结构布置方案

（a）横向框架承重方案；（b）纵向框架承重方案；（c）纵横向框架承重方案

第三节 框架杆件的截面尺寸和计算简图

一、杆件截面尺寸

1. 框架梁

框架梁的截面形式有矩形、T 形、倒 L 形等。梁的截面高度 $h_b = (1/18 \sim 1/10)l_0$；截面宽度 $b_b = (1/2 \sim 1/3)h_b$，且不宜小于 200mm。

2. 框架柱

框架柱的截面形式一般采用矩形、方形、圆形或多边形等，截面高、宽可取 $(1/15 \sim 1/20)$ 的层高；同时要求：①截面宽度不宜小于 250mm，截面高度不宜小于 400mm。②截面尺寸以 50mm 为模数。③柱的净高与柱截面长边之比不宜小于 4。

二、计算简图

1. 计算单元的选取

框架结构是由纵横向框架组成的空间结构，为简化计算，常将横向框架和纵向框架分别按平面框架进行分析和计算［见图 12-7（a）］，即在各榀框架中取有代表性的框架作为计算单元进行计算，取出的平面框架承受如图 12-7（b）所示阴影范围内的竖向荷载，水平作用力则需按楼盖结构布置方案确定。

2. 计算模型的确定

在计算简图中，框架杆件一般用其截面形心轴线表示，对于变截面杆件则以该杆最小截面的形心轴线表示。杆件之间的连接用节点表示，对现浇框架各节点均视为刚节点。框架柱在基础顶面为固定支座［见图 12-7（c）、（d）］。

在计算简图中，梁的跨度取柱轴线之间的距离；柱高取层高，即为各层梁顶面之间的距离；底层柱高则取至基础顶面。当梁的各跨跨度相差不超过 10% 时，可按具有平均跨度的等跨框架计算。

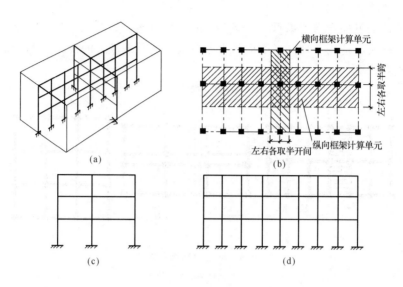

图 12-7　框架结构计算简图

3. 梁柱的线刚度

框架梁柱的线刚度分别为 $i_b = E_c I_b/l$ 和 $i_c = E_c I_c/h$。此处 I_b、I_c 分别为梁、柱的截面惯性矩；l、h 分别为梁的跨度和柱高。对现浇框架考虑楼板与梁的共同工作，梁的截面惯性矩 I_b：中框架梁取 $2.0 I_0$；边框架梁取 $1.5 I_0$。此处 I_0 为按矩形截面计算的惯性矩。框架柱截面的惯性矩 I_c 按实际尺寸进行计算。

4. 荷载计算

框架结构承受的结构与构造层重、楼（屋）面活荷载等竖向荷载和水平风荷载可按《荷载规范》或前述相关章节的内容计算。水平风荷载可转化为作用于框架节点处的水平集中力，并合并于迎风面一侧。

第四节　竖向荷载作用下的内力近似计算

一、弯矩二次分配法

弯矩二次分配法是按无侧移框架对各节点的不平衡弯矩同时进行分配和传递，并仅进行二次分配的方法。具体计算步骤如下：

1）计算每一跨梁在竖向荷载作用下的固端弯矩。

2）计算各节点的分配系数。

3）将各节点的不平衡弯矩同时进行分配并向远端传递后，再对各节点分配一次即结束。

【例 12-1】　三跨二层钢筋混凝土框架，各层框架梁所承受的竖向荷载设计值如图 12-8 所示，图中括号内数值为各杆件的相对线刚度。试用弯矩二次分配法计算该框架弯矩，并绘制弯矩图。

解　本框架结构对称，荷载对称，利用对称性原理可取其一半计算即可，此时中跨梁的相对线刚度应乘以 2。

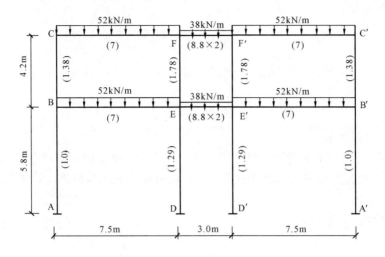

图 12-8　［例 12-1］图

1. 计算弯矩分配系数

结点 C　　$\mu_{CB} = \dfrac{4i_{CB}}{4i_{CB} + 4i_{CF}} = \dfrac{4 \times 1.38}{4 \times 1.38 + 4 \times 7} = 0.16$　　$\mu_{CF} = 1 - 0.16 = 0.84$

结点 F　　$\mu_{FC} = \dfrac{4i_{FC}}{4i_{FC} + 4i_{FE} + 2i_{FF'}} = \dfrac{4 \times 7}{4 \times 7 + 4 \times 1.78 + 8.8 \times 2 \times 2} = 0.4$

　　　　$\mu_{FE} = \dfrac{4i_{FE}}{4i_{FC} + 4i_{FE} + 2i_{FF'}} = \dfrac{4 \times 1.78}{4 \times 7 + 4 \times 1.78 + 8.8 \times 2 \times 2} = 0.1$

　　$\mu_{FF'} = 1 - 0.4 - 0.1 = 0.5$

同理可得结点 B、E 的弯矩分配系数，各结点的分配系数如图 12-9 所示。

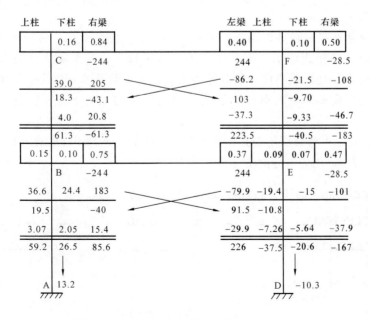

图 12-9　弯矩二次分配法（单位：kN·m）

2. 计算固端弯矩

$$M_{CF} = -M_{FC} = -\frac{1}{12} \times 52 \times 7.5^2 = -244 \text{kN} \cdot \text{m}$$

$$M_{BE} = -M_{EB} = -\frac{1}{12} \times 52 \times 7.5^2 = -244 \text{kN} \cdot \text{m}$$

$$M_{FF'} = M_{EE'} = -\frac{1}{3} \times 38 \times 1.5^2 = -28.5 \text{kN} \cdot \text{m}$$

3. 弯矩分配与传递

将框架各节点的不平衡弯矩同时进行分配，再假定远端为固定同时进行传递，传递系数均为 1/2。第一次分配传递后，再进行第二次弯矩分配，而不再传递，见图 12-9。

4. 绘制弯矩图

弯矩图如图 12-10 所示。

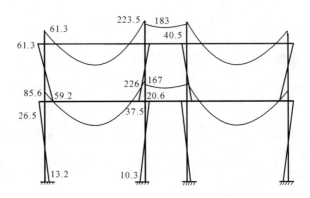

图 12-10　弯矩图（单位：kN·m）

二、分层法

多层多跨框架在竖向荷载作用下，不仅框架节点的侧移很小，而且作用在某一层梁上的荷载在该层梁及其相连的上、下柱中产生的弯矩较大，其他层梁柱的弯矩很小。特别是当梁的线刚度大于柱的线刚度 3 倍时尤为明显。为简化计算，假定：①竖向荷载作用下框架无侧移。②竖向荷载仅对其作用层的梁及其相连的上、下柱有影响。③柱的远端为固定端。

根据上述假定，可将每层梁及其相连的上、下柱所组成的开口框架作为一个独立的计算单元（见图 12-11），用力矩分配法计算，称为分层法。

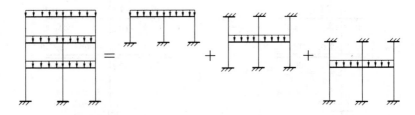

图 12-11　分层法计算简图

由于计算时假定柱的远端为固定端，实际上除底层柱在基础处为固定端外，其余各柱的远端均有转角而非固定端。为减少由此引起的误差，除底层柱外，其他各层柱的线刚度均乘以折减系数 0.9，并取传递系数为 1/3；底层柱及梁的传递系数仍为 1/2。

分层法计算所得的梁中弯矩即为该梁在荷载作用下的弯矩；每一层柱的柱端弯矩则为该柱在其相应的上、下两层中计算所得柱端弯矩的叠加。当节点弯矩不平衡时，可再进行一次弯矩分配。

【例 12-2】 用分层法计算［例 12-1］框架的弯矩，并绘制弯矩图。

解　仍利用对称性原理，取一半进行计算。

1. 顶层框架计算

（1）弯矩分配系数。

结点 C　$\mu_{CB} = \dfrac{4i_{CB} \times 0.9}{4i_{CB} \times 0.9 + 4i_{CF}} = \dfrac{4 \times 1.38 \times 0.9}{4 \times 1.38 \times 0.9 + 4 \times 7} = 0.15$

$\mu_{CF} = 1 - 0.15 = 0.85$

结点 F　$\mu_{FC} = \dfrac{4i_{FC}}{4i_{FC} + 4i_{FE} \times 0.9 + 2i_{FF'}}$

$= \dfrac{4 \times 7}{4 \times 7 + 4 \times 1.78 \times 0.9 + 8.8 \times 2 \times 2} = 0.4$

$\mu_{FF'} = \dfrac{i_{FF'}}{4i_{FC} + 4i_{FE} \times 0.9 + 2i_{FF'}}$

$= \dfrac{8.8 \times 2 \times 2}{4 \times 7 + 4 \times 1.78 \times 0.9 + 8.8 \times 2 \times 2} = 0.51$

$\mu_{FE} = 1 - 0.4 - 0.51 = 0.09$

（2）固端弯矩。

$$M_{CF} = -M_{FC} = -244 \text{kN} \cdot \text{m}$$

$$M_{FF'} = -28.5 \text{kN} \cdot \text{m}$$

（3）弯矩分配。弯矩分配传递过程见图 12-12。

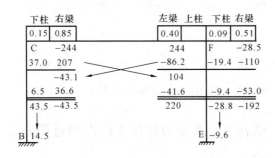

图 12-12　顶层框架弯矩分配图（单位：kN·m）

2. 底层框架计算

（1）弯矩分配系数及固端弯矩。同理，可得底层框架的弯矩分配系数及固端弯矩，如图 12-13 所示。

（2）弯矩分配。弯矩分配传递过程如图 12-13 所示。

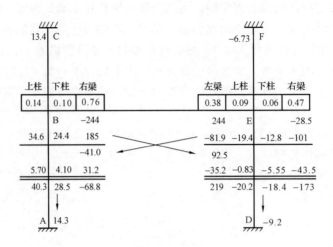

图 12-13　底层框架弯矩分配图（单位：kN·m）

3. 绘制弯矩图

叠加后的最后弯矩图如图 12-14 所示。

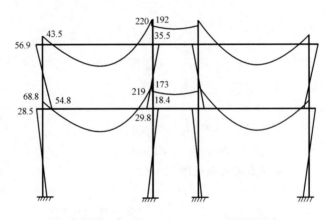

图 12-14　弯矩图（单位：kN·m）

比较［例12-1］和［例12-2］可见，二者计算结果不同，但均可满足工程设计要求。当框架层数较多时，一般宜采用弯矩二次分配法计算。

第五节　水平力作用下的内力近似计算

多层多跨框架在水平力（风荷载、地震作用）作用下的内力近似计算可采用反弯点法和 D 值法。

一、反弯点法

多层多跨框架在节点处水平力的作用下的弯矩图通常如图 12-15 所示。其特点是各杆的弯矩图形均为斜直线，每杆均有一个弯矩为零的反弯点。图 12-16 为框架在水平力作用下的变形图，其特点是除底层柱下端，各柱的上下端均有侧向位移和柱端转角。如果忽略梁的轴向变形，则在同一层各节点具有相同的侧向位移，即同一层各柱上下端的相对水平位移（即层间位移 Δu）相同。框架各柱端转角的大小与节点梁柱线刚度比值 $\sum i_b / \sum i_c$ 有关，如果梁的线刚度比柱的线刚度大的多，则转角就很小。

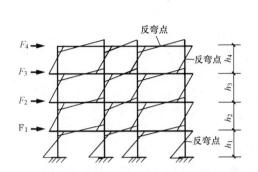

图 12-15　框架在水平力作用下的弯矩图

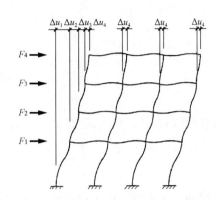

图 12-16　框架在水平力作用下的变形图

如果能够确定各柱反弯点处的剪力及其位置，则可算出各柱的柱端弯矩，进而可算出梁端弯矩及整个框架的其他内力。可见，关键是确定各层柱的剪力和各层柱的反弯点位置。为此，作如下基本假定：

1）在确定各柱剪力时，假定梁的线刚度无限大，即认为各柱端无转角。

2）在确定各柱反弯点位置时，除底层以外的各层柱，上、下端节点的转角相同。

以图 12-15 所示的 4 层框架为例说明。将框架沿顶层各柱的反弯点处切开，取反弯点以上部分的受力图（见图 12-17）。根据水平力的平衡条件得

$$F_4 = V_{41} + V_{42} + V_{43} + V_{44} \tag{12-1}$$

图 12-17　顶层反弯点以上部分的受力图

由于假定 1）柱两端无转角，故柱的剪力 V 与相对水平位移 Δu 有如下的关系式。

$$V = \frac{12 i_c}{h^2} \Delta u \tag{12-2}$$

令

$$d = \frac{V}{\Delta u} = \frac{12 i_c}{h^2} \tag{12-3}$$

则式（12-2）改写为

$$V = d \Delta u \tag{12-4}$$

在此，d 为柱上下两端产生单位相对水平位移时需施加的水平集中力，称为柱的抗侧移刚度（见图 12-18）。d 可根据柱的线刚度和柱高求得。

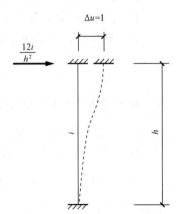

图 12-18　柱的抗侧移刚度

对于图 12 - 17 所示的情况，由式（12 - 4）可写出

$$V_{4j} = d_{4j}\Delta u_4 \qquad (12 - 5)$$

将式（12 - 5）代入式（12 - 1）有

$$F_4 = (d_{41} + d_{42} + d_{43} + d_{44})\Delta u_4 = \sum_{j=1}^{4} d_{4j}\Delta u_4 \qquad (12 - 6)$$

由式（12 - 6）解得

$$\Delta u_4 = \frac{F_4}{\displaystyle\sum_{j=1}^{4} d_{4j}} \qquad (12 - 7)$$

将式（12 - 7）代入式（12 - 5）得

$$V_{4j} = \frac{d_{4j}}{\displaystyle\sum_{j=1}^{4} d_{4j}} F_4 \qquad (12 - 8)$$

同理，可求得其他各层柱的剪力。写为通式，则任意一层（第 i 层）的任意一根柱（第 j 柱）的剪力可表示为

$$V_{ij} = \frac{d_{ij}}{\displaystyle\sum_{j=1}^{n} d_{ij}} \sum_{k=i}^{m} F_k \qquad (12 - 9)$$

式中　n——计算层框架柱的数量；

　　　m——框架的总层数；

$\displaystyle\sum_{k=i}^{m} F_k$——第 i 层的层间剪力，即第 i 层以上全部水平外荷载的总和。

根据假定 2）可知，各层柱的反弯点均位于该柱高度的中点，底层柱的反弯点则位于距柱底 2/3 的底层柱高处。

当各层柱的剪力、反弯点位置确定后，即可求得各层柱的弯矩；各梁的弯矩则由节点平衡条件求得。

反弯点法的计算步骤如下：

1）按式（12 - 3）计算各柱的抗侧移刚度。

2）按式（12 - 9）把楼层间剪力分配到每个柱，求出各层柱剪力。

3）根据各柱剪力及反弯点位置，计算柱端弯矩。

对一般层柱，上下端弯矩相等，即

$$M_{\text{上}j} = M_{\text{下}j} = V_{ij} \times \frac{h}{2}$$

对底层柱，上端弯矩 $M_{\text{上}j} = V_{ij} \times \dfrac{h}{3}$；下端弯矩 $M_{\text{下}j} = V_{ij} \times \dfrac{2h}{3}$。

4）根据节点力矩平衡计算梁端弯矩。

对于边柱 $M_b = M_i + M_{i+1}$

对于中柱 $M_{bz} = (M_i + M_{i+1}) \dfrac{i_{bz}}{i_{bz} + i_{by}}$，$M_{by} = (M_i + M_{i+1}) \dfrac{i_{by}}{i_{bz} + i_{by}}$

式中　i_{bz}、i_{by}——节点左、右端横梁线刚度；

　　　M_i、M_{i+1}——节点处柱上、下端弯矩；

M_b——节点处梁端弯矩。

5）根据力的平衡原理，由梁两端的弯矩求出梁的剪力；由柱两端的弯矩求出柱的剪力。

6）绘制内力图（弯矩图、剪力图）。

反弯点法适用于各层结构比较均匀，框架节点的梁柱线刚度之比 $\sum i_b/\sum i_c \geqslant 3$ 的多层框架。

【例 12-3】　求如图 12-19 所示三层框架的弯矩图。图中括号内数字为每杆的相对线刚度。

解　在计算柱的剪力时，因同层各柱 h 相等时，故 d 可直接用 i_c 表示。计算过程见图 12-20，力的单位为 kN，长度单位为 m。

最后弯矩图见图 12-21。

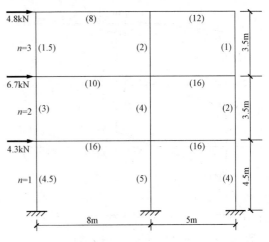

图 12-19　[例 12-3] 图

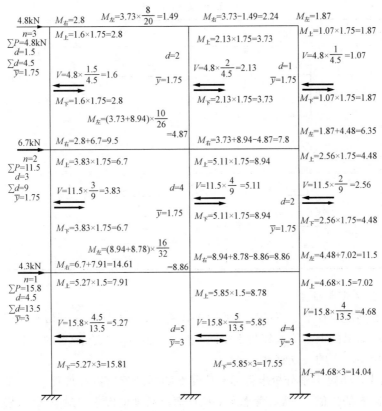

图 12-20　反弯点法计算过程

二、D 值法

在实际工程中，随着框架结构的层数增加，柱的截面尺寸增大，框架节点处的梁柱线刚度比常常小于 3，有时柱的线刚度 i_c 甚至大于梁的线刚度 i_b。此时，框架节点的转角不仅对内力有较大的影响，而且对反弯点的高度也有影响。因此，用反弯点法计算

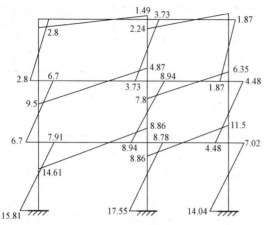

图 12 - 21　[例 12 - 3] 弯矩图（单位：kN·m）

时将产生较大的误差，于是提出了修正柱的抗侧移刚度和调整柱反弯点高度的改进反弯点法，即 D 值法。

1. 柱的抗侧移刚度 D 的计算

考虑柱的抗侧移刚度 D 不仅与柱的线刚度 i_c 和柱高 h 有关，而且还与节点转角即梁柱线刚度比 K 有关。经推导，柱的抗侧移刚度 D 按下式计算

$$D = \alpha_c \frac{12 i_c}{h^2} \qquad (12 - 10)$$

可见，柱的抗侧移刚度 D 与反弯点法的抗侧移刚度 d 比较，仅仅增加了一个修正系数 α_c。α_c 称为柱的抗侧移刚度影响（降低）系数，可根据柱所在层的梁柱线刚度比 K 按表 12 - 4 所列公式计算。

表 12 - 4　　　　　　　　　　　α_c 值计算公式表

层　别	边　柱	中　柱	α_c
一般层	i_1　i_c　i_3　$K = \dfrac{i_1 + i_3}{2 i_c}$	$i_1 \mid i_2$　i_c　$i_3 \mid i_4$　$K = \dfrac{i_1 + i_2 + i_3 + i_4}{2 i_c}$	$\alpha_c = \dfrac{K}{2 + K}$
底层	i_5　i_c　$K = \dfrac{i_5}{i_c}$	$i_5 \mid i_6$　i_c　$K = \dfrac{i_5 + i_6}{i_c}$	$\alpha_c = \dfrac{0.5 + K}{2 + K}$

2. 柱的修正反弯点高度

柱的反弯点高度与柱上、下端转角的大小有关。如果柱上、下端转角相同，则反弯点位于柱高的中点；如果柱上、下端转角不相同，则反弯点靠近转角较大的一端，即反弯点向横梁刚度较小、层高较大的一端移动。

在 D 值法中，通过力学分析求得标准情况下的标准反弯点高度比 y_0（即反弯点到柱下端距离与柱全高 h 的比值），然后考虑影响柱反弯点高度的因素，对 y_0 进行修正。

（1）标准反弯点高度比 y_0。标准反弯点高度比 y_0 是等高、等跨、各层梁和柱的线刚度都相同的多层框架在水平力作用下求得的反弯点高度比。其值可根据框架的总层数 m、柱所在层次 n 和梁柱线刚度比 K 以及荷载形式查表 12 - 5 和表 12 - 6 得到。表 12 - 5 适用于风荷载情况；表 12 - 6 适用于地震作用情况。

表 12 - 5 规则框架承受均布水平力作用时标准反弯点高度比 y_0 值

m	n	K 0.1	0.2	0.3	0.4	0.5	0.6	0.7	0.8	0.9	1.0	2.0	3.0	4.0	5.0
1	1	0.80	0.75	0.70	0.65	0.65	0.60	0.60	0.60	0.60	0.55	0.55	0.55	0.55	0.55
2	2	0.45	0.40	0.35	0.35	0.30	0.35	0.40	0.40	0.40	0.40	0.45	0.45	0.45	0.45
	1	0.95	0.80	0.75	0.70	0.65	0.65	0.65	0.60	0.60	0.60	0.55	0.55	0.55	0.55
3	3	0.15	0.20	0.20	0.25	0.30	0.30	0.30	0.35	0.35	0.35	0.40	0.45	0.45	0.45
	2	0.55	0.50	0.45	0.45	0.45	0.45	0.45	0.45	0.45	0.45	0.45	0.50	0.50	0.50
	1	1.00	0.85	0.80	0.75	0.70	0.70	0.65	0.65	0.65	0.60	0.55	0.55	0.55	0.55
4	4	−0.05	0.05	0.15	0.20	0.25	0.30	0.30	0.30	0.30	0.30	0.40	0.45	0.45	0.45
	3	0.25	0.30	0.30	0.35	0.35	0.40	0.40	0.40	0.40	0.45	0.45	0.50	0.50	0.50
	2	0.65	0.55	0.50	0.50	0.45	0.45	0.45	0.45	0.45	0.45	0.50	0.50	0.50	0.50
	1	1.10	0.90	0.80	0.75	0.70	0.70	0.65	0.65	0.65	0.60	0.55	0.55	0.55	0.55
5	5	−0.20	0.00	0.15	0.20	0.25	0.30	0.30	0.30	0.35	0.35	0.40	0.45	0.45	0.45
	4	0.10	0.20	0.25	0.30	0.35	0.35	0.40	0.40	0.40	0.40	0.45	0.45	0.50	0.50
	3	0.40	0.40	0.40	0.40	0.40	0.45	0.45	0.45	0.45	0.45	0.50	0.50	0.50	0.50
	2	0.65	0.55	0.50	0.50	0.50	0.50	0.50	0.50	0.50	0.50	0.50	0.50	0.50	0.50
	1	1.20	0.95	0.80	0.75	0.75	0.70	0.70	0.65	0.65	0.65	0.55	0.50	0.55	0.55
6	6	−0.30	0.00	0.10	0.20	0.25	0.25	0.30	0.30	0.35	0.35	0.40	0.45	0.45	0.45
	5	0.00	0.20	0.25	0.30	0.35	0.35	0.40	0.40	0.40	0.40	0.45	0.45	0.50	0.50
	4	0.20	0.30	0.35	0.35	0.40	0.40	0.40	0.45	0.45	0.45	0.45	0.50	0.50	0.50
	3	0.40	0.40	0.40	0.45	0.45	0.45	0.45	0.45	0.45	0.45	0.50	0.50	0.50	0.50
	2	0.70	0.60	0.55	0.50	0.50	0.50	0.50	0.50	0.50	0.50	0.50	0.50	0.50	0.50
	1	1.20	0.95	0.85	0.80	0.75	0.70	0.70	0.65	0.65	0.65	0.55	0.55	0.55	0.55
7	7	−0.35	−0.05	0.10	0.20	0.20	0.25	0.30	0.30	0.35	0.35	0.40	0.45	0.45	0.45
	6	−0.10	0.15	0.25	0.30	0.35	0.35	0.35	0.40	0.40	0.40	0.45	0.45	0.50	0.50
	5	0.10	0.25	0.30	0.35	0.40	0.40	0.40	0.45	0.45	0.45	0.45	0.50	0.50	0.50
	4	0.30	0.35	0.40	0.40	0.40	0.45	0.45	0.45	0.45	0.45	0.50	0.50	0.50	0.50
	3	0.50	0.45	0.45	0.45	0.45	0.45	0.45	0.45	0.45	0.45	0.50	0.50	0.50	0.50
	2	0.75	0.60	0.55	0.50	0.50	0.50	0.50	0.50	0.50	0.50	0.50	0.50	0.50	0.50
	1	1.20	0.95	0.85	0.80	0.75	0.70	0.70	0.65	0.65	0.65	0.55	0.55	0.55	0.55
8	8	−0.35	−0.15	0.10	0.15	0.25	0.25	0.30	0.30	0.35	0.35	0.40	0.45	0.45	0.45
	7	−0.10	0.15	0.25	0.30	0.35	0.35	0.40	0.40	0.40	0.40	0.45	0.50	0.50	0.50
	6	0.05	0.25	0.30	0.35	0.40	0.40	0.40	0.45	0.45	0.45	0.45	0.50	0.50	0.50
	5	0.20	0.30	0.35	0.40	0.40	0.45	0.45	0.45	0.45	0.45	0.50	0.50	0.50	0.50
	4	0.35	0.40	0.40	0.45	0.45	0.45	0.45	0.45	0.45	0.45	0.50	0.50	0.50	0.50
	3	0.50	0.45	0.45	0.45	0.45	0.45	0.45	0.45	0.50	0.50	0.50	0.50	0.50	0.50
	2	0.75	0.60	0.55	0.55	0.50	0.50	0.50	0.50	0.50	0.50	0.50	0.50	0.50	0.50
	1	1.20	1.00	0.85	0.80	0.75	0.70	0.70	0.65	0.65	0.65	0.55	0.55	0.55	0.55

表 12 - 6   规则框架承受倒三角形分布水平力作用时标准反弯点的高度比 y_0 值

m	n	0.1	0.2	0.3	0.4	0.5	0.6	0.7	0.8	0.9	1.0	2.0	3.0	4.0	5.0
1	1	0.80	0.75	0.70	0.65	0.65	0.60	0.60	0.60	0.60	0.55	0.55	0.55	0.55	0.55
2	2	0.50	0.45	0.40	0.40	0.40	0.40	0.40	0.40	0.40	0.40	0.45	0.45	0.45	0.50
	1	1.00	0.85	0.75	0.70	0.70	0.65	0.65	0.65	0.60	0.60	0.55	0.55	0.55	0.55
3	3	0.25	0.25	0.25	0.30	0.30	0.35	0.35	0.35	0.40	0.40	0.45	0.45	0.45	0.50
	2	0.60	0.50	0.50	0.50	0.50	0.45	0.45	0.45	0.45	0.45	0.50	0.50	0.50	0.50
	1	1.15	0.90	0.80	0.75	0.75	0.70	0.70	0.65	0.65	0.65	0.60	0.55	0.55	0.55
4	4	0.10	0.15	0.20	0.25	0.30	0.30	0.35	0.35	0.35	0.40	0.45	0.45	0.45	0.45
	3	0.35	0.35	0.35	0.40	0.40	0.40	0.40	0.45	0.45	0.45	0.50	0.50	0.50	0.50
	2	0.70	0.60	0.55	0.50	0.50	0.50	0.50	0.50	0.50	0.50	0.50	0.50	0.50	0.50
	1	1.20	0.95	0.85	0.80	0.75	0.70	0.70	0.70	0.65	0.65	0.55	0.55	0.55	0.55
5	5	−0.05	0.10	0.20	0.25	0.30	0.30	0.35	0.35	0.35	0.35	0.40	0.45	0.45	0.45
	4	0.20	0.25	0.35	0.35	0.40	0.40	0.40	0.40	0.40	0.45	0.45	0.50	0.50	0.50
	3	0.45	0.40	0.45	0.45	0.45	0.45	0.45	0.45	0.45	0.45	0.50	0.50	0.50	0.50
	2	0.75	0.60	0.55	0.55	0.50	0.50	0.50	0.50	0.50	0.50	0.50	0.50	0.50	0.50
	1	1.30	1.00	0.85	0.80	0.75	0.70	0.70	0.65	0.65	0.65	0.65	0.55	0.55	0.55
6	6	−0.15	0.05	0.15	0.20	0.25	0.30	0.30	0.35	0.35	0.35	0.40	0.45	0.45	0.45
	5	0.10	0.25	0.30	0.35	0.35	0.40	0.40	0.40	0.45	0.45	0.45	0.50	0.50	0.50
	4	0.30	0.35	0.40	0.40	0.45	0.45	0.45	0.45	0.45	0.45	0.50	0.50	0.50	0.50
	3	0.50	0.45	0.45	0.45	0.45	0.45	0.45	0.45	0.50	0.50	0.50	0.50	0.50	0.50
	2	0.80	0.65	0.55	0.55	0.55	0.55	0.50	0.50	0.50	0.50	0.50	0.50	0.50	0.50
	1	1.30	1.00	0.85	0.80	0.75	0.70	0.70	0.65	0.65	0.65	0.60	0.55	0.55	0.55
7	7	−0.20	0.05	0.15	0.20	0.25	0.30	0.30	0.35	0.35	0.35	0.45	0.45	0.45	0.45
	6	0.05	0.20	0.30	0.35	0.35	0.40	0.40	0.40	0.40	0.45	0.45	0.50	0.50	0.50
	5	0.20	0.30	0.35	0.40	0.40	0.45	0.45	0.45	0.45	0.45	0.50	0.50	0.50	0.50
	4	0.35	0.40	0.40	0.45	0.45	0.45	0.45	0.45	0.45	0.45	0.50	0.50	0.50	0.50
	3	0.55	0.50	0.50	0.50	0.50	0.50	0.50	0.50	0.50	0.50	0.50	0.50	0.50	0.50
	2	0.80	0.65	0.60	0.55	0.55	0.55	0.50	0.50	0.50	0.50	0.50	0.50	0.50	0.50
	1	1.30	1.00	0.90	0.80	0.75	0.70	0.70	0.70	0.65	0.65	0.60	0.55	0.55	0.55
8	8	−0.20	0.05	0.15	0.20	0.25	0.30	0.30	0.35	0.35	0.35	0.45	0.45	0.45	0.45
	7	0.00	0.20	0.30	0.35	0.35	0.40	0.40	0.40	0.40	0.45	0.45	0.50	0.50	0.50
	6	0.15	0.30	0.35	0.40	0.40	0.45	0.45	0.45	0.45	0.45	0.50	0.50	0.50	0.50
	5	0.30	0.35	0.40	0.45	0.45	0.45	0.45	0.45	0.45	0.45	0.50	0.50	0.50	0.50
	4	0.40	0.45	0.45	0.45	0.45	0.45	0.45	0.45	0.50	0.50	0.50	0.50	0.50	0.50
	3	0.60	0.50	0.50	0.50	0.50	0.50	0.50	0.50	0.50	0.50	0.50	0.50	0.50	0.50
	2	0.85	0.65	0.60	0.55	0.55	0.55	0.50	0.50	0.50	0.50	0.50	0.50	0.50	0.50
	1	1.30	1.00	0.90	0.80	0.75	0.70	0.70	0.70	0.65	0.65	0.60	0.55	0.55	0.55

表 12-7　　　　　　　上下层横梁线刚度比对 y_0 的修正值 y_1

α_1 \ K	0.1	0.2	0.3	0.4	0.5	0.6	0.7	0.8	0.9	1.0	2.0	3.0	4.0	5.0
0.4	0.55	0.40	0.30	0.25	0.20	0.20	0.20	0.15	0.15	0.15	0.05	0.05	0.05	0.05
0.5	0.45	0.30	0.20	0.20	0.15	0.15	0.15	0.10	0.10	0.10	0.05	0.05	0.05	0.05
0.6	0.30	0.20	0.15	0.15	0.10	0.10	0.10	0.10	0.05	0.05	0.05	0.05	0	0
0.7	0.20	0.15	0.10	0.10	0.10	0.05	0.05	0.05	0.05	0.05	0	0	0	0
0.8	0.15	0.10	0.05	0.05	0.05	0.05	0.05	0.05	0	0	0	0	0	0
0.9	0.05	0.05	0.05	0.05	0	0	0	0	0	0	0	0	0	0

（2）上下梁线刚度变化时对柱反弯点高度比修正值 y_1。当柱的上下梁线刚度不同时，反弯点位置有变化，应将 y_0 加以修正。修正值 y_1 可根据上下横梁线刚度之比 α_1 及梁柱线刚度比 K 查表 12-7 得到。

令 i_1、i_2 分别为柱上横梁的线刚度，i_3、i_4 分别为柱下横梁的线刚度，则

当 $i_1 + i_2 < i_3 + i_4$ 时，$\alpha_1 = \dfrac{i_1 + i_2}{i_3 + i_4}$，这时，反弯点上移，$y_1$ 取正值；

当 $i_1 + i_2 > i_3 + i_4$ 时，$\alpha_1 = \dfrac{i_3 + i_4}{i_1 + i_2}$，这时，反弯点下移，$y_1$ 取负值；

对于底层，不考虑 y_1 修正值，即取 $y_1 = 0$。

（3）层高变化时对柱反弯点高度比修正值 y_2 和 y_3。当某柱所在层的层高与相邻上、下层层高不同时，反弯点位置也有变化，需要修正。

令上层层高与本层层高之比 $h_上/h = \alpha_2$，由表 12-8 可查得修正值 y_2。当 $\alpha_2 > 1$ 时，y_2 为正值，反弯点上移；当 $\alpha_2 < 1$ 时，y_2 为负值，反弯点下移。对顶层柱，不考虑 y_2 修正值，即取 $y_2 = 0$。

表 12-8　　　　　　　上下层高变化对 y_0 的修正值 y_2 和 y_3

α_2	α_3 \ K	0.1	0.2	0.3	0.4	0.5	0.6	0.7	0.8	0.9	1.0	2.0	3.0	4.0	5.0
2.0		0.25	0.15	0.15	0.10	0.10	0.10	0.10	0.10	0.05	0.05	0.05	0.05	0.0	0.0
1.8		0.20	0.15	0.10	0.10	0.10	0.05	0.05	0.05	0.05	0.05	0.05	0.0	0.0	0.0
1.6	0.4	0.15	0.10	0.10	0.05	0.05	0.05	0.05	0.05	0.05	0.05	0.0	0.0	0.0	0.0
1.4	0.6	0.10	0.05	0.05	0.05	0.05	0.05	0.05	0.05	0.05	0.0	0.0	0.0	0.0	0.0
1.2	0.8	0.05	0.05	0.05	0.0	0.0	0.0	0.0	0.0	0.0	0.0	0.0	0.0	0.0	0.0
1.0	1.0	0.0	0.0	0.0	0.0	0.0	0.0	0.0	0.0	0.0	0.0	0.0	0.0	0.0	0.0
0.8	1.2	−0.05	−0.05	−0.05	0.0	0.0	0.0	0.0	0.0	0.0	0.0	0.0	0.0	0.0	0.0
0.6	1.4	−0.10	−0.05	−0.05	−0.05	−0.05	−0.05	−0.05	−0.05	0.0	0.0	0.0	0.0	0.0	0.0
0.4	1.6	−0.15	−0.10	−0.10	−0.05	−0.05	−0.05	−0.05	−0.05	−0.05	−0.05	0.0	0.0	0.0	0.0
	1.8	−0.20	−0.15	−0.10	−0.10	−0.10	−0.05	−0.05	−0.05	−0.05	−0.05	0.0	0.0	0.0	0.0
	2.0	−0.25	−0.15	−0.15	−0.10	−0.10	−0.10	−0.10	−0.05	−0.05	−0.05	−0.05	0.0	0.0	0.0

令下层层高与本层层高之比 $h_下/h = \alpha_3$，由表 12-8 可查得修正值 y_3。当 $\alpha_3 < 1$ 时，y_3 为正值，反弯点上移；当 $\alpha_3 > 1$ 时，y_3 为负值，反弯点下移。对底层柱，不考虑 y_3 修正值，

即取 $y_3 = 0$。

综上所述，各层柱的反弯点高度比计算式为

$$y = y_0 + y_1 + y_2 + y_3 \tag{12-11}$$

当各层框架柱的抗侧移刚度 D 和各层柱反弯点高度 yh 确定后，可求出各柱在反弯点处的剪力值及各杆的弯矩值，计算方法同反弯点法。

【**例 12-4**】 用 D 值法计算图 12-22 所示三层框架结构的弯矩，并绘制弯矩图。图中框架楼层处水平力为同层全部 6 榀框架所有柱共同承受的水平力，括号内数字为各杆线刚度相对值。

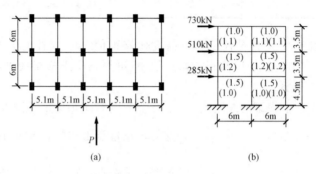

图 12-22 ［例 12-4］图
(a) 平面图；(b) 计算简图

解

1）计算每根柱分配到的剪力，见表 12-9。

2）由表 12-6～表 12-8 查得反弯点高度比，见表 12-10。

3）弯矩图如图 12-23 所示。图中同时标出了柱反弯点的位置。

表 12-9   每根柱分配到的剪力

层数	层剪力 (kN)	边柱 D 值	中柱 D 值	$\sum D$	每根边柱剪力 (kN)	每根中柱剪力 (kN)
3	730	$K = \dfrac{1+1.5}{2 \times 1.1} = 1.14$ $D = \dfrac{1.14}{2+1.14}$ $\times \dfrac{12}{3.5^2} \times 1.1 = 0.391$	$K = \dfrac{2 \times (1+1.5)}{2 \times 1.1} = 2.27$ $D = \dfrac{2.27}{2+2.27} \times \dfrac{12}{3.5^2}$ $\times 1.1 = 0.573$	8.13	$V_s = \dfrac{0.391}{8.13}$ $\times 730 = 35.1$	$V_s = \dfrac{0.573}{8.13}$ $\times 730 = 51.5$
2	1240	$K = \dfrac{1.5+1.5}{2 \times 1.2} = 1.25$ $D = \dfrac{1.25}{2+1.25} \times \dfrac{12}{3.5^2}$ $\times 1.2 = 0.452$	$K = \dfrac{4 \times 1.5}{2 \times 1.2} = 2.5$ $D = \dfrac{2.5}{2+2.5} \times \dfrac{12}{3.5^2}$ $\times 1.2 = 0.653$	9.342	$V_z = \dfrac{0.452}{9.342}$ $\times 1240 = 60.0$	$V_z = \dfrac{0.653}{9.342}$ $\times 1240 = 86.7$
1	1525	$K = \dfrac{1.5}{1.0} = 1.5$ $D = \dfrac{0.5+1.5}{2+1.5} \times \dfrac{12}{4.5^2}$ $\times 1.0 = 0.339$	$K = \dfrac{2 \times 1.5}{1.0} = 3.0$ $D = \dfrac{0.5+3}{2+3} \times \dfrac{12}{4.5^2}$ $\times 1.0 = 0.415$	6.558	$V_1 = \dfrac{0.339}{6.558}$ $\times 1525 = 78.8$	$V_1 = \dfrac{0.415}{6.558}$ $\times 1525 = 96.5$

表 12 - 10	由表 12 - 6～表 12 - 8 查出的反弯点高度比	
层　数	边　柱	中　柱
3	$n=3$　　　　　　　$j=3$ $k=1.14$　　　　　$y_0=0.407$ $\alpha_1=\dfrac{1.0}{1.5}=0.67$　$y_1=0.05$ $y=0.407+0.05=0.457$	$n=3$　　　　　　　$j=3$ $k=2.27$　　　　　$y_0=0.45$ $\alpha_1=\dfrac{1.0\times2}{1.5\times2}=0.67$　$y_1=0.041$ $y=0.45+0.041=0.491$
2	$n=3$　　　　　　　$j=2$ $k=1.25$　　　　　$y_0=0.4625$ $\alpha_1=1$　　　　　$y_1=0$ $\alpha_2=1$　　　　　$y_2=0$ $\alpha_3=\dfrac{4.5}{3.5}=1.29$　$y_3=-0.0169$ $y=0.4625-0.0169=0.4456$	$n=3$ $k=2.5$　　　　　　$j=2$ $\alpha_1=1$　　　　　$y_0=0.5$ $\alpha_2=1$　　　　　$y_1=0$ $\alpha_3=\dfrac{4.5}{3.5}=1.29$　$y_2=0$ $y=0.5$　　　　　$y_3=0$
1	$n=3$　　　　　　　$j=1$ $k=1.5$　　　　　　$y_0=0.725$ $\alpha_2=\dfrac{3.5}{4.5}=0.78$　$y_2=-0.0025$ $y=0.725-0.0025=0.7225$	$n=3$　　　　　　　$j=1$ $k=3.0$　　　　　　$y_0=0.55$ $\alpha_2=\dfrac{3.5}{4.5}=0.78$　$y_2=0$ $y=0.55$

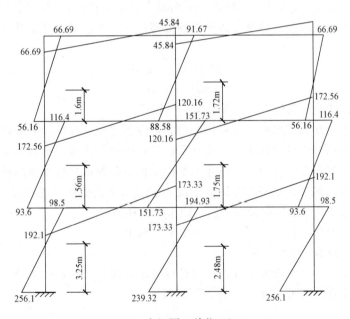

图 12 - 23　弯矩图（单位：kN·m）

第六节　框架结构侧移的近似计算及限值

一、侧移的近似计算

多层框架结构在水平力作用下的侧移变形主要是由梁和柱的弯曲变形引起的，如图 12 - 16 所示。这种变形的特点是框架下部的层间位移较大，上部的层间位移较小。对任意一层的层间

位移 Δu_i，可采用 D 值法按下式近似计算：

$$\Delta u_i = \frac{V_i}{\sum D_{ij}}$$ (12 - 12)

式中　　V_i——第 i 层的楼层剪力标准值，$V_i = \sum_{k=i}^{m} F_k$；

　　　　F_k——第 i 层以上节点的水平力标准值；

　　　　$\sum D_{ij}$——第 i 层所有柱的抗侧移刚度之和。

框架结构顶点的位移为各层层间位移的总和，即

$$u = \sum_{i=1}^{m} \Delta u_i$$ (12 - 13)

二、侧移限值

框架结构房屋在水平力作用下，侧移过大，会影响结构的承载力、稳定性和使用要求。因此，要求框架结构的楼层层间最大位移与层高之比 $\Delta u/h \leqslant 1/550$。

第七节　框架结构的 $P \sim \Delta$ 效应计算

框架结构承受的重力荷载与其在水平力作用下引起的侧移共同作用使结构产生附加内力和附加变形，即产生 $P \sim \Delta$ 效应。《规范》采用增大系数法近似计算框架结构的 $P \sim \Delta$ 效应，即对未考虑 $P \sim \Delta$ 效应的一阶弹性分析所得的框架柱端弯矩、梁端弯矩及层间水平位移分别按下式予以增大：

$$M = M_{ns} + \eta_s M_s$$ (12 - 14)
$$\Delta u_j = \eta_s \Delta u_{js}$$ (12 - 15)

式中　　M——考虑 $P \sim \Delta$ 效应后的柱端、梁端弯矩设计值；

　　　　M_{ns}——由不引起框架侧移的荷载按一阶弹性分析得到的柱端、梁端弯矩设计值，例如在对称竖向荷载作用下，按分层法计算得到的柱端、梁端弯矩设计值；

　　　　M_s——由引起框架侧移的荷载或作用所产生的一阶弹性分析得到的柱端、梁端弯矩设计值，例如在水平力作用下，按 D 值法计算得到的柱端、梁端弯矩设计值；

　　　　Δu_j——考虑 $P \sim \Delta$ 效应后楼层 j 的层间水平位移值；

　　　　Δu_{js}——一阶弹性分析的楼层 j 的层间水平位移值；

　　　　η_s——$P \sim \Delta$ 效应增大系数。

框架结构的 $P \sim \Delta$ 效应增大系数按楼层进行考虑，即所计算楼层 j 的所有柱上、下端都采用同一个 $P \sim \Delta$ 效应增大系数 η_{sj}，并按下式计算：

$$\eta_{sj} = \frac{1}{1 - \dfrac{\sum\limits_{k=1}^{m} N_{jk}}{\sum\limits_{k=1}^{m} D_{jk} h_j}}$$ (12 - 16)

式中　　$\sum\limits_{k=1}^{m} N_{jk}$——楼层 j 中所有 m 个柱子的轴向力设计值之和；

　　　　$\sum\limits_{k=1}^{m} D_{jk}$——楼层 j 中所有 m 个柱子的侧移刚度之和，计算结构中的弯矩增大系数 η_s

时，宜对柱、梁的截面弹性抗弯刚度 $E_c I$ 乘以折减系数：对柱取 0.6；对梁取 0.4；计算位移增大系数 η_s 时，不进行刚度折减；

h_j——楼层 j 的层高。

对梁端的增大系数 η_s 则取相应节点处上、下柱端的增大系数平均值，即楼层 j 上方的框架梁端 $\eta_s = \dfrac{(\eta_{s,j} + \eta_{s,j+1})}{2}$。

第八节　框架结构的内力组合与截面设计要点

框架结构设计时，首先需把框架在恒荷载、活荷载及风荷载作用下的内力分别计算出来，然后根据第二章第三节中式（2-17）～式（2-21）所述的荷载效应组合表达式进行内力组合，求出各构件控制截面的最不利内力，作为对梁、柱进行配筋计算和设计基础的依据。

一、竖向活荷载的不利布置

作用在框架上的恒荷载长期作用且位置不变，故在任何情况下都必须考虑。而竖向活荷载不仅其位置和大小变化，而且有时仅在局部存在，因此为获得截面的最不利内力，应对竖向活荷载考虑最不利布置。

竖向活荷载的最不利布置方式有很多种。但对一般的多层多跨框架结构，当楼面活荷载不超过 $5\mathrm{kN/m^2}$ 时，可把活荷载同时作用于框架的各层梁上计算内力，而无需考虑活荷载的不利布置。这样求得的框架内力与考虑活荷载的不利布置比较，仅需对梁的跨中弯矩乘以增大系数 1.1～1.2。

二、控制截面及最不利内力

框架结构的控制截面是指对各构件的承载力起控制作用的截面，即在荷载作用下内力最大的截面。

对框架梁，控制截面为梁的两端截面（与柱相交处）和跨中截面。梁的两端截面的最不利内力为最大负弯矩和最大剪力以及最大正弯矩（主要由水平力作用下产生）。跨中截面的最不利内力为最大正弯矩和可能出现的最大负弯矩。

框架柱的控制截面在柱的上、下端截面（梁底面和现浇梁板的顶面处）。框架柱一般采用对称配筋，其截面最不利内力组合有如下三种：

（1）　$|M|_{\max}$ 及相应的 N、V。

（2）　$N_{\max}$ 及相应的 M、V。

（3）　$N_{\min}$ 及相应的 M、V。

风荷载在内力组合时，应考虑左右两个方向，取其不利的一种组合。

三、梁端弯矩调幅

为保证结构具有必要的塑性变形能力，提高框架结构的延性，减少节点附近梁顶面的配筋量，节约钢材，便于施工。在框架结构设计时，可对框架梁在竖向荷载作用下的梁端负弯矩进行调幅。对现浇整体式框架的梁端负弯矩乘以调幅系数 $\beta = 0.8 \sim 0.9$，同时将跨中弯矩乘以 1.2～1.1 的增大系数。

竖向荷载作用下的梁端负弯矩调幅应在内力组合前进行，即先调整再与水平荷载作用下的内力组合。

四、截面设计要点

根据框架各杆件控制截面的最不利内力组合值进行截面承载力计算。框架梁按受弯构件进行正截面和斜截面承载力计算，必要时还应进行变形和裂缝验算。框架柱按受压构件对称配筋进行正截面承载力计算，同时应进行斜截面承载力计算。对一般现浇框架结构，底层柱的计算长度 l_0 取基础顶面至一层楼板顶面的高度；其余各层柱的计算长度 l_0 取 1.25 倍层高。

第九节　现浇框架结构的节点构造

框架的节点是整个框架结构重要的组成部分，必须保证其安全可靠。现浇框架结构的节点构造措施详见《规范》，其要点如下：

1. 柱与基础连接

现浇框架柱与基础的连接应保证为固接，基础内的插筋及其与柱的纵向钢筋搭接应满足如下要求：

1）插筋的直径、数量、间距均与柱内纵筋相同。

2）插筋一般均伸至基础底部，且应 $\geqslant l_a$，并按构造要求设置 2～3 道箍筋。

3）柱筋与插筋搭接长度应 $\geqslant 1.2 l_a$。当柱截面内每边纵向受力钢筋多于 4 根（5～8 根）时，插筋与柱内纵向钢筋应在两个平面上搭接。在搭接区范围内，箍筋应按规定加密。

2. 框架柱顶层中间节点

柱内纵向钢筋应伸入顶层中间节点并在梁中锚固。柱纵向钢筋可采用直线锚固，其锚固长度不应小于 l_a，且必须伸至柱顶，如图 12-24（a）所示。当顶层节点处梁截面高度不足时，柱纵向钢筋应伸至梁顶面然后向节点内水平弯折，如图 12-24（b）所示。当顶层有现浇板且板厚不小于 100mm 时，柱纵向钢筋也可向外弯入现浇板内，如图 12-24（c）所示。

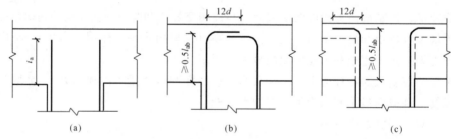

图 12-24　顶层中间节点柱的纵向钢筋锚固

(a) 直线锚固；(b)、(c) 弯折锚固

3. 框架顶层端节点

柱内侧纵向钢筋的锚固要求同顶层中间节点的纵向钢筋。柱外侧纵向钢筋和梁上部纵向钢筋在顶层端节点及其附近部位的搭接应满足图 12-25 所示要求。

4. 框架梁中间层中间节点

如图 12-26 所示，梁上部纵向钢筋应贯穿中间节点。梁下部纵向钢筋伸入中间节点范围内的锚固长度，当计算中充分利用钢筋的抗拉强度时，应满足图 12-26（a）或图 12-26（b）所示的要求。

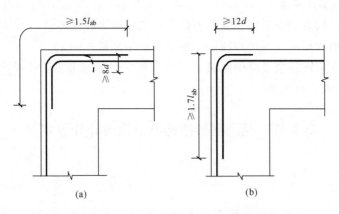

图 12 - 25　顶层端节点的钢筋搭接

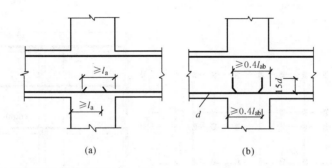

图 12 - 26　中间层中间节点梁的纵向钢筋锚固

（a）直线锚固；（b）弯折锚固

5. 框架梁中间层端节点

梁上部纵向钢筋在中间层端节点的锚固可采用直线锚固［见图 12 - 27（a）］或弯折锚固［见图 12 - 27（b）］。梁下部纵向钢筋在中间层端节点范围内的锚固要求与中间层中间节点相同。

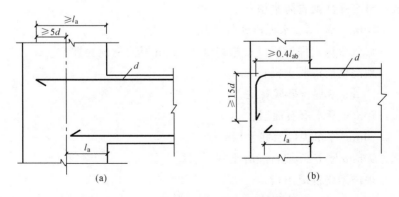

图 12 - 27　中间层端节点梁的纵向钢筋锚固

（a）直线锚固；（b）弯折锚固

6. 框架节点的其他要求

1）框架节点区的混凝土强度等级应不低于柱的混凝土强度等级。

2）节点区箍筋的形式、直径和间距一般应与柱端配置相同。

3）框架柱的纵向钢筋应贯穿中间层中间节点和中间层端节点，柱纵向钢筋的接头应在节点区以外，弯矩较小的区域。

第十节　现浇框架结构办公楼设计计算实例

一、设计资料

1. 建筑设计

根据使用要求，办公楼设计为四层，采用现浇钢筋混凝土框架结构。框架柱网布置和建筑剖面图如图 12 - 28 所示。框架结构的定位轴线与柱截面形心重合。

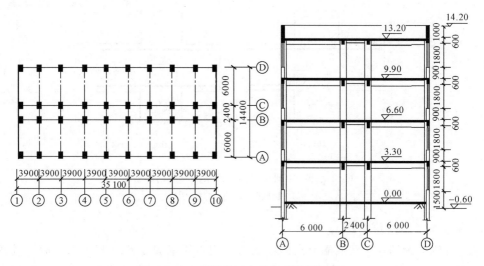

图 12 - 28　框架柱网布置和建筑剖面图

屋面做法：SBS 弹性沥青防水层；

　　　　　　20mm 厚 1∶2 水泥砂浆找平层；

　　　　　　膨胀珍珠岩保温层（自檐口处 100mm 厚向屋顶找坡 2%）；

　　　　　　现浇钢筋混凝土板；

　　　　　　15mm 厚混合砂浆抹底。

楼面做法：10mm 厚水磨石面层；

　　　　　　20mm 厚水泥砂浆找平层；

　　　　　　30mm 厚 C20 细石混凝土找平层；

　　　　　　现浇钢筋混凝土板；

　　　　　　15mm 厚混合砂浆抹底。

墙身做法：25mm 厚水刷石外墙面；

　　　　　　20mm 厚混合砂浆内墙面；

A3.5、B06 级蒸压加气混凝土填充墙，Mb5.0 水泥砂浆砌筑，外墙厚 300mm，内墙厚 200mm。

门窗做法：1.0m×2.4m 木质夹板门和 2.1m×1.8m 铝塑玻璃窗。

2. 自然条件

地区基本风压 0.50kN/m²；地面粗糙度 B 类；基本雪压 0.30kN/m²；地震设防烈度为 6 度。

3. 材料选用

混凝土：C25；钢筋：HRB335 级和 HPB300 级。

二、设计计算

（一）构件截面尺寸及计算简图

1. 构件截面尺寸

选定的构件截面尺寸和截面惯性矩的计算见表 12-11。

表 12-11　　　　　　　　　　　构件截面尺寸和截面惯性矩

构件名称	横向框架梁		纵向框架梁		柱	板
	AB、CD 跨	BC 跨	A、D 轴	B、C 轴		
截面尺寸 $b×h$（mm）	250×500	250×400	250×540	250×400	300×450	100
截面惯性矩 I_b（mm⁴）	$5.2×10^9$	$2.7×10^9$	—	—	$2.3×10^9$	—

注　计算横向框架梁的截面惯性矩时，考虑楼板参加工作，中部框架梁取 $I_b=2.0I_0$。

2. 计算简图

根据设计，室外设计地面至基础顶部的高度为 500mm，故底层柱高为 4.34m，其他层柱高 3.30m。本设计取中间一榀典型横向框架进行设计，AB、CD 跨梁的计算跨度为 6.0m，BC 跨梁的计算跨度为 2.4m，梁、柱的线刚度计算如下：

AB、CD 跨梁　　$i_b = \dfrac{E_c I_b}{l} = \dfrac{E_c × 5.2×10^9}{6000} = 8.67×10^5 E_c$

BC 跨梁　　　　$i_b = \dfrac{E_c × 2.7×10^9}{2400} = 11.25×10^5 E_c$

上部各层柱　　　$i_c = \dfrac{E_c × 2.3×10^9}{3300} = 6.97×10^5 E_c$

底层柱　　　　　$i_c = \dfrac{E_c × 2.3×10^9}{4340} = 5.30×10^5 E_c$

框架计算简图如图 12-29 所示。图中数字为梁、柱的相对线刚度。

（二）荷载计算

为了简化计算，且对横向框架梁的设计偏于安全，横向框架承受的竖向荷载近似按计算单元宽为 3.9m 计算，风荷载则按整个框架结构考虑。

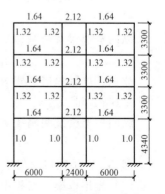

图 12-29　横向框架计算简图

1. 恒荷载计算

（1）顶层框架梁均布恒荷载标准值。

SBS 弹性体沥青防水层	0.05kN/m^2
20mm 厚 1：2 水泥砂浆找平层	$0.02 \times 20 = 0.40 \text{kN/m}^2$
平均 170mm 厚膨胀珍珠岩保温层	$0.17 \times 7 = 1.19 \text{kN/m}^2$
100mm 厚现浇钢筋混凝土板	$0.1 \times 25 = 2.5 \text{kN/m}^2$
15mm 厚混合砂浆抹底	$0.015 \times 17 = 0.26 \text{kN/m}^2$

顶层恒荷载 $\qquad$ $4.4 \times 3.9 = 17.16 \text{kN/m}$

AB、CD 跨顶层框架梁自重 $\qquad$ $0.25 \times (0.5 - 0.1) \times 25 = 2.5 \text{kN/m}$

AB、CD 跨顶层框架梁两侧抹灰重 $\qquad$ $0.015 \times (0.5 - 0.1) \times 17 \times 2 = 0.20 \text{kN/m}$

同理，可得 BC 跨顶层框架梁自重及两侧抹灰重为 2.03kN/m

故 AB、CD 跨顶层框架梁均布恒荷载标准值 $\quad g_{4AB} = g_{4CD} = 17.16 + 2.5 + 0.2 = 19.86 \text{kN/m}$

BC 跨顶层框架梁均布恒荷载标准值 $\quad g_{4BC} = 17.16 + 2.03 = 19.19 \text{kN/m}$

（2）楼层框架梁均布恒荷载标准值。

水磨石面层及水泥砂浆找平层	0.65kN/m^2
30mm 厚 C20 细石混凝土找平层	$0.03 \times 24 = 0.72 \text{kN/m}^2$
100mm 厚现浇钢筋混凝土板	$0.1 \times 25 = 2.5 \text{kN/m}^2$
15mm 厚混合砂浆抹底	$0.015 \times 17 = 0.26 \text{kN/m}^2$

楼层恒荷载 $\qquad$ $4.13 \times 3.9 = 16.11 \text{kN/m}$

AB、CD 及 BC 跨楼层框架梁自重及两侧抹灰重分别同顶层框架梁。

AB、CD 跨楼层框架梁上填充墙及墙面抹灰重 $\quad (0.2 \times 0.65 + 0.02 \times 17 \times 2) \times (3.3 - 0.5) = 5.54 \text{kN/m}$

故 AB、CD 跨楼层框架梁均布恒荷载标准值 $\quad g_{AB} = g_{CD} = 16.11 + 2.5 + 0.2 + 5.54 = 24.35 \text{kN/m}$

BC 跨楼层框架梁均布恒荷载标准值 $\quad g_{BC} = 16.11 + 2.03 = 18.14 \text{kN/m}$

（3）顶层框架节点集中恒荷载标准值。

①A、D 轴：

1.0m 高女儿墙及墙面抹灰重 $\quad (0.2 \times 0.65 + 0.025 \times 20 \times 2) \times 1.0 \times 3.9 = 4.41 \text{kN}$

纵向框架梁及两侧抹灰重 $\quad (0.25 \times 0.54 \times 25 + 0.025 \times 0.54 \times 20 + 0.02 \times 0.44 \times 17) \times 3.9 = 14.80 \text{kN}$

故 A、D 轴顶层框架边节点集中恒荷载标准值 $\quad G_{4A} = G_{4D} = 4.41 + 14.80 = 19.21 \text{kN}$

②B、C 轴：

纵向框架梁及两侧抹灰重 $\quad (0.25 \times 0.30 \times 25 + 0.02 \times 0.30 \times 17 \times 2) \times 3.9 = 8.11 \text{kN}$

即 B、C 轴顶层框架中节点集中恒荷载标准值 $\quad G_{4B} = G_{4C} = 8.11 \text{kN}$

（4）楼层框架节点集中恒荷载标准值。

①A、D 轴：

| 外墙纵及墙面抹灰重 | $(0.3 \times 0.65 + 0.025 \times 20 + 0.02 \times 17) \times (3.9 \times 2.7 - 2.1 \times 1.8) = 6.99\text{kN}$ |
| 纵向框架梁及两侧抹灰重 | $(0.25 \times 0.54 \times 25 + 0.025 \times 0.54 \times 20 + 0.02 \times 0.44 \times 17) \times 3.9 = 14.80\text{kN}$ |

故 A、D 轴楼层框架边节点集中恒荷载标准值 $G_A = G_D = 6.99 + 14.80 = 21.79\text{kN}$
②B、C 轴：

| 内纵墙及墙面抹灰重 | $(0.2 \times 0.65 + 0.02 \times 17 \times 2) \times (3.9 \times 2.84 - 1.0 \times 2.4) = 7.03\text{kN}$ |
| 纵向框架梁及两侧抹灰重 | $(0.25 \times 0.3 \times 25 + 0.02 \times 0.3 \times 17 \times 2) \times 3.9 = 8.11\text{kN}$ |

故 B、C 轴楼层框架中节点集中恒荷载标准值 $G_B = G_C = 7.03 + 8.11 = 15.14\text{kN}$
恒荷载作用下的横向框架计算简图如图 12-30 所示。

2. 活荷载计算

根据《荷载规范》，不上人屋面均布活荷载标准为 0.5kN/m^2，办公楼楼面活荷载标准值为 2.0kN/m^2，走廊楼面活荷载标准值为 2.5kN/m^2。故顶层框架梁承担的均布活荷载标准值为 $q_4 = 0.5 \times 3.9 = 1.95\text{kN/m}$，楼层和走廊框架梁承担的均布活荷载标准值分别为 $g_{AB} = g_{CD} = 2.0 \times 3.9 = 7.8\text{kN/m}$，$q_{BC} = 2.5 \times 3.9 = 9.75\text{kN/m}$。

横向框架在活荷载作用下的计算简图如图 12-31 所示。

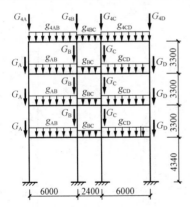

图 12-30 恒荷载作用下的横向框架计算简图

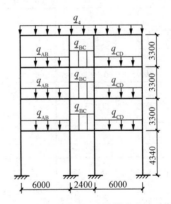

图 12-31 活荷载作用下的横向框架计算简图

3. 风荷载计算

办公楼所在地区的基本风压 $w_0 = 0.50\text{kN/m}^2$，地面粗糙度 B 类。根据《荷载规范》，结构高度小于 30m 时，风振系数 $\beta_z = 1.0$；风荷载体型系数 $\mu_s = 0.8 + 0.5 = 1.3$；屋盖和各楼盖结构标高处的风压高度变化系数 μ_z 和风荷载标准值计算结果见表 12-12。

表 12-12　框架节点处风压高度变化系数 μ_z 和风荷载标准值及集中荷载标准值

距地面高度（m）	3.84	7.14	10.44	13.74
μ_z	1.0	1.0	1.02	1.10

续表

距地面高度（m）	3.84	7.14	10.44	13.74
w_{ik}（kN/m²）	0.65	0.65	0.66	0.72
F_{ik}（kN）	81.45	75.28	76.45	66.97

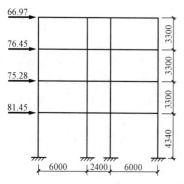

图 12-32　风荷载作用下的
横向框架计算简图

风荷载转化为作用于框架第一层节点上的集中风荷载标准值为

$$F_{ik} = 0.65 \times 35.1 \times (3.3 + 3.84)/2 = 81.45 \text{kN}$$

同理，可计算出风荷载转化为框架其他层节点上的集中风荷载标准值，见表 12-12。

风荷载作用下的横向框架计算简图如图 12-32 所示。

（三）框架内力计算

1. 恒荷载作用下的内力计算

弯矩计算采用弯矩二次分配法。因结构对称、荷载对称，属奇数跨，故可取半边结构计算，对称截面处为滑动端，计算过程如图 12-33 所示。恒荷载作用下框架的弯矩图如图 12-34 所示，梁的跨中弯矩根据所求得的支座弯矩和相应跨的荷载按平衡条件计算。框架的剪力图和轴力图见图 12-35，柱的轴力包括屋（楼）层框架节点集中恒荷载及柱自重。

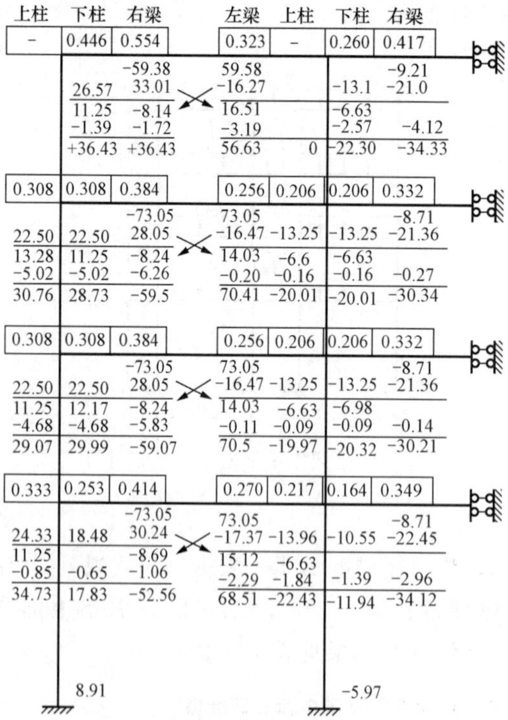

图 12-33　恒荷载作用下的弯矩计算过程

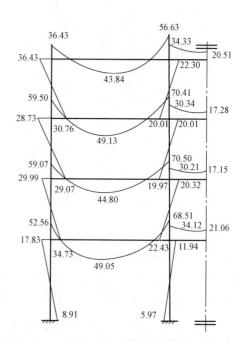

图 12-34　恒荷载作用下的弯矩图（kN·m）

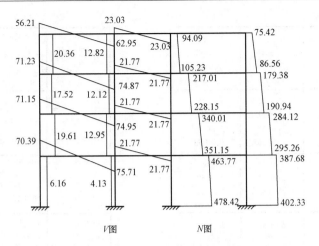

图 12 - 35　恒荷载作用下的剪力图和轴力图（kN）

2. 活荷载作用下的内力计算

作用于框架上的活荷载按满布荷载计算，不考虑活荷载的不利布置。采用与恒载作用下同样的方法计算，活荷载作用下框架的弯矩图、剪力图和轴力图分别如图 12 - 36 和图 12 - 37 所示。

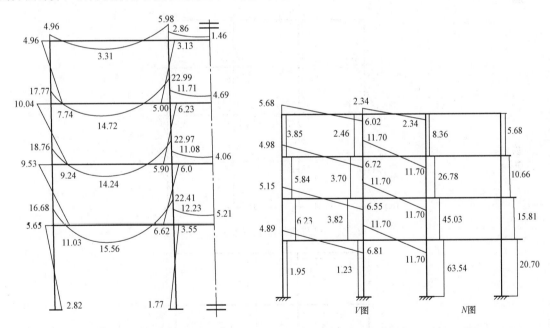

图 12 - 36　活荷载作用下的弯矩图（kN·m）　　　图 12 - 37　活荷载作用下的剪力图和轴力图（kN）

3. 风荷载作用下的内力计算

风荷载作用下的内力计算采用 D 值法，计算过程见图 12 - 38。风荷载作用下的框架弯矩图如图 12 - 39 所示（因风荷载作用下的侧移很小，故未考虑 $P \sim \Delta$ 效应的影响），框架的剪力图和轴力图如图 12 - 40 所示。

（四）侧移验算

对底层　　$V_1 = \sum_{k=1}^{4} F_k = 66.97 + 76.45 + 75.28 + 81.45 = 300.15 \text{kN}$

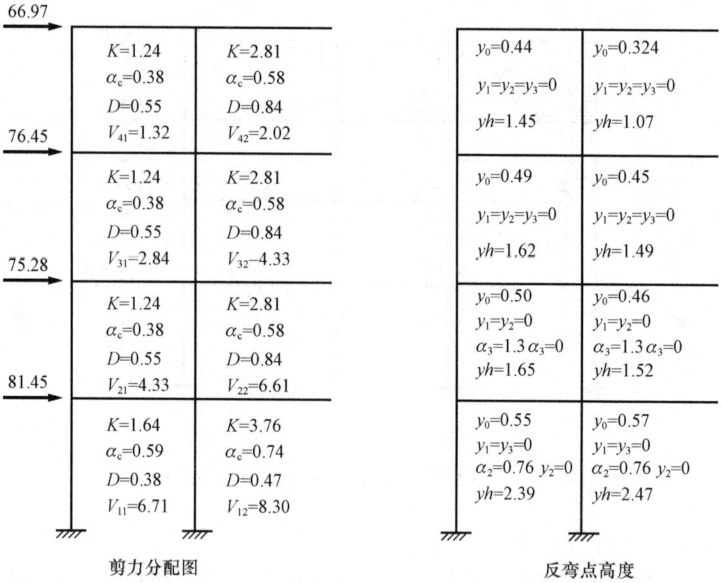

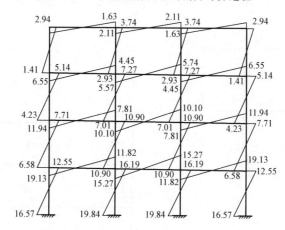

66.97

$K=1.24$	$K=2.81$
$\alpha_c=0.38$	$\alpha_c=0.58$
$D=0.55$	$D=0.84$
$V_{41}=1.32$	$V_{42}=2.02$

76.45

$K=1.24$	$K=2.81$
$\alpha_c=0.38$	$\alpha_c=0.58$
$D=0.55$	$D=0.84$
$V_{31}=2.84$	$V_{32}=4.33$

75.28

$K=1.24$	$K=2.81$
$\alpha_c=0.38$	$\alpha_c=0.58$
$D=0.55$	$D=0.84$
$V_{21}=4.33$	$V_{22}=6.61$

81.45

$K=1.64$	$K=3.76$
$\alpha_c=0.59$	$\alpha_c=0.74$
$D=0.38$	$D=0.47$
$V_{11}=6.71$	$V_{12}=8.30$

$y_0=0.44$	$y_0=0.324$
$y_1=y_2=y_3=0$	$y_1=y_2=y_3=0$
$yh=1.45$	$yh=1.07$

$y_0=0.49$	$y_0=0.45$
$y_1=y_2=y_3=0$	$y_1=y_2=y_3=0$
$yh=1.62$	$yh=1.49$

$y_0=0.50$	$y_0=0.46$
$y_1=y_2=0$	$y_1=y_2=0$
$\alpha_3=1.3\ \alpha_3=0$	$\alpha_3=1.3\ \alpha_3=0$
$yh=1.65$	$yh=1.52$

$y_0=0.55$	$y_0=0.57$
$y_1=y_3=0$	$y_1=y_3=0$
$\alpha_2=0.76\ y_2=0$	$\alpha_2=0.76\ y_2=0$
$yh=2.39$	$yh=2.47$

剪力分配图   反弯点高度

图 12-38　风荷载作用下的内力计算过程

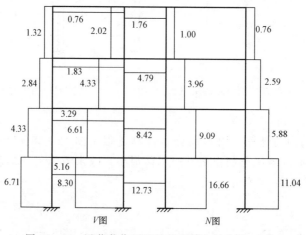

图 12-39　风荷载作用下的弯矩图（kN·m）

V图 N图

图 12-40　风荷载作用下的剪力图和轴力图（kN）

$$\sum D_1 = 20 \times 5.58 \times 10^3 + 20 \times 7.0 \times 10^3 = 251.6 \times 10^3 \, \text{N/mm}$$

底层层间位移　$\Delta u_1 = \dfrac{\sum\limits_{k=1}^{4} F_k}{\sum D_1} = \dfrac{300.15 \times 10^3}{251.6 \times 10^3} = 1.2\text{mm} < \dfrac{4340}{550} = 7.9\text{mm}$

底层层间位移满足要求。其他层层间位移小于底层，计算略。

（五）梁端弯矩调幅

1）第一层 AB 跨梁恒荷载作用下的梁端弯矩调幅。调幅系数取 $\beta = 0.8$，则

$$M_{1ABg} = 52.56 \times 0.8 = 42.05\text{kN} \cdot \text{m}$$

$$M_{1BAg} = 68.51 \times 0.8 = 54.81\text{kN} \cdot \text{m}$$

AB 跨梁跨中弯矩则根据调幅后的支座负弯矩和梁承受的荷载按平衡条件求得

$$M_{1g} = \frac{1}{8} g_{1AB} l^2 - \frac{M_{1ABg} + M_{1BAg}}{2} = \frac{1}{8} \times 24.35 \times 6^2 - \frac{42.05 + 54.81}{2} = 61.15\text{kN} \cdot \text{m}$$

2）第一层 AB 跨梁活荷载作用下的梁端弯矩调幅。同理，可得调幅后的梁端弯矩值分别为 $M_{1ABg} = 13.34\text{kN} \cdot \text{m}$，$M_{1BAg} = 17.93\text{kN} \cdot \text{m}$，跨中弯矩调幅后的值 $M_{1q} = 19.47\text{kN} \cdot \text{m}$。

其他各层梁的梁端弯矩调幅略。

（六）内力组合

1. 第一层 AB 跨梁的内力组合

1）AB 跨梁在恒荷载作用下，经梁端弯矩调幅后，A、B 端与柱交接处的截面弯矩及剪力如图 12-41（a）、（b）所示。

2）AB 跨梁在活荷载作用下，经梁端弯矩调幅后，A、B 端与柱交接处的截面弯矩及剪力如图 12-42（a）、（b）所示。

3）AB 跨梁在风荷载作用下，A、B 端与柱交接处的截面弯矩及剪力如图 12-43（a）、（b）所示。

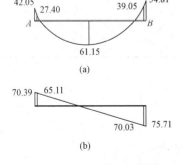

图 12-41　AB 跨梁恒荷载
作用下与柱交接处的
截面弯矩及剪力

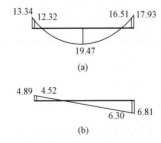

图 12-42　AB 跨梁活荷载
作用下与柱交接处的
截面弯矩及剪力

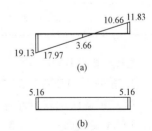

图 12-43　AB 跨梁风荷载
作用下与柱交接处的
截面弯矩及剪力

第一层 AB 跨梁的控制截面内力组合见表 12-13。其他层梁的内力组合略。

2. 第一层 A 柱的内力组合

A 柱在恒荷载、活荷载以及风荷载作用下，上端与梁交接处的水平截面弯矩分别为

$$M'_{cAg} = M_{cAg} - V_g \frac{h}{2} = 17.83 - 6.16 \times \frac{0.5}{2} = 16.29 \text{kN} \cdot \text{m}$$

$$M'_{cAq} = M_{cAq} - V_q \frac{h}{2} = 5.65 - 1.95 \times \frac{0.5}{2} = 5.16 \text{kN} \cdot \text{m}$$

$$M'_{cAw} = M_{cAw} - V_w \frac{h}{2} = 12.55 - 6.71 \times \frac{0.5}{2} = 10.87 \text{kN} \cdot \text{m}$$

第一层 A 柱的控制截面内力组合见表 12-14。其他层柱的内力组合略。

表 12-13　　　　　　　　　　第一层 AB 跨梁内力组合

构件	截面	内力	恒载 ①	活载 ②	风载 ③	内力组合			控制值
						$1.2 \times ①$ $+1.4$ $\times ②$	$1.2 \times ①$ $+1.4$ $\times ③$	$1.2 \times ①$ $+0.9 \times 1.4$ $\times (②+③)$	
AB 梁	A 端	M	−27.40	−12.32	±17.97	−50.13	−58.04	−71.05	−71.05
		V	65.11	4.52	±5.16	84.46	85.36	90.33	90.33
	跨中	M	61.15	19.47	±3.66	101.02	78.52	102.86	102.86
	B 端	M	39.05	16.51	±10.66	69.97	61.78	81.09	81.09
		V	−70.03	−6.30	±5.16	−92.86	−91.26	−98.48	−98.48

表 12-14　　　　　　　　　　第一层 A 柱内力组合

截面	内力	恒载 ①	活载 ②	风载 ③	内力组合					
					第 1 组		第 2 组		第 3 组	
上端	M	16.29	5.16	±10.87	$1.2 \times ①$ $+1.4 \times ②$	26.77	$1.2 \times ①$ $+1.4 \times ③$	34.77	$1.2 \times ①$ $+0.9 \times 1.4$ $\times (②+③)$	39.75
	N	387.68	20.70	±11.04		494.20		480.67		505.21
下端	M	8.91	2.28	±16.57	$1.2 \times ①$ $+1.4 \times ②$	13.88	$1.2 \times ①$ $+1.4 \times ③$	33.89	$1.2 \times ①$ $+0.9 \times 1.4$ $\times (②+③)$	34.44
	N	402.33	20.70	±11.04		511.78		498.25		522.79

（七）截面设计

1. 第一层 AB 跨梁配筋计算

（1）正截面承载力计算。

1）A 端截面。　　　　$M = 71.05 \text{kN} \cdot \text{m}$，$h_0 = 500 - 40 = 460 \text{mm}$

$$\alpha_s = \frac{M}{\alpha_1 f_c b h_0^2} = \frac{71.05 \times 10^6}{1.0 \times 11.9 \times 250 \times 460^2} = 0.11$$

$$\xi = 1 - \sqrt{1 - 2\alpha_s} = 0.116 < 0.55$$

$$A_s = \frac{\xi b h_0 \alpha_1 f_c}{f_y} = \frac{0.116 \times 250 \times 460 \times 1.0 \times 11.9}{300} = 529 \text{mm}$$

钢筋选用 2Φ18+1Φ14（$A_s = 662.9 \text{mm}^2$）。

2）B 端截面。$M = 81.09 \text{kN} \cdot \text{m}$，$h_0 = 500 - 40 = 460 \text{mm}$，用同样的方法计算可得 $A_s = $

$625mm^2$，钢筋选用 $2\,\underline{\Phi}\,18+1\,\underline{\Phi}\,14$（$A_s=662.9mm^2$）。

3）跨中截面。$M=102.86kN\cdot m$，按 T 形截面计算，翼缘计算宽度取 $b'_f=1450mm$，因 $\alpha_1 f_c b'_f h'_f\left(h_0-\dfrac{h'_f}{2}\right)=1.0\times11.9\times1450\times100\times(460-50)=707.5kN\cdot m>102.86kN\cdot m$，故按 $b=b'_f=1450mm$ 的矩形截面计算得 $A_s=751mm^2$，钢筋选用 $3\,\underline{\Phi}\,18$（$A_s=763mm^2$）。

（2）斜截面承载力计算。

以 B 端截面处的最大剪力 $V=98.48kN$ 计算，则按构造配置$\Phi\,6@200$ 双肢箍筋即可。

2. 第一层 A 柱配筋计算

（1）正截面承载力计算。

1）上端截面。第 3 组内力组合为 $M=39.75kN\cdot m$，$N=505.21kN$。经计算分析，可不考虑附加弯矩的影响。$h_0=h-a_s=450-45=405mm$，$e_0=M/N=39.75/505.21=78.7mm$，$e_a=20mm$，$e_i=e_0+e_a=98.7mm$。

$$e=e_i+\frac{h}{2}-a_s=98.7+225-45=278.7mm$$

$$\xi=\frac{N}{\alpha_s f_c b h_0}=\frac{505.21\times10^3}{1.0\times11.9\times300\times405}=0.349<0.55$$

$$x=0.349\times405=141.35mm$$

$$A'_s=A_s=\frac{Ne-\alpha_1 f_c bx(h_0-x/2)}{f'_y(h_0-a_s)}$$

$$=\frac{505\,210\times278.7-1.0\times11.9\times300\times141.35\times(405-141.35/2)}{300\times(405-45)}<0$$

$A'_s=A_s=0.002\times300\times450=270mm^2$，每边选用纵向钢筋 $2\,\underline{\Phi}\,18$（$A'_s=A_s=509mm^2$），全部纵向钢筋配筋率满足要求。

经对第 1 组和第 2 组内力组合进行承载力计算，仍为构造配筋，计算过程略。

2）下端截面。用同样的方法对下端截面各组内力组合进行计算，纵向钢筋按构造配置 $2\,\underline{\Phi}\,18$ 即可，计算过程略。

（2）斜截面承载力计算。

用同样的方法对 A 柱进行最大剪力组合，可得 $V=18.30kN$，相应的轴向压力 $N=505.21kN$。

$$\lambda=\frac{H_n}{2h_0}=\frac{4340-540}{2\times410}4.63>3\ \text{取}\ \lambda=3$$

$$N>0.3f_c A=0.3\times11.9\times300\times450=481.95kN\ \text{取}\ N=481.95kN$$

$$V_c=\frac{1.75}{\lambda+1}f_t bh_0+0.07N=\frac{1.75}{3+1}\times1.27\times300\times410+0.07\times481.95\times10^3$$

$$=102.1kN>18.30kN$$

因此，A 柱按构造配置$\Phi\,8@200$ 的双肢箍筋，加密区为$\Phi\,8@100$。

（八）绘制框架结构施工图

按照上述设计方法可计算得框架各杆件的配筋量，结合有关构造要求综合考虑后，即可绘制框架结构施工图，此处略。

本 章 小 结

1. 我国现行《高层建筑混凝土结构技术规程》把 10 层及 10 层以上或房屋高度超过 28m 的住宅建筑和房屋高度大于 24m 的其他民用建筑称为高层建筑，否则称为多层建筑。

2. 多高层建筑的结构体系有砌体结构、框架结构、框架—剪力墙结构、剪力墙结构及筒体结构等。实际工程中，应根据各种结构体系的特点、适用高度及高宽比选用。

3. 框架结构房屋的结构布置应使结构平、立面规则，各部分质量和刚度均匀连续，结构传力途径明确，结构缝设置合理，并方便设计和施工。

4. 框架结构的结构布置方案有横向框架承重方案、纵向框架承重方案和纵横向框架承重方案，应根据建筑的使用要求，结合各种结构布置方案的适用特点选用。

5. 框架结构在竖向荷载作用下可采用弯矩二次分配法和分层法进行内力近似计算；在风荷载和地震力作用下可采用反弯点或 D 值法进行内力近似计算。反弯点适用于框架节点的梁柱线刚度比不小于 3 的情况，而 D 值法常用于框架节点的梁柱线刚度比小于 3 的情况。

6. 对框架结构应按《规范》给出的增大系数法近似计算 $P\sim\Delta$ 效应。

7. 框架结构设计时需要进行内力组合，已获得梁、柱控制截面的最不利内力。对框架结构的梁和柱应分别按受弯构件和受压构件进行设计。

8. 框架结构的节点是保证结构整体安全可靠工作的重要部分，必须按《规范》规定采取可靠的构造措施。

思 考 题

12-1　多高层建筑结构体系有哪几种？各有何特点？

12-2　简述框架承重方案的各自特点。

12-3　多层多跨框架的内力计算简图如何确定？

12-4　简述多层框架结构房屋的结构布置原则。

12-5　计算框架内力有哪些近似方法？各在什么情况下采用？

12-6　分层法在计算中采用了哪些基本假定？简述分层法的主要计算步骤。

12-7　D 值法与反弯点法的异同点是什么？D 值的意义是什么？

12-8　影响水平荷载作用下柱反弯点位置的主要因素是什么？

12-9　多层框架在水平荷载作用下，其弯矩和变形有何特点？

12-10　框架结构的 $P\sim\Delta$ 效应如何计算？

12-11　如何计算框架梁、柱控制截面上的最不利内力？竖向活荷载是如何考虑其不利布置的？

12-12　竖向荷载作用下，梁端负弯矩为何要进行调幅？

习 题 与 实 训 题

12-1　试分别用弯矩二次分配法和分层法计算图 12-44 所示钢筋混凝土框架在竖向荷载标

准值作用下的弯矩，绘制弯矩图，并进行比较分析（图中括号内数值为各杆件的相对线刚度）。

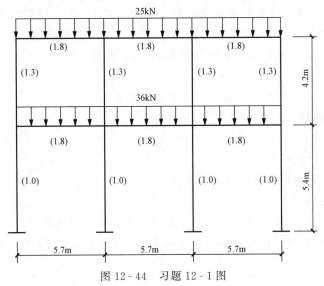

图 12-44　习题 12-1 图

12-2　试分别用反弯点法和 D 值法计算图 12-45 框架的弯矩，并绘制弯矩图（图中括号内数值为各杆件的相对线刚度）。

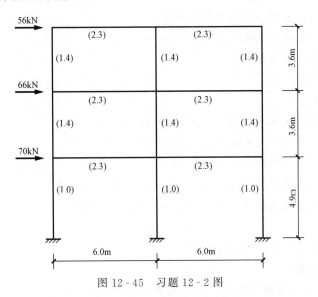

图 12-45　习题 12-2 图

*12-3　根据第九节所设计的框架结构，绑扎第一层 A 柱和 AB 跨梁的钢筋骨架，并按《混凝土结构工程施工质量验收规范》（2011 年版）（GB 50204—2002）标准进行验收。

现浇混凝土框架结构办公楼设计实训任务书

一、工程资料

1）办公楼建筑面积 2000～4500m，建筑层数 3（4、5）层，层高 3.0（3.3、3.6）m。

办公室以单间为主，其开间 3.3（3.6、3.9）m，进深 5.4（5.7、6.0、6.3）m。走道宽 1.8（2.1、2.4）m。适当考虑双间办公室和小型会议室以及其他辅助用房。

2）建筑场地地表下 1.0m 深度范围内为杂填土，其下为粉质黏土，地基承载力特征值为 145（155、165）kN/m²，地下水位距地表 3.0m，水无侵蚀性；冰冻深度为 0.8m。

3）基本雪压 0.30（0.40）kN/m²。

4）基本风压 0.40（0.45、0.50）kN/m²，B 类地区。

二、设计实训内容

1. 建筑设计部分

1）编写建筑设计说明书。

2）建筑平面、剖面和立面设计及节点设计。

3）建筑设计图纸。

①首层平面图、标准层平面图、顶层平面图、屋顶平面图（比例 1∶100）。

②正立面、背立面图、侧立面和剖面图以及节点详图（比例 1∶100 和 1∶20）。

2. 结构设计部分

1）结构计算书。

①建筑概况、设计依据和技术措施。

②标准层楼盖结构内力计算及配筋计算。

③框架结构内力计算及一榀框架配筋计算。

④楼梯、雨篷、挑梁计算及配筋（三者选一）。

⑤基础及基础梁计算及配筋。

2）结构设计图纸。

①结构设计说明。

②基础平面布置图及基础详图（比例：1∶100 和 1∶30）。

③标准层楼盖结构布置图及配筋图（比例 1∶100）。

④一榀框架配筋图（比例 1∶30～1∶50）。

⑤楼梯、雨篷、挑梁配筋图（比例 1∶30～1∶50）（三者选一）。

⑥主要节点和有关构造详图（不少于 2 个）（比例 1∶20）。

3. 实训操作部分

绑扎框架结构节点部位的钢筋骨架。

三、设计实训要求

1）设计计算符合国家现行规范、规程及有关方针政策。

2）计算书层次分明，书写规整，并装订成册。

3）图纸规整、图面整洁、标注齐全、达到施工图要求。

4）每位学生按所给工程资料完成一种组合设计。

5）按《混凝土结构工程施工质量验收规范》（2011 年版）（GB 50204—2002）标准，对绑扎的钢筋骨架进行验收。

四、主要参考资料

1）房屋建筑制图统一标准。

2）建筑设计资料集（1～3）。

3）混凝土结构设计规范（GB 50010—2010）。

4）建筑地基基础设计规范（GB 50007—2011）。

5）建筑结构荷载规范（GB 50009—2012）。

6）建筑结构静力计算手册。

7）混凝土结构构造手册。

8）《混凝土结构与砌体结构》教材。

9）有关标准图集。

10）《混凝土结构工程施工质量验收规范》（2011 年版）（GB 50204—2002）。

第十三章

砌 体 结 构

本章提要 本章简要介绍了砌体结构的特点、应用范围及其发展趋势，叙述了砌体的材料、种类以及力学性能，重点阐述了砌体构件的承载力计算方法，砌体结构房屋墙体和过梁等的设计计算与相关工程构造措施，并附有墙体设计工程实例。

第一节 概 述

1. 砌体结构的概念

砌体结构是指建筑物的主要受力构件由块体和砂浆砌筑而成的结构。块体包括人工制造的各种砖和砌块以及天然的石材。根据结构所使用的块体种类，砌体结构分别被称为砖砌体结构、砌块砌体结构和石砌体结构，因此，砌体结构是三者的统称。

2. 砌体结构的特点

长期的工程实践和大量的试验研究表明，砌体结构具有如下特点。

（1）材料来源广。砌体所需的原材料，如：石材、黏土、砂、石灰、水泥、煤矸石、粉煤灰以及有关的工业固体废弃物等，来源广泛，容易就地取材，可因地制宜的利用。

（2）技术性能好。砌体结构具有较好的耐火性，烧结砖、混凝土砖及混凝土砌块砌体可经受较高的温度而不失效。在一般环境条件下，砌体结构具有较好的化学稳定性和大气稳定性，其耐久性能可满足设计使用年限的要求。此外，砌体结构的保温、隔热性能良好，节能效果明显。

（3）工程造价低。砌体结构相对木结构、钢筋混凝土结构和钢结构节约木材、钢材和水泥，其工程费用总体上比较低。

（4）施工技术简便。砌体结构在砌筑时，工种少易于配合，工艺少操作简单，不需要模板和大型的施工设备；而且，刚砌筑完成的砌体就能承受一定的荷载，可连续施工，加快工程进度。

（5）砌体强度低。目前，我国在实际工程中所用的砌体材料强度比较低，构件的截面尺寸一般较大，材料用量多，因而结构自重大。

（6）抗震性能差。由于块体与砂浆之间的粘结力较弱，砌体的抗拉、抗弯、抗剪强度不高，再加上自重大导致地震作用增加，因此，无筋砌体的延性差、抗震能力低。

（7）砌筑工作重。由于砌筑工作机械化程度低，以手工操作为主，因而工作量繁重，劳动强度大，生产效率低。

（8）影响环境大。当前，烧结黏土砖在砖砌体结构中的用量仍然很大，与农田争地的现象十分严重，不但直接影响农业生产，而且对生态环境平衡非常不利。

3. 砌体结构的应用范围

由于砌体结构所具有的特点，使其在土木工程中既有广泛的应用，同时也受到一定的限制。砌体结构的主要应用范围为：

（1）大量的民用建筑。如住宅、办公室、教学楼等。

（2）一般的中小型工业建筑。如厂房、仓库等。

（3）一般的工业构筑物。如烟囱、水塔、筒仓等。

（4）中小型水利水电工程。如水闸、坝体、渡槽等。

（5）道路交通工程。如桥梁、涵洞、隧道等。

4. 砌体结构的发展趋势

随着经济建设的飞速发展和科学技术的不断进步，历史悠久的砌体结构正在被赋予新的理念和功能，进入现代砌体结构的发展时代。

（1）发展高性能块体。研究和生产重力密度小，强度等级高，集保温、隔热、防渗和装饰等功能为一体的高性能实心或空心块体，不但可解决因砌体强度低所导致的各种问题，而且还可获得节能、节土和良好的环境效果。目前，黏土砖的强度等级达到100MPa，而且可生产出140MPa以上的黏土砖；空心砖的产量占砖总量的比例在有的国家达到90%，而强度可以达到60MPa，空心率为60%，重力密度只有6kN/m³；高强砌块的产量逐年提高，我国上海市已建成18层的配筋砌块高层房屋。

（2）发展高性能砂浆。高强高粘合性砂浆对提高砌体的强度，改善砌体的变形性能有着重要的作用。掺有聚氯乙烯乳胶的高粘结砂浆，其抗压强度超过55MPa，用41MPa的砖砌筑的砌体强度达到34MPa。

（3）充分利用工业废料。用粉煤灰、炉渣、煤矸石、石屑和建筑垃圾等制作砖、砌块或墙板等，有利于解决工业废料处理和环境污染，有利于节约能源和自然资源，有利于砌体材料生产工业化和建筑施工机械化，是实现可持续发展的主要途径。我国在2003年有170个大中城市禁止使用实心黏土砖，这必将有力地推动工业废料在建筑领域的研究和应用。

（4）研究和应用新的结构体系。为满足城市建设的需要，根据科研成果和工程实践，近年来出现了较多的新型砌体结构体系，如：配筋砌块砌体剪力墙结构、砖砌体和钢筋混凝土构造柱组合墙结构、约束砖砌体结构等。这些结构体系的出现，不仅使砌体结构在地震区建造7~18层的中高层建筑成为现实，而且同样具有独特的适用性和技术经济效益。

（5）完善计算理论和方法。随着大量的新材料、新工艺、新技术和新结构的出现，加强试验研究，进一步完善计算理论和设计方法，对砌体结构的发展具有重要的现实意义。我国《砌体结构设计规范》（GB 50003—2011）（以下简称《砌体规范》）就是根据国内最新科研成果和工程实践、参考国际标准并结合我国经济建设需要制定的。《砌体规范》集中体现了当今砌体结构发展的先进水平。

第二节　砌体材料及种类

一、砌体材料

（一）块体

1. 砖

（1）烧结普通砖。烧结普通砖是以煤矸石、页岩、粉煤灰或黏土为主要原料，经过焙烧而成的实心砖。根据所用原料不同，分为烧结煤矸石砖、烧结页岩砖、烧结粉煤灰砖和烧结黏土砖等。它的外形是直角六面体，尺寸为240mm×115mm×53mm的砖称为"标准砖"。

烧结普通砖的强度等级根据《烧结普通砖》（GB 5101）的规定确定，分为 MU10、MU15、MU20、MU25 和 MU30 五个强度等级。

烧结普通砖广泛应用于房屋的墙、柱、基础及中小型构筑物。

（2）烧结多孔砖。烧结多孔砖简称多孔砖。其主要原料和生产工艺同烧结普通砖，仅要求孔洞率不大于 35％，且孔的尺寸小而数量多。多孔砖主要有 M 型和 P 型两种规格，如图 13-1 所示。其外形尺寸分别由长度 290、240、190mm，宽度 240、190、180、115mm，高度 90mm 组合而成。

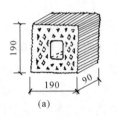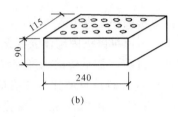

图 13-1 烧结多孔砖

（a）M 型；（b）P 型

烧结多孔砖的强度等级根据《烧结多孔砖》（GB 13544）的规定确定，有 MU10、MU15、MU20、MU25 和 MU30 五个强度等级。

烧结多孔砖主要用于砌体结构的承重部位，要求孔洞垂直于受压面砌筑。

（3）蒸压灰砂普通砖。蒸压灰砂普通砖简称灰砂砖，是以石灰和砂为主要原料，经坯料制备、压制排气成型、蒸压养护而成的实心砖。常用灰砂砖的规格尺寸同烧结普通砖。

蒸压灰砂普通砖的强度等级按《蒸压灰砂砖》（GB 11945）的规定评定。《砌体规范》采用 MU15、MU20 和 MU25 三个强度等级。灰砂砖不得用于长期受热 200℃ 以上、受急冷急热和有酸性介质侵蚀的建筑部位。

（4）蒸压粉煤灰普通砖。蒸压粉煤灰普通砖简称粉煤灰砖，是以粉煤灰、石灰为主要原料，掺加适量石膏和集料，经坯料制备、压制排气成型、高压蒸汽养护而成的实心砖。其规格尺寸同烧结普通砖。

蒸压粉煤灰普通砖的强度等级根据《粉煤灰砖》（JC 239）的规定确定，《砌体规范》取 MU15、MU20 和 MU25 三个强度等级。此种砖不得用于长期受热 200℃ 以上、受急冷急热和有酸性介质侵蚀的建筑部位，用于基础或受冻融和干湿交替作用的建筑部位必须使用一等砖与优等砖。

（5）混凝土普通砖和混凝土多孔砖。此类砖是采用混凝土，经成型养护制成的实心砖或多孔的混凝土半盲孔砖。实心砖的主规格尺寸为 240mm×115mm×53mm、240mm×115mm×90mm 等；多孔砖的主规格尺寸为 240mm×115mm×90mm、240mm×190mm×90mm、190mm×190mm×90mm 等。

混凝土普通砖和混凝土多孔砖的强度等级分为 MU30、MU25、MU20 和 MU15 四个等级，主要用于砌体结构的承重部位。

2. 砌块

砌块是指外形尺寸比标准砖大的人造块体。一般由普通混凝土或轻集料混凝土制成。工程中常用的主要是混凝土小型空心砌块，主规格尺寸为 390mm×190mm×190mm，空心率为 25％～50％。配以必要的辅助规格砌块，使用非常便利（见图 13-2）。

砌块的强度等级按 5 块试样毛面积计算的抗压强度平均值和最小值评定，分为 MU5、MU7.5、MU10、MU15 和 MU20 五个强度等级。

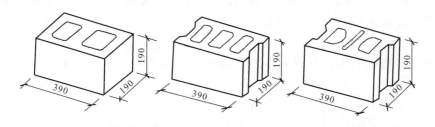

图 13-2 混凝土小型空心砌块

砌块已被广泛用于房屋建筑工程，用配筋混凝土砌块建造的中高层建筑已获得成功。

3. 石材

石材应选用质地坚实、无裂纹和不易风化的天然石材。按外形规则程度，石材分为料石和毛石。料石又分为细料石、粗料石和毛料石；细料石外形最为规整，毛料石则为其中最差的。毛石外形不规则。

石材的强度等级用三个边长为 70mm 的立方体试件的抗压强度平均值表示。当立方体试件的边长非 70mm 时，应对试验结果乘以表 13-1 所列相应的换算系数。石材的强度等级必须符合设计要求。

表 13-1　　　　　　　　　　　　石材强度等级换算系数

立方体边长（mm）	200	150	100	70	50
换算系数	1.43	1.28	1.14	1.00	0.86

石材的强度等级有 MU20、MU30、MU40、MU50、MU60、MU80 和 MU100。

石材常用于建筑承重结构中，如墙、基础等。细料石一般用作饰面工程。

（二）砂浆

1. 砂浆的作用

砂浆的作用是将块体粘结成整体共同承力。同时使砌体传力均匀，提高砌体的保温、隔热、隔声、防水和抗冻性能。

2. 砂浆的种类及选用

（1）普通砂浆。普通砂浆包括水泥砂浆和混合砂浆。水泥砂浆具有硬化快、强度高、耐久性好、和易性差的特性；因此，这种砂浆主要用于对砂浆强度要求高或处于潮湿环境及水中的砌体。混合砂浆具有较好的强度与耐久性，且和易性较水泥砂浆好，故广泛应用于非潮湿环境中的砌体。

烧结普通砖、烧结多孔砖、蒸压灰砂普通砖和蒸压粉煤灰普通砖砌体采用的普通砂浆强度等级有 M2.5、M5、M7.5、M10 和 M15 五个强度等级。毛料石、毛石砌体采用的普通砂浆强度等级有 M2.5、M5、M7.5 三个强度等级。

（2）蒸压灰砂普通砖和蒸压粉煤灰普通砖专用砌筑砂浆。由于此类砖是半干法生产，高压成型使砖的表面较光滑，影响了砖与砖的砌筑与粘结，使砌体的抗剪强度较烧结普通砖低 1/3，故应采用工作性好、粘结力高、耐候性强且方便施工的专用砂浆。这种专用砂浆是由水泥、砂、水以及根据需要掺入的掺和料和外加剂等组分，按一定的配合比例经机械拌和制成，专门用于砌筑蒸压灰砂砖和蒸压粉煤灰砖砌体，且砌体的抗剪强度应不低于烧结普通砖砌体的取值。这种专用砌筑砂浆的强度等级符号用"Ms"表示（s 为 steam pressure 或 silicate 的第一个字母）。

蒸压灰砂普通砖和蒸压粉煤灰普通砖砌体采用的专用砌筑砂浆强度等级有 Ms5.0、Ms7.5、Ms10 和 Ms15 四个强度等级。

（3）混凝土砌块和混凝土砖专用砂浆。为适应砌块建筑应用、发展的需要，确保砌块砌体的工程质量，我国制定了《混凝土小型空心砌块和混凝土砖砌筑砂浆》JC860 标准，对混凝土砌块和混凝土砖专用砂浆作了规定。这种砂浆是由水泥、砂、水以及根据需要掺入的掺合料和外加剂等组分，按一定的配合比例经机械拌和而成，具有高粘结、高强度和工作性能好的特点，其强度等级符号用"Mb"表示（b 为 brick 的第一个字母）。

混凝土普通砖、混凝土多孔砖、单排孔混凝土砌块和煤矸石混凝土砌块砌体采用的砌块专用砂浆强度等级有 Mb5、Mb7.5、Mb10、Mb15 和 Mb20 五个强度等级。双排孔或多排孔轻集料混凝土砌块砌体则采用 Mb5、Mb7.5、Mb10。

《砌体规范》规定：确定砂浆强度等级时应采用同类块体为砂浆强度试块底模。另外，在验算施工阶段砂浆尚未硬化的新砌砌体的强度和稳定性时，可取砂浆强度为零。

（三）混凝土砌块灌孔混凝土

为提高混凝土空心砌块结构的承载能力和整体性能，增加房屋的高度或层数，需要在砌块的竖向孔洞中放置钢筋，浇灌混凝土形成芯柱。有时为满足其他功能要求，也需要将砌块竖向孔洞用混凝土填实。为此，我国制定了 JC 861《混凝土小型空心砌块灌孔混凝土》标准。灌孔混凝土是由水泥、集料、水以及根据需要掺入的掺和料和外加剂等组分，按一定的配合比例、经机械搅拌而成的，用于浇筑混凝土砌体芯柱或其他需要填实部位孔洞的混凝土，简称砌块灌孔混凝土。这种混凝土具有高流态、高强度和低收缩的性能，其强度指标取同强度等级的混凝土强度指标。砌块灌孔混凝土的强度等级符号用"Cb"表示。混凝土砌块砌体的灌孔混凝土强度等级不应低于 Cb20，且不应低于 1.5 倍的块体强度等级。

二、砌体种类

根据砌体中是否配置钢筋，将砌体分为无筋砌体和配筋砌体两大类。

（一）无筋砌体

无筋砌体包括砖砌体、砌块砌体和石砌体。

1. 砖砌体

砖砌体分实心砖砌体和多孔砖砌体。

实心砖砌体的搭砌方式有一顺一丁、梅花丁和三顺一丁砌法（见图 13-3）。对砖柱则禁止采用图 13-4 的包心砌法。实心砖砌体的尺寸可按半砖进位，如 240mm（1 砖）、370mm（1.5 砖）、490mm（2 砖）等。实心砖砌体的承载能力较强、整体性较好，但自重较大。目前，在建筑工程中普遍采用的仍然是实心砖砌体。

多孔砖砌体根据多孔砖的外形规格，可砌筑厚度分别为 90、190、240mm 及 290mm 的砖墙。多孔砖砌体在节约能源、减轻自重、增加房屋使用面积和降低工程造价等方面优于实心砖砌体，故应大力推广使用多孔砖砌体。

2. 砌块砌体

砌块砌体包括混凝土小型空心砌块砌体和轻集料混凝土砌块砌体。

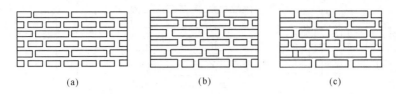

图 13 - 3 实心砖砌体搭砌方式

(a) 一顺一丁；(b) 梅花丁；(c) 三顺一丁

为保证砌块砌体的整体性，砌筑时应分皮错缝搭砌，上下皮搭砌长度不得少于 90mm。空心砌块则应对孔砌筑，以使上、下皮砌块的肋对齐有利于传力。

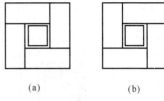

图 13 - 4 包心砌法

(a) 上皮砖；(b) 下皮砖

由于砌块砌体自重轻、保温隔热性能好、施工进度快、经济效益好，因此是今后砌体结构的发展方向。

3. 石砌体

石砌体分为料石砌体、毛石砌体和毛石混凝土砌体（见图13-5）。料石砌体和毛石砌体是分别由各种料石和毛石与砂浆砌筑而成的。料石砌体可用于建造房屋、桥涵、闸坝等。毛石砌体多用于挡土墙或低层房屋的基础。毛石混凝土是在模板内交替铺设混凝土层和毛石层而成的。毛石混凝土的应用范围与毛石砌体基本相同，但其承载能力更高。

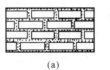 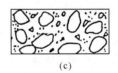

图 13 - 5 石砌体

(a) 料石砌体；(b) 毛石砌体；(c) 毛石混凝土砌体

（二）配筋砌体

配筋砌体能显著地提高砌体的承载力、加强结构的整体性、扩大砌体结构的使用范围。配筋砌体包括配筋砖砌体和配筋砌块砌体。配筋砖砌体又分为网状配筋砖砌体和组合砖砌体。

1. 网状配筋砖砌体

在砖砌体的水平灰缝中配置钢筋网的砌体，称为网状配筋砖砌体（见图13-6）。其主要用于偏心距较小的受压构件。

钢筋网的常用形式为方格网。方格网的钢筋直径宜为 $3\sim4mm$。钢筋网中钢筋的间距 $a\geqslant30mm$ 且 $a\leqslant120mm$。钢筋网的竖向间距 S_n 不应大于 5 皮砖，且不应大于 400mm。水平灰缝厚度应保证钢筋上下至少各有 2mm 厚的砂浆层，砂浆的强度等级不应低于 M7.5。

2. 组合砖砌体

1) 砖砌体和钢筋混凝土面层或钢筋砂浆面层组成的组合砖砌体（见图13-7），主要用于偏心距较大的受压构件。

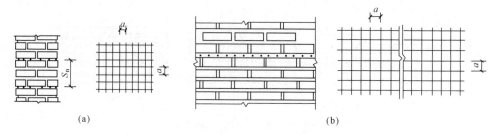

图 13 - 6　网状配筋砖砌体

（a）方格网配筋砖柱；（b）方格网配筋砖墙

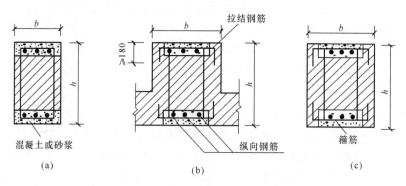

图 13 - 7　组合砖砌体构件截面

钢筋混凝土面层的厚度不小于 45mm，混凝土强度等级采用 C20；钢筋砂浆面层厚度为 30～45mm，水泥砂浆的强度等级不低于 M10。砌筑砂浆的强度等级不低于 M7.5。竖向钢筋宜采用 HPB300 级；对混凝土面层可采用 HRB335 级；其直径不小于 8mm。箍筋直径 4～6mm，间距120～500mm。

2）砖砌体和钢筋混凝土构造柱组成的组合砖墙（见图 13 - 8）。目前主要适用于轴心受压情况。

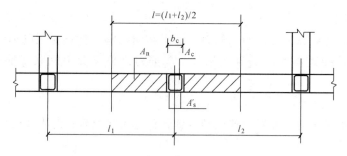

图 13 - 8　砖砌体和构造柱组合砖墙截面

组合砖墙应先砌墙后浇构造柱。砌筑砂浆的强度等级不低于 M5。构造柱的间距 $l \leqslant$ 4m，截面尺寸不宜小于 240mm×240mm，且不小于墙厚；混凝土的强度等级不低于 C20；柱内竖向受力钢筋，对中柱不少于 4Φ12；对边、角柱不少于 4Φ14；且直径不宜大于 16mm。柱内箍筋一般部位宜采用 Φ6@200。楼层上下 500mm 范围内宜采用 Φ6@100mm。

3. 配筋砌块砌体

在混凝土空心砌块砌体的竖向孔洞中配置竖向钢筋，并用混凝土灌孔注芯，同时在砌体的水平灰缝内设置水平钢筋，所形成的砌体即为配筋砌块砌体（见图 13-9）。配筋砌块砌体的力学性能与钢筋混凝土的性能非常相近，主要用于剪力墙和柱。

配筋砌块砌体剪力墙和柱对砌体材料强度等级的要求：砌块不低于 MU10；砌筑砂浆不低于 Mb7.5；灌孔混凝土不低于 Cb20。

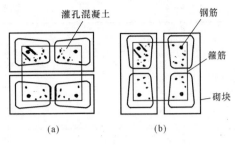

图 13-9　配筋砌块砌体柱截面示意
（a）上皮砌块；（b）下皮砌块

第三节　砌体的耐久性

砌体结构的耐久性根据环境类别和设计使用年限进行设计，主要包括对配筋砌体结构构件的钢筋保护和对砌体材料的保护两个方面。

1）砌体结构的环境类别按表 13-2 确定。

表 13-2　　　　　　　　　　　　砌体结构的环境类别

环境类别	条　　件
1	正常居住或办公建筑的内部干燥环境
2	潮湿的室内或室外环境，包括与无侵蚀性土和水接触的环境
3	严寒和使用化冰盐的潮湿环境（室内或室外）
4	与海水直接接触的环境，或处于滨海地区的盐饱和的气体环境
5	有化学侵蚀的气体、液体或固态形式的环境，包括有侵蚀性土壤的环境

2）设计使用年限为 50a 时，砌体中钢筋的耐久性选择和最小混凝土保护层厚度应分别符合表 13-3 和表 13-4 的规定。

表 13-3　　　　　　　　　　砌体中钢筋耐久性选择

环境类别	钢筋种类和最低保护要求	
	位于砂浆中的钢筋	位于灌孔混凝土中的钢筋
1	普通钢筋	普通钢筋
2	重镀锌或有等效保护的钢筋	当采用混凝土灌孔时，可为普通钢筋；当采用砂浆灌孔时应为重镀锌或有等效保护的钢筋
3	不锈钢或有等效保护的钢筋	重镀锌或有等效保护的钢筋
4 和 5	不锈钢或等效保护的钢筋	不锈钢或等效保护的钢筋

表 13-4　　　　　　　　　　　　　钢筋的最小保护层厚度　　　　　　　　　　　　　　　mm

环境类别	混凝土强度等级			
	C20	C25	C30	C35
	最低水泥用量（kg/m³）			
	260	280	300	320
1	20	20	20	20
2	—	25	25	25
3	—	40	40	30
4	—	—	40	40
5	—	—	—	40

注　本表的有关说明见《砌体规范》。

3）设计使用年限为 50a 时，砌体材料的耐久性应符合下列规定：

地面以下或防潮层以下的砌体，潮湿房间的墙或环境类别 2 类的砌体，所用材料的最低强度等级应符合表 13-5 的要求。

表 13-5　　　地面以下或防潮层以下的砌体、潮湿房间的墙所用材料的最低强度等级

潮湿程度	烧结普通砖	混凝土普通砖、蒸压普通砖	混凝土砌块	石材	水泥砂浆
稍潮湿的	MU15	MU20	MU7.5	MU30	M5
很潮湿的	MU20	MU20	MU10	MU30	M7.5
含水饱和的	MU20	MU25	MU15	MU40	M10

注　1. 在冻胀地区，地面以下或防潮层以下的砌体，不宜采用多孔砖，如采用时，其孔洞应用不低于 M10 的水泥砂浆预先灌实。当采用混凝土空心砌块时，其孔洞应采用强度等级不低于 Cb20 的混凝土预先灌实。

　　2. 对安全等级为一级或设计使用年限大于 50a 的房屋，表中材料强度等级应至少提高一级。

对处于环境类别 3～5 类等有侵蚀性介质的砌体材料应符合下列规定：

①不应采用蒸压灰砂普通砖和蒸压粉煤灰普通砖。

②应采用实心砖，砖的强度等级不应低于 MU20，水泥砂浆的强度等级不应低于 M10。

③混凝土砌块的强度等级不应低于 MU15，灌孔混凝土的强度等级不应低于 Cb30，砂浆的强度等级不应低于 Mb10。

④应根据环境条件对砌体材料的抗冻指标、耐酸、碱性能提出要求或符合有关规范的规定。

另外，为确保自承重墙（填充墙）的安全，《砌体规范》规定，自承重墙所用的空心砖、轻集料混凝土砌块的强度等级应为 MU3.5、MU5、MU7.5 和 MU10。

第四节　砌体的力学性能

一、砌体的受压性能

实际工程中的砌体大部分以承受压力为主，所以要对砌体的受压性能有深刻的理解。

（一）砖在受压砌体内的应力状态

试验结果表明：砖砌体的抗压强度总是低于组成其砖的抗压强度。其原因是砖在砌体受压时处于压、弯、剪、拉的复杂应力状态。

（1）砖的承压面不可能十分平整，砂浆层也非完全均匀密实，砌体中的砖实际是支承在凹凸不平的砂浆层上（见图 13 - 10）。当砌体中心受压时，砖并不是均匀受压，而是处于受弯、受剪和局部承压的应力状态。

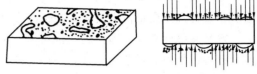

图 13 - 10　砖在砌体内受力状态

（2）砖的强度等级较高、砂浆的强度等级较低时，在压力作用下，砂浆的横向变形大于砖的横向变形，由于砖与砂浆之间存在粘结力和摩擦力，砂浆对砖产生水平拉力。当然，砖对砂浆也有横向约束作用（见图 13 - 11）。

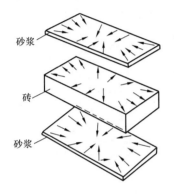

图 13 - 11　砂浆对砖的作用

（3）砌体的竖向灰缝不可能填实，在竖向灰缝上的砖内产生受拉和受剪的应力集中现象。

由于砖的抗弯、抗剪和抗拉强度很低，在复杂应力作用下，砖的抗压强度尚未被充分利用就开裂破坏了，因此，砌体的抗压强度比砖的强度小。

（二）影响砌体抗压强度的因素

1. 块体和砂浆的强度

块体和砂浆的强度等级是决定砌体抗压强度的主要因素。块体的强度等级越高，其抗弯、抗剪及抗拉能力就越强，则砌体的抗压强度也越高。砖的强度增加 1 倍，砌体的抗压强度增加约 60%。砂浆的强度等级越高，其受压后的横向变形越小，对砖的拉应力也越小，有利于提高砌体的抗压强度。砂浆的强度增大 1 倍，砌体的抗压强度提高约 20%。由此可见，随着块体和砂浆强度等级的提高，砌体的抗压强度在增大，但不能按相同的比例提高，且宜采用提高块体强度等级的方法来提高砌体的抗压强度。

2. 块体的外形尺寸

块体的外形规则、表面平整，灰缝就容易铺砌得均匀密实，块体受复杂应力的影响较小，砌体的抗压强度相对较高。块体的截面高度大，其抗弯、剪、拉的能力就强，砌体的抗压强度也较大。

3. 砂浆的工作性能

砂浆的和易性和保水性好，容易铺砌出厚度和密实性都较均匀的水平灰缝，从而减少块体所受到的弯剪应力提高砌体的抗压强度。采用水泥砂浆砌筑砌体，因其和易性和保水性较差，故砌体的抗压强度降低 10%～20%。

4. 砌筑质量

砌筑质量对砌体的抗压强度影响较大，而且影响因素较多。工程实践和试验研究表明：施工技术水平、水平灰缝的饱满度及厚度、砖的含水率都对砌体强度有较大的影响。

我国《砌体结构工程施工质量验收规范》（GB 50203—2011）（简称《砌体验收规范》）对施工技术水平按施工现场的质量管理、砂浆和混凝土的强度、砂浆拌和及砌筑工人的技术等级分为 A、B、C 三个施工质量控制等级。当施工质量控制等级为 A 级时，砌体强度设计值将提高约 7％；当采用 B 级时，砌体强度设计值按《砌体规范》直接取用；当采用 C 级时，砌体强度设计值降低约 11％；对配筋砌体不允许采用 C 级。砌体的施工质量控制等级主要由设计和建设单位商定，并在工程设计图中予以明确。

水平灰缝砂浆越饱满，砌体抗压强度越高；水平灰缝的厚度和砖的含水率适宜，不但有利于改善砌体内的复杂应力状态，提高砌体的强度，而且便于施工。《砌体验收规范》规定：砌体水平灰缝的砂浆饱满度不得小于 80％；水平灰缝的厚度，对砖和砌块砌体应控制在 8～12mm；砖的相对含水率，对烧结类块体为 60％～70％，其他非烧结类块体为 40％～50％。

（三）砌体的抗压强度

1. 砌体抗压强度平均值

根据对各类砌体进行大量的抗压强度试验和研究结果，《砌体规范》给出各类砌体的轴心抗压强度平均值计算公式为

$$f_m = k_1 f_1^\alpha (1 + 0.07 f_2) k_2 \tag{13-1}$$

式中　f_m——砌体轴心抗压强度平均值，MPa；

　　　f_1——块体的强度等级值，MPa；

　　　f_2——砂浆抗压强度平均值，MPa；

　　　k_1——与砌体类别和砌筑方法有关的系数，见表 13-6；

　　　α——与块体高度有关的系数，见表 13-6；

　　　k_2——砂浆强度对砌体强度的修正系数，见表 13-6。

表 13-6　砌体抗压强度平均值计算系数

砌　体　种　类	k_1	α	k_2
烧结普通砖、烧结多孔砖、蒸压灰砂普通砖、蒸压粉煤灰普通砖、混凝土普通砖、混凝土多孔砖	0.78	0.5	当 $f_2 < 1$ 时，$k_2 = 0.6 + 0.4 f_2$
混凝土砌块、轻集料混凝土砌块	0.46	0.9	当 $f_2 = 0$ 时，$k_2 = 0.8$
毛料石	0.79	0.5	当 $f_2 < 1$ 时，$k_2 = 0.6 + 0.4 f_2$
毛　石	0.22	0.5	当 $f_2 < 2.5$ 时，$k_2 = 0.4 + 0.24 f_2$

注　1. k_2 在表列条件以外时均等于 1；

　　2. 混凝土砌块砌体的轴心抗压强度平均值，当 $f_2 > 10$MPa 时，应乘系数 $1.1 - 0.01 f_2$，MU20 的砌体应乘系数 0.95，且满足 $f_1 \geqslant f_2$，$f_1 \leqslant 20$MPa。

单排孔混凝土砌块对孔砌筑，并在砌块的竖向孔洞内用灌孔混凝土灌实时，考虑砌体与灌孔混凝土共同工作，能够有效地提高砌体的抗压强度，因此，其抗压强度平均值计算式为

或
$$f_{g,m} = f_m + 0.63 \alpha f_{cu,m} \tag{13-2}$$

上两式中　$f_{g,m}$——灌孔砌体的抗压强度平均值，MPa；

　　　　　f_m——未灌孔砌体的抗压强度平均值，MPa；

　　　　　α——砌块砌体中灌孔混凝土面积和砌体毛面积的比值；

　　　　$f_{cu,m}$——灌孔混凝土的立方体抗压强度平均值，MPa。

2. 砌体抗压强度标准值及设计值

砌体抗压强度标准值取具有 95％保证率的抗压强度值，即

$$f_k = f_m - 1.645\sigma_f \tag{13-3}$$

式中　f_k——砌体抗压强度标准值，MPa；

　　　　σ_f——砌体强度的标准差。

各类砌体的抗压强度标准值见《砌体规范》。

砌体抗压强度设计值 f 的计算式为

$$f = \frac{f_k}{\gamma_f} \tag{13-4}$$

式中　γ_f——砌体结构材料性能分项系数，一般情况下，宜按施工质量控制等级为 B 级考
　　　　虑，取 γ_f 为 1.6；当为 C 级时，取 γ_f 为 1.8；当为 A 级时，取 γ_f 为 1.5。

施工质量控制等级为 B 级、龄期为 28d 的以毛截面计算的各类砌体抗压强度设计值 f
可查表 13-7～表 13-13。

表 13-7　　　　　　烧结普通砖和烧结多孔砖砌体的抗压强度设计值　　　　　　MPa

砖强度等级	砂　浆　强　度　等　级					砂浆强度
	M15	M10	M7.5	M5	M2.5	0
MU30	3.94	3.27	2.93	2.59	2.26	1.15
MU25	3.60	2.98	2.68	2.37	2.06	1.05
MU20	3.22	2.67	2.39	2.12	1.84	0.94
MU15	2.79	2.31	2.07	1.83	1.60	0.82
MU10	—	1.89	1.69	1.50	1.30	0.67

注　当烧结多孔砖的孔洞率大于 30% 时，表中数值应乘以 0.9。

表 13-8　　　　蒸压灰砂普通砖和蒸压粉煤灰普通砖砌体的抗压强度设计值　　　　MPa

砖强度等级	砂　浆　强　度　等　级				砂浆强度
	M15	M10	M7.5	M5	0
MU25	3.60	2.98	2.68	2.37	1.05
MU20	3.22	2.67	2.39	2.12	0.94
MU15	2.79	2.31	2.07	1.83	0.82

注　当采用专用砂浆砌筑时，其抗压强度设计值按表中数值采用。

表 13-9　　　　　混凝土普通砖和混凝土多孔砖砌体的抗压强度设计值　　　　　MPa

砖强度等级	砂　浆　强　度　等　级					砂浆强度
	Mb20	Mb15	Mb10	Mb7.5	Mb5	0
MU30	4.61	3.94	3.27	2.93	2.59	1.15
MU25	4.21	3.60	2.98	2.68	2.37	1.05
MU20	3.77	3.22	2.67	2.39	2.12	0.94
MU15	—	2.79	2.31	2.07	1.83	0.82

表 13-10　　单排孔混凝土砌块和轻集料混凝土砌块对孔砌筑砌体的抗压强度设计值　　　MPa

砌块强度等级	砂　浆　强　度　等　级					砂浆强度
	Mb20	Mb15	Mb10	Mb7.5	Mb5	0
MU20	6.30	5.68	4.95	4.44	3.94	2.33
MU15	—	4.61	4.02	3.61	3.20	1.89
MU10	—	—	2.79	2.50	2.22	1.31
MU7.5	—	—	—	1.93	1.71	1.01

续表

砌块强度等级	砂　浆　强　度　等　级					砂浆强度
	Mb20	Mb15	Mb10	Mb7.5	Mb5	0
MU5	—	—	—	—	1.19	0.70

注　1. 对独立柱或厚度为双排组砌的砌块砌体，应按表中数值乘以 0.7；

　　2. 对 T 形截面砌体，应按表中数值乘以 0.85。

表 13 - 11　　　双排孔或多排孔轻集料混凝土砌块砌体的抗压强度设计值　　　　MPa

砌块强度等级	砂　浆　强　度　等　级			砂浆强度
	Mb10	Mb7.5	Mb5	'0
MU10	3.08	2.76	2.45	1.44
MU7.5	—	2.13	1.88	1.12
MU5	—	—	1.31	0.78
M3.5	—	—	0.95	0.56

注　1. 表中的砌块为火山渣、浮石和陶粒轻集料混凝土砌块；

　　2. 对厚度方向为双排组砌的轻集料混凝土砌块砌体的抗压强度设计值，应按表中数值乘以 0.8。

表 13 - 12　　　　　　　　毛料石砌体的抗压强度设计值　　　　　　　　MPa

毛料石强度等级	砂　浆　强　度　等　级			砂浆强度
	M7.5	M5	M2.5	0
MU100	5.42	4.80	4.18	2.13
MU80	4.85	4.29	3.73	1.91
MU60	4.20	3.71	3.23	1.65
MU50	3.83	3.39	2.95	1.51
MU40	3.43	3.04	2.64	1.35
MU30	2.97	2.63	2.29	1.17
MU20	2.42	2.15	1.87	0.95

注　1. 表中数值为块体高度为 180mm～350mm 的毛料石砌体的抗压强度设计值；

　　2. 对下列各类石砌体，应按表中数值分别乘以调整系数：细料石砌体 1.4，粗料石砌体 1.2，干砌勾缝石砌体 0.8。

表 13 - 13　　　　　　　　毛石砌体的抗压强度设计值　　　　　　　　MPa

毛石强度等级	砂　浆　强　度　等　级			砂浆强度
	M7.5	M5	M2.5	0
MU100	1.27	1.12	0.98	0.34
MU80	1.13	1.00	0.87	0.30
MU60	0.98	0.87	0.76	0.26
MU50	0.90	0.80	0.69	0.23
MU40	0.80	0.71	0.62	0.21
MU30	0.69	0.61	0.53	0.18
MU20	0.56	0.51	0.44	0.15

　　单排孔混凝土砌块对孔砌筑时，灌孔砌体的抗压强度设计值计算式为

$$f_g = f + 0.6\alpha f_c \tag{13-5}$$

$$\alpha = \delta\rho \tag{13-6}$$

上两式中　f_g——灌孔砌体的抗压强度设计值，并不应大于未灌孔砌体抗压强度设计值的 2 倍；

　　　　　　f——未灌孔砌体的抗压强度设计值，按表 13-10 采用；

δ——混凝土砌块的孔洞率；

ρ——混凝土砌块砌体的灌孔率，为截面灌孔混凝土面积和截面孔洞面积的比值，ρ 不应小于 33%；

f_c——灌孔混凝土的轴心抗压强度设计值。

二、砌体的受拉、受弯及受剪性能

实际工程中，有时也会遇到砌体承受拉力、弯矩及剪力作用的情况。例如，圆形水池在内水压力作用下，池壁砌体将受轴向拉力作用（见图 13-12）；挡土墙在土压力作用下，承受弯矩和剪力作用（见图 13-13）等。

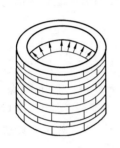 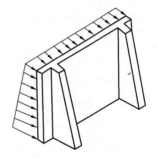

图 13-12　砌体轴心受拉　　　　　　　图 13-13　砌体弯曲受拉

（一）砌体轴心受拉

1. 砌体轴心受拉破坏特征

通常砌体所用的块体强度较高，而砂浆强度较低，在平行灰缝的轴心拉力作用下，砌体将沿齿缝发生破坏［见图 13-14（a）］；不允许采用拉力垂直水平灰缝的受拉构件［见图13-14（b）］。

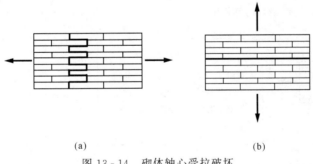

(a)　　　　　　　　　　　　　　(b)

图 13-14　砌体轴心受拉破坏

2. 砌体轴心抗拉强度

砌体沿齿缝破坏的轴心抗拉强度平均值 $f_{t,m}$ 计算式为

$$f_{t,m} = k_3\sqrt{f_2} \tag{13-7}$$

式中　k_3——与砌体种类有关的系数，对烧结普通砖、烧结多孔砖、混凝土普通砖、混凝土多孔砖取 0.141；蒸压灰砂普通砖、蒸压粉煤灰普通砖取 0.09；混凝土砌块取 0.069；毛料石取 0.075。

f_2——砂浆抗压强度平均值，MPa。

各类砌体的轴心抗拉强度标准值见《砌体规范》。

施工质量控制等级为 B 级、龄期为 28d 的以毛截面计算的各类砌体的轴心抗拉强度设计

值 f_t，包括下面叙述的弯曲抗拉强度设计值和抗剪强度设计可查表13-14。

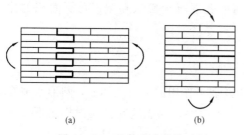

图 13-15　砌体弯曲受拉破坏

(a) 齿缝破坏；(b) 通缝破坏

（二）砌体弯曲受拉

1. 砌体弯曲受拉破坏特征

砌体在弯矩作用下有两种破坏特征。当弯矩作用方向平行于水平灰缝时，将沿齿缝发生破坏 [见图 13-15 (a)]；当弯矩作用方向垂直于水平灰缝时，将沿通缝发生破坏 [见图13-15 (b)]。

2. 砌体弯曲抗拉强度

砌体沿齿缝破坏和沿通缝破坏的弯曲抗拉强度平均值 $f_{tm,m}$ 计算式为

$$f_{tm,m} = k_4\sqrt{f_2} \tag{13-8}$$

式中　k_4——与砌体种类有关的系数，沿齿缝破坏时，对烧结普通砖、烧结多孔砖、混凝土普通砖、混凝土多孔砖取 0.250；蒸压灰砂普通砖、蒸压粉煤灰普通砖取 0.18；混凝土砌块取 0.081；毛料石取 0.113；沿通缝破坏时，对烧结普通砖、烧结多孔砖、混凝土普通砖、混凝土多孔砖取 0.125；蒸压灰砂普通砖、蒸压粉煤灰普通砖取 0.09；混凝土砌块取 0.056。

　　f_2——同前。

各类砌体的弯曲抗拉强度标准值和设计值 f_{tm} 分别见《砌体规范》和查表 13-14。

表 13-14　　　砌体沿灰缝截面破坏时的轴心抗拉强度设计值、弯曲抗拉
强度设计值和抗剪强度设计值
　　　　　　　　　　　　　　　　　　　　　　　　　　　　　　　　MPa

强度类别	破坏特征与砌体种类		砂浆强度等级			
			≥M10	M7.5	M5	M2.5
轴心抗拉	沿齿缝	烧结普通砖、烧结多孔砖	0.19	0.16	0.13	0.09
		混凝土普通砖、混凝土多孔砖	0.19	0.16	0.13	—
		蒸压灰砂砖、蒸压粉煤灰砖	0.12	0.10	0.08	—
		混凝土砌块、轻集料混凝土砌块	0.09	0.08	0.07	—
		毛石	—	0.07	0.06	0.04
弯曲抗拉	沿齿缝	烧结普通砖、烧结多孔砖	0.33	0.29	0.23	0.17
		混凝土普通砖、混凝土多孔砖	0.33	0.29	0.23	—
		蒸压灰砂砖、蒸压粉煤灰砖	0.24	0.20	0.16	—
		混凝土砌块、轻集料混凝土砌块	0.11	0.09	0.08	—
		毛石	—	0.11	0.09	0.07
	沿通缝	烧结普通砖、烧结多孔砖	0.17	0.14	0.11	0.08
		混凝土普通砖、混凝土多孔砖	0.17	0.14	0.11	—
		蒸压灰砂砖、蒸压粉煤灰砖	0.12	0.10	0.08	—
		混凝土砌块、轻集料混凝土砌块	0.08	0.06	0.05	—

强度类别	破坏特征与砌体种类	砂　浆　强　度　等　级			
		≥M10	M7.5	M5	M2.5
抗剪	烧结普通砖、烧结多孔砖	0.17	0.14	0.11	0.08
	混凝土普通砖、混凝土多孔砖	0.17	0.14	0.11	—
	蒸压灰砂砖、蒸压粉煤灰砖	0.12	0.10	0.08	—
	混凝土砌块、轻集料混凝土砌块	0.09	0.08	0.06	—
	毛石	—	0.19	0.16	0.11

注　1. 对于用形状规则的块体砌筑的砌体，当搭接长度与块体高度的比值小于1时，其轴心抗拉强度设计值和弯曲抗拉强度设计值应按表中数值乘以搭接长度与块体高度比值后采用；

　　2. 表中数值是依据普通砂浆砌筑的砌体确定，采用经研究性试验且通过技术鉴定的专用砂浆砌筑的蒸压灰砂普通砖、蒸压粉煤灰普通砖砌体，其抗剪强度设计值按相应普通砂浆强度等级砌筑的烧结普通砖砌体采用。

（三）砌体受剪

1. 砌体受剪破坏特征

根据构件的实际受剪情况，砌体受剪破坏主要有两种，即沿通缝破坏和沿齿缝破坏（见图 13 - 16）。

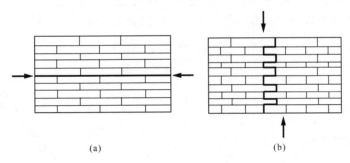

(a)　　　　　　　　　　(b)

图 13 - 16　砌体受剪破坏

(a) 通缝破坏；(b) 齿缝破坏

2. 砌体的抗剪强度

砌体沿通缝破坏和沿齿缝破坏的抗剪强度平均值 f_{vm} 计算式为

$$f_{vm} = k_5 \sqrt{f_2} \tag{13-9}$$

式中　k_5——与砌体种类有关的系数，烧结普通砖、烧结多孔砖、混凝土普通砖、混凝土多孔砖取 0.125，蒸压灰砂普通砖、蒸压粉煤灰普通砖取 0.09，混凝土砌块取 0.069，毛料石取 0.188；

　　　f_2——同前。

各类砌体的抗剪强度标准值和设计值 f_v 分别见《砌体规范》和查表 13 - 14。

单排孔混凝土砌块对孔砌筑时，灌孔砌体的抗剪强度设计值 f_{vg} 计算式为

$$f_{vg} = 0.2 f_g^{0.55} \tag{13-10}$$

式中　f_g——灌孔砌体的抗压强度设计值，按式（13 - 5）计算。

三、砌体强度设计值调整系数

各类砌体的强度设计值，符合表 13 - 15 所列使用情况时，应乘以调整系数 γ_a。

表 13 - 15　　　　　　　　　　　砌体强度设计值的调整系数

使　用　情　况		γ_a
无筋砌体构件的截面面积 A 小于 0.3m²		0.7＋A
配筋砌体构件中砌体的截面面积 A 小于 0.2m²		0.8＋A
采用水泥砂浆砌筑的砌体，当砂浆强度等级小于 M5.0 时	对表 13-7～表 13-13 中的数值	0.9
	对表 13-14 中的数值	0.8
验算施工中房屋的构件时		1.1

注　表中构件截面面积以 m² 计。

四、砌体的变形系数

1. 砌体的应力与应变关系

试验表明：砌体在轴心压力作用下，随着压力的增大变形增加，但变形增加的速度较压力增加快得多；当接近极限压力时，变形迅速增大；之后，压力逐渐减少，而变形却急剧增长。因此，砌体受压的应力与应变关系按曲线规律变化（见图 13-17），砌体为弹塑性材料。

2. 砌体的弹性模量

试验指出：影响砌体受压弹性模量 E 的因素较多，但主要与砌体的抗压强度和砂浆的强度等级有关。考虑砌体在使用阶段的受力工作性能，一般如图 13-18 所示，取 $\sigma_A = 0.43 f_m$ 时过 A 点的割线正切作为砌体的受压弹性模量 E，即

$$E = \frac{\sigma_A}{\varepsilon_A} = \tan\alpha \qquad (13-11)$$

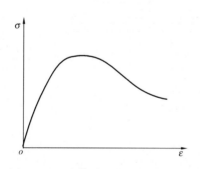

图 13-17　砌体受压应力与应变曲线

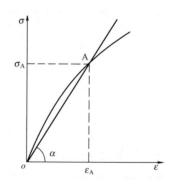

图 13-18　砌体受压弹性模量表示

《砌体规范》给出各类砌体的受压弹性模量 E 见表 13-16。

表 13 - 16　　　　　　　　　　　**砌体的弹性模量**　　　　　　　　　MPa

砌　体　种　类	砂浆强度等级			
	≥M10	M7.5	M5	M2.5
烧结普通砖、烧结多孔砖砌体	1600 f	1600 f	1600 f	1390 f
混凝土普通砖、混凝土多孔砖砌体	1600 f	1600 f	1600 f	—
蒸压灰砂普通砖、蒸压粉煤灰普通砖砌体	1060 f	1060 f	1060 f	—
非灌孔混凝土砌块砌体	1700 f	1600 f	1500 f	—
粗料石、毛料石、毛石砌体	—	5650	4000	2250

砌　体　种　类	砂浆强度等级			
	≥M10	M7.5	M5	M2.5
细料石砌体	—	17 000	12 000	6750

注　1. 轻集料混凝土砌块砌体的弹性模量，可按表中混凝土砌块砌体的弹性模量采用；

　　2. f 为砌体抗压强度设计值，不考虑调整系数 γ_a。

　　3. 表中砂浆为普通砂浆，采用专用砂浆砌筑的砌体的弹性模量也按此表取值；

对单排孔混凝土砌块且对孔砌筑的灌孔砌体，其弹性模量 E 计算式为

$$E = 2000 f_g \tag{13-12}$$

式中　f_g——灌孔砌体的抗压强度设计值。

3. 砌体的剪变模量

根据试验结果，烧结普通砖砌体受压时横向变形与纵向变形的比值，即泊松比 ν 在 0.1～0.2 之间，可取其平均值 0.15；而砌块砌体的泊松比 ν 为 0.3。代入材料力学公式 $G = E/2(1+\nu)$ 得

$$G = \frac{E}{2(1 + 0.15 \sim 0.3)} = (0.43 \sim 0.38)E \tag{13-13}$$

故，一般情况下，砌体的剪变模量 G 按砌体弹性模量的 0.4 倍采用，即

$$G = 0.4E \tag{13-14}$$

4. 砌体的线膨胀系数、收缩率和摩擦系数

砌体的线膨胀系数、收缩率和摩擦系数见表 13-17 和表 13-18。

表 13-17　　砌体的线膨胀及收缩率

砌　体　种　类	线膨胀系数 $(10^{-6}/℃)$	收缩率 (mm/m)
烧结普通砖、烧结多孔砖砌体	5	−0.1
蒸压灰砂普通砖、蒸压粉煤灰普通砖砌体	8	−0.2
混凝土普通砖、混凝土多孔砖、混凝土砌块砌体	10	0.2
轻集料混凝土砌块砌体	10	−0.3
料石和毛石砌体	8	

注　表中的收缩率是由达到收缩允许标准的块体砌筑 28d 的砌体收缩率，当地方有可靠的砌体收缩试验数据时，也可采用当地的试验数据。

表 13-18　砌体的摩擦系数

材　料　类　别	摩擦面情况	
	干燥的	潮湿的
砌体沿砌体或混凝土滑动	0.70	0.60
砌体沿木材滑动	0.60	0.50
砌体沿钢滑动	0.45	0.35
砌体沿砂或卵石滑动	0.60	0.50
砌体沿粉土滑动	0.55	0.40
砌体沿黏性土滑动	0.50	0.30

第五节　砌体构件承载力计算

一、砌体结构设计方法

砌体结构设计方法与混凝土结构设计方法相同，也采用以概率理论为基础的极限状态设计方法，以可靠指标度量结构构件的可靠度，采用分项系数的设计表达式进行计算。

砌体结构除按承载力极限状态设计外，还应满足正常使用极限状态的要求。考虑砌体结构的特点，其正常使用极限状态的要求，在一般情况下，可由相应的构造措施保证。

1）砌体结构按承载能力极限状态设计时，应按下列公式中的最不利组合进行计算，即

$$\gamma_0 \left(1.2 S_{GK} + 1.4 \gamma_L S_{Q1K} + \gamma_L \sum_{i=2}^{n} \gamma_{Qi} \psi_{ci} S_{Qik}\right) \leqslant R(f, a_k \cdots) \qquad (13-15)$$

$$\gamma_0 \left(1.35 S_{GK} + 1.4 \gamma_L \sum_{i=1}^{n} \psi_{ci} S_{QiK}\right) \leqslant R(f, a_k \cdots) \qquad (13-16)$$

式（13-15）、式（13-16）中各符号意义见第二章第三节。其中，对结构重要性系数 γ_0，安全等级为一级或设计使用年限为 50a 以上的结构构件，γ_0 取值不应小于 1.1；安全等级为二级或设计使用年限为 50a 的结构构件，γ_0 取值不应小于 1.0；安全等级为三级或设计使用年限为 1a～5a 的结构构件，γ_0 取值不应小于 0.9。对考虑结构设计使用年限的荷载调整系数 γ_L，在静力设计时，设计使用年限为 50a 时取 γ_L 为 1.0；设计使用年限为 100a 时取 γ_L 为 1.1。对可变荷载的组合系数 ψ_{ci}，一般情况下应取 ψ_{ci} 为 0.7，对书库、档案库、储藏室或通风机房、电梯机房应取 ψ_{ci} 为 0.9。

2）当砌体结构作为一个刚体，需验算整体稳定性，例如倾覆、滑移、漂浮等，应按下列公式中最不利组合进行验算，即

$$\gamma_0 \left(1.2 S_{G2K} + 1.4 \gamma_L S_{Q1K} + \gamma_L \sum_{i=2}^{n} S_{QiK}\right) \leqslant 0.8 S_{G1K} \qquad (13-17)$$

$$\gamma_0 \left(1.35 S_{G2K} + 1.4 \gamma_L \sum_{i=1}^{n} \psi_{ci} S_{QiK}\right) \leqslant 0.8 S_{G1K} \qquad (13-18)$$

式中　S_{G1K}——起有利作用的永久荷载标准值的效应；

　　　S_{G2K}——起不利作用的永久荷载标准值的效应。

二、无筋砌体受压构件

（一）影响受压构件承载力的因素

影响无筋砌体受压构件承载力的主要因素有构件的截面面积、砌体的抗压强度、轴向力的偏心距以及构件的高厚比等。构件的高厚比是构件的计算高度 H_0 与相应方向边长 h 的比值，用 β 表示，即 $\beta = H_0/h$。当构件的 $\beta \leqslant 3$ 时称为短柱，反之称为长柱。对短柱的承载力可不考虑构件高厚比的影响。

1. 短柱偏心距对承载力的影响

图 13-19（a）为轴心受压情况，截面压应力分布均匀，当构件达到极限承载力 N_{ua} 时，截面应力达到砌体抗压强度 f。图 13-19（b）为偏心距较小的情况，此时虽为全截面受压，但因砌体为弹塑性材料，截面应力分布为曲线型，构件达到极限承载力 N_{ub} 时，轴向力侧的压应力 σ_b 大于砌体抗压强度 f，但 $N_{ub} < N_{ua}$。轴向力的偏心距继续增大，如图 13-19（c）、（d）所示，截面由出现小部分受拉区大部分为受压区，逐渐过渡到拉区开裂且部分截面退出工作，压区面积急剧减少的受力情况；截面上的压应力随压区面积减少、材料塑性增大，但构件的极限承载力减小。

由以上可见，砌体受压构件的承载力随轴向力的偏心距增大而显著降低。

《砌体规范》根据我国对矩形、T 形及十字形截面受压短柱的大量试验研究结果，给出其偏心距对承载力的影响系数 φ 的计算公式为

$$\varphi = \frac{1}{1 + \left(\dfrac{e}{i}\right)^2} \qquad (13-19)$$

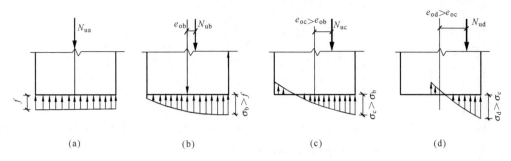

图 13 - 19 短柱受压的截面应力

(a) 轴心受压；(b) 偏心距较小；(c) 偏心距较大；(d) 偏心距更大

式中 e——荷载设计值产生的偏心距，$e = M/N$；

 M，N——荷载设计值产生的弯矩和轴向力；

 i——截面回转半径，$i = \sqrt{\dfrac{I}{A}}$；

 I，A——截面惯性距和截面面积。

当为矩形截面时，影响系数 φ 的计算式为

$$\varphi = \frac{1}{1 + 12\left(\dfrac{e}{h}\right)^2}$$ (13 - 20)

式中 h——矩形截面沿轴向力偏心方向的边长，当轴心受压时为截面较小边长。

当为 T 形或十字形截面时，影响系数 φ 的计算式为

$$\varphi = \frac{1}{1 + 12\left(\dfrac{e}{h_T}\right)^2}$$ (13 - 21)

式中 h_T——T 形或十字形截面的折算厚度，$h_T = 3.5i$。

2. 长柱侧向变形对承载力的影响

(1) 轴心受压长柱。轴心受压长柱由于不可避免的偏心存在，使柱在轴向压力作用下产生纵向弯曲而破坏，砌体的材料得不到充分利用，承载力较同条件的短柱减小。为此，《砌体规范》用轴心受压构件稳定系数 φ_0 来考虑这种影响。

根据材料力学公式，考虑块体和砂浆的强度以及其他因素，《砌体规范》给出轴心受压构件的稳定系数 φ_0 的计算公式为

$$\varphi_0 = \frac{1}{1 + \alpha\beta^2}$$ (13 - 22)

式中 β——构件高厚比，$\beta = \dfrac{H_0}{h}$，当 $\beta \leqslant 3$ 时，$\varphi_0 = 1.0$。

 α——与砂浆强度等级有关的系数，当砂浆强度等级大于或等于 M5 时，$\alpha = 0.0015$；
 当砂浆强度等级等于 M2.5 时，$\alpha = 0.002$；当砂浆强度为 0 时，$\alpha = 0.009$。

(2) 偏心受压长柱。偏心受压长柱在偏心距为 e 的轴向压力作用下，因纵向弯曲而产生侧向变形，引起附加偏心距 e_i（见图 13 - 20），使得构件的轴向力偏心距增大为 $(e + e_i)$，加速了构件的破坏。

将 $(e + e_i)$ 代入式 (13 - 19) 有

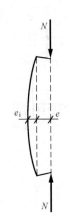

图 13 - 20 偏心受压长柱的纵向弯曲

$$\varphi=\frac{1}{1+\left(\dfrac{e+e_i}{i}\right)^2} \qquad (13-23)$$

附加偏心距 e_i 的计算公式为

$$e_i=\frac{h}{\sqrt{12}}\sqrt{\frac{1}{\varphi_0}-1} \qquad (13-24)$$

将式（13 - 24）代入式（13 - 23），得《砌体规范》给出的矩形截面受压构件承载力的影响系数 φ 的计算式为

$$\varphi=\frac{1}{1+12\left[\dfrac{e}{h}+\sqrt{\dfrac{1}{12}\left(\dfrac{1}{\varphi_0}-1\right)}\right]^2} \qquad (13-25)$$

对 T 形或十字形截面受压构件，将式（13 - 25）中的 h 用 h_T 代替即可。

当式（13 - 25）中的 $e=0$ 时，可得 $\varphi=\varphi_0$，即为轴心受压构件的稳定系数；当 $\beta\leqslant3$，$\varphi_0=1$ 时，即得受压短柱的承载力影响系数。可见，式（13 - 25）是计算无筋砌体单向偏心受压构件承载力的影响系数的统一公式。

为了便于应用，受压构件承载力的影响系数 φ 已制成表格，可根据砂浆强度等级、β 及 e/h 或 e/h_T 查表 13 - 19～表 13 - 21 得到。

表 13 - 19　　　　　　　　影响系数 φ（砂浆强度等级≥M5）

β	$\dfrac{e}{h}$ 或 $\dfrac{e}{h_T}$						
	0	0.025	0.05	0.075	0.1	0.125	0.15
≤3	1	0.99	0.97	0.94	0.89	0.84	0.79
4	0.98	0.95	0.90	0.85	0.80	0.74	0.69
6	0.95	0.91	0.86	0.81	0.75	0.69	0.64
8	0.91	0.86	0.81	0.76	0.70	0.64	0.59
10	0.87	0.82	0.76	0.71	0.65	0.60	0.55
12	0.82	0.77	0.71	0.66	0.60	0.55	0.51
14	0.77	0.72	0.66	0.61	0.56	0.51	0.47
16	0.72	0.67	0.61	0.56	0.52	0.47	0.44
18	0.67	0.62	0.57	0.52	0.48	0.44	0.40
20	0.62	0.57	0.53	0.48	0.44	0.40	0.37
22	0.58	0.53	0.49	0.45	0.41	0.38	0.35
24	0.54	0.49	0.45	0.41	0.38	0.35	0.32
26	0.50	0.46	0.42	0.38	0.35	0.33	0.30
28	0.46	0.42	0.39	0.36	0.33	0.30	0.28
30	0.42	0.39	0.36	0.33	0.31	0.28	0.26

β	$\dfrac{e}{h}$ 或 $\dfrac{e}{h_T}$					
	0.175	0.2	0.225	0.25	0.275	0.3
≤3	0.73	0.68	0.62	0.57	0.52	0.48
4	0.64	0.58	0.53	0.49	0.45	0.41
6	0.59	0.54	0.49	0.45	0.42	0.38
8	0.54	0.50	0.46	0.42	0.39	0.36
10	0.50	0.46	0.42	0.39	0.36	0.33

续表

β	$\dfrac{e}{h}$ 或 $\dfrac{e}{h_{\mathrm{T}}}$					
	0.175	0.2	0.225	0.25	0.275	0.3
12	0.47	0.43	0.39	0.36	0.33	0.31
14	0.43	0.40	0.36	0.34	0.31	0.29
16	0.40	0.37	0.34	0.31	0.29	0.27
18	0.37	0.34	0.31	0.29	0.27	0.25
20	0.34	0.32	0.29	0.27	0.25	0.23
22	0.32	0.30	0.27	0.25	0.24	0.22
24	0.30	0.28	0.26	0.24	0.22	0.21
26	0.28	0.26	0.24	0.22	0.21	0.19
28	0.26	0.24	0.22	0.21	0.19	0.18
30	0.24	0.22	0.21	0.20	0.18	0.17

表 13-20　　　　　　　　　　影响系数 φ（砂浆强度等级 M2.5）

β	$\dfrac{e}{h}$ 或 $\dfrac{e}{h_{\mathrm{T}}}$					
	0	0.025	0.05	0.075	0.1	0.125	0.15
≤3	1	0.99	0.97	0.94	0.89	0.84	0.79
4	0.97	0.94	0.89	0.84	0.78	0.73	0.67
6	0.93	0.89	0.84	0.78	0.73	0.67	0.62
8	0.89	0.84	0.78	0.72	0.67	0.62	0.57
10	0.83	0.78	0.72	0.67	0.61	0.56	0.52
12	0.78	0.72	0.67	0.61	0.56	0.52	0.47
14	0.72	0.66	0.61	0.56	0.51	0.47	0.43
16	0.66	0.61	0.56	0.51	0.47	0.43	0.40
18	0.61	0.56	0.51	0.47	0.43	0.40	0.36
20	0.56	0.51	0.47	0.43	0.39	0.36	0.33
22	0.51	0.47	0.43	0.39	0.36	0.33	0.31
24	0.46	0.43	0.39	0.36	0.33	0.31	0.28
26	0.42	0.39	0.36	0.33	0.31	0.28	0.26
28	0.39	0.36	0.33	0.30	0.28	0.26	0.24
30	0.36	0.33	0.30	0.28	0.26	0.24	0.22

β	$\dfrac{e}{h}$ 或 $\dfrac{e}{h_{\mathrm{T}}}$					
	0.175	0.2	0.225	0.25	0.275	0.3
≤3	0.73	0.68	0.62	0.57	0.52	0.48
4	0.62	0.57	0.52	0.48	0.44	0.40
6	0.57	0.52	0.48	0.44	0.40	0.37
8	0.52	0.48	0.44	0.40	0.37	0.34
10	0.47	0.43	0.40	0.37	0.34	0.31

续表

β	$\dfrac{e}{h}$或$\dfrac{e}{h_T}$					
	0.175	0.2	0.225	0.25	0.275	0.3
12	0.43	0.40	0.37	0.34	0.31	0.29
14	0.40	0.36	0.34	0.31	0.29	0.27
16	0.36	0.34	0.31	0.29	0.26	0.25
18	0.33	0.31	0.29	0.26	0.24	0.23
20	0.31	0.28	0.26	0.24	0.23	0.21
22	0.28	0.26	0.24	0.23	0.21	0.20
24	0.26	0.24	0.23	0.21	0.20	0.18
26	0.24	0.22	0.21	0.20	0.18	0.17
28	0.22	0.21	0.20	0.18	0.17	0.16
30	0.21	0.20	0.18	0.17	0.16	0.15

表 13 - 21　　　　　　　　　影响系数 φ（砂浆强度 0）

β	$\dfrac{e}{h}$或$\dfrac{e}{h_T}$					
	0	0.025	0.05	0.075	0.1	0.125	0.15
≤3	1	0.99	0.97	0.94	0.89	0.84	0.79
4	0.87	0.82	0.77	0.71	0.66	0.60	0.55
6	0.76	0.70	0.65	0.59	0.64	0.50	0.46
8	0.63	0.58	0.54	0.49	0.45	0.41	0.38
10	0.53	0.48	0.44	0.41	0.37	0.34	0.32
12	0.44	0.40	0.37	0.34	0.31	0.29	0.27
14	0.36	0.33	0.31	0.28	0.26	0.24	0.23
16	0.30	0.28	0.26	0.24	0.22	0.21	0.19
18	0.26	0.24	0.22	0.21	0.19	0.18	0.17
20	0.22	0.20	0.19	0.18	0.17	0.16	0.15
22	0.19	0.18	0.16	0.15	0.14	0.14	0.13
24	0.16	0.15	0.14	0.13	0.13	0.12	0.11
26	0.14	0.13	0.13	0.12	0.11	0.11	0.10
28	0.12	0.12	0.11	0.11	0.10	0.10	0.09
30	0.11	0.10	0.10	0.09	0.09	0.09	0.08

β	$\dfrac{e}{h}$或$\dfrac{e}{h_T}$					
	0.175	0.2	0.225	0.25	0.275	0.3
≤3	0.73	0.68	0.62	0.57	0.52	0.48
4	0.51	0.46	0.43	0.39	0.36	0.33
6	0.42	0.39	0.36	0.33	0.30	0.28
8	0.35	0.32	0.30	0.28	0.25	0.24
10	0.29	0.27	0.25	0.23	0.22	0.20

续表

β	$\frac{e}{h}$或$\frac{e}{h_T}$					
	0.175	0.2	0.225	0.25	0.275	0.3
12	0.25	0.23	0.21	0.20	0.19	0.17
14	0.21	0.20	0.18	0.17	0.16	0.15
16	0.18	0.17	0.16	0.15	0.14	0.13
18	0.16	0.15	0.14	0.13	0.12	0.12
20	0.14	0.13	0.12	0.12	0.11	0.10
22	0.12	0.12	0.11	0.10	0.10	0.09
24	0.11	0.10	0.10	0.09	0.09	0.08
26	0.10	0.09	0.09	0.08	0.08	0.07
28	0.09	0.08	0.08	0.08	0.07	0.07
30	0.08	0.07	0.07	0.07	0.07	0.06

（二）受压构件的承载力计算

1. 计算公式

根据上述分析，无筋砌体受压构件的承载力计算式为

$$N \leqslant \varphi f A \tag{13-26}$$

式中　N——轴向力设计值。

　　　φ——高厚比β和轴向力的偏心距e对受压构件承载力的影响系数，可按式（13-25）计算或查表 13-19～表 13-21。

　　　f——砌体的抗压强度设计值，按表 13-7～表 13-13 采用，并考虑调整系数γ_a。

　　　A——截面面积，对各类砌体均应按毛截面计算；带壁柱墙的计算截面翼缘宽度b_f按如下规定采用；对多层房屋，当有门窗洞口时，可取窗间墙宽度；当无门窗洞口时，每侧翼墙宽度可取壁柱高度（层高）的 1/3，但不应大于相邻壁柱间的距离；对单层房屋，可取壁柱宽加 2/3 墙高，但不大于窗间墙宽度和相邻壁柱间距离。

2. 注意的问题

1）对矩形截面构件，当轴向力偏心方向的截面边长大于另一方向的边长时，除按偏心受压计算外，还应对较小边长方向按轴心受压进行验算，验算公式为$N \leqslant \varphi_0 f A$，$\varphi_0$可查影响系数$\varphi$表（表 13-19～表 13-21）中$e=0$的栏或用式（13-22）计算。

2）由于砌体材料的种类不同，构件的承载能力有较大的差异，因此，计算影响系数φ或查φ表时，构件高厚比β按下列公式确定：

对矩形截面　　　　　　　$$\beta = \gamma_\beta \frac{H_0}{h} \tag{13-27}$$

对 T 形截面　　　　　　　$$\beta = \gamma_\beta \frac{H_0}{h_T} \tag{13-28}$$

式中　γ_β——不同砌体材料构件的高厚比修正系数，按表 13-22 采用；

　　　H_0——受压构件的计算高度，按本章第六节中表 13-28 确定。

表 13-22　　高厚比修正系数 γ_β

砌体材料的类别	γ_β
烧结普通砖、烧结多孔砖	1.0
混凝土普通砖、混凝土多孔砖、混凝土及轻集料混凝土砌块	1.1
蒸压灰砂普通砖、蒸压粉煤灰普通砖、细料石	1.2
粗料石、毛石	1.5

注　对灌孔混凝土砌块砌体，γ_β 取 1.0。

3）由于轴向力的偏心距 e 较大时，构件在使用阶段容易产生较宽的水平裂缝，使构件的侧向变形增大，承载力显著下降，既不安全也不经济。因此，《砌体规范》规定按内力设计值计算的轴向力的偏心距 $e \leqslant 0.6y$，y 为截面重心到轴向力所在偏心方向截面边缘的距离。

当轴向力的偏心距 e 超过 $0.6y$ 时，宜采用组合砖砌体构件。

【例 13-1】　某房屋中高度 $H=3.6\text{m}$、截面尺寸 $400\text{mm}\times600\text{mm}$ 的柱，采用 MU10 的混凝土小型空心砌块和 Mb5 的砂浆砌筑，柱底承受的轴心压力标准值 $N_k=220\text{kN}$（其中由永久荷载产生的为 170kN，已包括柱自重）。该房屋结构的安全等级为二级，设计使用年限为 50a。试验算柱的承载力。

解　查表 13-10 得砌块砌体的抗压强度设计值 $f=2.22\text{MPa}$。

由于柱两端为不动铰支承，故柱的计算高度 $H_0=H=3.6\text{m}$。$\beta=\gamma_\beta H_0/b=1.1\times3600/400=9.9$，查表 13-19 得 $\varphi=0.87$。

因为 $A=0.4\times0.6=0.24\text{m}^2<0.3\text{m}^2$，故砌体强度设计值 f 应乘以调整系数

$$\gamma_a=0.7+A=0.7+0.24=0.94$$

考虑为独立柱，且双排组砌，故乘以强度降低系数 0.7，则柱的极限承载力 N_u 为

$$N_u=\varphi A\gamma_a f=0.87\times0.24\times10^6\times0.94\times2.22\times10^{-3}\times0.7=305.0\text{kN}$$

柱截面的轴心压力设计值为

$$N=1.35S_{GK}+1.4S_{QK}=1.35\times170+1.4\times50=299.5\text{kN}$$

可见，$N\leqslant N_u$，满足承载力要求。

【例 13-2】　某单层厂房带壁柱的窗间墙截面尺寸如图 13-21 所示，计算高度 $H_0=5.1\text{m}$，采用 MU10 烧结普通砖和 M7.5 水泥砂浆砌筑，当承受轴向力设计值 $N=250\text{kN}$，弯矩设计值 $M=20\text{kN}\cdot\text{m}$，试验算其截面承载力是否满足要求？

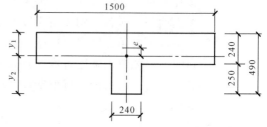

图 13-21　[例 13-2]带壁柱窗间墙截面

解　1. 截面几何特征值计算

截面面积　　　　$A=1500\times240+240\times250=420\ 000\text{mm}^2$

截面重心轴　$y_1=\dfrac{1500\times240\times120+240\times250\times(240+125)}{420\ 000}=155\text{mm}$

$$y_2=490-155=335\text{mm}$$

截面惯性矩　$I=\dfrac{1500\times240^3}{12}+1500\times240\times(155-120)^2+\dfrac{240\times250^3}{12}$

$$+240\times250\times(335-125)^2=51\ 275\times10^5\text{mm}^4$$

回转半径　　　　$i=\sqrt{\dfrac{I}{A}}=\sqrt{\dfrac{51\ 275\times10^5}{420\ 000}}=110.5\text{mm}$

截面折算厚度　　$h_T=3.5i=3.5\times110.5=386.75\text{mm}$

2. 承载力计算

轴向力的偏心距

$$e=\frac{M}{N}=\frac{20}{250}=80\text{mm}<0.6y=0.6\times155=93\text{mm}$$

根据 $\beta=\gamma_\beta\dfrac{H_0}{h_T}=1.0\times\dfrac{5100}{386.75}=13.2$，$\dfrac{e}{h_T}=\dfrac{80}{386.75}=0.207$，查表 13 - 19 得 $\varphi=0.4$。

查表 13 - 7 得砌体抗压强度设计值 $f=1.69\text{MPa}$，因水泥砂浆的强度等级大于 M5，故不乘以调整系数 γ_a。

窗间墙截面极限承载力 N_u 为

$$N_u=\varphi Af=0.4\times0.42\times10^6\times1.69\times10^{-3}=283.9\text{kN}$$

可见，$N\leqslant N_u$，满足承载力要求。

三、局部受压

当轴向力仅作用在砌体的部分面积上时，即为砌体的局部受压。如果砌体的局部受压面积 A_l 上受到的压应力是均匀分布的，称为局部均匀受压；否则，为局部非均匀受压。例如：支承轴心受压柱的砌体基础为局部均匀受压；梁端支承处的砌体一般为局部非均匀受压。

（一）局部均匀受压

1. 砌体局部抗压强度提高系数 γ

试验表明：在局部压力作用下，砌体中的压应力不仅能扩散到一定的范围，而且非直接受压部分的砌体对直接受压部分的砌体有约束作用，从而使一定范围内的砌体处于双向或三向受压状态，其抗压强度高于砌体的轴心抗压强度 f。因此，砌体的局部抗压强度可取 γf。γ 称为砌体局部抗压强度提高系数，其计算式为

$$\gamma=1+0.35\sqrt{\frac{A_0}{A_l}-1}\qquad\qquad(13-29)$$

式中　A_l——局部受压面积；

　　　A_0——影响砌体局部抗压强度的计算面积（见图 13 - 22），按下列规定采用：

　　　　　对图 13 - 22 (a)，$A_0=(a+c+h)h$；

　　　　　对图 13 - 22 (b)，$A_0=(b+2h)h$；

　　　　　对图 13 - 22 (c)，$A_0=(a+h)h+(b+h_l-h)h_l$；

　　　　　对图 13 - 22 (d)，$A_0=(a+h)h$。

为防止因 A_0/A_l 较大，而导致砌体产生劈裂破坏，因此，按式（13 - 29）计算所得的 γ 值不得超过图 13 - 22 中所注的相应值；对按规定要求灌孔的混凝土砌块砌体，在图 13 - 22 (a) 和图 13 - 22 (b) 的情况下，$\gamma\leqslant1.5$；未灌孔的混凝土砌块砌体及多孔砖砌体孔洞难以灌实时，$\gamma=1.0$。

2. 局部均匀受压承载力计算

砌体截面中受局部均匀压力时的承载力的计算式为

$$N_l\leqslant\gamma fA_l\qquad\qquad(13-30)$$

式中　N_l——局部受压面积 A_l 上的轴向力设计值。

　　　f——砌体的抗压强度设计值，局部受压面积小于 0.3m^2，可不考虑强度调整系数 γ_a 的影响。

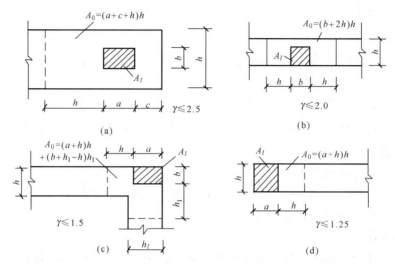

图 13 - 22　影响局部抗压强度的计算面积 A_0 及 γ 限值

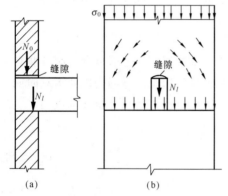

图 13 - 23　上部荷载对局部抗压的影响

（二）梁端支承处砌体局部受压

1. 上部荷载对砌体局部抗压的影响

图 13 - 23 为梁端支承在墙段中某一部位的情况。梁端支承处砌体的局部受压面积上除承受梁端传来的支承压力 N_l 外，还有由上部荷载产生的轴向力 N_0。如果上部荷载在梁端上部墙或柱中产生的平均压应力 σ_0 较小，即墙或柱产生的压缩变形较小；而此时，若 N_l 较大，梁端底部的砌体将产生较大的压缩变形。由此使梁端顶面与砌体脱开形成水平缝隙。上部荷载将通过上部砌体形成的内拱传到梁端周围的砌体，直接传到局部受压面积上的荷载减少。试验指出，当 $A_0/A_l > 2$ 时，可忽略不计上部荷载对砌体局部抗压的影响。《砌体规范》偏于安全，取 $A_0/A_l \geqslant 3$ 时，不计上部荷载的影响，即 $N_0 = 0$。

上部荷载对砌体局部抗压的影响，《砌体规范》用上部荷载的折减系数 ψ 来考虑，ψ 的计算式为

$$\psi = 1.5 - 0.5\frac{A_0}{A_l} \tag{13-31}$$

当 $A_0/A_l \geqslant 3$ 时，取 $\psi = 0$。

2. 梁端有效支承长度

当梁支承在砌体上时（见图 13 - 24），由于梁受力变形翘曲，支座内边缘处砌体的压缩变形较大，使得梁的末端部分与砌体脱开，梁端有效支承长度 a_0 可能小于其实际支承长度 a。

经试验分析，为了便于工程应用，《砌体规范》给出梁端有效支承长度的计算式为

$$a_0 = 10\sqrt{\frac{h_c}{f}} \tag{13-32}$$

式中　a_0——梁端有效支承长度，mm；当 $a_0 > a$ 时，取 $a_0 = a$；

h_c——梁的截面高度，mm；

f——砌体抗压强度设计值，MPa。

3. 梁端支承处砌体局部受压承载力计算

考虑上部荷载对砌体局部抗压的影响，根据上部荷载在局部受压面积上产生的实际平均压应力 σ_0' 与梁端支承压力 N_l 在相应面积上产生的最大压应力 σ_l 之和不大于砌体局部抗压强度 γf 的强度条件（见图 13 - 25），即 $\sigma_{max} \leqslant \gamma f$，可推得梁端支承处砌体局部受压承载力计算式为

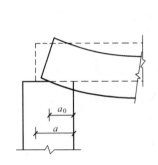

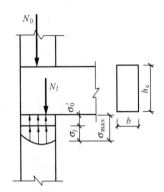

图 13-24　梁端支承长度变化　　　　　图 13 - 25　梁端支承处砌体应力状态

$$\psi N_0 + N_l \leqslant \eta \gamma A_l f \qquad (13 - 33)$$

式中　ψ——上部荷载的折减系数，按式（13 - 31）计算；

N_0——局部受压面积内上部轴向力设计值，$N_0 = \sigma_0 A_l$；

σ_0——上部平均压应力设计值；

N_l——梁端支承压力设计值；

η——梁端底面压应力图形的完整系数，应取 0.7，对于过梁和墙梁可取 1.0；

A_l——局部受压面积，$A_l = a_0 b$；

a_0——梁端有效支承长度，按式（13 - 32）计算；

b——梁宽。

（三）梁端垫块下砌体局部受压

梁端支承处的砌体局部受压承载力不满足式（13 - 33）的要求时，可在梁端下的砌体内设置垫块。通过垫块可增大局部受压面积，减少其上的压应力，有效地解决砌体的局部承载力不足。

1. 刚性垫块的构造要求

实际工程中常采用刚性垫块。刚性垫块按施工方法不同分为预制刚性垫块和与梁端现浇成整体的刚性垫块，如图 13 - 26 所示。垫块一般采用素混凝土制作；当荷载较大时，也可为钢筋混凝土的。

刚性垫块的构造应符合下列规定：

1）垫块的高度 $t_b \geqslant 180\text{mm}$，自梁边缘算起的垫块挑出长度不应大于垫块的高度 t_b。

2）在带壁柱墙的壁柱内设置刚性垫块时（见图 13 - 27），其计算面积应取壁柱范围内的面积，而不应计算翼缘部分，同时壁柱上垫块伸入翼墙内的长度不应小于 120mm。

3）现浇垫块与梁端整体浇筑时，垫块可在梁高范围内设置。

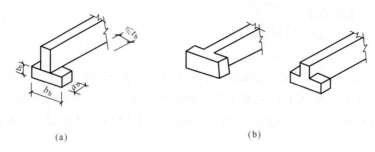

图 13-26 刚性垫块

（a）预制刚性垫块；（b）与梁现浇的刚性垫块

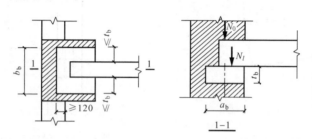

图 13-27 壁柱上设置垫块时梁端局部承压

2. 垫块下砌体局部受压承载力计算

试验表明：垫块底面积以外的砌体对局部受压范围内的砌体有约束作用，使垫块下的砌体抗压强度提高，但考虑到垫块底面压应力分布不均匀，偏于安全，取垫块外砌体的有利影响系数 $\gamma_1 = 0.8\gamma$；同时，垫块下砌体的受力状态接近偏心受压情况。故垫块下砌体局部受压承载力计算式为

$$N_0 + N_l \leqslant \varphi \gamma_1 f A_b \qquad (13-34)$$

式中 N_0——垫块面积 A_b 内上部轴向力设计值，$N_0 = \sigma_0 A_b$，σ_0 的意义同前；

φ——垫块上的 N_0 及 N_l 合力的影响系数，可根据 e/a_b 查表 13-19～表 13-21 中 $\beta \leqslant 3$ 的 φ 值，$e = [N_l(a_b/2 - 0.4a_0)]/N_0 + N_l$；

γ_1——垫块外砌体面积的有利影响系数，$\gamma_1 = 0.8\gamma$，但不小于 1.0；

γ——砌体局部抗压强度提高系数，按式（13-29）计算，并以 A_b 代替 A_l；

A_b——垫块面积，$A_b = a_b b_b$；

a_b——垫块伸入墙内长度；

b_b——垫块宽度。

3. 梁端有效支承长度

当梁端设有刚性垫块时，梁端有效支承长度 a_0 考虑刚性垫块的影响，计算式为

$$a_0 = \delta_1 \sqrt{\frac{h}{f}} \qquad (13-35)$$

式（13-35）中符号 h、f 的意义同式（13-32）；δ_1 为刚性垫块的影响系数，按表 13-23 采用。

表 13 - 23	刚性垫块的影响系数 δ_1				
$\dfrac{\sigma_0}{f}$	0	0.2	0.4	0.6	0.8
δ_1	5.4	5.7	6.0	6.9	7.8

注 表中其间的数值可采用插入法求得。

梁端支承压力设计值 N_l 距墙内边缘的距离可取 $0.4a_0$。

（四）梁端垫梁下砌体局部受压

在实际工程中，常在梁或屋架端部下面的砌体墙上设置连续的钢筋混凝土梁，如圈梁等。此钢筋混凝土梁可把承受的局部集中荷载扩散到一定范围的砌体墙上起到垫块的作用，故称为垫梁，如图 13 - 28 所示。

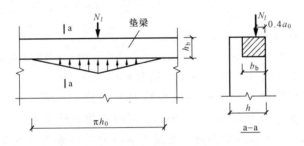

图 13 - 28 垫梁局部受压

根据试验分析，当垫梁长度大于 πh_0 时，在局部集中荷载作用下，垫梁下砌体受到的竖向压应力在长度 πh_0 范围内分布为三角形，应力峰值约为 $1.5f$。此时，垫梁下的砌体局部受压承载力的计算式为

$$N_0 + N_l \leqslant 2.4\delta_2 f b_b h_0 \tag{13 - 36}$$

$$N_0 = \frac{\pi b_b h_0 \sigma_0}{2} \tag{13 - 37}$$

$$h_0 = 2\sqrt[3]{\frac{E_b I_b}{Eh}} \tag{13 - 38}$$

上三式中　N_0——垫梁上部轴向力设计值，N；

　　　　δ_2——垫梁底面压应力分布系数，当荷载沿墙厚方向均匀分布时，δ_2 取 1.0，不均匀时 δ_2 取 0.8；

　　　　b_b——垫梁在墙厚方向的宽度，mm；

　　　　h_0——垫梁折算高度，mm；

　　　　σ_0——上部平均压应力设计值，MPa；

　　E_b、I_b——垫梁的混凝土弹性模量和截面惯性矩；

　　　　h_b——垫梁的高度，mm；

　　　　E——砌体弹性模量；

　　　　h——墙厚，mm。

垫梁上梁端有效支承长度 a_0，可按设有刚性垫块时的式（13 - 35）计算。

【例 13 - 3】 某房屋的基础采用 MU10 烧结普通砖和 M7.5 水泥砂浆砌筑，其上支承截

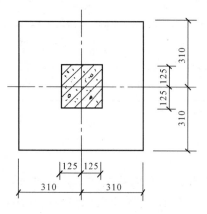

图 13 - 29 ［例 13 - 3］基础平面

面尺寸为 250mm×250mm 的钢筋混凝土柱（见图 13 - 29），柱作用于基础顶面中心处的轴向压力设计值 $N_l=150$kN，试验算柱下砌体的局部受压承载力是否满足要求。

解 查表 13 - 7 得砌体抗压强度设计值 $f=1.69$MPa，局部受压可不考虑强度调整系数 γ_a 的影响。

砌体的局部受压面积 　$A_l=0.25×0.25=0.0625$m²

影响砌体局部抗压强度计算面积 　$A_0=0.62×0.62=0.3844$m²

砌体局部抗压强度提高系数

$$\gamma=1+0.35\sqrt{\frac{A_0}{A_l}-1}=1+0.35\sqrt{\frac{0.3844}{0.0625}-1}=1.79<2.5$$

砌体局部受压承载力为

$$\gamma f A_l=1.79×1.69×0.0625×10^6×10^{-3}=189.1\text{kN}$$

可见，$N_l=150$kN$<\gamma f A_l=189.1$kN 满足要求。

【例 13 - 4】 某房屋窗间墙上梁的支承情况如图 13 - 30 所示。梁的截面尺寸 $b×h=250$mm×500mm，在墙上支承长度 $a=240$mm。窗间墙截面尺寸为 1200mm×370mm，采用 MU10 烧结普通砖和 M5 混合砂浆砌筑。梁端支承压力设计值 $N_l=95$kN，梁底部窗间墙截面由上部荷载设计值产生的轴向力 $N_s=190$kN。试验算梁端支承处砌体局部受压承载力。

解 由表 13 - 7 查得砌体抗压强度设计值 $f=1.50$MPa，梁端底面压应力图形的完整系数 $\eta=0.7$。

梁端有效支承长度

$$a_0=10\sqrt{\frac{h_c}{f}}=10\sqrt{\frac{500}{1.5}}=182.6\text{mm}<a=240\text{mm}$$

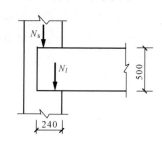

梁端局部受压面积

$$A_l=a_0 b=182.6×250=45\,650\text{mm}^2$$

影响砌体局部抗压强度的计算面积

$$A_0=(b+2h)h=(250+2×370)×370$$
$$=366\,300\text{mm}^2$$

砌体局部抗压强度提高系数

$$\gamma=1+0.35\sqrt{\frac{A_0}{A_l}-1}=1+0.35\sqrt{\frac{366\,300}{45\,650}-1}=1.93<2.0$$

取 $\gamma=1.93$。

上部轴向力设计值 N_s 由整个窗间墙承受，故上部平均压应力设计值

$$\sigma_0=\frac{190\,000}{370×1200}=0.43\text{MPa}$$

则局部受压面积内上部轴向力设计值

$$N_0=\sigma_0 A_l=0.43×45\,650×10^{-3}=19.63\text{kN}$$

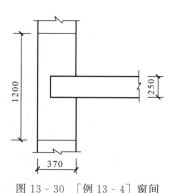

图 13 - 30 ［例 13 - 4］窗间墙上梁的支承情况

因 $A_0/A_l = 366\ 300/45\ 650 = 8.024 > 3$ 故取 $\psi = 0$，即不考虑上部荷载的影响，则
$$\psi N_0 + N_l = 95\text{kN}$$
梁端支承处砌体局部受压承载力
$$\eta \gamma A_l f = 0.7 \times 1.93 \times 45\ 650 \times 1.50 \times 10^{-3} = 92.5\text{kN} < N_l$$
不满足要求。

【例 13 - 5】 同［例13 - 4］。因梁端砌体局部受压承载力不满足要求，故在梁端设置刚性垫块，并进行验算。

解 在梁端下砌体内设置厚度 $t_b = 180\text{mm}$、宽度 $b_b = 600\text{mm}$、伸入墙内长度 $a_b = 240\text{mm}$ 的垫块，尺寸符合刚性垫块的要求，其平面图见图 13 - 31。

垫块面积 $A_b = a_b b_b = 240 \times 600 = 144\ 000\text{mm}^2$

因窗间墙宽度减去垫块宽度后，垫块每侧窗间墙仅余 300mm，故垫块外取 $h' = 300\text{mm}$，则
$$A_0 = (b_b + 2h')h = (600 + 2 \times 300) \times 370 = 444\ 000\text{mm}^2$$
砌体局部抗压强度提高系数
$$\gamma = 1 + 0.35\sqrt{\frac{A_0}{A_b} - 1}$$
$$= 1 + 0.35\sqrt{\frac{444\ 000}{144\ 000} - 1} = 1.5 < 2.0$$

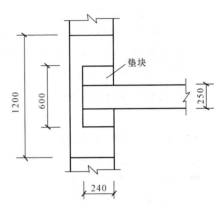

图 13 - 31 ［例 13 - 5］垫块平面

取 $\gamma = 1.5$，则垫块外砌体面积的有利影响系数 $\gamma_1 = 0.8\gamma = 0.8 \times 1.5 = 1.2 > 1.0$，可以。

因设有刚性垫块，由 $\sigma_0/f = 0.43/1.5 = 0.29$，查表 13 - 23 得 $\delta_1 = 5.8$，则梁端有效支承长度为
$$a_0 = \delta_1\sqrt{\frac{h}{f}} = 5.8\sqrt{\frac{500}{1.5}} = 105.9\text{mm}$$

梁端支承压力设计值 N_l 至墙内缘的距离取 $0.4a_0 = 0.4 \times 105.9 = 42.4\text{mm}$

N_l 对垫块形心的偏心距为
$$\frac{a_b}{2} - 0.4a_0 = \frac{240}{2} - 42.4 = 77.6\text{mm}$$

垫块面积 A_b 内上部轴向力设计值
$$N_0 = \sigma_0 A_b = 0.43 \times 144\ 000 \times 10^{-3} = 61.9\text{kN}$$
N_0 作用于垫块形心。

全部轴向力 $N_0 + N_l$ 对垫块形心的偏心距为
$$e = \frac{N_l(a_b/2 - 0.4a_0)}{N_0 + N_l} = \frac{95 \times 77.6}{61.9 + 95} = 47\text{mm}$$

由 $e/h = e/a_b = 47/240 = 0.196$，并按 $\beta \leqslant 3$ 查表 13 - 19 得 $\varphi = 0.69$

梁端垫块下砌体局部受压承载力为
$$\varphi \gamma_1 f A_b = 0.69 \times 1.2 \times 1.5 \times 144\ 000 \times 10^{-3} = 178.85\text{kN} > N_0 + N_l = 156.9\text{kN}$$
可见，设垫块后局部受压承载力满足要求。

四、轴向受拉和受弯及受剪构件

（一）轴向受拉构件

因砌体的抗拉强度较低，故实际工程中采用的砌体轴心受拉构件较少。对小型圆形水池或筒仓，可采用砌体结构。砌体轴心受拉构件的承载力计算式为

$$N_t \leqslant f_t A \tag{13-39}$$

式中　N_t——轴向拉力设计值；

　　　f_t——砌体的轴心抗拉强度设计值，按表 13-14 采用。

（二）受弯构件

实际工程中常见的砌体受弯构件有砖砌平拱过梁及挡土墙等。对受弯构件，除进行受弯承载力计算外，还应考虑剪力的存在进行受剪承载力计算。

1. 受弯承载力计算

由材料力学公式可推得，受弯承载力计算式为

$$M \leqslant f_{tm} W \tag{13-40}$$

式中　M——弯矩设计值；

　　　f_{tm}——砌体弯曲抗拉强度设计值，根据破坏特征，按表 13-14 采用；

　　　W——截面抵抗矩。

2. 受剪承载力计算

由材料力学公式同样可推得受剪承载力计算式为

$$V \leqslant f_v b z \tag{13-41}$$

式中　V——剪力设计值；

　　　f_v——砌体的抗剪强度设计值，按表 13-14 采用；

　　　b——截面宽度；

　　　z——内力臂，$z = I/S$，当截面为矩形时取 $z = 2h/3$；

　　　I——截面惯性矩；

　　　S——截面面积矩；

　　　h——截面高度。

（三）受剪构件

砌体拱形结构在拱的支座截面处，除承受剪力外，还作用有垂直压力，如图 13-32 所示。

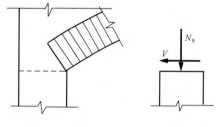

图 13-32　拱支座截面受力情况

试验表明：截面上垂直压力的存在，将使砌体的抗剪强度提高。据此，《砌体规范》给出沿通缝或沿阶梯形截面破坏时受剪构件承载力计算公式为

$$V \leqslant (f_v + \alpha \mu \sigma_0) A \tag{13-42}$$

当 $\gamma_G = 1.2$ 时　　$\mu = 0.26 - 0.082 \dfrac{\sigma_0}{f} \tag{13-43}$

当 $\gamma_G = 1.35$ 时　　$\mu = 0.23 - 0.065 \dfrac{\sigma_0}{f} \tag{13-44}$

上三式中　V——截面剪力设计值；

　　　　　A——水平截面面积，当有孔洞时，取净截面面积；

f_v——砌体抗剪强度设计值，按表 13 - 14 采用；对灌孔的混凝土砌块砌体取 f_{vg}；

α——修正系数；

当 $\gamma_G = 1.2$ 时，砖（含多孔砖）砌体取 0.60，混凝土砌块砌体取 0.64；

当 $\gamma_G = 1.35$ 时，砖（含多孔砖）砌体取 0.64，混凝土砌块砌体取 0.66；

μ——剪压复合受力影响系数，α 与 μ 的乘积可查表 13 - 24；

σ_0——永久荷载设计值产生的水平截面平均压应力，其值不应大于 $0.8f$；

f——砌体的抗压强度设计值。

表 13 - 24　　　　　　　　　　当 $\gamma_G = 1.2$ 及 $\gamma_G = 1.35$ 时 $\alpha\mu$ 值

γ_G	σ_0/f	0.1	0.2	0.3	0.4	0.5	0.6	0.7	0.8
1.2	砖砌体	0.15	0.15	0.14	0.14	0.13	0.13	0.12	0.12
	砌块砌体	0.16	0.16	0.15	0.15	0.14	0.13	0.13	0.12
1.35	砖砌体	0.14	0.14	0.13	0.13	0.13	0.12	0.12	0.11
	砌块砌体	0.15	0.14	0.14	0.13	0.13	0.13	0.12	0.12

【例 13 - 6】　某地上圆形水池，采用 MU10 烧结普通砖和 M7.5 水泥砂浆砌筑，池壁厚 370mm，池壁底部承受环向拉力设计值 $N_t = 46kN/m$，试验算池壁的受拉承载力。

解　查表 13 - 14 得 $f_t = 0.16MPa$，其强度设计值调整系数 $\gamma_a = 1$，$A = 1 \times 0.37 = 0.37m^2$，于是有

$$\gamma_a f_t A = 1 \times 0.16 \times 0.37 \times 10^3 = 59.2kN > N_t = 46kN$$

故承载力满足要求。

【例 13 - 7】　某矩形浅水池，池壁高 $H = 1.6m$，池壁底部厚 $h = 620mm$，采用 MU10 烧结普通砖和 M10 水泥砂浆砌筑。试按满池水验算池壁承载力。

解　查表 13 - 14 得 $f_{tm} = 0.17MPa$，$f_v = 0.17MPa$，其值不乘以调整系数。

因属于浅池，故可沿池壁竖向切取单位宽度的池壁，按悬臂板承受三角形水压力计算内力，即

$$M = \frac{1}{6}\gamma_Q \gamma_w H^3 = \frac{1}{6} \times 1.4 \times 10 \times 1.6^3 = 9.6kN \cdot m$$

$$V = \frac{1}{2}\gamma_Q \gamma_w H^2 = \frac{1}{2} \times 1.4 \times 10 \times 1.6^2 = 17.92kN$$

截面抵抗距 W 及内力臂为

$$W = \frac{1}{6}bh^2 = \frac{1}{6} \times 1.0 \times 0.62^2 = 0.064m^3$$

$$Z = \frac{2h}{3} = \frac{2}{3} \times 0.62 = 0.413m$$

受弯承载力　　　$Wf_{tm} = 0.064 \times 0.17 \times 10^3 = 10.9kN \cdot m > M = 9.6kN \cdot m$

受剪承载力　　　$f_v bz = 0.17 \times 1.0 \times 0.413 \times 10^3 = 70.2kN > V = 17.92kN$

故承载力满足要求。

【例 13 - 8】　某砖砌涵洞的横剖面如图 13 - 32 所示，洞壁厚 $h = 490mm$，采用 MU10 烧结普通砖和 M7.5 水泥砂浆砌筑，沿纵向单位长度 1.0m 的拱支座截面承受剪力设计值 $V = 60kN$、永久荷载产生的纵向压力设计值 $N = 73.5kN$（$\gamma_G = 1.35$）。试验算拱支座截面的抗

剪承载力。

解 查表 13 - 7 得 $f=1.69\text{MPa}$，查表 13 - 14 得 $f_v=0.14\text{MPa}$，因为水泥砂浆的强度等级大于 $M5$，故不考虑调整系数 γ_a。

水平截面积 $\qquad\qquad\qquad A=1000\times490=490\ 000\text{mm}^2$

水平截面平均压应力 $\qquad \sigma_0=\dfrac{N}{A}=\dfrac{73.5\times10^3}{490\ 000}=0.15\text{MPa}$

轴压比 $\qquad\qquad\qquad\qquad \dfrac{\sigma_0}{f}=\dfrac{0.15}{1.69}=0.1$

剪压复合受力影响系数

$$\mu=0.23-0.065\frac{\sigma_0}{f}=0.23-0.065\times0.1=0.22$$

修正系数 $\alpha=0.64$（或由 $\dfrac{\sigma_0}{f}=0.1$，$\gamma=1.35$，查表 13 - 24 得 $\alpha\mu=0.14$），于是有

$$(f_v+\alpha\mu\sigma_0)\ A=\ (0.14+0.64\times0.22\times0.15)\times490\ 000\times10^{-3}=78.9\text{kN}>V=60\text{kN}$$

故拱支座截面抗剪承载力满足要求。

五、配筋砌体构件

（一）网状配筋砖砌体构件

1. 受力性能

网状配筋砖砌体构件（见图 13 - 6）在轴向压力作用下，由于钢筋、砂浆层与块体之间存在粘结作用，砌体的横向变形使钢筋承受拉力。钢筋的弹性模量比砌体大，变形相对小，可阻止砌体的横向变形增大，使砌体处于三向应力状态，从而间接地提高砌体的承载能力。试验表明，砌体与钢筋的共同工作可持续到砌体破坏，块体的抗压强度可得到较充分的利用。

2. 适用范围

当采用无筋砖砌体受压构件的截面尺寸较大，不能满足使用要求时，可采用网状配筋砖砌体。但网状配筋砖砌体构件在轴向力的偏心距 e 较大或构件高厚比 β 较大时，钢筋起不到应有的作用，构件承载力的提高受到限制。故当偏心距超过截面核心范围即 $e/h>0.17$ 时；或偏心距虽未超过截面核心范围，但构件的高厚比 $\beta>16$ 时，均不宜采用网状配筋砖砌体构件。

3. 承载力计算

网状配筋砖砌体受压构件的承载力的计算式为

$$N\leqslant\varphi_n f_n A \tag{13 - 45}$$

$$\varphi_n=\dfrac{1}{1+12\left[\dfrac{e}{h}+\sqrt{\dfrac{1}{12}\left(\dfrac{1}{\varphi_{0n}}-1\right)}\right]^2} \tag{13 - 46}$$

$$\varphi_{0n}=\dfrac{1}{1+(0.0015+0.45\rho)\beta^2} \tag{13 - 47}$$

$$f_n=f+2\left(1-\dfrac{2e}{y}\right)\rho f_y \tag{13 - 48}$$

$$\rho=\dfrac{(a+b)A_s}{abs_n} \tag{13 - 49}$$

上四式中　　N——轴向力设计值；

　　　　　φ_n——高厚比和配筋率以及轴向力的偏心距对网状配筋砖砌体受压构件承载力的影响系数，亦可按《砌体规范》附录表 D.0.2 查用；

　　　　　e——轴向力的偏心距；

　　　　φ_{0n}——网状配筋砖砌体受压构件的稳定系数；

　　　　　ρ——体积配筋率，且 $0.1\% \leqslant \rho \leqslant 1\%$；

　　　　　f_n——网状配筋砖砌体的抗压强度设计值；

　　　　　y——截面重心到轴向力所在偏心方向截面边缘的距离；

　　　　　f_y——钢筋的抗拉强度设计值，当 f_y 大于 320MPa 时，仍采用 320MPa；

　　　　　A——截面面积。

对矩形截面，也应对较小边长方向按轴心受压进行验算。有关构造要求见本章第二节。

（二）组合砖砌体构件

1. 受力性能

在组合砖砌体中（见图 13 - 7），砖可吸收混凝土中多余的水分，使混凝土的早期强度较高，而在构件中提前发挥受力作用。对砂浆面层也有类似的性能。

组合砖砌体构件在轴心压力作用下，首批裂缝发生在砌体与混凝土或砂浆面层的连接处。当压力增大后，砌体内产生竖向裂缝，但因受面层的约束发展较缓慢。当混凝土或砂浆面层被压碎，竖向钢筋在箍筋间压屈，组合砖砌体随即破坏。水泥砂浆面层中的受压钢筋应力达不到屈服强度，用受压钢筋的强度系数来考虑。

组合砖砌体构件在偏心压力作用下的受力性能与钢筋混凝土构件相近，具有较高的承载能力和延性。

2. 适用范围

当采用无筋砖砌体受压构件不能满足结构功能要求或轴向力偏心距 e 超过无筋砌体受压构件的限值 $0.6y$ 时，宜采用组合砖砌体构件。

此外，对于砖墙与组合砌体一同砌筑的 T 形截面构件［见图 13 - 7（b）］，其承载力和高原比可按图 13 - 7（c）矩形截面组合砌体构件计算。

3. 承载力计算

（1）轴心受压构件。组合砖砌体轴心受压构件的承载力计算式为

$$N \leqslant \varphi_{com}(fA + f_c A_c + \eta_s f_y' A_s') \tag{13 - 50}$$

式中　φ_{com}——组合砖砌体构件的稳定系数，可按表 13 - 25 采用。

　　　　A——砖砌体的截面面积。

　　　　f_c——混凝土或面层水泥砂浆的轴心抗压强度设计值，砂浆的轴心抗压强度设计值可取为同强度等级混凝土的轴心抗压强度设计值的 70%，当砂浆为 M15 时，取 5.0MPa；当砂浆为 M10 时，取 3.4MPa；当砂浆为 M7.5 时，取 2.5MPa。

　　　　A_c——混凝土或砂浆面层的截面面积。

　　　　η_s——受压钢筋的强度系数，当为混凝土面层时，可取 1.0；当为砂浆面层时可取 0.9。

　　　　f_y'——钢筋的抗压强度设计值。

A'_s ——受压钢筋的截面面积。

表 13 - 25　　　　　　　　　　　　组合砖砌体构件稳定系数 φ_{com}

高厚比	配　筋　率 ρ（%）					
β	0	0.2	0.4	0.6	0.8	$\geqslant 1.0$
8	0.91	0.93	0.95	0.97	0.99	1.00
10	0.87	0.90	0.92	0.94	0.96	0.98
12	0.82	0.85	0.88	0.91	0.93	0.95
14	0.77	0.80	0.83	0.86	0.89	0.92
16	0.72	0.75	0.78	0.81	0.84	0.87
18	0.67	0.70	0.73	0.76	0.79	0.81
20	0.62	0.65	0.68	0.71	0.73	0.75
22	0.58	0.61	0.64	0.66	0.68	0.70
24	0.54	0.57	0.59	0.61	0.63	0.65
26	0.50	0.52	0.54	0.56	0.58	0.60
28	0.46	0.48	0.50	0.52	0.54	0.56

注　组合砖砌体构件截面的配筋率 $\rho = A'_s/bh$。

（2）偏心受压构件。组合砖砌体偏心受压构件的承载力计算式为

$$N \leqslant fA' + f_c A'_c + \eta_s f'_y A'_s - \sigma_s A_s \tag{13 - 51}$$

或

$$Ne_N \leqslant fS_s + f_c S_{c,s} + \eta_s f'_y A'_s(h_0 - a'_s) \tag{13 - 52}$$

此时受压区的高度 x 可按下列公式计算确定，即

$$fS_N + f_c S_{c,N} + \eta_s f'_y A'_s e'_N - \sigma_s A_s e_N = 0 \tag{13 - 53}$$

$$e_N = e + e_a + (h/2 - a_s) \tag{13 - 54}$$

$$e'_N = e + e_a - (h/2 - a'_s) \tag{13 - 55}$$

$$e_a = \frac{\beta^2 h}{2200}(1 - 0.022\beta) \tag{13 - 56}$$

上几式中　σ_s——钢筋 A_s 的应力；

A_s——距轴向力 N 较远侧钢筋的截面面积；

A'——砖砌体受压部分的面积；

A'_c——混凝土或砂浆面层受压部分的面积；

S_s——砖砌体受压部分的面积对钢筋 A_s 重心的面积距；

$S_{c,s}$——混凝土或砂浆面层受压部分的面积对钢筋 A_s 重心的面积距；

S_N——砖砌体受压部分的面积对轴向力 N 作用点的面积距；

$S_{c,N}$——混凝土或砂浆面层受压部分的面积对轴向力 N 作用点的面积距；

e_N，e'_N——分别为钢筋 A_s 和 A'_s 重心至轴向力 N 作用点的距离（见图 13 - 33）；

e——轴向力的初始偏心距，按荷载设计值计算，当 e 小于 $0.05h$ 时，应取 e 等于 $0.05h$；

e_a——组合砖砌体构件在轴向力作用下的附加偏心距；

h_0——组合砖砌体构件截面的有效高度，取 $h_0 = h - a_s$；

a_s，a_s'——分别为钢筋 A_s 和 A_s' 重心至截面较近边的距离。

组合砖砌体钢筋 A_s 的应力 σ_s 以正值为拉应力，负值为压应力，按下列规定计算：

小偏心受压时，即 $\xi > \xi_b$

$$\sigma_s = 650 - 800\xi \qquad (13-57)$$

$$-f_y' \leqslant \sigma_s \leqslant f_y \qquad (13-58)$$

大偏心受压时，即 $\xi \leqslant \xi_b$

$$\sigma_s = f_y \qquad (13-59)$$

$$\xi = x/h_0 \qquad (13-60)$$

上两式中 ξ——组合砖砌体构件截面的相对受压区高度；

f_y——钢筋的抗拉强度设计值。

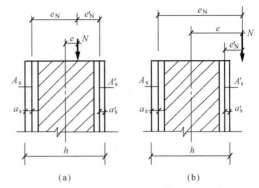

图 13-33 组合砖砌体偏心受压构件
(a) 小偏心受压；(b) 大偏心受压

组合砖砌体构件受压区相对高度的界限值 ξ_b，采用 HPB300 级钢筋时取 0.47；采用 HRB335 级钢筋时取 0.44；采用 HRB400 级钢筋时取 0.36。

4. 构造要求

组合砖砌体构件的构造要求除本章第二节所述外，还应符合如下几点要求。

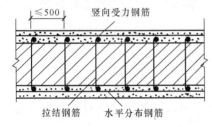

图 13-34 混凝土或砂浆面层组合墙

1) 受压钢筋一侧的配筋率，对砂浆面层不宜小于 0.1%；对混凝土面层不宜小于 0.2%。受拉钢筋的配筋率不应小于 0.1%。

2) 竖向受力钢筋在一侧多于 4 根时应设置附加箍筋或拉结钢筋。对混凝土或砂浆面层组合墙（见图 13-34），应采用穿通墙体的拉结钢筋作为箍筋，同时设置水平分布钢筋。水平分布钢筋的竖向间距及拉结钢筋的水平间距均不应大于 500mm。

其余构造要求详见《砌体规范》。

（三）组合砖墙

1. 受力性能

砖砌体和钢筋混凝土构造柱组成的组合砖墙（见图 13-8），在竖向荷载作用下，由于砖砌体和钢筋混凝土的弹性模量不同，砖砌体和钢筋混凝土构造柱之间将发生内力重分布，砖砌体承担的荷载减少，而构造柱承担荷载增加。此外，砌体中的圈梁与构造柱组成的"弱框架"对砌体有一定的约束作用，不但可提高墙体的承载能力，而且可增加墙体的受压稳定性。同时，试验与分析表明，构造柱的间距是影响组合砖墙承载力最主要的因素，当构造柱的间距在 2m 左右时，柱的作用可得到较好的发挥；当为 4m 时，对墙受压承载力影响很小。

2. 承载力计算

由于组合砖墙与组合砖砌体构件有类似之处，故可采用组合砖砌体轴心受压构件承载力的计算公式计算，但需引入强度系数以反映两者之间的差别。

组合砖墙的轴心受压承载力计算式为

$$N \leqslant \varphi_{com}[fA + \eta(f_c A_c + f_y' A_s')] \tag{13-61}$$

$$\eta = \left(\frac{1}{\dfrac{l}{b}-3}\right)^{\frac{1}{4}} \tag{13-62}$$

上两式中　φ_{com}——组合砖墙的稳定系数，可按表 13-25 采用；

η——强度系数，当 l/b_c 小于 4 时取 l/b_c 等于 4；

l——沿墙长方向构造柱的间距；

b_c——沿墙长方向构造柱的宽度；

A——扣除孔洞和构造柱的砖砌体截面面积；

A_c——构造柱的截面面积。

3. 构造要求

组合砖墙的构造要求除本章第二节所述外，尚应符合下列规定：

1）构造柱的竖向受力钢筋应在基础和楼层圈梁中锚固，并应符合受拉钢筋的锚固要求。

2）组合砖墙砌体结构房屋应在基础顶面、有组合墙的楼层处，设置现浇钢筋混凝土圈梁。圈梁的截面高度不宜小于 240mm；纵向钢筋不宜小于 4Φ12，并伸入构造柱内符合受拉钢筋的锚固要求；圈梁的箍筋宜采用Φ6@200。

3）砖砌体与构造柱的连接应砌成马牙槎，并沿墙高每隔 500mm 设 2Φ6 拉结钢筋，且每边伸入墙内不宜小于 600mm。

（四）配筋砌块砌体轴心受压柱

1. 承载力计算

由于配筋砌块砌体柱（见图 13-9）在轴心压力作用下的受力性能与钢筋混凝土轴心受压构件基本相近，因此，根据试验研究和工程实践，《砌体规范》给出具有箍筋的配筋砌块砌体轴心受压柱的承载力计算式为

$$N \leqslant \varphi_{og}(f_g A + 0.8 f_y' A_s') \tag{13-63}$$

$$\varphi_{og} = \frac{1}{1 + 0.001\beta^2} \tag{13-64}$$

上两式中　N——轴向力设计值；

φ_{og}——轴心受压构件的稳定系数；

β——构件的高厚比，计算 β 时的计算高度 H_0 可取层高；

f_g——灌孔砌体的抗压强度设计值，按式（13-5）和式（13-6）计算；

A——构件的截面面积；

f_y'——钢筋的抗压强度设计值，当无箍筋时，取 $f_y' = 0$；

A_s'——全部竖向钢筋的截面面积。

2. 构造要求

配筋砌块砌体柱除符合本章第二节中有关配筋砌块砌体的材料强度等级要求外，还应符合下列规定：

1）柱截面边长不宜小于 400mm，柱高度与截面短边之比不宜大于 30。

2）柱的纵向钢筋的直径不宜小于 12mm，数量不少于 4 根；全部纵向受力钢筋的配筋率不宜小于 0.2%。

3）柱中箍筋的设置应根据下列情况确定：

①当纵向钢筋的配筋率大于 0.25％，且柱承受的轴向力大于受压承载力设计值的 25％时，应设箍筋；当配筋率不大于 0.25％时或柱承受的轴向力小于受压承载力设计值的 25％时，可不设箍筋。

②箍筋直径不宜小于 6mm，间距不应大于 16 倍的纵向钢筋直径、48 倍箍筋直径及柱截面短边尺寸中较小者。

③箍筋应为封闭式，端部应弯钩。

④箍筋应设置在灰缝或灌孔混凝土中。

第六节　砌体结构房屋墙体设计

砌体结构房屋是指墙、柱等竖向承重构件采用砌体，而楼盖、屋盖等水平承重构件采用钢筋混凝土或木材等材料建造的房屋。

在砌体结构房屋中，墙体不仅起着围护、分隔空间的作用，而且是主要的承重结构；因此，墙体设计是砌体结构房屋满足预定功能要求的重要方面。

墙体设计时，首先应根据房屋的使用要求、当地的自然环境与地质条件及材料供应情况，确定墙体采用的材料，选择合理的墙体承重体系，进行墙体的结构布置；然后，按《砌体规范》规定确定房屋的静力计算方案，进行高厚比验算和内力分析以及承载力计算，并符合墙体的有关构造要求。

一、墙体的承重体系

砌体结构房屋的墙体承重体系主要有纵墙承重体系、横墙承重体系、纵横墙承重体系和内框架承重体系。

1. 纵墙承重体系

图 13-35（a）、（b）分别为某教学楼的楼（屋）盖结构平面布置图和某车间的屋盖结构平面布置图。

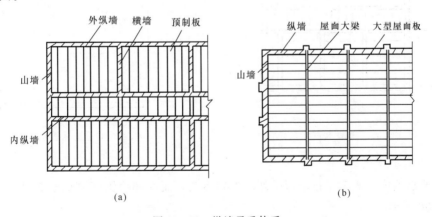

（a）　　　　　　　　　　　　　（b）

图 13-35　纵墙承重体系

（a）教学楼结构平面；（b）车间屋盖结构平面

由图可见，纵墙承重体系房屋的竖向荷载主要传递路线为板承受的荷载直接或经梁传给纵墙，然后，由纵墙传给基础及地基。

这种承重体系的特点为：

1) 纵墙是主要的承重墙，因此设在纵墙上的门窗洞口的大小及位置受到一定的限制。

2) 横墙是为满足房屋的空间刚度、整体性及分隔空间而设置的，其间距可适当增大。

纵墙承重体系适用于使用上要求室内空间较大的房屋。如教学楼、图书馆、仓库及中小型单层厂房等。

2. 横墙承重体系

图 13-36 所示的某学生公寓的楼（屋）盖结构布置，即为较典型的横墙承重体系。

这种体系房屋的竖向荷载主要传递路线为板承受的荷载直接传给横墙及其下基础及地基。

横墙承重体系的特点为：

1) 横墙是主要的承重墙，而且数量较多；在纵墙的连接下，房屋的空间刚度大，整体性好，对抵抗风荷载、地震作用和调整地基不均匀沉降较纵墙承重体系有利。

2) 纵墙承受的荷载小，其承载能力有较大的富余，因此，纵墙上开设门窗洞口较方便。

横墙承重体系主要用于住宅、宿舍、旅馆等开间较小的房屋。

3. 纵横墙承重体系

在实际工程中，房屋的纵横墙均承受竖向荷载的纵横墙承重体系应用较为普遍，例如，图 13-37 所示的某住宅现浇钢筋混凝土楼盖结构布置。

这种体系房屋的竖向荷载主要传递路线为板承受的荷载分别传给纵、横墙及其下基础和地基。

纵横墙承重体系的主要特点是纵横墙均为主要的承重墙，墙体、基础和地基受力较均匀，材料可得到较充分的利用，而且房屋的纵横向刚度均较大。

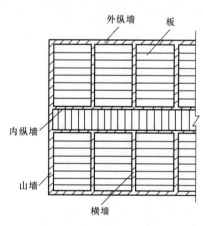

图 13-36 横墙承重体系

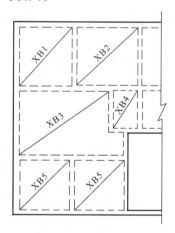

图 13-37 纵横墙承重体系

4. 内框架承重体系

内框架承重体系通常是指房屋的外部为砌体墙，而内部为钢筋混凝土框架的结构体系，如图 13-38 所示。

这种体系房屋的竖向荷载主要传递路线为板承受的荷载首先传给梁，然后，由梁分别传给柱和外纵墙及其下基础和地基。

内框架承重体系的特点为：

1) 墙和柱都是主要的承重构件。由于房屋的内墙较少，故可获得较大的使用空间，但房屋的整体刚度较差。

2）由于砌体墙与钢筋混凝土柱在荷载作用下的压缩变形不同，容易使结构产生不利的附加内力。

内框架承重体系适用于商店、多层工业建筑等。

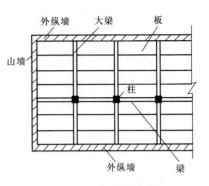

图 13-38 内框架承重体系

二、砌体结构房屋的静力计算方案

砌体结构房屋是由屋盖、楼盖、纵墙、横墙和基础组成的空间受力体系。为了对墙体进行内力分析，必须确定既能反映结构的实际受力情况，又能使计算简便的结构静力计算简图。根据房屋的空间工作性能，砌体结构房屋的静力计算方案分为刚性方案、刚弹性方案和弹性方案。

（一）房屋的空间工作性能

图 13-39（a）为两端无山墙的单层纵墙承重体系房屋平面。在水平均布荷载作用下，纵墙顶端产生侧移 u_p。从其中选取有代表性的一段作为计算单元，并按纵墙上端与屋架铰接、下端固结于基础顶面的排架分析，则排架在单元宽度范围内的荷载作用下，顶点侧移也为 u_p ［见图 13-39（b）］。水平荷载的传递路线为由纵墙到纵墙基础，结构为平面受力体系。

如果该单层房屋的两端具有山墙，且承受同样的水平荷载 ［见图 13-39（c）］，则此时，可把屋盖视作两端弹性支承在山墙上的水平"屋盖梁"，"屋盖梁"的跨度即为山墙的间距 s。在纵墙顶部传来的荷载作用下，"屋盖梁"在其平面内产生水平向的变形，中点为 u_1；同时，通过弹性支座将荷载传给山墙，使山墙在自身平面产生侧移，顶点为 u。因此，纵墙顶端中点处的侧移 $u_s = u_1 + u$ ［见图 13-39（d）］。由此可见，水平荷载的一部分由纵墙传至纵墙基础，另一部分则经由屋盖传给山墙及其下基础，结构为空间受力体系。

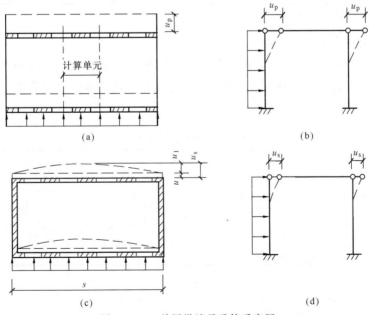

图 13-39 单层纵墙承重体系房屋

（a）两端无山墙时的侧移情况；（b）平面受力的排架；

（c）两端有山墙时的侧移情况；（d）考虑空间受力的排架

在空间受力体系中，由于自身平面内刚度较大的山墙（横墙）参与受力变形，结构的侧移 u_s 将小于平面受力体系的侧移 u_p，即 $u_s < u_p$。u_p 的大小主要与纵墙平面外的刚度有关；而 u_s 的大小，则取决于横墙的间距及其自身平面内的刚度和屋（楼）盖的水平刚度。如果房屋的横墙间距较小、屋（楼）盖水平刚度较大，则侧移 u_s 就较小，即房屋的空间刚度较大、空间工作性能较好。房屋的空间工作性能用空间性能影响系数 η 表示。η 的计算式为

$$\eta = \frac{u_s}{u_p} \tag{13-65}$$

显然，η 值愈接近于 1.0，即房屋的侧移越接近于平面受力体系房屋的侧移，房屋的空间刚度就越小；反之，η 值愈接近于 0，则房屋的空间刚度就越大。因此，η 值反映了房屋的空间刚度大小，可作为确定静力计算方案的依据。η 值可根据横墙的间距和屋盖或楼盖的类别查表 13-26 得到。表 13-26 中的屋盖或楼盖分类见表 13-27。

由于考虑房屋的空间工作性能后，侧移减小，故 η 又称为侧移折减系数。

表 13-26 房屋各层的空间性能影响系数 η_i

屋盖或楼盖类别	横墙间距 s(m)														
	16	20	24	28	32	36	40	44	48	52	56	60	64	68	72
1	—	—	—	—	0.33	0.39	0.45	0.50	0.55	0.60	0.64	0.68	0.71	0.74	0.77
2	—	0.35	0.45	0.54	0.61	0.68	0.73	0.78	0.82	—	—	—	—	—	—
3	0.37	0.49	0.60	0.68	0.75	0.81	—	—	—	—	—	—	—	—	—

注 i 取 $1\sim n$，n 为房屋的层数。

（二）房屋静力计算方案的确定

根据房屋的空间工作性能，房屋的静力计算方案分为刚性方案、刚弹性方案和弹性方案。为了便于实际应用，《砌体规范》按屋盖或楼盖的类别和横墙的间距划分静力计算方案，并按表 13-27 确定。

表 13-27 房屋的静力计算方案

	屋盖或楼盖类别	刚性方案	刚弹性方案	弹性方案
1	整体式、装配整体和装配式无檩体系钢筋混凝土屋盖或钢筋混凝土楼盖	$s < 32$	$32 \leqslant s \leqslant 72$	$s > 72$
2	装配式有檩体系钢筋混凝土屋盖，轻钢屋盖和有密铺望板的木屋盖或木楼盖	$s < 20$	$20 \leqslant s \leqslant 48$	$s > 48$
3	瓦材屋面的木屋盖和轻钢屋盖	$s < 16$	$16 \leqslant s \leqslant 36$	$s > 36$

注 1. 表中 s 为房屋横墙间距，其长度单位为 m；

2. 当屋盖、楼盖类别不同或横墙间距不同时，可按《砌体规范》第 4.2.7 条的规定确定静力计算方案；

3. 对无山墙或伸缩缝处无横墙的房屋，应按弹性方案考虑。

1. 刚性方案

刚性方案是指房屋的空间刚度较大，在荷载作用下，房屋的空间性能影响系数 $\eta <$

0.33~0.37，墙、柱顶端的水平位移很小，可假定为零。在确定墙、柱的计算简图时，屋盖和楼盖均可视作墙、柱的不动铰支承。墙、柱按不动铰支承的竖向构件进行静力计算的房屋为刚性方案房屋。图13-40为刚性方案房屋墙体的计算简图。

2. 弹性方案

弹性方案是指房屋的空间刚度较小，在荷载作用下，房屋的空间性能影响系数 $\eta>0.77\sim0.82$，墙、柱顶端的水平位移较大而必须考虑。对单层房屋，此时墙、柱的计算简图为墙、柱上端与屋架或屋面梁铰接，下端嵌固于基础顶面，并按不考虑空间工作的有侧移平面排架进行计算（见图13-41）。按这种方法进行静力计算的房屋即为弹性方案房屋。实际工程中，一般不采用多层砌体结构弹性方案房屋。

3. 刚弹性方案

刚弹性方案是指房屋的空间刚度介于上述两种方案之间，在荷载作用下，房屋的空间性能影响系数 $0.33<\eta<0.82$，墙、柱顶端的水平位移较弹性方案小，但不可忽略。此时，房屋墙、柱的静力计算，可按屋架、大梁与墙、柱铰接，并按考虑空间工作侧移折减后的平面排架或框架进行计算。按此方法进行静力计算的房屋为刚弹性方案房屋，如图13-42所示。

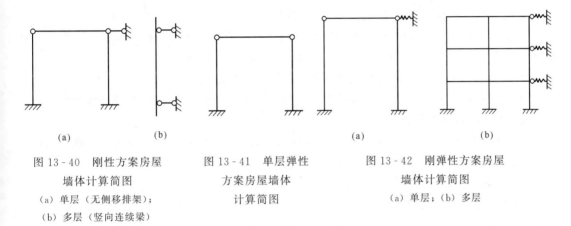

图13-40 刚性方案房屋
墙体计算简图
（a）单层（无侧移排架）；
（b）多层（竖向连续梁）

图13-41 单层弹性
方案房屋墙体
计算简图

图13-42 刚弹性方案房屋
墙体计算简图
（a）单层；（b）多层

在实际工作中，砌体结构房屋应尽可能设计成刚性方案。

由于横墙的刚度对房屋的空间工作性能有较大的影响，因此，作为刚性方案和刚弹性方案房屋的横墙，必须具有足够的刚度，即符合下列要求。

1）横墙中开有孔洞口时，洞口的水平截面面积不应超过横墙截面面积的50%。

2）横墙的厚度不宜小于180mm。

3）单层房屋的横墙长度不宜小于其高度；多层房屋的横墙长度不宜小于 $H/2$，H 为横墙的总高度。

当横墙不能同时符合上述要求时，应对横墙的刚度进行验算。如其最大水平位移 $u_{max}\leqslant H/4000$ 时，仍可视作刚性或刚弹性方案房屋的横墙。凡符合此位移条件的一段横墙或其他结构构件（如框架等），也可视作刚性或刚弹性方案房屋的横墙。

三、砌体受压构件的计算高度

砌体受压构件的计算高度 H_0 与房屋的静力计算方案、构件两端的支承条件以及构件的高度 H 等有关，可按表13-28采用。

表 13 - 28   受压构件的计算高度 H_0

房 屋 类 别			柱		带壁柱墙或周边拉结的墙		
			排架方向	垂直排架方向	$S>2H$	$2H \geqslant S>H$	$S \leqslant H$
有吊车的单层房屋	变截面柱上段	弹性方案	$2.5H_u$	$1.25H_u$	$2.5H_u$		
		刚性、刚弹性方案	$2.0H_u$	$1.25H_u$	$2.0H_u$		
	变截面柱下段		$1.0H_l$	$0.8H_l$	$1.0H_l$		
无吊车的单层和多层房屋	单跨	弹性方案	$1.5H$	$1.0H$	$1.5H$		
		刚弹性方案	$1.2H$	$1.0H$	$1.2H$		
	多跨	弹性方案	$1.25H$	$1.0H$	$1.25H$		
		刚弹性方案	$1.1H$	$1.0H$	$1.1H$		
	刚性方案		$1.0H$	$1.0H$	$1.0H$	$0.4S+0.2H$	$0.6S$

注 1. 表中 H_u 为变截面柱的上段高度；H_l 为变截面柱的下段高度；

2. 对于上端为自由端的构件，$H_0 = 2H$；

3. 独立砖柱，当无柱间支承时，柱在垂直排架方向的 H_0 应按表中数值乘以 1.25 后采用；

4. S 为房屋横墙间距；

5. 自承重墙的计算高度应根据周边支承或拉接条件确定。

表 13 - 28 中构件的高度 H 按下列规定采用：

1）在房屋底层，H 为楼板顶面到构件下端支点的距离。下端支点的位置，可取在基础顶面。当基础埋置较深且有刚性地坪时，可取室外地面下 500mm 处。

2）在房屋其他层次，H 为楼板或其他水平支点间的距离。

3）无壁柱的山墙，可取层高加山墙尖高度的 1/2；对带壁柱的山墙可取壁柱处的山墙高度。

四、墙、柱的高厚比验算

对砌体结构房屋中的墙、柱，除进行承载力计算外，为防止在施工或使用过程中墙、柱丧失稳定，需要验算墙、柱的高厚比。

（一）墙、柱的允许高厚比

《砌体规范》规定的墙、柱允许高厚比 $[\beta]$ 按表 13 - 29 采用。

表 13 - 29   墙、柱的允许高厚比 $[\beta]$ 值

砌体类型	砂浆强度等级	墙	柱
无筋砌体	M2.5	22	15
	M5.0 或 Mb5.0、Ms5.0	24	16
	≥M7.5 或 Mb7.5、Ms7.5	26	17
配筋砌块砌体	—	30	21

注 1. 毛石墙、柱的允许高厚比应按表中数值降低 20%；

2. 组合砖砌体构件的允许高厚比，可按表中数值提高 20%，但不得大于 28；

3. 验算施工阶段砂浆尚未硬化的新砌砌体高厚比时，允许高厚比对墙取 14，对柱取 11。

工程经验和分析表明，影响 $[\beta]$ 的因素主要有如下几方面：

（1）砂浆强度等级。当砂浆的强度等级较高时，砌体的弹性模量大，则刚度也大、稳定性好，$[\beta]$ 可适当增大。

（2）砌体种类。毛石砌体的刚度、稳定性较其他砌体差，$[\beta]$ 应适当降低；组合砖砌体则可适当增大。

（3）构件的受力状况。不承受其他荷载的自承重墙，如隔墙和隔断等。经分析其稳定性较好，故将 $[\beta]$ 值乘以修正系数 μ_1 提高。

①厚度不大于 240mm 的自承重墙，μ_1 按下列规定采用：

当墙厚 $h=240$mm 时，$\mu_1=1.2$；

当墙厚 $h=90$mm 时，$\mu_1=1.5$；

当墙厚 240mm$>h>$90mm 时，μ_1 可按插入法取值。对承重墙，$\mu_1=1.0$。

②上端为自由端墙的允许高厚比，除按①的规定提高外，尚可提高 30%。

③对厚度小于 90mm 的墙，当双面采用不低于 M10 的水泥砂浆抹面，包括抹面层的墙厚不小于 90mm 时，可按墙厚等于 90mm 验算高厚比。

（4）门窗洞口的影响。对开有门窗洞口的墙，其刚度下降，$[\beta]$ 值乘以修正系数 μ_2 降低。μ_2 的计算式为

$$\mu_2 = 1 - 0.4\frac{b_s}{s} \qquad (13\text{-}66)$$

式中　b_s——在宽度 s 范围内门窗洞口总宽度；

　　　　s——相邻窗间墙或壁柱之间的距离。

按式（13-66）算得 μ_2 的值小于 0.7 时，应采用 0.7。当洞口高度等于或小于墙高的 1/5 时，取 μ_2 等 1.0。对无洞口的墙，$\mu_2=1.0$。当洞口高度大于或等于墙高的 4/5 时，可按独立墙段验算高厚比。

（二）墙、柱的高厚比验算

1. 矩形截面墙、柱的高厚比验算

对矩形截面墙、柱，其高厚比的验算式为

$$\beta = \frac{H_0}{h} \leqslant \mu_1\mu_2[\beta] \qquad (13\text{-}67)$$

式中　H_0——墙、柱的计算高度，按表 13-28 采用；

　　　　h——墙厚或矩形柱与 H_0 相对应的边长；

　　　　μ_1——自承重墙允许高厚比的修正系数；

　　　　μ_2——有门窗洞口墙允许高厚比的修正系数；

　　　　$[\beta]$——墙、柱的允许高厚比，按表 13-29 采用。

当与墙连接的相邻两横墙间的距离 $s\leqslant\mu_1\mu_2[\beta]h$ 时，墙的高度可不受式（13-67）的限制。

2. 带壁柱墙的高厚比验算

对带壁柱的墙，应分别验算整片墙和壁柱间墙的高厚比。

（1）整片墙的高厚比验算。

整片墙的高厚比的验算式为

$$\beta = \frac{H_0}{h_T} \leqslant \mu_1\mu_2[\beta] \qquad (13\text{-}68)$$

式中　H_0——带壁柱墙的计算高度，按表 13-28 采用，但 s 应取相邻横墙间的距离；

　　　　h_T——带壁柱墙截面的折算厚度，$h_T=3.5i$，i 按受压构件承载力计算中有关截面面积的规定计算。

（2）壁柱间墙的高厚比验算。此时，可将壁柱视为横墙按式（13-67）验算。确定式中的 H_0 时，取相邻壁柱间的距离 s，并按刚性方案查表 13-28 采用。

3. 带构造柱墙的高厚比验算

对带构造柱的墙，应分别验算带构造柱墙和构造柱间墙的高厚比。

（1）带构造柱墙的高厚比验算。

考虑到在墙中设置钢筋混凝土构造柱可提高墙体在使用阶段的稳定性，故当构造柱截面宽度不小于墙厚时，带构造柱墙在使用阶段的高厚比仍按式（13-67）验算。此时，公式中的 h 取墙厚；确定 H_0 时，s 取相邻横墙间的距离；墙的允许高厚比 $[\beta]$ 可乘以提高系数 μ_c。μ_c 的计算式为

$$\mu_c = 1 + \gamma \frac{b_c}{l} \qquad (13-69)$$

式中　γ——系数，对细料石砌体，$\gamma=0$；对混凝土砌块、混凝土多孔砖、粗料石、毛料石及毛石砌体，$\gamma=1.0$；其他砌体，$\gamma=1.5$。

　　b_c——构造柱沿墙长方向宽度。

　　l——构造柱的间距。

当 $b_c/l > 0.25$ 时，取 $b_c/l = 0.25$；当 $b_c/l < 0.05$ 时，取 $b_c/l = 0$。

考虑构造柱有利作用的高厚比验算不适用于施工阶段。

（2）构造柱间墙的高厚比验算。类同壁柱间墙的验算，将构造柱视为横墙，s 取相邻构造柱间的距离。

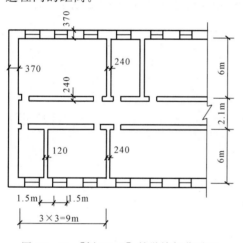

图 13-43　[例 13-9] 教学楼部分平面

在实际工程中，带壁柱墙和带构造柱墙常设置钢筋混凝土圈梁，此时，当 $b/s \geqslant 1/30$ 时（b 为圈梁宽度），圈梁可视为壁柱间墙或构造柱间墙的不动铰支点确定墙高 H。当不满足上述条件且不允许增加圈梁宽度时，可按墙体平面外等刚度原则增加圈梁高度，此时，圈梁仍可视为壁柱间墙或构造柱间墙的不动铰支点。

【例 13-9】　某教学楼采用现浇钢筋混凝土楼盖，其底层的部分平面如图 13-43 所示。承重墙高为 4.5m，隔墙高为 3.3m，用 M5 砂浆砌筑。试验算外纵墙、横墙及隔墙的高厚比。

解　教学楼横墙的最大间距 $s_{max} = 9.0\text{m} < 32\text{m}$ 故属于刚性方案。

1. 外纵墙高厚比验算

$$H = 4.5\text{m}, h = 370\text{mm}, [\beta] = 24$$

因 $s = 9.0\text{m}$ 属于 $2H \geqslant s > H$ 情况，故查表13-28得

$$H_0 = 0.4s + 0.2H = 0.4 \times 9 + 0.2 \times 4.5 = 4.5\text{m}$$

$$\mu_2 = 1 - 0.4 \frac{b_s}{s} = 1 - 0.4 \times \frac{1.5}{3} = 0.8 > 0.7 \ \text{取} \ \mu_2 = 0.8$$

$$\mu_1 = 1.0$$

纵墙高厚比

$$\beta = \frac{H_0}{h} = \frac{4500}{370} = 12.1$$

$$\mu_1 \mu_2 [\beta] = 1.0 \times 0.8 \times 24 = 19.2$$

可见，纵墙高厚比满足要求。

2. 横墙高厚比验算

$H = 4.5\text{m}$，$h = 240\text{mm}$，$[\beta] = 24$，$s = 6\text{m}$，仍属于 $2H > s > H$ 情况，查表 13 - 28 得

$$H_0 = 0.4s + 0.2H = 0.4 \times 6 + 0.2 \times 4.5 = 3.3\text{m}$$

$$\mu_1 = \mu_2 = 1.0$$

横墙高厚比 $\qquad \beta = \dfrac{H_0}{h} = \dfrac{3300}{240} = 13.75$

$$\mu_1 \mu_2 [\beta] = 1.0 \times 1.0 \times 24 = 24$$

横墙的高厚比满足要求。

3. 隔墙高厚比验算

$$H = 3.3\text{m}, \ h = 120\text{mm}, [\beta] = 24$$

因隔墙采用斜放立砖顶住楼板砌筑，所以按上端为不动铰支座，$H_0 = H = 3.3\text{m}$

$$\mu_1 = 1.2 + \frac{1.5 - 1.2}{240 - 90} \times (240 - 120) = 1.44$$

$$\mu_2 = 1.0$$

隔墙高厚比 $\qquad \beta = \dfrac{H_0}{h} = \dfrac{3300}{120} = 27.5$

$$\mu_1 \mu_2 [\beta] = 1.44 \times 1.0 \times 24 = 34.56$$

隔墙高厚比满足要求。

【例 13 - 10】 某单层单跨无吊车仓库，采用钢筋混凝土屋面梁和大型屋面板，两端山墙间距 54m，壁柱间距 6m，每个开间设有宽 2.7m 的窗洞，窗间墙截面尺寸如图 13 - 44 所示，采用 M5 砂浆砌筑。屋面梁底标高 4.2m。试验算带壁柱墙的高厚比。

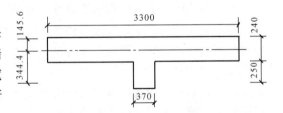

图 13 - 44 〔例 13 - 10〕窗间墙截面尺寸

解 因屋盖类别为 1 类，$s = 54\text{m}$，故查表 13 - 24 为刚弹性方案。

1. 截面几何特征值计算

$$A = 3300 \times 240 + 370 \times 250 = 884\,500\text{mm}^2$$

$$y_1 = \frac{3300 \times 240 \times 120 + 370 \times 250 \times \left(240 + \dfrac{250}{2}\right)}{884\,500} = 145.6\text{mm}$$

$$y_2 = 490 - y_1 = 344.4\text{mm}$$

$$I = \frac{1}{12} \times 3300 \times 240^3 + 3300 \times 240 \times (145.6 - 120)^2 + \frac{1}{12}$$

$$\times 370 \times 250^3 + 370 \times 250 \times \left(344.4 - \frac{250}{2}\right)^2 = 9255 \times 10^6 \text{mm}^4$$

$$i = \sqrt{\frac{I}{A}} = \sqrt{\frac{9255 \times 10^6}{884\,500}} = 102.3\text{mm}$$

$$h_T = 3.5i = 3.5 \times 102.3 = 358\text{mm}$$

2. 整片墙高厚比验算

带壁柱墙的高度 H 取室外地面下 500mm，即

$$H = 4.2 + 0.5 = 4.7\text{m}$$

根据单层单跨无吊车刚弹性方案，查表 13-28 得

$$H_0 = 1.2H = 1.2 \times 4.7 = 5.64\text{m}$$

当砂浆强度等级为 M5 时，$[\beta] = 24$

$$\mu_1 = 1.0$$

$$\mu_2 = 1 - 0.4 \frac{b_s}{s} = 1 - 0.4 \times \frac{2.7}{6.0} = 0.82$$

带壁柱墙高厚比

$$\beta = \frac{H_0}{h_T} = \frac{5640}{358} = 15.8$$

$$\mu_1 \mu_2 [\beta] = 1.0 \times 0.82 \times 24 = 19.7$$

带壁柱墙高厚比满足要求。

3. 壁柱间墙高厚比验算

此时 s 取壁柱间的距离，即 $s = 6.0\text{m}$。属于 $2H > s > H$ 情况，按刚性方案，查表 13-28 得

$$H_0 = 0.4s + 0.2H = 0.4 \times 6 + 0.2 \times 4.7 = 3.34\text{m}$$

壁柱间墙高厚比

$$\beta = \frac{H_0}{h} = \frac{3340}{240} = 13.9$$

$$\mu_1 \mu_2 [\beta] = 1.0 \times 0.82 \times 24 = 19.7$$

壁柱间墙高厚比满足要求。

五、多层刚性方案房屋承重纵墙的承载力计算

多层砌体结构房屋，如办公楼、医院、教学楼等，由于横墙间距较小，屋盖和楼盖为钢筋混凝土结构，常属于刚性方案房屋。当为纵墙承重时，就需要对纵墙进行承载力计算。

1. 计算单元

通常，从墙体中选取可代表该墙受力状态的一段进行计算，称为计算单元。图 13-45 所示的多层刚性方案房屋承重外纵墙，可选取 $m-n$ 段，即宽度为一个开间的竖向墙体作为计算单元。单元内墙体承受的竖向荷载计算范围如图 13-45（a）所示。计算单元［见图 13-45（b）］内墙体的计算简图为竖向连续梁［见图 13-45（c）］。

2. 竖向荷载作用下的内力计算

(1) 计算简图。在竖向荷载作用下，考虑到楼面梁或板搁置在墙体内，墙体的连续性被削弱，在搁置处可传递的弯矩很小，故为了简化计算，假定墙体在每层的楼（屋）盖处以及底层下支点处均为铰接。于是，每层墙体可按竖向简支受压构件单独进行内力分析［见图 13-45（c）］。

(2) 内力计算。计算层墙体承受的上层墙体传来的竖向荷载 N_u 作用于上层墙体截面重心处［见图 13-46（a）］。如果上层墙体与计算层墙体厚度不同，则 N_u 对计算层墙体产生偏心距 e_u［见图 13-46（b）］。计算层楼面梁或板传来的支承压力 N_l 到墙内边的距离取梁端有效支承长度 a_0 的 0.4 倍（见图 13-46）。计算层墙体及窗等自重 G 作用于自身截面重心处，如图 13-46 所示。

对图 13-46（a）的受力情况：

Ⅰ—Ⅰ 截面的内力为

$$\left. \begin{array}{l} N_{\text{I}} = N_u + N_l \\ M_{\text{I}} = N_l e_l \end{array} \right\} \qquad (13\text{-}70)$$

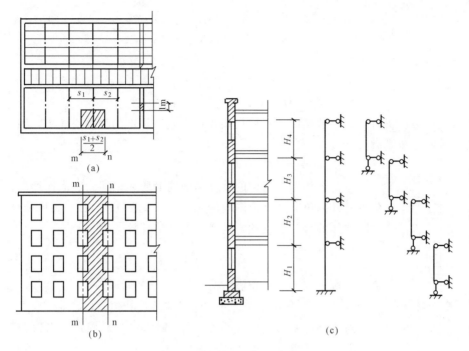

图 13-45 多层刚性方案房屋

（a）受荷范围；（b）计算单元；（c）计算简图

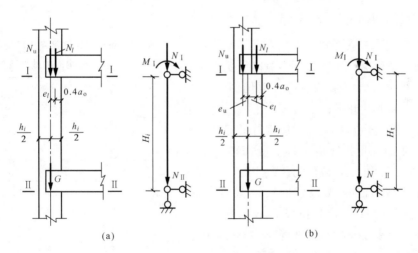

图 13-46 竖向荷载作用位置及内力

（a）上下层墙体等厚；（b）上下层墙体不等厚

Ⅱ—Ⅱ截面的内力为

$$N_{\text{Ⅱ}} = N_{\text{u}} + N_{l} + G \\ M_{\text{Ⅱ}} = 0 \Bigr\}$$

(13-71)

对图 13-46（b）的受力情况：

Ⅰ—Ⅰ截面内力为

$$N_{\mathrm{I}} = N_{\mathrm{u}} + N_l \atop M_{\mathrm{I}} = N_l e_l - N_{\mathrm{u}} e_{\mathrm{u}} \Big\} \tag{13-72}$$

Ⅱ－Ⅱ截面的内力为

$$N_{\mathrm{II}} = N_{\mathrm{u}} + N_l + G \atop M_{\mathrm{II}} = 0 \Big\} \tag{13-73}$$

由以上内力分析可见，一般情况下，底层墙体传到基础顶部的为轴心压力，因此，墙下基础可按轴心受压基础设计。

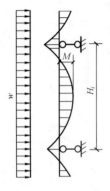

图 13-47　风荷载
作用下计算简图

3. 风荷载作用下的内力计算

风荷载作用下墙体的计算简图同前所述，即为竖向连续梁，承受的荷载为计算单元宽度范围内的风荷载（见图 13-47）。在风荷载作用下，考虑墙体的部分连续性，其弯矩设计值计算式为

$$M = \frac{wH_i^2}{12} \tag{13-74}$$

式中　H_i——第 i 层层高，m；
　　　　w——沿墙高均匀分布的风荷载设计值，kN/m。

对刚性方案多层房屋的外墙，《砌体规范》规定，当符合下列要求时，静力计算可不考虑风荷载的影响：

1）洞口水平截面面积不超过全截面面积的 2/3。

2）层高和总高不超过表 13-30 的规定。

3）屋面自重不小于 $0.8\mathrm{kN/m^2}$。

4. 控制截面及承载力计算

多层砌体结构房屋的墙体，一般以承受竖向荷载为主，内力较大的控制截面通常取用图 13-46 所示的Ⅰ－Ⅰ和Ⅱ－Ⅱ截面。对Ⅰ－Ⅰ截面应按偏心受压验算承载力，并对梁端砌体进行局部受压承载力验算；对Ⅱ－Ⅱ截面应按轴心受压验算承载力。验算Ⅰ－Ⅰ、Ⅱ－Ⅱ截面的承载力时，如有窗洞口，则计算截面面积 A 取窗间墙的截面面积。当各层墙体的厚度和材料相同时，可仅验算其中最下一层墙体；当墙厚或材料强度等级改变时，则验算改变层的墙体。

表 13-30　　外墙不考虑风荷载
影响时的最大高度

基本风压（$\mathrm{kN/m^2}$）	层高（m）	总高（m）
0.4	4.0	28
0.5	4.0	24
0.6	4.0	18
0.7	3.5	18

注　对于多层混凝土砌块房屋不小于 190mm 厚的外墙，当层高不大于 2.8m、总高不大于 19.6m、基本风压不大于 $0.7\mathrm{kN/m^2}$ 时，可不考虑风荷载的影响。

六、多层刚性方案房屋承重横墙的承载力计算

在多层刚性方案房屋中，横墙一般承受屋盖、楼盖传来的竖向均布荷载，且其上开洞较少，故可沿墙长度方向取 1.0m 宽的竖向墙体作为计算单元［见图 13-45（a）］，并按每层横墙为两端铰支的竖向受压构件单独进行内力计算。当墙体两侧的屋盖或楼盖传来的轴向力相同时，则按轴心受压构件验算该层墙体底截面的承载力；当墙体两侧的屋盖或楼盖传来的轴向力不相同时，则需对该层墙体的顶部截面按偏心受压构件验算承载力；而对其底截面按轴心受压构件验算承载力。

七、单层单跨刚性方案房屋承重纵墙的承载力计算

单层砌体结构房屋，如仓库、车间及食堂等，一般采用纵墙承重，当符合刚性方案的规定要求时，则需按刚性方案对纵墙进行承载力计算。

1. 计算单元

通常沿房屋纵向选取有代表性的一个开间为计算单元。例如取屋面梁或屋架相邻两个开间中心线之间的一段为计算单元。

2. 计算简图

确定计算简图时，考虑如下两点假定：

1）墙（柱）上端与屋面梁或屋架的连接为铰接，下端嵌固于基础顶面。

2）屋面梁或屋架被视作刚度很大的水平杆件，其轴向变形可忽略。

根据上述假定，单层刚性方案房屋承重纵墙的计算简图为无侧移的平面排架，如图 13-48（a）所示。图中 H 为屋面梁或屋架端部底面到纵墙下支点的距离，下支点的位置按前述的规定取用。计算单元宽度范围内的墙体承受的竖向荷载有屋盖荷载（含屋面永久荷载和可变荷载）以及墙体自重等。屋盖荷载通过屋面梁或屋架以轴向力 N_l 作用于墙顶，N_l 对墙体的中心线一般有偏心距 e_l。N_l 的作用位置：对屋面梁，为距墙内边缘 $0.4a_0$［见图 13-49（a）］；对屋架为其端部上下弦中心线的交点处，一般距墙定位轴线 150mm［见图 13-49（b）］。因此，屋盖荷载以轴向力 N_l 和力矩 $M = N_l e_l$ 的形式作用于墙体顶部。计算单元宽度范围内墙体承受的风荷载，对作用于屋面上的风荷载可简化为作用于墙体顶部的水平集中力 F_w；对作用于迎（背）风墙面上的风荷载按均布线荷载 $q_1(q_2)$ 考虑。

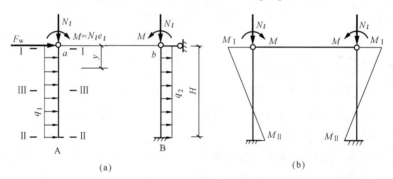

图 13-48　单层单跨刚性方案
(a) 计算简图；(b) 弯矩图

3. 竖向荷载作用下的内力计算

在荷载作用下，排架的内力可按结构力学的方法进行计算。对于结构对称、竖向荷载对称，排架顶部无侧移的单层平面排架，其弯矩如图 13-48（b）所示。弯矩计算式为

$$\left.\begin{aligned} M_{\mathrm{I}} &= M = N_l e_l \\ M_{\mathrm{II}} &= \frac{M}{2} \\ M_{\mathrm{y}} &= \frac{M}{2}\left(2 - 3\,\frac{y}{H}\right) \end{aligned}\right\} \tag{13-75}$$

4. 风荷载作用下的内力计算

对单层刚性方案房屋，由于排架顶部无侧移，且不考虑屋面梁或屋架的轴向变形，见图 13-48，因此，排架顶部作用的水平集中力 F_w 对墙体不产生内力，将通过屋盖直接传给横墙及其下地基。对作用于墙体上的均布风荷载 q 产生的内力按下列公式计算（见图 13-50），即

$$\left.\begin{aligned} V_{\mathrm{I}} &= -R_{\mathrm{a}} = -\frac{3qH}{8} \\ V_{\mathrm{II}} &= R_{\mathrm{A}} = \frac{5qH}{8} \end{aligned}\right\} \tag{13-76}$$

$$\left.\begin{aligned} M_{\mathrm{I}} &= 0 \\ M_{\mathrm{II}} &= \frac{qH^2}{8} \\ M_y &= -\frac{9qH^2}{128} \left(y = \frac{3H}{8} \text{ 处}\right) \end{aligned}\right\} \tag{13-77}$$

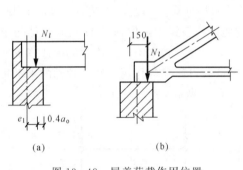

图 13-49　屋盖荷载作用位置

（a）屋面梁时；（b）屋架时

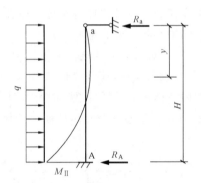

图 13-50　均布风荷载作用下

计算简图及内力

计算风荷载作用下墙体的内力时，应分别考虑左风和右风作用的情况。

5. 控制截面及承载力验算

单层纵墙承重房屋的控制截面一般取图 13-48 中所示的 Ⅰ-Ⅰ、Ⅱ-Ⅱ和Ⅲ-Ⅲ截面，并按偏心受压进行承载力验算。在承载力验算时，墙体的计算截面宽度取窗间墙宽度，也可取壁柱宽加 2/3 墙高，但不大于窗间墙宽度和相邻壁柱间距离。对Ⅰ-Ⅰ截面还应进行梁端砌体局部受压承载力验算。

八、单层单跨弹性方案房屋承重纵墙的承载力计算要点

当计算单层单跨弹性方案房屋承重纵墙承载力时，其计算单元的选取、单元内纵墙承受的荷载计算、控制截面以及承载力验算方法均同单层单跨刚性方案。如果结构对称，竖向荷载作用也对称，则此时排架顶部不发生侧移，竖向荷载作用下的内力计算与刚性方案相同。

1. 计算简图

计算单元内纵墙的计算简图为有侧移的平面排架，如图 13-51 所示。

2. 风荷载作用下的内力计算过程

1）在排架上端加一个假设的不动铰支承，变成无侧移排架〔见图 13-52（b）〕。按单层单跨刚性方案求得墙体内力和该不动铰支承的水平反力 R 为

$$\left.\begin{array}{l} R = R_a + R_b \\[2mm] R_a = F_w + \dfrac{3q_1 H}{8} \\[4mm] R_b = \dfrac{3q_2 H}{8} \end{array}\right\} \quad (13\text{-}78)$$

$$\left.\begin{array}{l} M'_{A\,II} = \dfrac{1}{8} q_1 H^2 \\[4mm] M'_{B\,II} = -\dfrac{1}{8} q_2 H^2 \quad (内侧受拉) \end{array}\right\}$$

$(13\text{-}79)$

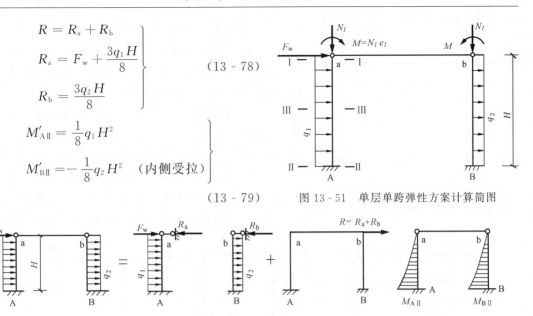

图 13-51 单层单跨弹性方案计算简图

图 13-52 单层单跨弹性方案风荷载作用下计算

2）为消除不动铰支承的影响，将反力 R 反向施加在可自由侧移的平面排架顶端，图 13-52（c），并用剪力分配法计算其内力。如两侧柱的抗剪刚度相等，则每根柱的剪力分配系数为 1/2，此时柱顶剪力为

$$\left.\begin{array}{l} V_{aA} = \dfrac{1}{2} R \\[4mm] V_{bB} = \dfrac{1}{2} R \end{array}\right\} \quad (13\text{-}80)$$

由此得

$$\left.\begin{array}{l} M''_{A\,II} = V_{aA} H = \dfrac{1}{2} HR \\[4mm] M''_{B\,II} = -V_{bB} H = -\dfrac{1}{2} HR \end{array}\right\} \quad (13\text{-}81)$$

3）叠加上述两步的内力，得风荷载作用下的计算结果〔见图 13-52（d）〕，即

$$\left.\begin{array}{l} M_{A\,I} = M_{B\,I} = 0 \\[3mm] M_{A\,II} = M'_{A\,II} + M''_{A\,II} = \dfrac{1}{2} F_w H + \dfrac{5}{16} q_1 H^2 + \dfrac{3}{16} q_2 H^2 \\[4mm] M_{B\,II} = M'_{B\,II} + M''_{B\,II} = -\dfrac{1}{2} F_w H - \dfrac{3}{16} q_1 H^2 - \dfrac{5}{16} q_2 H^2 \end{array}\right\} \quad (13\text{-}82)$$

九、单层单跨刚弹性方案房屋承重纵墙的承载力计算要点

此种房屋承重纵墙的承载力计算方法，除计算简图和风荷载作用下的内力计算与刚性方案不同外，其余均相同。

1. 计算简图

考虑房屋的空间工作，在单层单跨弹性方案房屋计算简图的排架柱顶加上一个弹性支座，即为其计算简图，如图 13-53 所示。

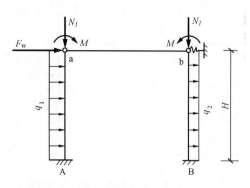

图 13-53　单层单跨刚弹性方案计算简图

2. 风荷载作用下的内力计算过程

由于排架顶部弹性支座的作用，柱顶位移和柱中内力均较弹性方案减少，因此，采用如下方法对风荷载作用下的内力进行计算。

1）在排架顶端附加一个不动铰支承，得无侧移排架［见图 13-54（b）］，按单层单跨刚性方案求得墙体内力和不动铰支承的反力 R。

2）将反力 R 乘以空间性能影响系数 η 后，反向作用于可自由侧移的平面排架顶端［见图 13-54（c）］，用剪力分配法计算柱顶剪力，并求得内力。

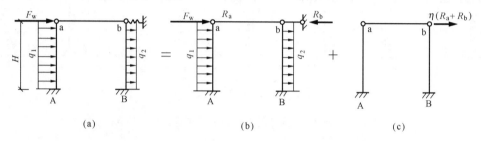

(a)　　　　　　　　　(b)　　　　　　　　　(c)

图 13-54　单层单跨刚弹性方案风荷载作用下计算

3）叠加上述两步的内力计算结果，即得各柱在风荷载作用下的内力。

综合以上分析可见，单层单跨房屋在相同的条件下，纵墙承受的弯矩以刚性方案为最小，弹性方案为最大，而刚弹性方案则介于二者之间。因此，弹性或刚弹性方案房屋墙体宜采用 T 形或十字形截面。

十、墙体的构造措施

对砌体结构房屋的墙体，除进行承载力、高厚比等计算外，为保证房屋的空间刚度和整体稳定性，还必须符合墙体的有关构造要求。

（一）一般构造要求

墙体的一般构造要求除了前面几节中提及的外，还有如下几点：

1）承重的独立砖柱截面尺寸不应小于 240mm×370mm。毛石墙的厚度不宜小于 350mm，毛料石柱的较小边长不宜小于 400mm。当有振动荷载时，墙、柱不宜采用毛石砌体。

2）当屋架的跨度大于 6m 或梁的跨度大于下列数值时，应在其支承处砌体上设置钢筋混凝土或混凝土垫块；当墙中设有圈梁时，垫块与圈梁宜浇成整体。

①对砖砌体为 4.8m；

②对砌块和料石砌体为 4.2m；

③对毛石砌体为 3.9m。

3）当梁的跨度大于或等于下列数值时，应在其支承处加设壁柱或采取其他加强措施：

①对 240mm 厚的砖墙为 6m，对 180mm 厚的砖墙为 4.8m；

②对砌块、料石墙为 4.8m。

4）预制钢筋混凝土板的支承长度，在墙上不宜小于 100mm，在钢筋混凝土圈梁上不宜小于 80mm，并应可靠连接。

5）支承在墙、柱上的吊车梁、屋架和跨度大于或等于下列数值的预制梁的端部，应采用锚固件与墙、柱上的垫块锚固。

①对砖砌体为 9m；

②对砌块和料石砌体为 7.2m。

6）填充墙、隔墙应分别采取措施与周边主体结构构件可靠连接，连接构造和嵌缝材料应能满足传力、变形、耐久和防护要求。

7）砌块墙与后砌隔墙交接处，应沿墙高每 400mm 在水平灰缝内设置不少于 2Φ4、横筋间距不大于 200mm 的焊接钢筋网片（见图13-55）。

8）混凝土砌块房屋，宜将纵横墙交接处距墙中心线每边不小于 300mm 范围内的孔洞，采用不低于 Cb20 的灌孔混凝土灌实，灌实高度应为墙身全高。

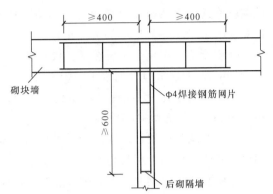

图 13-55 砌块墙与后砌隔墙交接处钢筋网片

9）混凝土砌块墙体的下列部位，如未设圈梁或混凝土垫块，应采用不低于 Cb20 的灌孔混凝土将孔洞灌实。

①搁栅、檩条和钢筋混凝土楼板的支承面下，高度不应小于 200mm 的砌体；

②屋架、梁等构件的支承面下，高度不应小于 600mm、长度不应小于 600mm 的砌体；

③挑梁支承面下，距墙中心线每边不应小于 300mm、高度不应小于 600mm 的砌体。

10）不应在截面长边小于 500mm 的承重墙体、独立柱内埋设管线；不宜在墙体中穿行暗线或预留、开凿沟槽，当无法避免时，应采取必要的措施或按削弱后的截面验算墙体的承载力。对受力较小或未灌孔的砌体，允许在墙体的竖向空洞中设置管线。

11）墙体转角处和纵横墙交接处应沿竖向每隔 400～500mm 设拉结钢筋，其数量为每 120mm 墙厚不少于 1 根直径 6mm 的钢筋；或采用焊接钢筋网片，埋入长度从墙的转角或交接处算起，对实心砖墙每边不少于 500mm，对多孔砖墙和砌块墙不少于 700mm。

夹心墙的构造要求详见《砌体规范》。

（二）框架填充墙的构造要求

1）框架填充墙除应满足稳定要求外，尚应考虑水平风荷载及地震作用的影响。地震作用可按《建筑抗震设计规范》GB 50011 中非结构构件的规定计算。

2）在正常使用和正常维护条件下，填充墙的使用年限与主体结构相同，结构的安全等级可按二级考虑。

3）填充墙宜选用轻质块体材料，其强度等级要求见本章第三节自承重墙。填充墙砌筑砂浆的强度等级不宜低于 M5（Mb5、Ms5）；填充墙的墙厚不应小于 90mm。

4）填充墙与框架的连接，有抗震设防要求时，宜采用填充墙与框架脱开的方法。此时，宜符合下列规定：

①填充墙两端与框架柱，填充墙顶面与框架梁之间留出不小于 20mm 的间隙。

②填充墙端部应设置构造柱，柱间距宜不大于 20 倍墙厚且不大于 4000mm，柱宽度不小于 100mm。柱竖向钢筋不宜小于 Φ10，箍筋宜为 Φ^{R}5，竖向间距不宜大于 400mm。竖向钢筋与框架梁或其挑出部分的预埋件或预留钢筋连接，绑扎接头时不小于 30d，焊接时（单面焊）不小于 10d（d 为钢筋直接）。柱顶与框架梁（板）应预留不小于 15mm 的缝隙，用硅酮胶或其他弹性密封材料封缝。当填充墙有宽度大于 2100mm 的洞口时，洞口两侧应加设宽度不小于 50mm 的单筋混凝土柱。

③填充墙两端宜卡入设在梁、板底及柱侧的卡口铁件内，墙侧卡口板的竖向间距不宜大于 500mm，墙顶卡口板的水平间距不宜大于 1500mm。

④墙体高度超过 4m 时宜在墙高中部设置与柱连通的水平系梁。水平系梁的截面高度不小于 60mm。填充墙高不宜大于 6m。

⑤填充墙与框架柱、梁的缝隙可采用聚苯乙烯泡沫塑料板条或聚氨酯发泡材料充填，并用硅酮胶或其他弹性密封材料密封。

⑥所有连接用钢筋、金属配件、铁件、预埋件等均应作防腐防锈处理，并应符合本规范第 4.3 节的规定。嵌缝材料应能满足变形和防护要求。

5）填充墙与框架的连接，当填充墙与框架柱采用不脱开的方法时，宜符合下列规定：

①沿柱高每隔 500mm 配置 2 根直径 6mm 的拉结钢筋（墙厚大于 240mm 时配置 3 根直径 6mm），钢筋伸入填充墙长度不宜小于 700mm，且拉结钢筋应错开截断，相距不宜小于 200mm。填充墙墙顶应与框架梁紧密结合。顶面与上部结构接触处宜用一皮砖或配砖斜砌楔紧。

②当填充墙有洞口时，宜在窗洞口的上端或下端、门洞口的上端设置钢筋混凝土带，钢筋混凝土带应与过梁的混凝土同时浇筑，其过梁的断面及配筋由设计确定。钢筋混凝土带的混凝土强度等级不小于 C20。当有洞口的填充墙尽端至门窗洞口边距离小于 240mm 时，宜采用钢筋混凝土门窗框。

③填充墙长度超过 5m 或墙长大于 2 倍层高时，墙顶与梁宜有拉接措施，墙体中部应加设构造柱；墙高度超过 4m 时宜在墙高中部设置与柱连接的水平系梁，墙高超过 6m 时，宜沿墙高每 2m 设置与柱连接的水平系梁，梁的截面高度不小于 60mm。

（三）防止或减轻墙体开裂的主要措施

1）为防止或减轻由温差和砌体干缩引起墙体的竖向裂缝，应在砌体结构中设置伸缩缝。伸缩缝应设在温度和收缩变形可能引起应力集中、砌体产生裂缝可能性最大的地方。伸缩缝的间距可按表 13-31 采用。

表 13-31　　　　　　　　　砌体房屋伸缩缝的最大间距　　　　　　　　　　　　　　m

屋盖或楼盖类别	间　　距	
整体式或装配整体式钢筋混凝土结构	有保温层或隔热层的屋盖、楼盖	50
	无保温层或隔热层的屋盖	40
装配式无檩体系钢筋混凝土结构	有保温层或隔热层的屋盖、楼盖	60
	无保温层或隔热层的屋盖	50

续表

屋盖或楼盖类别	间 距	
装配式有檩体系钢筋混凝土结构	有保温层或隔热层的屋盖	75
	无保温层或隔热层的屋盖	60
瓦材屋盖、木屋盖或楼盖、轻钢屋盖		100

注 1. 对烧结普通砖、烧结多孔砖、配筋砌块砌体房屋取表中数值；对石砌体、蒸压灰砂普通砖、蒸压粉煤灰普通砖、混凝土砌块、混凝土普通砖和混凝土多孔砖房屋取表中数值乘以 0.8 的系数。当墙体有可靠外保温措施时，其间距可取表中数值。

2. 在钢筋混凝土屋面上挂瓦的屋盖应按钢筋混凝土屋盖采用。

3. 层高大于 5m 的烧结普通砖、烧结多孔砖、配筋砌块砌体结构单层房屋，其伸缩缝间距可按表中数值乘以 1.3。

4. 温差较大且变化频繁地区和严寒地区不采暖的房屋及构筑物墙体的伸缩缝的最大间距，应按表中数值予以适当减小。

5. 墙体的伸缩缝应与结构的其他变形缝相重合，在进行立面处理时，必须保证缝隙的变形作用。

2）为防止或减轻房屋顶层墙体的开裂，可采取如下措施：

①屋面应设置保温、隔热层。

②屋面保温、隔热层或刚性面层及砂浆找平层应设置分割缝，分割缝间距不宜大于 6m，并与女儿墙隔开，其缝宽不小于 30mm。

③顶层屋面板下设置现浇钢筋混凝土圈梁，并沿内外墙拉通，房屋两端圈梁下的墙体内宜适当设置水平钢筋。

④顶层墙体有门窗等洞口时，在过梁上的水平灰缝内设置 2～3 道焊接钢筋网片或 2Φ6 钢筋，并应伸入过梁两端墙内不小于 600mm。

⑤顶层及女儿墙砂浆强度等级不低于 M7.5（Mb7.5、Ms7.5）。

⑥女儿墙应设置间距不大于 4m 的构造柱，并与女儿墙顶的现浇钢筋混凝土压顶整浇。

⑦对顶层墙体按《砌体规范》条文说明中的方法施加竖向预应力。

3）为防止或减轻房屋底层墙体的开裂，可采取如下措施：

①增大基础圈梁的刚度；

②在底层的窗台下墙体灰缝内设置 3 道焊接钢筋网片或 2Φ6 钢筋，并伸入两边窗间墙内不小于 600mm；

4）在每层门、窗过梁上方的水平灰缝内及窗台下第一和第二道水平灰缝内，宜设置焊接钢筋网片或 2 根直径 6mm 的钢筋，焊接钢筋网片应伸入两边窗间墙内不小于 600mm。当墙长大于 5m 时，宜在每层墙高度中部设置 2～3 道焊接钢筋网片或 3 根直径 6mm 的通长水平钢筋，竖向间距为 500mm。

5）房屋两端和底层第一、第二开间门窗洞处，可采取下列措施：

①在混凝土砌块房屋门窗洞口两侧不少于一个孔洞中设置不小于Φ12 竖向钢筋，钢筋应在楼层圈梁或基础中锚固，并采用不低于 Cb20 灌孔混凝土灌实；

②在门窗洞口两边墙体的水平灰缝中，设置长度不小于 900mm、竖向间距为 400mm 的 2Φ4 焊接钢筋网片；

③在顶层和底层设置通长的不低于 C20 钢筋混凝土窗台梁，窗台梁高为块高的模数，

配置不少于 4 Φ 10 的纵筋和 Φ 6@200 的箍筋。

（四）圈梁

1）为增强房屋的整体刚度，防止地基不均匀沉降或较大振动荷载等对房屋的不利影响，在墙中按下列规定设置现浇钢筋混凝土圈梁：

①单层砖砌体房屋，檐口标高为 5～8m 时，应在檐口标高处设置圈梁一道；檐口标高大于 8m，应增加设置圈梁。

②单层砌块及料石砌体结构房屋，檐口标高为 4～5m 时，应在檐口标高处设置圈梁一道；檐口标高大于 5m 时，应增加设置数量。

③对有吊车或较大振动设备的单层工业房屋，当未采取有效的隔振措施时，除在檐口或窗顶标高处设置现浇钢筋混凝土圈梁外，尚应增加设置数量。

④多层砌体结构民用房屋，当层数为 3～4 层时，应在底层和檐口标高处各设置圈梁一道；当层数超过 4 层时，还应在所有纵横墙上隔层设置。

⑤多层砌体工业房屋，应每层设置现浇钢筋混凝土圈梁。

2）圈梁应符合下列构造要求：

①圈梁宜连续形成封闭状地设在同一水平面上，当圈梁被门窗洞口截断时，应在洞口上部增设相同截面的附加圈梁。附加圈梁与圈梁的搭接长度不应小于其中到中垂直间距的 2 倍，且不得小于 1m。

②纵横墙交接处的圈梁应有可靠的连接。刚弹性和弹性方案房屋的圈梁应与屋架、大梁等构件可靠连接。

③钢筋混凝土圈梁的宽度宜与墙厚相同，当墙厚 $h \geqslant 240mm$ 时，其宽度不宜小于 $2h/3$，圈梁高度不应小于 120mm；纵向钢筋不应少于 4 Φ 10，绑扎接头的搭接长度按受拉钢筋考虑；箍筋间距不应大于 300mm。

④圈梁兼作过梁时，过梁部分的钢筋应按计算用量另行增配。

3）采用现浇钢筋混凝土楼（屋）盖的多层砌体结构房屋，当层数超过 5 层时，除在檐口标高处设置一道圈梁外，可隔层设置圈梁，并与楼（屋）面板一起现浇。未设置圈梁的楼面板嵌入墙内的长度不应小于 120mm，并沿墙长配置不少于 2 Φ 10 的纵向钢筋。

第七节 砌体结构房屋墙体设计计算实例

四层教学楼的平面和剖面如图 13 - 56 所示。屋盖和楼盖采用长 3000mm、厚 120mm 的预应力混凝土空心板和钢筋混凝土大梁；大梁间距 3.0m，在墙上的支承长度为 240mm，截面尺寸为 250mm×500mm。外墙厚度为 370mm，采用双面粉刷及塑钢窗。底层墙体采用 MU15 烧结普通砖和 M7.5 水泥砂浆砌筑。该教学楼结构安全等级为二级，设计使用年限为 50a。试验算底层外纵墙的承载力。

（1）静力计算方案。由屋盖或楼盖的类别和横墙的间距，查确定房屋静力计算方案表，该教学楼属于刚性方案房屋，且外墙可不考虑风荷载的影响。

（2）底层外纵墙高厚比验算。（略）

（3）荷载计算资料。

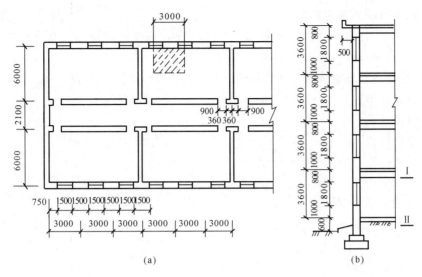

图 13-56 教学楼的平、剖面图

(a) 平面图；(b) 剖面图

1）屋面荷载：

卷材防水层	0.35kN/m²
20mm 厚水泥砂浆找平层	0.40kN/m²
200mm 厚加气混凝土保温层	1.30kN/m²
150mm 厚焦渣混凝土找坡	2.10kN/m²
120mm 厚空心板（含灌缝）	2.20kN/m²
20mm 厚板底抹灰	0.34kN/m²
屋面恒载标准值	6.69kN/m²
屋面活荷载标准值	0.5kN/m²

2）楼面荷载：

20mm 厚水泥砂浆面层	0.4kN/m²
30mm 厚细石混凝土层	0.72kN/m²
120mm 厚空心板（含灌缝）	2.2kN/m²
20mm 厚板底抹灰	0.34kN/m²
楼面恒载标准值	3.66kN/m²
楼面活荷载标准值	2.5kN/m²

3）墙体荷载：

双面粉刷的 370mm 厚砖墙	7.62kN/m²
塑钢窗	0.45kN/m²

（4）底层外纵墙承载力验算。

1）计算单元。计算单元沿外纵墙取一个开间宽，单元内墙体的受荷面积如图 13-56（a）所示。

2）荷载计算。外纵墙按永久荷载效应控制的组合进行计算，则 $\gamma_G=1.35$，$\gamma_Q=1.40$。

屋面荷载设计值　　　$q_1=1.35\times6.69+1.4\times0.5=9.73\text{kN/m}^2$

楼面荷载设计值　　$q_2=1.35\times3.66+1.4\times2.5=8.44\text{kN/m}^2$

大梁自重设计值　　$q_3=1.35\times0.25\times0.5\times25=4.22\text{kN/m}$

屋面大梁底面以上墙体自重设计值

$$N_{G0}=1.35\times3.0\times0.62\times7.62=19.13\text{kN}$$

4～2 层梁底面窗间墙体自重设计值

$N_{G4}=N_{G3}=N_{G2}=1.35\times(3.0\times3.6-1.5\times1.8)\times7.62+1.35\times1.5\times1.8\times0.45$
$\qquad=84.96\text{kN}$

底层墙体自重设计值

$N_{G1}=1.35\times[3.0\times(3.6-0.62+0.6+0.5)-1.5\times1.8]\times7.62+1.35\times1.5\times1.8\times0.45$
$\qquad=99.77\text{kN}$

3）内力及承载力计算。屋面梁传来的集中力

$$N_{b4}=3.0\times(3.0+0.5)\times9.73+3.0\times4.22=114.83\text{kN}$$

楼面梁传来的集中力

$$N_{b3}=N_{b2}=N_{b1}=3.0\times3.0\times8.44+3.0\times4.22=88.62\text{kN}$$

屋（楼）面梁的支承压力作用位置

$$a_0=10\sqrt{\frac{h_c}{f}}=10\sqrt{\frac{500}{2.07}}=155\text{mm}$$

$$e_i=\frac{h}{2}-0.4a_0=\frac{370}{2}-0.4\times155=123\text{mm}$$

底层 I-I 截面的内力设计值为

$$N_{I-I}=N_{b4}+N_{b3}+N_{b2}+N_{b1}+N_{G0}+N_{G4}+N_{G3}+N_{G2}$$
$$=114.83+3\times88.62+19.13+3\times84.96=654.7\text{kN}$$

$$M_{I-I}=N_{b1}\times e_i=88.62\times123=10\,900.3\text{kN}\cdot\text{mm}$$

$$e=\frac{M_{I-I}}{N_{I-I}}=\frac{10\,900.3}{654.7}=16.64\text{mm}$$

$$\frac{e}{h}=\frac{16.64}{370}=0.04$$

底层墙高　　　　　$H=3.6+0.6+0.5=4.7\text{m}$

因 $s=9\text{m}$，属于 $s<2H$ 情况，故

$$H_0=0.4s+0.2H=0.4\times9+0.2\times4.7=4.54\text{m}$$

$$\beta=\frac{H_0}{h}=\frac{4540}{370}=12.3$$

由 M7.5，$e/h=0.04$，$\beta=12.3$，查表得 $\varphi=0.726$

计算截面面积　$A=370\times1500=555\,000\text{mm}^2$，则

$$\varphi\gamma_a fA=0.726\times1.0\times2.07\times555\,000=834\text{kN}>N_{I-I}$$

故 I－I 截面承载力满足要求。

底层 II－II 截面的内力设计值为

$$N_{\text{II}-\text{II}} = N_{\text{I}-\text{I}} + N_{\text{G1}} = 654.7 + 99.77 = 754.5\text{kN}$$

$$M_{\text{II}-\text{II}} = 0$$

由 M7.5，$e/h=0$，$\beta=12.3$，查表得 $\varphi=0.815$，则

$$\varphi\gamma_{a}fA = 0.815 \times 1.0 \times 2.07 \times 555\,000 = 936.3\text{kN} > N_{\text{II}-\text{II}}$$

故 II－II 截面的承载力满足要求。

屋（楼）面梁端支承处砌体上设置预制刚性垫块。垫块下砌体局部受压承载力验算及横墙承载力验算从略。

第八节　过梁与挑梁的设计

一、过梁

过梁是砌体结构房屋门窗洞口上的常用构件，其作用是承受门窗洞口以上砌体自重和梁板传来的荷载。

（一）过梁的类型及构造要求

常用的过梁有砖砌过梁和钢筋混凝土过梁两类。砖砌过梁又有砖砌平拱过梁和钢筋砖过梁等形式。

1. 砖砌平拱过梁

砖砌平拱过梁是由砖竖立和侧立砌筑而成的，如图13-57（a）所示。其厚度等于墙厚，用竖砖砌筑部分的高度不应小于240mm，在过梁计算截面高度内的砂浆强度等级不宜低于M5（Mb5、Ms5）。这种过梁的净跨不应超过1.2m。

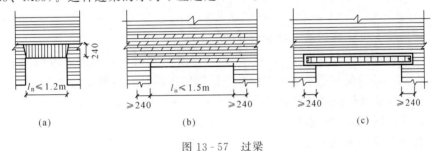

图 13-57　过梁

(a) 砖砌平拱过梁；(b) 钢筋砖过梁；(c) 钢筋混凝土过梁

2. 钢筋砖过梁

钢筋砖过梁是在过梁的底部先铺放厚度不小于30mm的1:3水泥砂浆层，并在其内配置直径不小于5mm、间距不大于120mm、伸入支座砌体内的长度不小于240mm的纵向钢筋，然后再砌筑墙体而成的 [见图13-57（b）]。在过梁计算截面高度内的砂浆强度等级不宜低于M5（Mb5、Ms5），过梁的净跨不应超过1.5m。

3. 钢筋混凝土过梁

钢筋混凝土过梁一般采用预制标准构件，常用的截面形式有矩形、L形等。过梁的支承长度不宜小于240mm，其他构造要求与钢筋混凝土梁相同 [见图13-57（c）]。对有较大振

动荷载或地基可能产生不均匀沉降的房屋，应采用钢筋混凝土过梁。

（二）过梁上的荷载

试验结果及分析表明，过梁上的墙体达到一定高度时，过梁上的部分荷载将通过墙体形成的内拱直接传给洞口两侧的墙体，因此，过梁上的荷载，应按下列规定采用。

1. 梁、板荷载

对砖砌体和砌块砌体，当梁、板下的墙体高度 $h_w < l_n$ 时，应计入梁、板传来的荷载；当梁、板下的墙体高度 $h_w \geq l_n$ 时，可不考虑梁、板的荷载。

2. 墙体荷载

1）对砖砌体，当过梁上的墙体高度 $h_w < l_n/3$ 时，应按墙体的均布自重采用；当墙体高度 $h_w \geq l_n/3$ 时，应按高度为 $l_n/3$ 墙体的均布自重采用。

2）对砌块砌体，当过梁上的墙体高度 $h_w < l_n/2$ 时，应按墙体的均布自重采用；当墙体高度 $h_w \geq l_n/2$ 时，应按高度为 $l_n/2$ 墙体的均布自重采用。

（三）过梁的承载力计算

1. 砖砌平拱过梁的计算

砖砌平拱过梁在墙体及梁、板荷载作用下，按跨度为 l_n 的简支梁计算跨中弯矩设计值和支座剪力设计值，并按式（13-40）、式（13-41）分别进行受弯承载力和受剪承载力计算。此时，过梁的截面计算高度 h，当考虑梁、板传来的荷载时，取梁、板下至洞口顶的墙体高度；当仅考虑墙体荷载时，取过梁底面以上不大于 $l_n/3$ 的墙体高度。砌体的弯曲抗拉强度设计值 f_{tm} 按沿齿缝破坏特征取用。

2. 钢筋砖过梁的计算

钢筋砖过梁在荷载作用下的内力计算同砖砌平拱过梁。

钢筋砖过梁的跨中正截面承载力的计算式为

$$M \leqslant 0.85 h_0 f_y A_s \tag{13-83}$$

式中　M——按简支梁计算的跨中弯矩设计值；

　　　h_0——过梁截面的有效高度，$h_0 = h - a_s$，过梁的截面计算高度 h 取值同砖砌平拱过梁，a_s 为受拉钢筋重心至截面下边缘的距离，a_s 可取 $15 \sim 20 \text{mm}$；

　　　f_y——钢筋的抗拉强度计算值；

　　　A_s——受拉钢筋的截面面积。

钢筋砖过梁的受剪承载力可按式（13-41）计算。

3. 钢筋混凝土过梁的计算

钢筋混凝土过梁按钢筋混凝土受弯构件进行设计计算。验算过梁下砌体局部受压承载力时，可不考虑上层荷载的影响，即取 $\psi = 0$；梁端有效支承长度可取实际支承长度，但不应大于墙厚。

【例 13-11】某房屋墙厚 370mm，采用 MU10 烧结普通砖和 M5 混合砂浆砌筑，双面粉刷（墙面自重标准值取 7.62kN/m^2），其上窗洞口净宽 1.2m，洞口上墙高 0.6m。当采用砖砌平拱过梁时，验算过梁的承载力。

解　过梁上墙体高度 $h_w = 0.6\text{m}$ 大于 $l_n/3 = 1.2/3 = 0.4\text{m}$，故过梁上墙体荷载按 $l_n/3 = 0.4\text{m}$

墙体的均布自重考虑，即

$$q = 1.35 \times 0.4 \times 7.62 = 4.11 \text{kN/m}$$

过梁的跨中弯矩和支座处剪力设计值为

$$M = \frac{1}{8} \times 4.11 \times 1.2^2 = 0.74 \text{kN} \cdot \text{m}$$

$$V = \frac{1}{2} \times 4.11 \times 1.2 = 2.47 \text{kN}$$

过梁的截面尺寸 $b=370\text{mm}$，$h=400\text{mm}$，则

$$W = \frac{bh^2}{6} = \frac{1}{6} \times 370 \times 400^2 = 9.87 \times 10^6 \text{mm}^3$$

$$z = \frac{2h}{3} = \frac{2}{3} \times 400 = 266.7 \text{mm}$$

砌体强度设计值　　　　$f_{tm}=0.11\text{N/mm}^2$，$f_v=0.11\text{N/mm}^2$

过梁的受弯承载力和受剪承载力为

$$f_{tm}W = 0.11 \times 9.87 \times 10^6 = 1.08 \text{kN} \cdot \text{m} > M = 0.74 \text{kN} \cdot \text{m}$$

$$f_v bz = 0.11 \times 370 \times 266.7 = 10.85 \text{kN} > V = 2.47 \text{kN}$$

砖砌平拱过梁的承载力满足要求。

【例 13 - 12】某房屋墙上窗洞口净宽 1.5m，采用钢筋砖过梁，过梁跨中承受梁传来的集中荷载设计值 45kN，其他条件同 [例 13 - 11]。试对过梁进行承载力计算。

解　过梁跨中弯矩和剪力设计值为

$$M = 0.74 + \frac{1}{4} \times 45 \times 1.5 = 17.62 \text{kN} \cdot \text{m}$$

$$V = 2.47 + \frac{1}{2} \times 45 = 24.97 \text{kN}$$

过梁正截面承载力计算，$h=600\text{mm}$，$h_0=h-a_s=600-15=585\text{mm}$，$f_y=270\text{N/mm}^2$，则

$$A_s = \frac{M}{0.85h_0 f_y} = \frac{17.62 \times 10^6}{0.85 \times 585 \times 270} = 131.2 \text{mm}^2$$

选用 $4\Phi6.5$（$A_s=133\text{mm}^2$）的钢筋，满足受弯承载力及构造要求。

过梁受剪承载力计算为

$$z = \frac{2h}{3} = \frac{2}{3} \times 600 = 400 \text{mm}$$

砌体抗剪强度设计值 $f_V=0.11\text{N/mm}^2$，则

$$f_V bz = 0.11 \times 370 \times 400 = 16.28 \text{kN} < V = 24.97 \text{kN}$$

可见，过梁的受剪承载力不满足要求。故应采用钢筋混凝土过梁，本例计算从略。

二、挑梁

在砌体结构房屋中，常将钢筋混凝土梁、板的一端嵌入墙内，另一端挑出墙外，形成悬挑构件，统称挑梁。例如，阳台、雨篷、屋面挑檐和悬挑外廊等。

（一）挑梁的受力性能和破坏形态

当挑梁的悬挑部分受荷载作用后，挑梁与砌体的下界面 AB 首部砌体受竖向压应力，而尾部受竖向拉应力 [见图 13 - 58 (a)]；上界面 CD 的应力状态与下界面相反，为首部受竖向拉应力，尾部受竖向压应力。

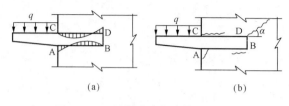

图 13 - 58　挑梁受力与砌体开裂状态

(a) 受力状态；(b) 开裂状态

随着荷载增大，当界面上的竖向拉应力超过砌体的抗拉强度时，在上下界面 C、B 处出现水平裂缝，并在上界面 D 点的上方砌体中出现 $\alpha > 45°$ 的阶梯形斜向裂缝 ［见图 13 - 58 (b)］。由于下界面 B 处的水平裂缝不断向 A 点延伸，使 A 点附近的砌体受压区段减少，产生局部受压裂缝。

试验分析和工程实践表明，挑梁在荷载作用下有如下三种破坏形态：

（1）倾覆破坏。当砌体强度较高，挑梁嵌入墙内的长度较短，图 13 - 58 (b) 所示的阶梯形斜向裂缝发展较快时，说明挑梁的倾覆力矩大于抗倾覆力矩，挑梁将发生倾覆破坏。

（2）挑梁下砌体局部受压破坏。当挑梁下砌体强度较低，而挑梁嵌入墙内的长度较长，挑梁下砌体受压区段的压应力较大时，挑梁下的砌体可能发生局部受压破坏。

（3）挑梁本身破坏。因挑梁本身的承载力不足，而发生受弯或受剪破坏。

（二）挑梁的设计计算

挑梁的设计计算主要包括抗倾覆验算、梁下砌体局部受压承载力验算和本身的承载力计算。

1. 挑梁的抗倾覆验算

在砌体结构墙体中，钢筋混凝土挑梁的抗倾覆的验算式为

$$M_{ov} \leqslant M_r \tag{13 - 84}$$

式中　M_{ov}——挑梁的荷载设计值对计算倾覆点产生的倾覆力矩；

　　　　M_r——挑梁的抗倾覆力矩设计值。

根据理论分析和试验结果，挑梁的计算倾覆点至墙外边缘的距离 x_0（见图 13 - 59）为：当 $l_1 \geqslant 2.2h_b$ 时，取 $x_0 = 0.3h_b$，且不大于 $0.13l_1$；当 $l_1 < 2.2h_b$ 时，取 $x_0 = 0.13l_1$。这里，l_1 为挑梁埋入砌体墙中的长度；h_b 为挑梁的截面高度。

当挑梁下设有构造柱时，计算倾覆点至墙外边缘的距离可取 $0.5x_0$。

挑梁的抗倾覆力矩设计值的计算式为

$$M_r = 0.8G_r(l_2 - x_0) \tag{13 - 85}$$

式中　G_r——挑梁的抗倾覆荷载，取挑梁尾端上部 45°扩展角的阴影范围（其水平长度为 l_3）内本层的砌体与楼面恒荷载标准值之和（图 13 - 59）；

　　　　l_2——G_r 作用点至墙外边缘的距离。

2. 挑梁下砌体局部受压承载力验算

挑梁下砌体的局部受压承载力的验算式为

$$N_l \leqslant \eta \gamma f A_l \tag{13 - 86}$$

式中　N_l——挑梁下的支承压力，可取 $N_l = 2R$，R 为挑梁的倾覆荷载设计值。

　　　　η——梁端底面压应力图形的完整系数，可取 0.7。

　　　　γ——砌体局部抗压强度提高系数，对图 13 - 60 (a) 可取 1.25；对图 13 - 60 (b) 可取 1.5。

　　　　A_l——挑梁下砌体局部受压面积，可取 $A_l = 1.2bh_b$，b 为挑梁的截面宽度，h_b 为挑梁的截面高度。

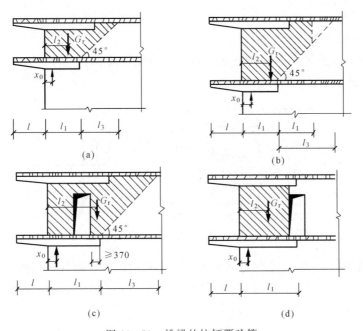

图 13 - 59　挑梁的抗倾覆验算

（a）$l_3 \leqslant l_1$ 时；（b）$l_3 > l_1$ 时；（c）洞在 l_1 之内；（d）洞在 l_1 之外

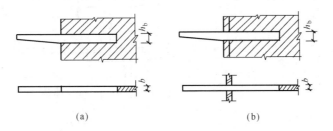

图 13 - 60　挑梁下砌体局部受压

（a）挑梁支承在一字墙；（b）挑梁支承在丁字墙

3. 挑梁本身的承载力计算

考虑到挑梁的计算倾覆点在距墙外边缘 x_0 处，故其最大弯矩设计值 M_{max} 与最大剪力设计值 V_{max} 的计算式为

$$M_{max} = M_{ov} \tag{13 - 87}$$

$$V_{max} = V_0 \tag{13 - 88}$$

这里，V_0 为挑梁荷载设计值在挑梁墙外边缘处截面产生的剪力。

挑梁本身的受弯、受剪承载力按一般钢筋混凝土梁进行计算。

（三）挑梁的构造要求

挑梁的设计，除符合《混凝土结构设计规范》（GB 50010—2010）的有关规定外，尚应满足下列要求：

1）纵向受力钢筋至少应有 1/2 的钢筋面积伸入梁尾端，且不少于 2 Φ 12；其余钢筋伸入支座的长度不应小于 $2l_1/3$。

2）挑梁埋入砌体长度 l_1 与挑梁长度 l 之比宜大于 1.2；当挑梁上无砌体时，l_1 与 l 之比宜大于 2。

（四）雨篷的抗倾覆验算要点

雨篷的抗倾覆验算可按前述的方法进行，但抗倾覆荷载 G_r 按图 13-61 采用，图中 G_r 距墙外边缘的距离为 $l_2 = l_1/2$，$l_3 = l_n/2$。

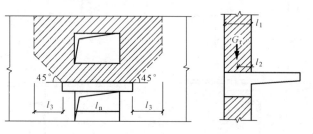

图 13-61　雨篷的抗倾覆验算

【例 13-13】图 13-62 为某住宅楼的阳台平面和剖面图。阳台板下挑梁的截面尺寸 $b \times h_b = 240mm \times 300mm$，梁下砌体采用 MU10 普通烧结砖和 M5 混合砂浆砌筑。试验算挑梁的抗倾覆及梁下砌体局部受压承载力。

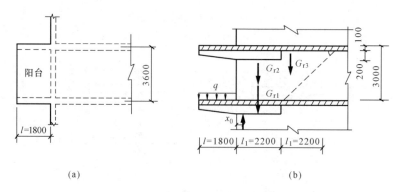

图 13-62　阳台平面和剖面图

(a) 平面图；(b) 剖面图

解　1. 荷载资料

由《荷载规范》查得阳台活载标准值为 2.5kN/m；双面粉刷 240mm 厚墙体自重标准值为 5.24kN/m²。

经计算，阳台板恒载标准值为 3.0kN/m²，挑梁自重标准值为 1.8kN/m，楼面板自重标准值为 3.5kN/m²。

2. 抗倾覆验算

$l_1 = 2200mm > 2.2h_b = 2.2 \times 300 = 660mm$　故 $x_0 = 0.3h_b = 0.3 \times 300 = 90mm < 0.13l_1 = 0.13 \times 2200 = 286mm$

倾覆荷载设计值 Q 的计算：

阳台板　　　　　　$Q_1 = (1.2 \times 3.0 + 1.4 \times 2.5) \times \dfrac{3.6}{2} = 12.78kN/m$

挑梁　　　　　　　　　$Q_2 = 1.2 \times 1.8 = 2.16kN/m$

$$Q = Q_1 + Q_2 = 12.78 + 2.16 = 14.94kN/m$$

倾覆力矩 M_{ov} 的计算：

M_{ov} 的计算式为

$$M_{ov} = Ql\left(\frac{l}{2} + x_0\right) = 14.94 \times 1.8 \times \left(\frac{1.8}{2} + 0.09\right) = 26.62\text{kN} \cdot \text{m}$$

抗倾覆荷载 G_r 的计算：

楼面板　　　　　　　　　$G_{r1} = 2.2 \times \dfrac{3.6}{2} \times 3.5 = 13.86\text{kN}$

墙体　　　　　　　　　　$G_{r2} = 2.2 \times 2.7 \times 5.24 = 31.13\text{kN}$

$$G_{r3} = \frac{1}{2} \times 2.9 \times 2.2 \times 5.24 = 16.71\text{kN}$$

抗倾覆力矩设计值 M_r 的计算：

M_r 计算式为

$$\begin{aligned}
M_r &= 0.8G_r(l_2 - x_0) \\
&= 0.8 \times \left[13.86 \times \left(\frac{2.2}{2} - 0.09\right) + 31.13 \times \left(\frac{2.2}{2} - 0.09\right) \right. \\
&\quad \left. + 16.71 \times \left(2.2 + \frac{2.2}{3} - 0.09\right)\right] \\
&= 79.26\text{kN} \cdot \text{m}
\end{aligned}$$

可见，　　　　　　　　$M_r = 79.26\text{kN} \cdot \text{m} > M_{ov} = 26.62\text{kN} \cdot \text{m}$

满足要求。

3. 梁下砌体局部受压承载力验算

挑梁下的支承压力　　$N_l = 2R = 2Ql = 2 \times 14.94 \times 1.8 = 53.78\text{kN}$

局部受压面积　　　　$A_l = 1.2bh_b = 1.2 \times 0.24 \times 0.3 = 0.086\text{m}^2$

$$\eta\gamma fA_l = 0.7 \times 1.5 \times 1.5 \times 0.086 \times 10^3 = 135.45\text{kN} > N_l = 53.78\text{kN}$$

满足要求。

本 章 小 结

1. 砌体结构具有材料来源广、技术性能好、施工简便及工程造价低的优势，故目前仍被广泛应用；但由于其强度低、抗震性能差等缺点，使其应用受到一定的限制。当前的主要发展趋势是充分利用工业废料，不断提高块体、砂浆的材料性能及砌体结构的整体性。

2. 砌体的种类有砖砌体、砌块砌体、石砌体以及配筋砌体等，应根据结构承载力要求、使用要求、环境条件及材料供应情况等合理选用。

3. 砌体的受压性能是砌体最主要的力学性能。一般情况下，砌体的抗压强度低于组成其材料的强度。砌体的抗压强度除了受块体与砂浆材料的特性影响外，受砌筑质量影响较大，因此，必须高度重视施工质量。

4. 砌体轴心受拉、弯曲受拉及受剪的性能主要与砌体的种类、破坏特征及砂浆的强度等级有关。

5. 影响无筋砌体受压构件承载力的因素主要有构件的截面面积、砌体的抗压强度、轴向力的偏心距及构件的高厚比等。通过试验分析，《砌体规范》给出无筋砌体受压构件承载

力的计算公式为 $N \leqslant \varphi f A$，适用条件为 $e \leqslant 0.6y$。

6. 砌体局部受压分为局部均匀受压和非均匀受压。当局部承压面下的砌体横向变形受到约束时，砌体的局部抗压强度得以提高，《砌体规范》用局部抗压强度提高系数 γ 来反映。对梁端支承处未设置垫块的局部非均匀受压情况，考虑"内拱卸荷"的有利作用，上部墙体传来的轴向力 N_0 可予折减。当梁端设置刚性垫块时，垫块下的砌体受力状态接近偏心受压情况，故可借助砌体受压承载力计算公式进行计算。

7. 砌体轴向受拉、受弯及受剪构件的承载力计算公式是借助材料力学容许应力法得到的。

8. 网状配筋砖砌体由于钢筋对砌体横向变形的有效约束，使砌体处于三向受力状态，从而间接地提高了砌体构件的受压承载力，但不宜用于偏心距较大或高厚比较大的情况。

9. 组合砖砌体构件在偏心压力作用下的受力性能与钢筋混凝土构件接近，具有较高的延性和承载力，可用于轴向力偏心距较大或有抗震设防要求的单层厂房砖柱。

10. 由砖砌体和钢筋混凝土构造柱组成的组合砖墙的受力性能与组合砖砌体构件类似，其承载力可采用组合砖砌体轴心受压构件承载力的计算公式计算。在影响组合砖墙承载力的因素中，构造柱的间距影响最为显著。

11. 砌体结构房屋墙体的承重体系有纵墙、横墙、纵横墙及内框架承重体系，应根据各种承重体系的特点，结合工程实际情况选用。

12. 房屋的空间工作性能用空间性能影响系数 η 表示。η 值反映了房屋的空间刚度大小，可作为确定静力计算方案的依据。根据空间性能影响系数 η 值不同，静力计算方案分为刚性、弹性和刚弹性方案。墙体设计时，需先确定静力计算方案，进而采用相应的计算简图计算内力。

13. 对砌体结构房屋中的墙体或柱，除必须进行承载力计算外，为保证其稳定性，还需验算高厚比。

14. 多层刚性方案房屋承重纵墙和横墙在竖向荷载作用下，可按每层墙体为竖向简支受压构件进行内力计算；在风荷载作用下，可按墙体为竖向连续梁进行内力计算；当墙体符合《砌体规范》规定的条件时，可不考虑风荷载的影响。

15. 单层单跨刚性、弹性及刚弹性方案房屋承重纵墙在荷载作用下的内力，可按结构力学的方法进行计算。

16. 为保证砌体结构房屋的空间刚度和整体稳定性，墙体的构造措施必须符合《砌体规范》的有关规定。

17. 砌体结构房屋门窗洞口上常用的过梁有砖砌平拱过梁、钢筋砖过梁及钢筋混凝土过梁。过梁承受的墙体或梁板传来的荷载按《砌体规范》计算。

18. 对钢筋混凝土悬挑构件，除应对悬挑构件自身进行设计计算外，还应对其进行抗倾覆验算和梁下砌体局部受压承载力验算。

思　考　题

13-1　如何充分发挥砌体结构的优点、克服其缺点？

13-2　工程中常用的砖主要有哪几种？各用于什么情况？

13-3 砌体结构中砂浆的作用是什么？

13-4 混凝土砌块灌孔混凝土的基本性能要求有哪些？

13-5 砌体的种类有哪几种？各用于什么情况？

13-6 砖砌体的抗压强度低于其砖的抗压强度的原因是什么？

13-7 分析砌筑质量对砌体抗压强度的影响。

13-8 实际工程中为什么不采用拉力垂直水平灰缝的受拉构件？

13-9 砌体弯曲受拉的破坏特征有哪几种？

13-10 为什么砌体结构在一般情况下的正常使用极限状态要求可由相应的构造措施保证？

13-11 砌体受压短柱随着偏心距的增大，截面应力和承载力是如何变化的？

13-12 无筋砌体受压构件承载力影响系数 φ 与哪些因素有关？

13-13 为什么限制无筋砌体受压构件的偏心距 e 不超过 $0.6y$？当超过时，可采取什么措施？

13-14 为什么砌体在局部压力作用下的抗压强度可提高？

13-15 为什么当轴向力的偏心距较大或构件的高厚比较大时，不宜采用网状配筋砖砌体？

13-16 砌体结构房屋墙体设计的主要过程是什么？

13-17 砌体结构房屋的墙体承重体系有哪几种？其特点各是什么？

13-18 砌体结构房屋的静力计算方案有哪几种？根据什么确定？

13-19 实际工程中，为什么一般不采用多层砌体结构弹性方案房屋？

13-20 为什么砌体结构房屋应尽可能设计为刚性方案？

13-21 为什么要验算墙、柱的高厚比？

13-22 为什么考虑构造柱有利作用的高厚比验算不适用于施工阶段？

13-23 对有窗洞口的墙体，在承载力计算时，计算截面积为什么可取窗间墙的截面面积？

13-24 多层刚性方案房屋墙体在竖向荷载作用下，为什么可把每层墙体看作竖向简支受压构件单独进行内力计算？

13-25 单层单跨刚性方案、弹性方案和刚弹性方案房屋承重纵墙的承载力计算方法有何不同？

13-26 砌体结构房屋门窗洞口上的过梁有哪几种形式？各适用于什么情况？

13-27 过梁上的荷载如何计算？

13-28 挑梁有哪几种破坏形态？如何避免？

习 题 与 实 训 题

13-1 某柱的截面尺寸 370mm×370mm，采用 MU10 烧结普通砖及 M5 水泥砂浆砌筑，柱的计算高度 $H_0 = 3.6$m，柱底截面处承受的轴心压力设计值 $N = 110$kN。试验算柱的承载力。

13-2 某单层单跨仓库的窗间墙尺寸如图 13-63 所示。采用 MU10 烧结普通砖和 M5

混合砂浆砌筑。柱的计算高度 $H_0=5.0\text{m}$。当墙的底截面处承受轴向压力设计值 $N=195\text{kN}$、弯矩设计值 $M=13\text{kN}\cdot\text{m}$ 时，试验算其截面承载力。

13-3　钢筋混凝土柱的截面尺寸为 $240\text{mm}\times240\text{mm}$，支承在厚度 $h=240\text{mm}$ 的墙上（图13-64），砖墙采用MU10烧结普通砖和M7.5混合砂浆砌筑。柱传来的轴心压力设计值 $N_l=140\text{kN}$。试验算柱下砌体局部受压承载力是否满足要求。

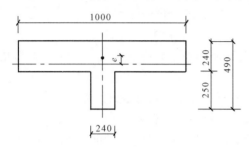

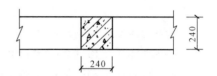

图13-63　习题13-2窗间墙截面尺寸　　　图13-64　习题13-3柱下砌体局部受压

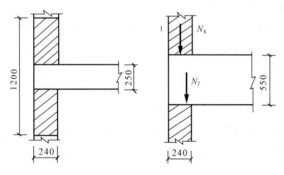

图13-65　习题13-4窗间墙上梁的支承情况

13-4　钢筋混凝土梁的截面尺寸 $b\times h=250\text{mm}\times550\text{mm}$，在窗间墙上的支承长度 $a=240\text{mm}$（图13-65）。窗间墙的截面尺寸为 $1200\text{mm}\times240\text{mm}$，采用MU10烧结普通砖和M2.5混合砂浆砌筑。当梁端支承压力设计值 $N_l=80\text{kN}$、梁底墙体截面由上部荷载设计值产生的轴向力 $N_s=45\text{kN}$ 时，试验算梁端支承处砌体局部受压承载力。若不满足要求，设置刚性垫块，并进行验算。

13-5　某圆形水池的池壁采用MU10烧结普通砖和M5水泥砂浆砌筑，池壁厚490mm，承受轴向拉力设计值 $N_t=50\text{kN/m}$。试验算池壁的受拉承载力。

13-6　某矩形浅水池的池壁底部厚740mm，采用MU15烧结普通砖和M7.5水泥砂浆砌筑。池壁水平截面承受的弯矩设计值 $M=9.6\text{kN}\cdot\text{m/m}$，剪力设计值 $V=16.8\text{kN/m}$，试验算截面承载力是否满足要求。

13-7　某拱支座截面厚度370mm，采用MU10烧结普通砖和M5水泥砂浆砌筑。支座截面承受剪力设计值 $V=33\text{kN/m}$，永久荷载产生的纵向力设计值 $N=45\text{kN/m}(\gamma_G=1.2)$。试验算拱支座截面的抗剪承载力是否满足要求。

13-8　某办公楼二层部分平面如图13-66所示。楼盖采用现浇钢筋混凝土梁板结构，层高 $H=3.6\text{m}$，墙体用M2.5混合砂浆砌筑。试验算外纵墙及内横墙的高厚比是否满足要求。

13-9　某单层单跨无吊车的车间，屋盖由钢筋混凝土屋架和大型屋面板组成，屋架底标高4.8m。两端山墙间距42m，外纵墙为带壁柱墙，壁柱间距6m，每个开间设有宽3.0m的窗洞，窗间墙截面尺寸如图13-67所示。墙体用M7.5砂浆砌筑。试验算外纵墙的高厚比是否满足要求。

13-10　某房屋墙厚240mm，用MU10烧结普通砖、M2.5混合砂浆砌筑，双面粉刷

（墙面自重标准值取 5.24kN/m²），其上窗洞口净宽 1.0m，洞口上墙高 0.9m。当采用砖砌平拱过梁时，试验算过梁的承载力。

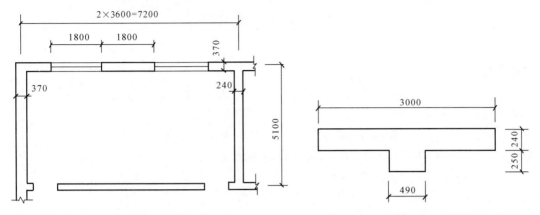

　　图 13 - 66　习题 13 - 8 办公楼部分平面　　　　　图 13 - 67　习题 13 - 9 窗间墙截面尺寸

　　13 - 11　某房屋墙厚 370mm，用 MU10 烧结普通砖、M5 混合砂浆砌筑，双面粉刷（墙面自重标准值取 7.62kN/m²）。墙上开有净宽 1.5m 的窗洞口。洞口上墙体 0.9m 处承受板传来的均布荷载设计值为 11kN/m。试设计窗过梁。

　　＊13 - 12　设计条件同本章第六节。当该教学楼的内横墙厚度为 240mm，预应力混凝土空心板在其上支承长度为 120mm 时，试验算底层内横墙的承载力。结合第六节所给资料，选择该教学楼底层代表性的部分墙体进行砌筑实训操作，并按 GB 50203—2011《砌体结构工程施工质量验收规范》标准进行质量验收。

附表 1　均布荷载和集中荷载作用下等跨
连续梁的内力系数表

均布荷载

$$M = K_1 gl^2 + K_2 ql^2 \qquad V = K_3 gl + K_4 ql$$

集中荷载

$$M = K_1 Gl + K_2 Ql \qquad V = K_3 G + K_4 Q$$

式中　　　g、q——单位长度上的均布恒荷载、活荷载；

　　　　　G、Q——集中恒荷载、活荷载；

K_1、K_2、K_3、K_4——内力系数，由表中相应栏内查得。

(1) 两　跨　梁

序号	荷 载 简 图	跨内最大弯矩		支座弯矩	横　向　剪　力			
		M_1	M_2	M_B	V_A	$V_{B左}$	$V_{B右}$	V_C
1		0.070	0.070	−0.125	0.375	−0.625	0.625	−0.375
2		0.096	−0.025	−0.063	0.437	−0.563	0.063	0.063
3		0.156	0.156	−0.188	0.312	−0.688	0.688	−0.312
4		0.203	−0.047	−0.094	0.406	−0.594	0.094	0.094
5		0.222	0.222	−0.333	0.667	−1.334	1.334	−0.667
6		0.278	−0.056	−0.167	0.833	−1.167	0.167	0.167

(2) 三　跨　梁

序号	荷载简图	跨内最大弯矩		支座弯矩		横　向　剪　力					
		M_1	M_2	M_B	M_C	V_A	$V_{B左}$	$V_{B右}$	$V_{C左}$	$V_{C右}$	V_D
1		0.080	0.025	−0.100	−0.100	0.400	−0.600	0.500	−0.500	−0.600	−0.400
2		0.101	−0.050	−0.050	−0.050	0.450	−0.550	0.000	0.000	0.550	−0.450
3		−0.025	0.075	−0.050	−0.050	−0.050	−0.050	0.050	0.050	0.050	0.050
4		0.073	0.054	−0.117	−0.033	0.383	−0.617	0.583	−0.417	0.033	0.033
5		0.094	—	−0.067	−0.017	0.433	−0.567	0.083	0.083	−0.017	−0.017
6		0.175	0.100	−0.150	−0.150	0.350	−0.650	0.500	−0.500	0.650	−0.350
7		0.213	−0.075	−0.075	−0.075	0.425	−0.575	0.000	0.000	0.575	−0.425
8		−0.038	0.175	−0.075	−0.075	−0.075	−0.075	0.500	−0.500	0.075	0.075
9		0.162	0.137	−0.175	0.050	0.325	−0.675	0.625	−0.375	0.050	0.050
10		0.200	—	−0.100	0.025	0.400	−0.600	0.125	0.125	−0.025	−0.025
11		0.244	0.067	−0.267	−0.267	0.733	−1.267	1.000	−1.000	1.267	−0.733
12		0.289	−0.133	−0.133	−0.133	0.866	−1.134	0.000	0.000	1.134	−0.866
13		−0.044	0.200	−0.133	−0.133	−0.133	−0.133	1.000	−1.000	0.133	0.133
14		0.229	0.170	−0.311	0.089	0.689	−1.311	1.222	−0.778	0.089	0.089
15		0.274	—	−0.178	0.044	0.822	−1.178	0.222	0.222	−0.044	−0.044

(3) 四 跨 梁

序号	荷载简图	跨内最大弯矩				支座弯矩			横向剪力							
		M_1	M_2	M_3	M_4	M_B	M_C	M_D	V_A	$V_{B左}$	$V_{B右}$	$V_{C左}$	$V_{C右}$	$V_{D左}$	$V_{D右}$	V_E
1		0.077	-0.036	0.036	0.077	-0.107	-0.071	-0.107	0.393	-0.607	0.536	-0.464	0.464	-0.536	0.607	-0.393
2		0.100	0.045	0.081	-0.023	-0.054	-0.036	-0.054	0.446	-0.554	0.018	0.018	0.482	-0.518	0.054	0.054
3		0.072	0.061	—	0.098	-0.121	-0.018	-0.058	0.380	-0.020	0.603	-0.397	-0.040	-0.040	0.558	-0.442
4		—	0.056	0.056	—	-0.036	-0.107	-0.036	-0.036	-0.036	0.429	-0.571	0.571	-0.429	0.036	0.036
5		0.094	—	—	—	-0.067	0.018	-0.004	0.433	-0.567	0.085	0.085	-0.022	-0.022	0.004	0.004
6		—	0.071	—	—	-0.049	-0.054	0.013	-0.049	-0.049	0.496	-0.504	0.067	0.067	-0.013	-0.013
7		0.169	0.116	0.116	-0.169	-0.161	-0.107	-0.161	0.339	-0.661	0.553	-0.446	0.446	-0.554	0.661	-0.339
8		0.210	0.067	0.183	-0.040	-0.080	-0.054	-0.080	0.420	-0.580	0.027	0.027	0.473	0.527	0.080	0.080
9		0.159	0.146	—	0.206	-0.181	-0.027	-0.087	0.319	-0.681	0.654	-0.346	-0.060	-0.060	0.587	-0.413

续表

序号	荷载简图	跨内最大弯矩				支座弯矩			横向剪力							
		M_1	M_2	M_3	M_4	M_B	M_C	M_D	V_A	$V_{B左}$	$V_{B右}$	$V_{C左}$	$V_{C右}$	$V_{D左}$	$V_{D右}$	V_E
10		—	0.142	0.142	—	-0.054	-0.161	-0.054	-0.054	-0.054	0.393	-0.607	0.607	-0.393	0.054	0.054
11		0.202	—	—	—	-0.100	0.027	-0.007	0.400	-0.600	0.127	0.127	-0.033	-0.033	0.007	0.007
12		—	0.173	—	—	-0.074	-0.080	0.020	-0.074	-0.074	0.493	-0.507	0.100	0.100	-0.020	-0.020
13		0.238	0.111	0.111	0.238	-0.286	-0.191	-0.286	0.714	-1.286	1.095	-0.905	0.905	-0.095	1.286	-0.714
14		0.286	-0.111	0.222	-0.048	-0.143	-0.095	-0.143	0.875	-1.143	0.048	0.048	0.952	1.048	0.143	0.143
15		0.226	0.194	—	0.282	-0.321	-0.048	-0.155	0.679	-1.321	1.274	-0.726	-0.107	-0.107	1.155	-0.845
16		—	0.175	0.175	—	-0.095	-0.286	-0.095	-0.095	-0.095	0.810	-1.190	0.190	-0.810	0.095	0.095
17		0.274	—	—	—	-0.178	0.048	-0.012	0.822	-1.178	0.226	0.226	-0.060	-0.060	0.012	0.012
18		—	0.198	—	—	-0.131	-0.143	-0.036	-0.131	-0.131	0.988	-1.012	0.178	0.178	-0.036	-0.036

（4）五跨梁

序号	荷载简图	跨内最大弯矩			支座弯矩				横向剪力									
		M_1	M_2	M_3	M_B	M_C	M_D	M_E	V_A	$V_{B左}$	$V_{B右}$	$V_{C左}$	$V'_{C右}$	$V_{D左}$	$V_{D右}$	$V_{E左}$	$V_{E右}$	V_F
1		0.0781	0.0331	0.0462	-0.105	-0.079	-0.079	-0.105	0.394	-0.606	0.526	-0.474	0.500	-0.500	0.474	-0.526	0.606	-0.394
2		0.1000	-0.0461	0.0855	-0.053	-0.040	-0.040	-0.053	0.447	-0.553	0.013	0.013	0.500	-0.500	-0.013	-0.013	0.553	-0.447
3		-0.0263	0.0787	-0.0395	-0.053	-0.040	-0.040	-0.053	-0.053	-0.053	0.513	-0.487	0.000	0.000	0.487	-0.513	0.053	0.053
4		0.073	0.059	—	-0.119	-0.022	-0.044	-0.051	0.380	-0.620	0.598	-0.402	-0.023	-0.023	0.493	-0.507	0.052	0.052
5		—	0.055	0.064	-0.035	-0.111	-0.020	-0.057	-0.035	-0.567	0.424	-0.576	-0.591	-0.049	-0.037	-0.037	0.557	-0.443
6		0.094	—	—	-0.067	0.018	-0.005	0.001	0.433	-0.567	0.085	0.085	-0.023	-0.023	0.006	0.006	-0.001	-0.001
7		—	0.074	—	-0.049	-0.054	-0.014	-0.004	-0.049	-0.049	0.495	-0.505	0.068	-0.068	-0.018	0.018	0.004	0.004

续表

序号	荷载简图	跨内最大弯矩			支座弯矩				横向剪力									
		M_1	M_2	M_3	M_B	M_C	M_D	M_E	V_A	$V_{B左}$	$V_{B右}$	$V_{C左}$	$V_{C右}$	$V_{D左}$	$V_{D右}$	$V_{E左}$	$V_{E右}$	V_F
8		—	—	0.072	0.013	-0.053	-0.053	0.013	0.013	0.013	-0.066	-0.066	0.500	-0.500	0.066	0.066	-0.013	-0.013
9		0.171	0.112	0.132	-0.158	-0.118	-0.118	-0.158	0.342	-0.658	0.540	-0.460	0.500	-0.500	0.460	-0.540	0.658	-0.342
10		0.211	-0.069	0.191	-0.079	-0.059	-0.059	-0.079	0.421	-0.579	0.020	0.020	0.500	-0.500	-0.020	-0.020	0.579	-0.421
11		0.039	0.181	-0.059	-0.079	-0.059	-0.059	-0.079	-0.079	-0.079	0.520	-0.480	0.000	0.000	0.480	-0.520	0.079	0.079
12		0.160	0.144	—	-0.179	-0.032	-0.066	-0.077	0.321	-0.679	0.647	-0.353	-0.034	-0.034	0.489	-0.511	0.077	0.077
13		—	0.140	0.151	-0.052	-0.167	-0.031	-0.086	-0.052	-0.052	0.385	-0.615	0.637	-0.363	-0.056	-0.056	0.586	-0.414
14		0.200	—	—	-0.100	0.027	-0.007	0.002	0.400	-0.600	0.127	0.127	-0.034	-0.034	0.009	0.009	-0.002	-0.002
15		—	0.173	—	-0.073	-0.081	0.022	-0.005	-0.073	-0.073	0.493	-0.507	0.102	0.102	-0.027	-0.027	0.005	0.005
16		—	—	0.171	0.020	0.079	-0.079	0.020	0.020	0.020	-0.099	-0.099	0.500	-0.500	0.099	0.099	-0.020	-0.020

续表

序号	荷载简图	跨内最大弯矩			支座弯矩				横向剪力									
		M_1	M_2	M_3	M_B	M_C	M_D	M_E	V_A	$V_{B左}$	$V_{B右}$	$V_{C左}$	$V_{C右}$	$V_{D左}$	$V_{D右}$	$V_{E左}$	$V_{E右}$	V_F
17		0.240	0.100	0.122	-0.281	-0.211	-0.211	-0.281	0.719	-1.281	1.070	-0.930	1.000	-1.000	0.930	-1.070	1.281	-0.719
18		0.287	-0.117	0.228	-0.140	-0.105	-0.105	-0.140	0.860	-1.140	0.035	0.035	1.000	-1.000	-0.035	-0.035	1.140	-0.860
19		-0.047	-0.216	-0.105	-0.140	-0.105	-0.105	-0.140	-0.140	-0.140	1.035	-0.965	0.000	0.000	0.965	-1.035	0.140	0.140
20		0.227	0.189	—	-0.319	-0.057	-0.118	-0.137	0.681	-1.319	1.262	-0.738	-0.061	-0.061	0.981	-1.019	0.137	0.137
21		—	0.172	0.198	-0.093	-0.297	-0.054	-0.153	-0.093	-0.093	0.796	-1.204	1.243	-0.757	-0.099	-0.099	1.153	-0.847
22		0.274	—	—	0.131	0.048	-0.013	0.003	0.821	-1.179	0.227	0.227	-0.061	-0.061	0.016	0.016	-0.003	-0.003
23		—	0.198	—	0.035	-0.144	-0.038	-0.010	-0.131	-0.131	0.987	-1.013	0.182	0.182	-0.048	-0.048	0.010	0.010
24		—	—	0.193	0.035	-0.140	-0.140	0.035	0.035	0.035	0.175	-0.175	1.000	-1.000	0.175	0.175	-0.035	-0.035

附表 2　按弹性理论计算矩形双向板在均布荷载作用下的弯矩系数表

一、符号说明

M_x、$M_{x,max}$——平行于 l_x 方向板中心点弯矩和板跨内的最大弯矩；

M_y、$M_{y,max}$——平行于 l_y 方向板中心点弯矩和板跨内的最大弯矩；

M_x'——固定边中点沿 l_x 方向的弯矩；

M_y'——固定边中点沿 l_y 方向的弯矩；

M_{0x}——平行于 l_x 方向自由边的中点弯矩；

M_{0x}^0——平行于 l_x 方向自由边上固定端的支座弯矩。

代表固定边　　　　　代表简支边　　　　　代表自由边

二、计算公式

$$弯矩＝表中系数 \times q l_x^2$$

式中　q——作用在双向板上的均布荷载；

　　l_x——板跨，见表中插图所示。

表中弯矩系数均为单位板宽的弯矩系数。表中系数为泊松比 $\nu = 1/6$ 时求得的，适用于钢筋混凝土板。表中系数是根据 1975 年版《建筑结构静力计算手册》中 $\nu = 0$ 的弯矩系数表，通过换算公式 $M_x^{(\nu)} = M_x^{(0)} + \nu M_y^{(0)}$ 及 $M_y^{(\nu)} = M_y^{(0)} + \nu M_x^{(0)}$ 得出的。表中 $M_{x,max}$ 及 $M_{y,max}$ 也按上列换算公式求得，但由于板内两个方向的跨内最大弯矩一般并不在同一点，因此，由上式求得的 $M_{x,max}$ 及 $M_{y,max}$ 仅为比实际弯矩偏大的近似值。

(1)

边界条件	(1) 四边简支		(2) 三边简支、一边固定									
l_x/l_y	M_x	M_y	M_x	$M_{x,max}$	M_y	$M_{y,max}$	M_y'	M_x	$M_{x,max}$	M_y	$M_{y,max}$	M_x'
0.50	0.0994	0.0335	0.0914	0.0930	0.0352	0.0397	−0.1215	0.0593	0.0657	0.0157	0.0171	−0.1212
0.55	0.0927	0.0359	0.0832	0.0846	0.0371	0.0405	−0.1193	0.0577	0.0633	0.0175	0.0190	−0.1187
0.60	0.0860	0.0379	0.0752	0.0765	0.0386	0.0409	−0.116	0.0556	0.0608	0.0194	0.0209	−0.1158

续表

l_x/l_y	M_x	M_y	M_x	$M_{x,max}$	M_y	$M_{y,max}$	M_y'	M_x	$M_{x,max}$	M_y	$M_{y,max}$	M_x'
0.65	0.0795	0.0396	0.0676	0.0688	0.0396	0.0412	−0.1133	0.0534	0.0581	0.0212	0.0226	−0.1124
0.70	0.0732	0.0410	0.0604	0.0616	0.0400	0.0417	−0.1096	0.0510	0.0555	0.0229	0.0242	−0.1087
0.75	0.0673	0.0420	0.0538	0.0519	0.0400	0.0417	0.1056	0.0485	0.0525	0.0244	0.0257	−0.1048
0.80	0.0617	0.0428	0.0478	0.0490	0.0397	0.0415	0.1014	0.0459	0.0495	0.0258	0.0270	−0.1007
0.85	0.0564	0.0432	0.0425	0.0436	0.0391	0.0410	−0.0970	0.0434	0.0466	0.0271	0.0283	−0.0965
0.90	0.0516	0.0434	0.0377	0.0388	0.0382	0.402	−0.0926	0.0409	0.0438	0.0281	0.0293	−0.0922
0.95	0.0471	0.0432	0.0334	0.0345	0.0371	0.0393	−0.0882	0.0384	0.0409	0.0290	0.0301	−0.0880
1.00	0.0429	0.0429	0.0296	0.0306	0.0360	0.0388	−0.0839	0.0360	0.0388	0.0296	0.0306	−0.0839

（2）

边界条件	（3）两对边简支、两对边固定	（4）两邻边简支、两邻边固定

l_x/l_y	M_x	M_y	M_y'	M_x	M_y	M_x'	M_x	$M_{x,max}$	M_y	$M_{y,max}$	M_x'	M_y'
0.50	0.0837	0.0367	−0.1191	0.0419	0.0086	−0.0843	0.0572	0.0584	0.0172	0.0229	−0.1179	−0.0786
0.55	0.0743	0.0383	0.1156	0.0415	0.0096	−0.0840	0.0546	0.0556	0.0192	0.0241	−0.1140	−0.0785
0.60	0.0653	0.0393	−0.1114	0.0409	0.0109	−0.0834	0.0518	0.0526	0.0212	0.0252	−0.1095	−0.0782
0.65	0.0569	0.0394	−0.1066	0.0402	0.0122	−0.0826	0.0486	0.0496	0.0228	0.0261	−0.1045	−0.0777
0.70	0.0494	0.0392	−0.1031	0.0391	0.0135	−0.0814	0.0455	0.0465	0.0243	0.0267	−0.0992	−0.0770
0.75	0.0428	0.0383	0.0959	0.0381	0.0149	−0.0799	0.0422	0.0430	0.0254	0.0272	−0.0938	−0.0760
0.80	0.0369	0.0372	−0.0904	0.0868	0.0162	−0.0782	0.0390	0.0397	0.0263	0.0278	−0.0883	−0.0748
0.85	0.0318	0.0358	−0.0850	0.0355	0.0174	−0.0763	0.0358	0.0366	0.0269	0.0284	−0.0829	−0.0733
0.90	0.0275	0.0343	−0.0767	0.0341	0.0186	−0.0743	0.0328	0.0337	0.0273	0.0288	−0.0776	−0.0716
0.95	0.0238	0.0328	−0.0746	0.0326	0.0196	−0.0721	0.0299	0.0308	0.0273	0.0289	−0.0726	−0.0698
1.00	0.0206	0.0311	−0.0698	0.0311	0.0206	−0.0698	0.0273	0.0281	0.0273	0.0289	−0.0677	−0.0677

（3）

边界条件	（5）一边简支、三边固定					

l_x/l_y	M_x	$M_{x,max}$	M_y	$M_{y,max}$	M'_x	M'_y
0.50	0.0413	0.0424	0.0096	0.0157	−0.0836	−0.0569
0.55	0.0405	0.0415	0.0108	0.0160	−0.0827	−0.0570
0.60	0.0394	0.0404	0.0123	0.0169	−0.0814	−0.0571
0.65	0.0381	0.0390	0.0137	0.0178	−0.0796	−0.0572
0.70	0.0366	0.0375	0.0151	0.0186	−0.0774	−0.0572
0.75	0.0349	0.0358	0.0164	0.0193	−0.0750	−0.0572
0.80	0.0331	0.0339	0.0176	0.0199	−0.0722	−0.0570
0.85	0.0312	0.0319	0.0186	0.0204	−0.0693	−0.0567
0.90	0.0295	0.0300	0.0201	0.0209	−0.0663	−0.0563
0.95	0.0274	0.0281	0.0204	0.0214	−0.0631	−0.0558
1.00	0.0255	0.0261	0.0206	0.0219	−0.0600	−0.0500

（4）

边界条件	（5）一边简支、三边固定						（6）四边固定			

l_x/l_y	M_x	$M_{x,max}$	M_y	$M_{y,max}$	M'_y	M'_x	M_x	M_y	M'_x	M'_y
0.50	0.0551	0.0605	0.0188	0.0201	−0.0784	−0.1146	0.0406	0.0105	−0.0829	−0.0570
0.55	0.0517	0.0563	0.0210	0.0223	−0.0780	−0.1093	0.0394	0.0120	−0.0814	−0.0571
0.60	0.0480	0.0520	0.0229	0.0242	−0.0773	−0.1033	0.0380	0.0137	−0.0793	−0.0571
0.65	0.0441	0.0476	0.0244	0.0256	−0.0762	−0.0970	0.0361	0.0152	−0.0766	−0.0571
0.70	0.0402	0.0433	0.0256	0.0267	−0.0748	−0.0903	0.0340	0.0167	−0.0735	−0.0569
0.75	0.0364	0.0390	0.0263	0.0273	−0.0729	−0.0837	0.0318	0.0179	−0.0701	−0.0565

续表

l_x/l_y	M_x	$M_{x,max}$	M_y	$M_{y,max}$	M'_y	M'_x	M_x	M_y	M'_x	M'_y
0.80	0.0327	0.0348	0.0267	0.0267	−0.0707	−0.0772	0.0295	0.0189	−0.0664	0.0559
0.85	0.0293	0.0312	0.0268	0.0277	−0.0683	−0.0711	0.0272	0.0197	−0.0626	−0.0551
0.90	0.0261	0.0277	0.0265	0.0273	−0.0656	−0.0653	0.0249	0.0202	−0.0588	−0.0541
0.95	0.0232	0.0246	0.0261	0.0269	−0.0629	−0.0599	0.0227	0.0205	−0.0550	−0.0528
1.00	0.0206	0.0219	0.0255	0.0261	−0.0600	−0.0550	0.0205	0.0205	−0.0513	−0.0513

（5）

边界条件	（7）三边固定、一边自由

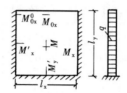

l_y/l_x	M_x	M_y	M'_x	M'_y	M_{0x}	M_{8x}
0.30	0.0018	−0.0039	−0.0135	−0.0344	0.0068	−0.0345
0.35	0.0039	−0.0026	−0.0179	−0.0406	0.0112	−0.0432
0.40	0.0063	0.0008	−0.0227	−0.0454	0.0160	−0.0506
0.45	0.0090	0.0014	−0.0275	−0.0489	0.0207	−0.0564
0.50	0.0166	0.0034	−0.0322	−0.0513	0.0250	−0.0607
0.55	0.0142	0.0054	−0.0368	−0.0530	0.0288	−0.0635
0.60	0.0166	0.0072	−0.0412	0.0541	0.0320	−0.0652
0.65	0.0188	0.0087	−0.0453	−0.0548	0.0347	−0.0661
0.70	0.0209	0.0100	−0.0490	0.0553	0.0368	−0.0663
0.75	0.0228	0.0111	−0.0526	0.0557	0.0385	−0.0661
0.80	0.0246	0.0119	−0.0558	−0.0560	0.0399	−0.0656
0.85	0.0262	0.0125	−0.0558	−0.0562	0.0409	−0.0651
0.90	0.0277	0.0129	−0.0615	−0.0563	0.0417	−0.0644
0.95	0.0291	0.0132	−0.0639	−0.0564	0.0422	−0.0638
1.00	0.0304	0.0133	−0.0662	−0.0565	0.0427	−0.0632
1.10	0.0327	0.0133	−0.0701	−0.0566	0.0431	−0.0623
1.20	0.0345	0.0130	−0.0732	−0.0567	0.0433	−0.0617
1.30	0.0368	0.0125	−0.0758	−0.0568	0.0434	−0.0614
1.40	0.0380	0.0119	−0.0778	−0.0568	0.0433	−0.0614
1.50	0.0390	0.0113	0.0794	0.0569	0.0433	0.0616
1.75	0.0405	0.0099	−0.0819	−0.0569	0.0431	−0.0625
2.00	0.0413	0.0087	−0.0832	−0.0569	0.0431	−0.0637

参 考 文 献

[1] 中华人民共和国国家标准．混凝土结构设计规范（GB 50010—2010）．北京：中国建筑工业出版社，2011.

[2] 中华人民共和国国家标准．工程结构可靠性设计统一标准（GB 50153—2008）．北京：中国建筑工业出版社，2009.

[3] 中华人民共和国国家标准．建筑结构可靠度设计统一标准（GB 50068—2001）．北京：中国建筑工业出版社，2001.

[4] 中华人民共和国国家标准．建筑结构荷载规范（GB 50009—2012）．北京：中国建筑工业出版社，2012.

[5] 刘立新，叶燕华．混凝土结构原理（新 1 版）．武汉：武汉理工大学出版社，2010.

[6] 程文瀼，王铁成，颜德姮，李爱群．混凝土结构（第五版）（上、中册）．北京：中国建筑工业出版社，2012.

[7] 叶列平．混凝土结构（上册）．北京：清华大学出版社，2002.

[8] 侯治国．混凝土结构．3 版．武汉：武汉理工大学出版社，2006.

[9] 邱洪兴，舒赣平．建筑结构设计．南京：东南大学出版社，2002.

[10] 中华人民共和国国家标准．砌体结构工程施工质量验收规范（GB 50203—2011）．北京：中国建筑工业出版社，2011.

[11] 薛伟辰．现代预应力结构设计．北京：中国建筑工业出版社，2003.

[12] 中华人民共和国行业标准．高层建筑混凝土结构技术规程（JGJ 3—2010）．北京：中国建筑工业出版社，2010.

[13] 中华人民共和国国家标准．建筑地基基础设计规范（GB 50007—2011）．北京：中国建筑工业出版社，2012.

[14] 中华人民共和国国家标准．砌体结构设计规范（GB 50003—2011）．北京：中国建筑工业出版社，2012.

[15] 张建勋．砌体结构．2 版．武汉：武汉理工大学出版社，2002.

[16] 中华人民共和国国家标准．混凝土结构工程施工质量验收规范（2011 年版）（GB 50204—2002）．北京：中国建筑工业出版社，2010.